Zu diesem Buch

«Wie kommt es eigentlich, daß ich beim Feuern bestimmter Neuronen eine Rotempfindung habe? Francis Crick führt diese Frage gegen Ende seines Buches fast ein wenig schuldbewußt auf. Dieses ‹auf lange Sicht rätselhafte Problem› habe er nämlich vermieden und dem Leser Ausführungen zum Beispiel über das ‹Rotsein von Rot› vorenthalten. Die Qualität von Cricks Buch hängt gerade an der über weite Strecken gelungenen Vermeidung solcher Abgründigkeiten. Crick gibt im wesentlichen eine gut geschriebene Darstellung der neurobiologischen Erkenntnisse und Theorien über visuelle Wahrnehmungsprozesse und vermittelt dabei faszinierende Einblicke in die Erforschung neuronaler Aktivitäten, die mit dem Sehprozeß verbunden sind, um sich auf diese Weise dem Problem des Bewußtseins anzunähern.» – *Frankfurter Allgemeine Zeitung*

Francis Crick, Biologe und Gehirnforscher, Jahrgang 1916, arbeitete an der Erforschung der chemischen Grundlagen der Genetik. 1953 gelang es ihm gemeinsam mit James D. Watson, die Doppelhelix-Struktur der DNA-Moleküle zu entschlüsseln, der chemischen Verbindung, die das Erbmaterial aller Organismen darstellt. Dafür erhielten die beiden 1962 den Nobelpreis für Medizin. Seit Anfang der achtziger Jahre befaßt Crick sich mit Kognitions- und Bewußtseinsforschung.

Francis Crick

Was die Seele wirklich ist

Die naturwissenschaftliche Erforschung des Bewußtseins

Deutsch von
Harvey P. Gavagai

Rowohlt

rororo science
Lektorat Jens Petersen

Veröffentlicht im Rowohlt Taschenbuch Verlag GmbH,
Reinbek bei Hamburg, Juni 1997
Die Originalausgabe erschien 1994 unter dem Titel
«The Astonishing Hypothesis: The Scientific Search for the Soul» im Verlag
Charles Scribner's Sons, New York / Maxwell Macmillan International.
Copyright © 1994 by Francis Crick and Odile Crick Revocable Trust
Die deutsche Erstausgabe erschien 1994 unter dem Titel
«Was die Seele wirklich ist» im Artemis & Winkler Verlag,
München und Zürich
Copyright © 1994 by Artemis Verlags GmbH, München
Umschlaggestaltung Barbara Hanke
Alle deutschen Rechte vorbehalten
Gesamtherstellung Clausen & Bosse, Leck
Printed in Germany
1890-ISBN 3 499 60257 1

Für Christof Koch,
ohne dessen Energie und Enthusiasmus
dieses Buch nie geschrieben
worden wäre

Bewußtsein: Wahrnehmungen, Gedanken und Empfindungen haben. Der Ausdruck läßt sich nicht definieren – außer durch Ausdrücke, deren Sinn sich nur begreifen läßt, wenn man weiß, was Bewußtsein bedeutet. Oft wird irrigerweise Bewußtsein mit Selbstbewußtsein gleichgesetzt; Bewußtsein liegt jedoch schon dann vor, wenn Bewußtsein von der Außenwelt vorliegt. Bewußtsein ist ein faszinierendes Phänomen, das sich dem Zugriff aber entzieht. Es ist unmöglich anzugeben, was es ist, was es tut und warum es entstanden ist. Nichts, was sich zu lesen lohnt, wurde darüber geschrieben.

Stuart Sutherland
(The International Dictionary of Psychology)

»Noch vor wenigen Jahren wurde es gemeinhin als eine Art Geschmacklosigkeit betrachtet, wenn man in einer kognitionswissenschaftlichen Diskussion das Thema Bewußtsein aufbrachte. Fortgeschrittene Studenten und Doktoranden, die sich ja immer an den Etiketteregeln ihrer jeweiligen Disziplin orientieren, kullerten mit den Augen und schauten an die Decke oder bekundeten auf andere Weise ihren gelinden Abscheu .«

John Searle

INHALT

ANHANG

VORWORT

Dieses Buch handelt vom Geheimnis des Bewußtseins – wie Bewußtsein sich wissenschaftlich erklären läßt. Ich biete keine flotte Lösung des Problems an. Zwar täte ich das gerne, aber momentan scheint das einfach viel zu schwierig. Natürlich gibt es ein paar Philosophen, die verblendet genug sind zu wähnen, sie hätten das Geheimnis bereits gelüftet, doch für mich klingen ihre Ergebnisse nicht nach wissenschaftlicher Wahrheit. Mir ging es hier um folgendes: Ich wollte eine Skizze der allgemeinen Beschaffenheit von Bewußtsein vorlegen und einige vorläufige Vorschläge dazu machen, wie Bewußtsein experimentell zu untersuchen ist. Ich stelle hier eine bestimmte Forschungsstrategie vor, keine ausgereifte Theorie. Was geht in meinem Hirn vor sich, wenn ich etwas sehe? Das ist es, was ich wissen will.

Mancher Leser wird enttäuscht sein, weil ich aufgrund meiner Taktik mit Absicht viele Aspekte von Bewußtsein beiseite lasse, die sie liebend gerne erörtert sähen – insbesondere, wie man Bewußtsein definieren sollte. Man gewinnt keine Schlachten, indem man darüber diskutiert, was genau die Bedeutung des Wortes »Schlacht« ist. Man braucht gute Truppen, gute Waffen, eine gute Strategie; und dann muß man dem Feind einen schweren Schlag versetzen. Dasselbe gilt für die Lösung eines schwierigen wissenschaftlichen Problems.

Ich habe versucht, für den normalen Leser zu schreiben, der an Wissenschaft interessiert ist, aber nur wenig Fachwissen hat. Das heißt, ich mußte die verschiedenen Disziplinen, die es mit dem Bewußtsein zu tun haben, möglichst einfach erklären. Dennoch werden manche Leser die eine oder andere Stelle im Buch schwer verständlich finden. Ihnen möchte ich sagen: Lassen Sie sich von der unvertrauten Manier einiger Argumentationen und von der Kompliziertheit einiger experimenteller Einzelheiten nicht entmutigen. Kommt Ihnen ein Abschnitt einfach zu schwierig vor, dann überfliegen Sie ihn ruhig; der springende Punkt ist oft ganz einfach zu verstehen.

Philosophen und Wissenschaftler, die über den Geist und das Hirn forschen, werden nur zu deutlich sehen, daß ich über viele Themen hinweggegangen bin, die sie besonders interessieren. Jedoch hoffe ich, daß sie trotz der von mir hier gepflegten Einfachheit etwas aus diesem Buch lernen können, und sei's auch nur aus den Abschnitten, wo es um Dinge geht, bei denen sie sich nicht so gut auskennen. Tatsachenverzerrungen habe ich zu vermeiden gesucht, obwohl das in der Biologie – allein schon wegen der großen Vielfalt der Natur – nicht einfach ist. Verzerrungen, die durch den Standpunkt bedingt sind, lassen sich nicht so einfach entschuldigen. Bewußtsein ist ein Thema, über das nicht viel Konsens besteht – nicht einmal darüber, was überhaupt das Problem ist. Ohne ein paar anfängliche Vorurteile kommt man überhaupt nicht vom Fleck. Der Leser wird bemerken, daß ich zur Zeit für die Ansichten der Funktionalisten, Behavioristen, wie auch einiger Physiker, Mathematiker und Philosophen keine Begeisterung aufbringe. Morgen sehe ich vielleicht ein (oder lasse mich davon überzeugen), daß das, was ich jetzt denke, Irrtümer enthält, aber heute muß ich mich daran halten und das Beste daraus machen.

Die Botschaft des Buches lautet: Die Zeit ist jetzt gekommen, wissenschaftlich über das Bewußtsein (und seine Beziehung zur hypothetischen unsterblichen Seele, falls es eine Beziehung gibt) nachzudenken und – was das Wichtigste dabei ist – mit Ernst und Entschiedenheit die *experimentelle* Untersuchung des Bewußtseins in Angriff zu nehmen.

Als Orientierung im Dschungel der Wissenschaften vom Hirn ist der folgende Überblick für den Leser vielleicht nützlich. Das Buch besteht aus drei Hauptteilen.

Im 1. Kapitel wird die Erstaunliche Hypothese, in der meine Zugangsweise zum Hirn zusammengefaßt ist, ohne Umschweife formuliert: Um uns selbst zu verstehen, müssen wir das Verhalten und die Interaktionsweisen von Nervenzellen verstehen. Ältere, vorwissenschaftliche Ideen über das Bewußtsein werden mit unseren modernen wissenschaftlichen Kenntnissen über das Universum verglichen. Anschließend erörtere ich kurz einige Themen philosophischen Charakters, wie z.B. den Reduktionismus, die sog. Qualia, emergentes Verhalten und die Realität der Welt.

Das 2. Kapitel beschreibt in groben Umrissen die allgemeine Natur des Bewußtseins und lehnt sich dabei an einiges an, was William James (vor etwa hundert Jahren) und drei zeitgenössische Psychologen vertreten haben. Dies wird dann auf die Aufmerksamkeit und das Kurzzeitgedächtnis angewendet. Anschließend formuliere ich die Annahmen (und Einstellungen), mit denen ich das Problem angehen werde, und ich lege dar, weshalb ich mich auf eine besondere Art von Bewußtsein – auf das visuelle Bewußtsein – konzentriere und nicht auf andere Arten wie z.B. Schmerzbewußtsein, Selbstbewußtsein und so weiter.

Das 3. Kapitel beschreibt, inwiefern die ziemlich naiven Ideen, die die meisten Menschen über das Sehen haben, weitgehend inkorrekt sind. Zwar wissen wir derzeit noch nicht genau, was sich in unserem Hirn abspielt, wenn wir etwas sehen, aber wir können doch wenigstens etwas darüber sagen, wie ein wissenschaftlicher Zugang zu diesem Problem aussehen könnte.

Kapitel 4 und 5 sind ziemlich lang, doch behandeln sie nur einige wenige Aspekte der sehr komplizierten Psychologie der visuellen Wahrnehmung. Der Leser soll hier einen Eindruck davon bekommen, was überhaupt erklärt werden muß.

Teil II ist hauptsächlich eine sehr stark vereinfachte Darstellung des Hirns und insbesondere des visuellen Systems. Ich habe versucht, den Leser nicht mit zu vielen Details zu überrollen, ihm aber doch ein gutes Bild von der allgemeinen Organisation des Nervensystems und seiner Funktionsweise zu vermitteln. Als erstes beschreibe ich in groben Zügen die Anatomie des Hirns (7. Kapitel), daran schließt sich eine einfache Darstellung der Nervenzelle an (8. Kapitel). Das 9. Kapitel beschreibt einige der experimentellen Methoden, die bei der Erforschung des Hirns, der Nervenzellen und ihrer Moleküle verwendet werden. In den nächsten beiden Kapiteln skizziere ich die allgemeine Beschaffenheit des visuellen Systems höherer Primaten. Das 12. Kapitel veranschaulicht, wie sich aus der Untersuchung von Menschen mit Hirnschäden nützliche Informationen gewinnen lassen. Teil II endet mit Kapitel 13, darin geht es um einige theoretische Modelle (sogenannte neuronale Netze), die das Verhalten kleiner Gruppen von neuronenartigen Einheiten simulieren.

Die Teile I und II stellen den notwendigen Hintergrund für Teil III bereit, in dem es darum geht, die möglichen experimentellen Zugänge zum Problem des visuellen Bewußtseins darzulegen. Keiner von ihnen hat bis jetzt zur Lösung des Geheimnisses geführt, aber einige von ihnen sind vielversprechend. Teil III endet mit Kapitel 18, in dem einige allgemeine Fragen erörtert werden, die sich aus meinen Vorschlägen ergeben. Es folgt ein kurzes, informelles Postskriptum über die Willensfreiheit.

Um die Darstellung möglichst straff und konzentriert zu halten, habe ich alles, was für den Argumentationsgang nicht wesentlich ist, in Anmerkungen abgehandelt. Außerdem habe ich ein Glossar angefügt, in dem die meisten wissenschaftlichen Fachausdrücke, die im Text verwendet werden, kurz erläutert sind. Dem Glossar habe ich einen kurzen Hinweis auf die in der Wissenschaft üblichen Längen-, Zeit- und Frequenzeinheiten vorangestellt, denn vieles, was sich im Hirn abspielt, hat mit räumlichen und zeitlichen Abständen zu tun, die im Vergleich zu dem, was uns aus dem Alltagsleben vertraut ist, sehr klein sind.

Für diejenigen Leser, die sich mit einem der Themen näher beschäftigen möchten, habe ich weiterführende Literatur zusammengestellt; einige der erwähnten Bücher sind für den Laien geeignet, andere für den Experten. Zumeist habe ich eine kurze Bemerkung über den Inhalt hinzugefügt. Die Zahlen im Text, die in eckigen Klammern stehen, verweisen auf eine Liste von Veröffentlichungen, die hauptsächlich in Fachzeitschriften erschienen und viel technischer geschrieben sind. Diese Liste erfaßt nur einen winzigen Bruchteil der einschlägigen wissenschaftlichen Literatur, sie dürfte aber einen Ausgangspunkt für detaillierte Weitererkundungen bieten. Dem Laien empfehle ich diese Veröffentlichungen nicht zur Lektüre – allein schon deshalb nicht, weil die meisten schlecht geschrieben sind. Es gibt nichts Schwierigeres zu verstehen und Langweiligeres zu lesen als einen durchschnittlichen wissenschaftlichen Aufsatz.

Lesern, die mir schreiben, um mich auf Tatsachenfehler hinzuweisen, bin ich höchst dankbar. Für Korrespondenz über allgemeinere Themen bringe ich weniger Begeisterung auf. Die meisten Menschen haben ihre eigenen Ideen über das Bewußtsein, und es sind nicht gerade wenige, die in sich den Drang verspüren, diese Ideen niederzuschreiben. Ich hoffe, es wird mir verziehen, daß ich nicht alles lese, was mir zu diesen Themen zugeschickt wird. Normalerweise berücksichtige ich nur solche Ideen, die in einer Fachzeitschrift mit Gutachterstab oder in einem Buch eines renommierten Verlags präsentiert worden sind. Sonst könnte ich bei dem dauernden Geplapper, das durch die Anregungen anderer Leute entsteht, gar nicht konzentriert nachdenken. Ich schlage mich mit diesen schwierigen Problemen immer noch weiter herum, doch hoffe ich, daß die vorliegende Einführung für den Leser von einigem Interesse ist.

Erster Teil

1 EINFÜHRUNG

Frage: Was ist die Seele?
Antwort: Die Seele ist ein Lebewesen ohne Körper, das Vernunft und freien
Willen hat. *Katholischer Katechismus*

Die Erstaunliche Hypothese besagt folgendes: »Sie«, Ihre Freuden
und Leiden, Ihre Erinnerungen, Ihre Ziele, Ihr Sinn für Ihre eigene
Identität und Willensfreiheit – bei alledem handelt es sich in Wirklichkeit nur um das Verhalten einer riesigen Ansammlung von Nervenzellen und dazugehörigen Molekülen. Lewis Carrolls Alice aus
dem Wunderland hätte es vielleicht so gesagt: »Sie sind nichts weiter als ein Haufen Neurone.«[1] Diese Hypothese ist so weit von den
Vorstellungen der meisten Menschen entfernt, daß man sie wahrlich
als erstaunlich bezeichnen kann.

Bei allen Völkern und Stämmen, wie primitiv sie auch immer sein
mögen, findet sich in der einen oder anderen Form das Interesse des
Menschen an der Beschaffenheit der Welt und insbesondere an seiner eigenen Natur. Es reicht zurück bis zu den Zeiten, aus denen wir
die ersten schriftlichen Aufzeichnungen haben, und es reicht ziemlich sicher noch weiter zurück, wenn wir daran denken, wo es überall sorgfältige Bestattungen von Menschen gab. Den meisten Religionen zufolge existiert irgendeine Art von Geist, der nach dem
körperlichen Tod weiterbesteht und in einem gewissen Maße das
Wesen des einzelnen Menschen ausmacht. Ohne seinen Geist kann
ein Körper nicht normal funktionieren, falls er dann überhaupt
funktionieren kann. Wenn jemand stirbt, verläßt seine Seele den
Körper. Was danach geschieht, das ist von Religion zu Religion verschieden: Die Seele kommt in den Himmel, die Hölle, das Fegefeu-
er, oder sie wird in einem Esel oder in einem Moskito reinkarniert.
Die Religionen stimmen in den Einzelheiten häufig nicht überein,
doch das liegt gewöhnlich daran, daß sie auf unterschiedlichen Of-
fenbarungen beruhen – (man vergleiche z.B. die Bibel des Christen-
tums mit dem Koran des moslemischen Glaubens). Trotz der Un-

terschiede gibt es jedoch zumindest in einem Punkt breite Übereinstimmung unter den Religionen: Menschen haben Seelen, und zwar in einem ganz wörtlichen und nicht bloß metaphorischen Sinn. Die Mehrheit der heute lebenden Menschen glaubt dies, und in vielen Fällen handelt es sich um einen starken und aggressiven Glauben.

Es gibt natürlich ein paar Ausnahmen. Zu einer gewissen Zeit wurde von einer Minderheit extremer Christen (die sich auf Aristoteles beriefen) bezweifelt, daß Frauen Seelen haben – oder zumindest Seelen von gleicher Qualität wie die der Männer. In einigen Religionen, wie z.B. in der jüdischen, spielt das Leben nach dem Tod keine wichtige Rolle. In verschiedenen Religionen gibt es unterschiedliche Ansichten darüber, ob Tiere Seelen haben. Einem alten Witz zufolge gibt es (trotz all ihrer Meinungsunterschiede) im großen und ganzen zwei Klassen von Philosophen: die einen, so heißt es, haben Hunde und sind sich sicher, daß Hunde eine Seele haben; die anderen haben keine Hunde und sind der gegenteiligen Ansicht.

Eine Minderheit heutiger Menschen (zu der viele aus den früher kommunistischen Ländern gehören) neigt zu einer völlig anderen Auffassung. Sie halten die Vorstellung von einer Seele, die nichts Körperliches ist und den bekannten Gesetzen der Wissenschaft nicht unterworfen ist, für ein Märchen. Es fällt nicht schwer einzusehen, wie solche Märchen entstehen konnten. Ohne detailliertes Wissen über die Natur von Materie und Strahlung sowie über die biologische Evolution haben solche Märchen einen Anschein von Plausibilität.

Warum also sollte man diesen Grundbegriff der Seele in Zweifel ziehen? Wenn fast jeder daran glaubt, dann spricht doch allein schon dieser Umstand auf den ersten Blick für die Existenz der Seele. Doch andererseits glaubte vor ungefähr viertausend Jahren fast jedermann, daß die Erde flach sei. Der Hauptgrund für diesen radikalen Meinungswandel ist der spektakuläre Fortschritt der modernen Wissenschaft. Die meisten religiösen Überzeugungen, die wir heute haben, entstanden zu einer Zeit, als die Erde (die gemäß unseren heutigen Standards klein ist) für riesig gehalten wurde, auch wenn man nicht wußte, wie groß sie genau war. Jeder einzelne Mensch besaß nur von einem winzigen Teil der Welt direktes Wissen. Es schien plausibel, daß diese riesige Erde das Zentrum des

Universums ist und daß der Mensch darin die führende Rolle spielt. Der Ursprung der Erde schien im undurchdringlichen Dunkel der Vergangenheit zu liegen; dennoch wissen wir, daß die Zeitspanne, die damals angenommen wurde, extrem kurz ist, auch wenn sie im Vergleich zu einem Menschenleben sehr lang erschien. Es schien plausibel anzunehmen, daß die Erde weniger als zehntausend Jahre alt war. Heute wissen wir, daß ihr wahres Alter etwa 4,6 Milliarden Jahre beträgt. Die Sterne schienen sehr weit entfernt, sie waren vielleicht im sphärischen Firmament befestigt, doch wäre die wirkliche Ausdehnung des Universums – mehr als zehn Milliarden Lichtjahre – fast unvorstellbar gewesen. (Gewisse Religionen des Ostens, wie z.B. den Hinduismus, die daran Gefallen finden, räumliche und zeitliche Ausdehnungen aus reinem Vergnügen aufzublähen, muß man hier ausnehmen.)

Vor Galilei und Newton war unser physikalisches Wissen primitiv. Die Bewegungen der Sonne und der Planeten schienen auf eine sehr vertrackte Weise regelmäßig zu sein. Es war nicht völlig unvernünftig anzunehmen, daß Engel nötig waren, um sie zu lenken. Wie könnte ihr Verhalten denn sonst so regelmäßig sein? Noch im 16. und 17. Jahrhundert war unser Verständnis der Chemie weitgehend inkorrekt. Ja, noch zu Beginn des 20. Jahrhunderts bezweifelten manche Physiker die Existenz von Atomen.

Heute hingegen wissen wir sehr viel über die Eigenschaften von Atomen. Wir können jedem Typ von Atom eine ganze Zahl zuordnen. Wir kennen ihre Struktur im Detail und auch die meisten Gesetze, die ihr Verhalten steuern. Die Physik hat einen Erklärungsrahmen für die Chemie bereitgestellt. Unsere Detailkenntnis organischer chemischer Moleküle ist enorm und nimmt mit jedem Tag zu.

Zwar verstehen wir zugestandenermaßen noch nicht genau, was vor sich geht, wenn die Abstände sehr klein (im Atomkern), die Energien extrem hoch und die Gravitationsfelder sehr groß sind. Doch was die Bedingungen angeht, mit denen wir es normalerweise auf der Erde zu tun haben (wo ein Atom nur unter ganz besonderen Umständen in ein anderes Atom umgewandelt wird), so spielt diese Unvollständigkeit unseres Wissens nach Meinung der meisten Wissenschaftler wahrscheinlich kaum eine oder gar keine Rolle für unsere Versuche, den Geist und das Hirn zu verstehen.

Zu unserem Wissen über die chemischen und physikalischen Grundlagen kommen noch die Geo-Wissenschaften (wie z.B. die Geologie) und die Kosmos-Wissenschaft (Astronomie und Kosmologie) hinzu, in denen Bilder von unserer Welt und unserem Universum entwickelt worden sind, die sich ganz und gar von den Bildern unterscheiden, die zur Zeit der Entstehung der traditionellen Religionen vorherrschten. Das moderne Bild des Universums und seiner zeitlichen Entwicklung bildet einen wesentlichen Hintergrund für unseren derzeitigen biologischen Kenntnisstand. Dieser Kenntnisstand wurde in den letzten 150 Jahren vollständig umgestaltet. Der sog. physikotheologische Gottesbeweis schien erst ab dem Zeitpunkt nicht mehr unbestreitbar, als Charles Darwin und Alfred Wallace unabhängig voneinander auf den grundlegenden Mechanismus stießen, der die biologische Evolution antreibt: der Prozeß der natürlichen Auslese. Wie könnte ein so komplexer und gut funktionierender Organismus wie der Mensch ohne die Hilfe eines allweisen Schöpfers entstanden sein? Und doch ist dieser Beweis völlig zusammengebrochen. Heute wissen wir, daß alle Lebewesen, von den Bakterien bis zu uns selbst, auf der biochemischen Ebene eng verwandt sind. Wir wissen, daß es seit Milliarden von Jahren Leben auf der Erde gibt und daß sich während dieser Zeit viele Pflanzen- und Tierarten verändert – und oftmals radikal verändert – haben. An die Stelle der Dinosaurier sind viele neue Säugetierarten getreten. Wir können die grundlegenden Vorgänge der Evolution heute sowohl in der freien Wildbahn als auch in unseren Reagenzgläsern beobachten.

In diesem Jahrhundert gab es einen gleichermaßen dramatischen biologischen Fortschritt, der sich unserem Verständnis der molekularen Beschaffenheit der Gene und ihrer exakten Vervielfältigungsprozesse sowie unserem detaillierten Wissen über Proteine und die Mechanismen ihrer Synthese verdankt. Es ist uns klargeworden, daß die Proteine immens wirkungsvoll und vielseitig sind und die Basis hochentwickelter biochemischer Einheiten bilden können. In der Embryologie (heute oft »Entwicklungsbiologie« genannt) erwarten wir einen bedeutenden Durchbruch. Das befruchtete Ei eines Seeigels teilt sich normalerweise viele Male, bis daraus allmählich ein ausgewachsener Seeigel entsteht. Wenn nach der ersten Zellteilung die beiden Tochterzellen des befruchteten Eis getrennt werden, dann wird sich jede von ihnen allmählich zu einem eigenen, wenn auch viel kleineren Seeigel entwickeln. Ein ähnliches Experiment läßt sich mit einem Froschei machen. Die Moleküle haben sich in einer Weise neu organisiert, die dazu führt, daß aus dem Material, aus dem ansonsten ein einziges Lebewesen entsteht, zwei kleinere Lebewesen erzeugt werden. Als dies vor etwa hundert Jahren zum ersten Mal entdeckt wurde, vermutete man, irgendeine immaterielle »Kraft des Lebens« müsse da am Werk sein. Es schien unvorstellbar, daß diese dramatische Verdopplung einer lebenden Kreatur jemals biochemisch erklärt werden könnte – d.h. mit Hilfe der Eigenschaften und Wechselwirkungen organischer und anderer Moleküle. Heute haben wir den Eindruck, daß dies uns im Prinzip keine Schwierigkeit bereitet, auch wenn wir annehmen, daß die Erklärung, wie so etwas geschehen kann, kompliziert sein wird. In der Geschichte der Wissenschaft wurde immer und immer wieder behauptet, irgend etwas lasse sich prinzipiell nicht verstehen (»Nie werden wir wissen, woraus die Sterne bestehen«). In vielen Fällen haben sich diese Vorhersagen als inkorrekt erwiesen.

Ein moderner Neurobiologe braucht die religiöse Vorstellung einer Seele nicht, um das Verhalten von Menschen und anderen Lebewesen zu erklären. Man erinnert sich hier daran, wie Napoleon, als Pierre-Simon Laplace ihm das Sonnensystem erklärt hatte, fragte: Und wo kommt Gott in all das hinein? Worauf Laplace erwiderte: »Sire, ich brauche diese Hypothese nicht." Nicht alle Neurowissenschaftler halten die Vorstellung der Seele für ein Märchen – Sir John Eccles [1, 2] ist die berühmteste Ausnahme –, aber gewiß die Mehrheit. Es ist nicht so, daß sie schon beweisen könnten, daß diese Idee falsch ist. Vielmehr sehen sie, wie die Dinge derzeit stehen, keine Notwendigkeit für diese Hypothese. Zwar ist es eine wichtige Aufgabe, Krankheiten des Hirns zu verstehen und zu heilen. Aber aus der Perspektive der Menschheitsgeschichte betrachtet geht es bei der wissenschaftlichen Erforschung des Hirns nicht nur darum, sondern hauptsächlich auch darum, die wahre Natur der menschlichen Seele zu erfassen. Ob dieser Ausdruck metaphorisch oder wörtlich zu nehmen ist, genau dies versuchen wir herauszufinden.

Viele gebildete Menschen, insbesondere in der westlichen Welt, sind der Überzeugung, daß die Seele eine Metapher ist und daß eine Person weder vor der Empfängnis noch nach dem Tod lebt. Gleichgültig, ob sie sich selbst als Atheisten, Agnostiker, Humanisten oder einfach als nicht mehr gläubig bezeichnen, sie alle bestreiten die wichtigsten Behauptungen der traditionellen Religionen. Das heißt jedoch nicht, daß sie normalerweise ganz anders über sich selbst denken als die übrigen Menschen. Die alten Denkgewohnheiten sind hartnäckig. Ein Mensch mag religiös gesehen ungläubig sein, dennoch mag er weiterhin psychologisch gesehen ziemlich genauso über sich selbst denken wie ein gläubiger Mensch, jedenfalls solange es um die alltäglichen Dinge geht.

Wir müssen also schärfer fassen, worum es geht. Die wissenschaftliche Überzeugung besteht darin, daß unser Geist – das Verhalten unseres Hirns – sich durch die Wechselwirkungen von Nervenzellen (sowie anderen Zellen) und den dazugehörigen Molekülen erklären läßt.[2] Für die meisten Menschen ist dies eine wirklich überraschende Vorstellung. Es fällt nicht leicht zu glauben, daß ich das differenzierte Verhalten einer Menge von Nervenzellen bin, auch wenn es noch so viele und ihre Wechselbeziehungen noch so verwickelt sind. Man versuche einmal, sich diesen Standpunkt für einen Moment vorzustellen. (»Was auch immer er sagen mag, Mabel, ich weiß, daß ich irgendwo hier drinnen bin und hinaus in die Welt schaue«.)

Weshalb erscheint die Erstaunliche Hypothese so überraschend? Ich denke, es gibt drei Hauptgründe. Der erste ist, daß es vielen Menschen widerstrebt, den sog. reduktionistischen Ansatz zu akzeptieren, demzufolge ein komplexes System durch das Verhalten seiner Teile und ihrer Wechselwirkungen untereinander erklärt werden kann. Bei einem System mit vielen Aktivitätsebenen muß dieser Vorgang vielleicht mehr als einmal wiederholt werden – d.h. es kann sein, daß das Verhalten eines bestimmten Teils wiederum durch das Verhalten *seiner* Teile und deren Wechselwirkungen erklärt werden muß. Um beispielsweise das Hirn zu verstehen, mag es nötig sein, die vielen Wechselwirkungen von Nervenzellen untereinander zu kennen; darüber hinaus könnte es nötig sein, das Verhalten jeder einzelnen Nervenzelle mit Rückgriff auf die Ionen und Moleküle zu erklären, aus denen sie sich zusammensetzt.

Wo endet dieser Vorgang? Erfreulicherweise gibt es einen natürlichen Haltepunkt. Er befindet sich auf der Ebene der Atome. Jedes Atom besteht aus einem schweren Atomkern mit positiver Ladung, der von einer strukturierten Wolke leichter, bewegter Elektronen mit negativer Ladung umgeben ist. Die chemischen Eigenschaften jedes Atoms sind fast vollständig durch die Ladung des Kerns festgelegt.[3] Die anderen Eigenschaften des Kerns – seine Masse, seine sekundären elektrischen Eigenschaften wie die Stärke seines Dipols und Quadrupols – haben in den meisten Fällen nur geringen Einfluß auf seine chemischen Eigenschaften.

Zumindest in der gemäßigten Umgebung, in der Leben auf der Erde gedeiht, ist es nun so, daß die Masse und die Ladung eines Atomkerns sich niemals verändern. Mithin wird in der Chemie kein Wissen über die Substruktur des Kerns benötigt. Es spielt keine Rolle, daß ein Atomkern sich aus verschiedenen Kombinationen von Protonen und Neutronen zusammensetzt und daß diese wiederum aus Quarks bestehen. Wenn der Chemiker die Ladung des Kerns kennt, dann weiß er alles, was er über ein Atom wissen muß, um die meisten chemischen Tatsachen erklären zu können. Dazu muß er die ziemlich unerwartete Mechanik (die sog. Quantenmechanik) verstehen, die das Verhalten sehr kleiner Teilchen – insbesondere auch der Elektronen – steuert. Da die Berechnungen rasch unüberwindbar schwierig werden, benutzt er in der Praxis gerne gewisse vereinfachende Regeln, für die es inzwischen eine ordentliche quantenmechanische Erklärung gibt. In Bereiche, die sich unterhalb dieser Ebene befinden, muß er sich nicht vorwagen.[4]

Es wurde oft versucht nachzuweisen, daß der Reduktionismus versagen muß. Gewöhnlich wird zunächst einmal ziemlich formal definiert, was »Reduktionismus« heißen soll, und dann folgt eine Argumentation dafür, daß ein Reduktionismus dieses Typs nicht wahr sein kann. Dabei wird übersehen, daß der Reduktionismus kein starrer Prozeß ist, in dessen Verlauf eine festgefügte Menge von Ideen mit Hilfe einer anderen festgefügten Menge von niedrigerstufigen Ideen erklärt wird; vielmehr handelt es sich ja um einen Wechselwirkungsprozeß, in dessen Verlauf sich wegen des Wissenszuwachses auf beiden Ebenen begriffliche Veränderungen ergeben. Schließlich ist der »Reduktionismus« die wichtigste theoretische Methode, von der die Entwicklung der Physik, der Chemie und der Molekularbiologie angetrieben worden ist. Diese Methode ist weitgehend verantwortlich für die spektakulären Entwicklungen der modernen Wissenschaft. Sie ist die einzig vernünftige Vorgehensweise, solange keine starken experimentellen Beweise es nötig machen, daß wir unsere Einstellung ändern. Allgemeine philosophische Argumente gegen den Reduktionismus reichen da nicht aus.

Eine weitere beliebte philosophische Argumentation besagt, der Reduktionismus enthalte einen »Kategorienfehler«. In den zwanziger Jahren dieses Jahrhunderts hätte ein Anhänger dieser Auffassung z.B. sagen können, es sei ein Kategorienfehler, ein Gen als ein Molekül zu betrachten (oder wie man jetzt besser sagen würde: als Teil eines Paars aneinander gebundener Moleküle). Ein Gen gehört zu einer ganz anderen Kategorie als ein Molekül. Inzwischen weiß man, wie hohl derartige Einwände sind.[5] Kategorien sind uns nicht als etwas Absolutes gegeben. Sie sind Erfindungen, die von Menschen gemacht wurden. Die Geschichte hat gezeigt, daß eine Kategorie, die sich sehr plausibel ausnehmen mag, sich dann doch als in der Anlage verfehlt und irreführend herausstellen kann. Man denke nur an die vier Temperamente in der antiken und mittelalterlichen Medizin: Blut, Schleim, gelbe und schwarze Galle (sanguinisch, phlegmatisch, cholerisch und melancholisch).

Der zweite Grund dafür, daß die Erstaunliche Hypothese uns so seltsam vorkommt, liegt im Wesen des Bewußtseins. So haben wir z.B. ein lebhaftes inneres Bild von der Außenwelt. Die Annahme, dabei handele es sich um nichts weiter als eine andere Form des Redens über das Verhalten von Neuronen, mag wie ein Kategorienfehler erscheinen. Doch haben wir gerade gesehen, daß Argumenten dieser Art nicht immer zu trauen ist.

Philosophen haben sich mit dem Problem der Qualia ganz besonders beschäftigt: wie kann man beispielsweise die Röte von Rot oder die Schmerzhaftigkeit von Schmerz erklären? Das ist ein sehr mühseliges Thema. Das Problem rührt daher, daß sich die von mir so lebhaft wahrgenommene Röte von Rot keinem anderen Menschen präzis mitteilen läßt – jedenfalls nicht im gewöhnlichen Gang der Dinge. Wenn man die Eigenschaften eines Dings nicht unzweideutig beschreiben kann, dann gerät man leicht in Schwierigkeiten, wenn man versucht, für diese Eigenschaften eine reduktionistische Erklärung zu geben. Das heißt nicht, daß sich nicht doch irgendwann einmal das *neurale Korrelat* [6] des Rotsehens einer Person erklären lassen wird. Anders gesagt, wir sind vielleicht einmal in der Lage zu sagen, daß Sie genau dann Rot wahrnehmen, wenn gewisse Neurone (und/oder Moleküle) in Ihrem Kopf sich auf eine bestimmte Weise verhalten. Dies wird vielleicht – vielleicht aber auch nicht – eine Erklärung dafür naheleger, warum Sie eine lebhafte Farbwahrnehmung haben und warum Neuronenverhalten der einen Art notwendigerweise dazu führt, daß Sie Rot sehen, während andersartiges Neuronenverhalten dazu führt, daß Sie Blau sehen, und warum es nicht genau umgekehrt ist.

Selbst wenn sich herausstellen sollte, daß die Röte von Rot sich nicht erklären läßt (weil Sie mir diese Röte nicht erklären können), so folgt daraus nicht, daß wir keine vernünftige Sicherheit darüber haben können, daß Sie Rot genauso sehen wie ich. Wenn sich herausstellt, daß das neurale Korrelat von Rot in ihrem Hirn dasselbe ist wie in meinem, dann wäre es wissenschaftlich plausibel, daraus den Schluß zu ziehen, daß Sie Rot so sehen wie ich. Das Problem liegt in dem Wort »genau«. Wie präzise wir sein müssen, das wird davon abhängen, was eine detaillierte Kenntnis der relevanten Prozesse ergibt. Wenn das neurale Korrelat von Rot in einer wichtigen Hinsicht von meiner früheren Erfahrung abhängt und wenn meine frühere Erfahrung sich beträchtlich von Ihrer unterscheidet, dann können wir vielleicht nicht den Schluß ziehen, daß wir Rot in genau derselben Weise sehen.

Daraus läßt sich folgern, daß wir, um die verschiedenen Formen von Bewußtsein zu verstehen, erst einmal ihre neuralen Korrelate kennen müssen.

Der dritte Grund dafür, daß die Erstaunliche Hypothese so seltsam wirkt, rührt daher, daß wir das unbestreitbare Gefühl haben, unser Wille sei frei. Zwei Probleme stellen sich hier unmittelbar: Können wir ein neurales Korrelat von Ereignissen finden, die unseres Erachtens zeigen, daß wir unseren Willen frei ausüben? Und könnte es nicht sein, daß unser Wille nur scheinbar frei ist? Ich glaube, daß eine Erklärung der Willensfreiheit vermutlich leichter sein wird, wenn wir erst einmal das Problem des Bewußtseins lösen (dazu etwas Ausführlicheres im Postskriptum).

Wie entstand diese außergewöhnliche neuronale Maschine? Will man das Hirn verstehen, dann ist es wichtig zu begreifen, daß es das

Endprodukt eines langen Prozesses der Evolution durch natürliche Auslese ist. Es wurde zwar nicht von einem Ingenieur entworfen, aber es leistet, wie wir sehen werden, dennoch großartige Arbeit, und zwar ohne großen Aufwand an Raum und Energie. Die Gene, die wir von unseren Eltern erhalten haben, sind über viele Millionen Jahre hinweg durch die Erfahrung unserer entfernten Vorfahren beeinflußt worden. Diese Gene – und die durch sie vor der Geburt ausgelösten Prozesse – legen weitgehend die Struktur der Teile unseres Hirns fest. Bei der Geburt ist das Hirn, wie wir inzwischen wissen, keine *tabula rasa*, sondern eine komplizierte Struktur, bei der viele Teile schon da sind, wo sie hingehören. Die Erfahrung besorgt dann die Feineinstellung dieses provisorischen Apparates, bis er so weit ist, daß er Präzisionsarbeit leisten kann.

Die Evolution ist kein Konstrukteur, der sauber arbeitet. François Jacob, der französische Molekularbiologe, hat zu Recht gesagt: »Die Evolution ist ein Hudler« [4]. Sie baut auf dem auf, was vorher da war, normalerweise geht sie in ziemlich kleinen Schritten vor. Sie ist opportunistisch. Wenn etwas Neues funktioniert (gleichgültig wie), dann wird die Evolution versuchen, es zu fördern. Dies bedeutet, daß Änderungen und Verbesserungen, die den bestehenden Strukturen relativ leicht hinzugefügt werden können, mit größerer Wahrscheinlichkeit den Vorzug bei der Auslese erhalten. Und die Konstruktion, die schließlich zustande kommt, ist deshalb vorzugsweise eine unordentliche Ansammlung von interagierenden Vorrichtungen und keine saubere Konstruktion. Überraschenderweise funktioniert ein solches System oft besser als ein einfacherer Mechanismus, der so konstruiert ist, daß er die Arbeit in einer direkteren Art erledigt.

Das reife Hirn ist somit das Ergebnis sowohl der natürlichen Anlage als auch der Umwelt. Bei der Sprache läßt sich dies leicht erkennen. Die Fähigkeit, eine komplizierte Sprache fließend zu beherrschen, ist anscheinend einzig den Menschen gegeben. Unsere nächsten Verwandten, die Affen, bringen bei der Verwendung von Sprache selbst nach ausführlichem Training nur sehr schwache Leistungen. Und doch hängt die Sprache, die wir tatsächlich erlernen, offensichtlich sehr davon ab, wo und wie wir aufgezogen wurden.

Zwei eher philosophische Anmerkungen sind nötig. Die erste hat damit zu tun, daß viel Verhalten des Hirns »emergent« ist – d.h. derartiges Verhalten existiert nicht in den separaten Teilen des Hirns wie z.B. den einzelnen Neuronen. Ein einzelnes Neuron ist in der Tat sehr dumm. Nur durch das verwickelte Zusammenwirken vieler Neuronen können diese phantastischen Leistungen zustande gebracht werden.

Der Ausdruck »emergent« hat zwei Bedeutungen. In der einen Bedeutung schwingt etwas Mystisches mit. Emergentes Verhalten (im ersten Sinn) läßt sich in keinem Fall und nicht einmal im Prinzip als das kombinierte Verhalten der separaten Teile verstehen. Es fällt mir schwer, mit dieser Art zu denken etwas anzufangen. Gemäß der wissenschaftlichen Bedeutung von »emergent« – oder zumindest gemäß der Bedeutung, in der ich dieses Wort verwende – ist emergentes Verhalten eines Systems zwar nicht unbedingt die einfache Summe des Verhaltens der Teile, es kann aber zumindest im Prinzip dank folgender Faktoren *verstanden* werden: dank der Beschaffenheit und des Verhaltens der Teile *plus* des Wissens um die Interaktionsweisen all dieser Teile.

Ein einfaches Beispiel aus der elementaren Chemie wäre eine beliebige organische Verbindung, wie z.B. das Benzol. Ein Benzolmolekül besteht aus sechs Kohlenstoffatomen, die sich symmetrisch zu einem Ring anordnen, wobei an jedes Kohlenstoffatom an der Außenseite des Rings ein Wasserstoffatom gebunden ist. Abgesehen von der Masse sind die Eigenschaften des Benzolmoleküls in keinerlei Sinn die einfache arithmetische Summe der Eigenschaften der zwölf Atome, aus denen es besteht. Dennoch läßt sich ausrechnen, wie das Benzol sich verhält – wie es z.B. chemisch reagiert oder Licht absorbiert –, falls wir wissen, wie diese Teile interagieren, auch wenn wir die Quantenmechanik dazu benötigen. Es ist merkwürdig, daß niemand irgendeine mystische Befriedigung verspürt, wenn er sagt: »Das Benzolmolekül ist mehr als die Summe seiner Teile«, während doch allzuviele Menschen so etwas gerne über das Hirn sagen und dann weise dazu nicken. Das Hirn ist derart kompliziert, und jedes einzelne Hirn ist derart individuell, daß wir vielleicht niemals in der Lage sein werden, zu einem detaillierten Wissen darüber zu gelangen, wie ein bestimmtes Hirn von Sekunde zu Sekunde funktioniert. Wir dürfen aber zumindest die Hoffnung haben, daß wir die allgemeinen Prinzipien verstehen werden, gemäß denen komplexe Empfindungen und Verhaltensweisen des Hirns aus den Interaktionen seiner vielen Teile entstehen.

Gewiß, es mögen wichtige Prozesse ablaufen, die noch gar nicht entdeckt sind. Ich habe den Verdacht, daß wir selbst dann, wenn uns das exakte Verhalten eines Teils des Hirns mitgeteilt würde, die Erklärung manchmal gar nicht unmittelbar verstehen würden, denn sie könnte neue Begriffe und neue Ideen mit sich bringen, die erst noch klar formuliert werden müßten. Allerdings teile ich nicht den Pessimismus derer, die denken, unser Hirn sei von Natur aus zu einem Verständnis solcher Ideen unfähig. Ich ziehe es vor, sich solchen Schwierigkeiten, falls es sie tatsächlich gibt, zu stellen, wenn wir ihnen begegnen. Das menschliche Hirn hat sich so entwickelt, daß wir mit Leichtigkeit viele Begriffe meistern können, die mit unserer Alltagswelt zu tun haben. Gut trainierte Hirne können aber darüber hinaus auch Ideen begreifen, die von Phänomenen außerhalb unserer normalen Erfahrung (z.B. Relativität und Quantenmechanik) handeln. Derartige Ideen laufen zwar unseren Intuitionen zuwider; durch dauernde Übung versetzt sich das trainierte Hirn jedoch in die Lage, sie zu begreifen und ganz selbstverständlich mit ihnen umzugehen. Ideen *über* unser Hirn sind vermutlich ebenfalls von dieser Art. Anfangs erscheinen sie vielleicht sehr seltsam, aber mit zunehmender Übung können wir darauf hoffen, Sicherheit und Zuversicht im Umgang mit ihnen zu entwickeln.

Nichts spricht deutlich dagegen, daß wir in der Lage sind, zu diesem Wissen zu gelangen – Wissen sowohl darüber, woraus das Hirn besteht, als auch darüber, wie die Bestandteile aufeinander einwirken und gemeinsam wirksam werden. Was unseren Fortschritt auf diesem Gebiet so langsam sein läßt, das ist nichts als die Vielfalt und Komplexität der betreffenden Prozesse.

Das zweite philosophische Rätsel, das der Klärung bedarf, betrifft die Wirklichkeit der Außenwelt. Unser Hirn hat sich hauptsächlich zu dem Zweck entwickelt, mit unserem Körper zurechtzukommen und damit, wie er mit der Welt interagiert, die er durch die Sinne wahrnimmt. Gibt es diese Welt wirklich? Dies ist ein ehrwürdiges Thema der Philosophie, und ich möchte nicht in die scharf geschliffenen Zänkereien hineingeraten, die daraus inzwischen entstanden sind. Ich formuliere hier einfach meine eigene Arbeitshypothese: Es gibt tatsächlich eine Außenwelt, und sie ist weitgehend unabhängig davon, daß wir sie wahrnehmen. Wir können von dieser Außenwelt niemals vollständiges Wissen haben, wir können jedoch zu ungefähren Informationen über einige Aspekte ihrer Eigenschaften gelangen, indem wir unsere Sinne und unser Hirn benutzen. Wie wir sehen werden, sind wir uns auch nicht all dessen bewußt, was sich in unserem Hirn abspielt, sondern nur gewisser Aspekte der Hirntätigkeit. Zudem sind diese beiden Prozesse – sowohl unsere Interpretationen zur Beschaffenheit der Außenwelt als auch die Interpretationen unserer eigenen Introspektionen – anfällig für Irrtümer. Wir mögen zwar glauben, daß wir unsere Motive für eine bestimmte Handlung kennen, doch es läßt sich leicht zeigen – manchmal zumindest –, daß wir uns in Wirklichkeit selbst etwas vormachen.

2 DIE ALLGEMEINE NATUR DES BEWUSSTSEINS

»Finde auf jedem Gebiet die seltsamste Sache
und die untersuche dann.«

John Archibald Wheeler

Um mit dem Problem des Bewußtseins zu Rande zu kommen, müssen wir zunächst einmal wissen, was wir überhaupt zu erklären haben. Natürlich ist uns allen in einem allgemeinen Sinn klar, was Bewußtsein ist. Leider reicht das nicht. Psychologen haben oft gezeigt, daß unser gesunder Menschenverstand im Hinblick auf die Funktionsweisen des Geistes in die Irre führen kann. Als erstes sollten wir also naheliegenderweise feststellen, was die Psychologen im Laufe der Jahre als die wesentlichen Merkmale des Bewußtseins betrachtet haben. Auch wenn sie vielleicht manchmal ein wenig schiefliegen, so können wir ihre Ideen zum Thema doch zumindest als Ausgangspunkt nehmen.

Da das Problem des Bewußtseins derart zentral ist und das Bewußtsein so geheimnisvoll erscheint, könnte man vielleicht erwarten, daß Psychologen und Neurowissenschaftler sich heutzutage im großen Rahmen um ein Verständnis des Bewußtseins bemühen. Dies ist allerdings bei weitem nicht der Fall. Die Mehrzahl der modernen Psychologen vermeidet jederlei Erwähnung des Problems, obwohl vieles von dem, wozu sie Untersuchungen anstellen, für das Bewußtsein eine Rolle spielt. Die meisten Neurowissenschaftler ignorieren das Problem.

Dies war nicht immer so. Als die Psychologie begann, eine experimentelle Wissenschaft zu werden, vornehmlich in der zweiten Hälfte des 19. Jahrhunderts, bestand ein reges Interesse am Bewußtsein, auch wenn zugestanden wurde, daß die exakte Bedeutung dieses Wortes unklar ist. Die vorherrschende Untersuchungsmethode, besonders in Deutschland, war detaillierte und systematische Introspektion. Man hoffte, die Psychologie könnte dadurch wissenschaftlicher werden, daß man die Introspektion zu einer zuverlässigen Technik verfeinerte.

Der amerikanische Psychologe William James (der Bruder des Romanciers Henry James) hat sich ausführlich mit dem Bewußtsein auseinandergesetzt. In seinem monumentalen Werk *The Principles of Psychology* aus dem Jahre 1890 beschreibt er fünf Eigenschaften dessen, was er »Denken« nennt. Jeder Gedanke, so schrieb er, hat die Tendenz, Teil des personalen Bewußtseins zu sein. Das Denken befindet sich in ständiger Veränderung, hat eine spürbare Kontinuität und scheint sich mit Objekten zu befassen, die von ihm unabhängig sind. Zudem konzentriert sich das Denken auf gewisse Objekte und blendet dabei andere aus. Anders gesagt: zum Denken gehört Aufmerksamkeit. Über die Aufmerksamkeit machte James folgende häufig zitierte Feststellung: »Jeder weiß, was Aufmerksamkeit ist. Der Geist nimmt einen Gegenstand klar und lebhaft in Besitz, obwohl zur gleichen Zeit verschiedene Gegenstände (oder Gedankensequenzen) präsent sind. ... Zur Aufmerksamkeit gehört es, sich von gewissen Dingen zurückzuziehen, um sich mit andern wirkungsvoller auseinanderzusetzen.«

Im 19. Jahrhundert findet sich ebenfalls die Idee, daß das Bewußtsein eng mit der Erinnerung zusammenhängt. James zitiert den Franzosen Charles Richet, der 1884 schrieb: »Ein Leid, das nur für eine Hundertstelsekunde anhält, ist gar keines; und ich selbst jedenfalls wäre ohne weiteres einverstanden, mir einen beliebig schweren Schmerz zufügen zu lassen, vorausgesetzt er dauert nur eine Hundertstelsekunde und hinterläßt weder Nachhall noch Erinnerung.«

Nicht alle Tätigkeiten des Hirns wurden für bewußt gehalten. Viele Psychologen glaubten, daß gewisse Prozesse unterschwellig oder unbewußt seien. Hermann von Helmholtz z.B., der deutsche Physiker und Physiologe aus dem 19. Jahrhundert, sprach oft von Wahrnehmung als von »unbewußtem Schließen«. Damit meinte er, daß die Wahrnehmung im Hinblick auf ihre logische Struktur dem gleicht, was wir normalerweise als Schlußfolgerung bezeichnen, auch wenn dies weitgehend unbewußt geschieht.

Im frühen 20. Jahrhundert gelangten die Begriffe des Vorbewußten und des Unbewußten durch Freud, Jung und ihre Anhänger zu großer Popularität, insbesondere in literarischen Kreisen – und zwar insbesondere wegen des sexuellen Beigeschmacks, der diesen Begriffen anhaftete. Nach modernen Maßstäben kann Freud kaum als Wissenschaftler betrachtet werden; vielmehr war er ein Arzt mit vielen neuen Ideen, die er überzeugend und ungewöhnlich gut formulierte. Er wurde zum Hauptbegründer des neuen Kults der Psychoanalyse.

Wir sehen also, daß schon vor hundert Jahren drei Grundideen geläufig waren:

1. Nicht alle Tätigkeiten des Hirns haben eine Entsprechung im Bewußtsein.

2. Das Bewußtsein umfaßt irgendeine Art von Gedächtnis, wahrscheinlich ein Ultrakurzzeitgedächtnis.

3. Bewußtsein hängt eng mit Aufmerksamkeit zusammen.

Leider entstand in der akademischen Psychologie eine Bewegung, die dem Begriff des Bewußtseins jede Nützlichkeit für die Psychologie absprach. Das lag zum Teil daran, daß es so schien, als würden Experimente, in denen Introspektion eine Rolle spielt, zu gar nichts führen, und zum Teil auch daran, daß man hoffte, die Psychologie werde dadurch wissenschaftlicher werden, daß man unzweideutig experimentell beobachtbares Verhalten (insbesondere das Verhalten von Tieren) untersucht. Das war die Bewegung des Behaviorismus. Über geistige Ereignisse zu sprechen, war tabu. Verhalten mußte ganz und gar durch Reiz und Reaktion erklärt werden.

Der Behaviorismus wurde in den Vereinigten Staaten von John B. Watson und anderen vor dem Ersten Weltkrieg begründet, und er war dort besonders stark. In den dreißiger und vierziger Jahren, mit B. F. Skinner als dem berühmtesten Vertreter, hatte er seine Blütezeit. In Europa gab es zwar andere psychologische Schulen, wie z. B. die Gestalt-Schule (auf die ich im 4. Kapitel zurückkommen werde), aber es dauerte – zumindest in den Vereinigten Staaten – noch bis in die späten fünfziger und sechziger Jahre, bis es für Psychologen dank des Aufstiegs der kognitiven Psychologie nicht mehr intellektuell anrüchig war, über geistige Ereignisse zu sprechen. Damals wurde es möglich, Untersuchungen z.B. über die visuelle Vorstellung zu machen und für geistige Prozesse psychologische Modelle zu postulieren, in denen man gerne mit Grundbegriffen arbeitete, die zur Beschreibung des Verhaltens von Computern verwendet werden. Dennoch war vom Bewußtsein nur selten die

Rede, und es gab nur wenige Versuche, zwischen bewußter und unbewußter Aktivität im Hirn zu unterscheiden.

Bei den Neurowissenschaftlern, die sich der Untersuchung des Hirns ihrer Versuchstiere widmeten, verhielt es sich sehr ähnlich. Die Neuroanatomen arbeiteten fast ausschließlich an toten Tieren (und auch Menschen), während die Neurophysiologen zumeist narkotisierte Lebewesen untersuchten – Lebewesen, die nicht bei Bewußtsein sind und während der entsprechenden Experimente z.B. keine Schmerzen empfinden. Diese Arbeitsweise war nach der epochemachenden Entdeckung der beiden Neurobiologen David Hubel und Torsten Wiesel in den späten fünfziger Jahren ganz besonders verbreitet. Sie fanden heraus, daß Nervenzellen im visuellen Cortex des Hirns einer narkotisierten Katze eine ganze Reihe interessanter Reaktionen zeigten, wenn Licht in das geöffnete Auge der Katze gestrahlt wurde, obwohl sich aus den Hirnströmen ergab, daß die Katze eher schlief als wach war. Für diese und daran anschließende Forschungen erhielten sie 1981 den Nobelpreis.

Es ist viel schwieriger, die Reaktion dieser Hirnzellen bei einem Tier zu untersuchen, das wach ist (denn nicht nur muß man den Kopf des Tieres ruhigstellen, vielmehr müssen auch seine Augenbewegungen entweder verhindert oder sorgfältig beobachtet werden). Aus diesem Grund wurden nur sehr wenige Experimente gemacht, um die Reaktionen derselben Nervenzelle auf dieselben visuellen Signale unter zweierlei Bedingungen zu vergleichen: wenn das Tier wach ist und wenn es schläft. Die Neurowissenschaftler haben das Problem des Bewußtseins allerdings nicht nur wegen dieser experimentellen Schwierigkeiten traditionellerweise vermieden, sondern auch deshalb, weil sie glaubten, es sei zu subjektiv und zu »philosophisch« – und mithin einer experimentellen Untersuchung nicht leicht zugänglich. Es wäre für einen Neurowissenschaftler nicht einfach gewesen, für die Untersuchung des Bewußtseins Forschungsmittel zu erhalten.

Physiologen widerstrebt es noch immer, sich über das Bewußtsein den Kopf zu zerbrechen, doch in den letzten Jahren haben mehrere Psychologen begonnen, sich diesem Thema zuzuwenden. Die Ideen von drei von ihnen möchte ich nun kurz skizzieren. Sie haben eine Gemeinsamkeit: ein fehlendes (oder bestenfalls entferntes) Interesse an Nervenzellen. Vielmehr hoffen sie, vornehmlich durch Anwendung der psychologischen Standardmethoden etwas zum Verständnis des Bewußtseins beizutragen. Sie behandeln das Hirn als eine undurchdringliche »schwarze Schachtel«, von der wir nur wissen, welche Outputs (d.h. welches Verhalten) durch die verschiedenen Inputs (z.B. Sinnessignale) verursacht werden. Und sie entwickeln Modelle, in denen allgemeine Ideen unseres alltäglichen Verständnisses vom Geist zur Anwendung gebracht werden; diese Ideen werden ingenieurswissenschaftlich bzw. computerwissenschaftlich formuliert. Alle drei Autoren würden sich selbst wahrscheinlich als Kognitionswissenschaftler bezeichnen.

Philip Johnson-Laird – ein renommierter britischer Kognitionswissenschaftler, der heute Psychologieprofessor an der Universität Princeton ist – ist vornehmlich an Sprache interessiert, insbesondere an der Bedeutung von Wörtern, Sätzen und Texten. Dies sind Themen, die nur den Menschen betreffen. Es überrascht nicht, daß Johnson-Laird dem Hirn nur wenig Aufmerksamkeit widmet, denn ein großer Teil unserer detaillierten Informationen über das Primatenhirn stammt von Affen, und diese haben keine echte Sprache. Seine beiden Bücher *Mental Models* und *The Computer and the Mind* handeln von dem Problem, wie der Geist – die Tätigkeiten des Hirns – zu beschreiben ist und welche Relevanz moderne Computer für diese Beschreibung haben [2, 3]. Er hebt hervor, daß das Hirn, wie wir noch sehen werden, ein höchst parallel arbeitender Mechanismus ist (d.h. daß sich Millionen von Prozessen gleichzeitig abspielen) und daß wir uns vieler Hirntätigkeiten nicht bewußt sind.[1]

Johnson-Laird ist der Auffassung, daß jeder Computer (und insbesondere jeder parallel arbeitende Computer) ein Betriebssystem haben muß, das die übrigen Funktionen steuert, auch wenn es vielleicht keine vollständige Kontrolle über diese Funktionen ausüben kann. Seine Idee ist, daß gerade diese Verrichtungen des Betriebssystems die größte Ähnlichkeit mit dem Bewußtsein haben und daß es auf einer hohen Ebene in der Hierarchie des Hirns angesiedelt ist.

Ray Jackendoff, Professor für Linguistik und Kognitionswissenschaft an der Brandeis Universität, ist ein bekannter amerikanischer Kognitionswissenschaftler, der besonders an Sprache und Musik interessiert ist. Wie die meisten Kognitionswissenschaftler glaubt er, daß man sich den Geist am besten als ein biologisches Informationsverarbeitungssystem denkt. Jedoch unterscheidet er sich von vielen anderen dadurch, daß er die Frage »Wodurch ist unser bewußtes Erleben so, wie es ist?« für eines der fundamentalen Themen der Psychologie hält.

Seine Zwischenebenen-Theorie des Bewußtseins besagt, daß sich Bewußtsein weder aus den unbehandelten Elementen der Wahrnehmung noch aus dem auf höherer Ebene befindlichen Denken herleitet, sondern aus einer Repräsentationsebene, die zwischen der periphersten (empfindungsartigen) und der zentralsten (denkartigen) Ebene angesiedelt ist. Er betont mit Recht, daß dies ein völlig neuer Standpunkt ist [4].

Wie Johnson-Laird ist auch Jackendoff stark beeinflußt von der Analogie zwischen dem Hirn und einem modernen Computer. Er weist darauf hin, daß diese Analogie einige unmittelbare Vorteile hat. Beispielsweise ist in einem Computer viel Information gespeichert, aber nur ein kleiner Teil davon ist jeweils aktiv. Dasselbe gilt vom Hirn.

Nun ist aber nicht die gesamte Hirntätigkeit bewußt. Daher unterscheidet er nicht nur zwischen dem Hirn und dem Geist, sondern auch zwischen dem Hirn, dem rechnenden («computationalen«) Geist und dem, was er den »phänomenologischen Geist« nennt, womit er – grob gesagt – das meint, dessen wir uns bewußt sind. Er stimmt mit Johnson-Laird darin überein, daß das, dessen wir uns bewußt sind, eher das Resultat von Rechnungsschritten («Computationen«) ist als die Rechnungsschritte selbst.[2]

Auch er glaubt an die innige Verbindung von Bewußtsein und Kurzzeitgedächtnis. Er drückt dies so aus: »Bewußtsein wird durch den Inhalt des Kurzzeitgedächtnisses unterstützt«, und er fügt hinzu, daß das Kurzzeitgedächtnis »schnelle« Prozesse umfaßt und daß langsame Prozesse keine direkten phänomenologischen Wirkungen haben.

In bezug auf Aufmerksamkeit schlägt er folgendes vor: Die Wirkung der Aufmerksamkeit besteht auf der computationalen Ebene darin, daß das Material, auf das sich die Aufmerksamkeit richtet, besonders intensiv und detailliert verarbeitet wird. Er glaubt, daß sich damit erklären läßt, daß die Aufmerksamkeit eine beschränkte Kapazität hat.

Jackendoff und Johnson-Laird sind Funktionalisten. Man braucht nicht zu wissen, wie ein Computer verdrahtet ist, wenn man Programme für ihn schreibt; entsprechend untersucht ein Funktionalist, welche Informationen das Hirn verarbeitet und welche computationalen Prozesse es bei der Informationsverarbeitung jeweils ausführt, ohne an die neurologische Implementierung dieser Prozesse zu denken. Der Funktionalist betrachtet solche Überlegungen gewöhnlich für völlig irrelevant oder für bestenfalls verfrüht.[3]

Mit dieser Einstellung kommt man nicht weit, wenn man die Arbeitsweisen eines ungeheuer komplizierten Apparates wie des Hirns *entdecken* möchte. Warum schaut man denn nicht in die schwarze Schachtel hinein und beobachtet, wie sich ihre Bestandteile verhalten? Es ist nicht vernünftig, ein sehr schwieriges Problem anzugehen, wenn man eine Hand auf dem Rücken festgebunden hat. Wenn wir schließlich einmal einigermaßen detailliertes Wissen darüber erlangt haben werden, wie das Hirn funktioniert, dann mag eine Beschreibung höherer Stufe (und nichts anderes ist der Funktionalismus) hilfreich sein, um Gedanken über das Gesamtverhalten des Hirns zu entwickeln. Solche Ideen lassen sich dann immer mit Hilfe detaillierter Informationen von den niedrigeren Stufen, wie der zellulären oder der molekularen, auf ihre Genauigkeit hin überprüfen. Unsere vorläufigen Beschreibungen höherer Stufe sollte man als grobe Orientierungshilfen betrachten, die uns bei der Entwirrung der verwickelten Vorgänge im Hirn unterstützen.

Bernard J. Baars, Professor am Wright-Institut in Berkeley (Kalifornien), hat ein Buch mit dem Titel *A Cognitive Theory of Consciousness* geschrieben [5]. Obwohl Baars Kognitionswissenschaftler ist, hat er viel mehr Interesse am menschlichen Hirn als Jackendoff und Johnson-Laird.

Seiner Hauptidee hat er den Namen »globaler Werkraum« gegeben. Er setzt die Informationen, die zu einem beliebigen Zeitpunkt in diesem Werkraum vorhanden sind, mit dem Bewußtseinsinhalt gleich. Der Werkraum, der als eine zentrale Informationsbörse fungiert, ist mit vielen unbewußten Empfangsprozessoren verbunden. Diese Spezialisten sind auf ihrem jeweiligen Gebiet sehr effizient, anderswo aber nicht. Zudem können sie, wenn es um Zugang zum

Werkraum geht, sowohl kooperieren als auch konkurrieren. Baars arbeitet dieses Modell auf verschiedene Weise aus. Beispielsweise können die Empfangsprozessoren dadurch Unsicherheit verringern, daß sie miteinander in Wechselwirkung treten, bis sie im Hinblick auf eine einzige aktive Interpretation Übereinstimmung erreichen.[4]

Allgemeiner gesagt, betrachtet Baars Bewußtsein als etwas durch und durch Aktives, und er glaubt, daß es aufmerksamkeitsgelenkte Kontrollmechanismen für den Zugang zum Bewußtsein gibt. Seines Erachtens sind wir uns mancher, aber nicht aller Dinge bewußt, die sich im Kurzzeitgedächtnis befinden.

Diese drei Kognitionstheoretiker haben einen losen Konsens über drei Aspekte der Natur des Bewußtseins. Sie sind der Auffassung, daß nicht alle Hirnaktivitäten direkt dem Bewußtsein entsprechen und daß Bewußtsein ein aktiver Prozeß ist. Sie glauben, daß Aufmerksamkeit und irgendeine Form von Kurzzeitgedächtnis beim Bewußtsein mit im Spiel sind. Und sie würden wahrscheinlich zustimmen, daß die im Bewußtsein vorhandenen Informationen sowohl dem episodischen Langzeitgedächtnis als auch denjenigen höheren Planungsebenen des motorischen Systems eingegeben werden können, durch die absichtliche Bewegungen gesteuert werden. Über das, was darüber hinaus über das Bewußtsein zu sagen ist, haben sie unterschiedliche Vorstellungen.

Wir sollten keine dieser drei Ideen außer acht lassen. Später werden wir einen Ansatz untersuchen, anhand dessen wir herausfinden wollen, was sich daraus lernen läßt, wenn wir diese Ideen mit unserem immer größer werdenden Wissen über die Struktur und Aktivität der Nervenzellen im Hirn kombinieren.

Die meisten meiner eigenen Ideen über das Bewußtsein haben sich in Zusammenarbeit mit einem jüngeren Kollegen, Christof Koch, entwickelt. Christof ist heute Professor für Computation und Nervensysteme am California Institute of Technology (Caltech). Wir kennen einander seit den frühen achtziger Jahren, als er bei Tomaso Poggio in Tübingen studierte. Unser Ansatz ist im wesentlichen ein wissenschaftlicher.[5] Wir halten es für hoffnungslos, die Probleme des Bewußtseins mit Hilfe allgemeiner philosophischer Argumente lösen zu wollen; benötigt werden Anregungen für neue Experimente, die Licht auf diese Probleme werfen könnten. Dazu bedarf es vorläufiger theoretischer Ideen, die beim weiteren Fortschreiten vielleicht abgeändert oder wieder aufgegeben werden müssen. Es ist ein Kennzeichen eines wissenschaftlichen Ansatzes, daß man nicht versucht, eine allumfassende Theorie zu entwickeln, die so tut, als erklärte sie *jeden* Aspekt des Bewußtseins. Ein solcher Ansatz konzentriert sich auch nicht einfach deshalb auf die Untersuchung von Sprache, weil Sprache nur beim Menschen anzutreffen ist. Vielmehr versucht man, das zur Zeit für die Untersuchung des Bewußtseins günstigste System zu finden und es dann unter möglichst vielen Aspekten zu untersuchen. In einer Schlacht greift man normalerweise auch nicht an allen Fronten an. Man sucht nach der schwächsten Stelle und konzentriert dort seine Kräfte.

Wir haben zwei Grundannahmen gemacht. Die erste ist, daß da etwas ist, das nach einer wissenschaftlichen Erklärung verlangt. Es herrscht allgemeine Übereinstimmung darüber, daß Menschen nicht von allen Vorgängen Bewußtsein haben, die sich in ihren Köpfen abspielen; welche genau bewußt sind und welche nicht, das mag allerdings strittig sein. Zwar ist man sich vieler Resultate von Wahrnehmungs- und Erinnerungsvorgängen bewußt, man hat aber nur beschränkten Zugang zu den Vorgängen, die dieses Bewußtsein erzeugen (z.B. »Wie bin ich gerade auf den Vornamen meines Großvaters gekommen?«). Und so haben denn einige Psychologen die Auffassung entwickelt, daß man auch im Falle der höherstufigen kognitiven Prozesse nur sehr beschränkten introspektiven Zugang zu den Ursprüngen hat. Allerdings ist es wahrscheinlich, daß zu jedem beliebigen Zeitpunkt einige neuronale Prozesse im Kopf mit dem Bewußtsein in Beziehung stehen, andere hingegen nicht. *Welche Unterschiede bestehen zwischen ihnen?*

Unsere zweite Annahme war vorläufiger Art: All die verschiedenen Aspekte von Bewußtsein – wie beispielsweise Schmerz und visuelles Bewußtsein – verwenden einen grundlegenden gemeinsamen Mechanismus oder vielleicht ein paar wenige solcher Mechanismen. Wenn wir die Mechanismen eines einzigen Aspekts verstehen würden, dann hätten wir Grund zu der Hoffnung, damit auch dem Verständnis aller anderen Aspekte nahegekommen zu sein. Paradoxerweise scheint das Bewußtsein so seltsam und (auf den ersten Blick) so schwer zu verstehen zu sein, daß wahrscheinlich nur eine sehr spezielle Erklärung funktionieren wird. Vielleicht ist es einfacher, die allgemeine Natur des Bewußtseins zu entdecken als schlichtere Funktionsweisen – wie das Hirn z.B. Informationen so verarbeitet, daß man dreidimensional sieht (was sich im Prinzip auf viele verschiedene Arten erklären läßt). Ob es sich wirklich so verhält, bleibt noch abzuwarten.

Christof und ich haben vorgeschlagen, einige Fragen beiseite zu lassen oder einfach ohne weitere Diskussion zu beantworten, denn die Erfahrung zeigt, daß andernfalls – wenn man sich auf Argumentationen zu diesen Fragen einläßt – womöglich viel wertvolle Zeit vergeudet wird.

1. Jeder hat eine ungefähre Vorstellung davon, was unter Bewußtsein zu verstehen ist. Auf eine *präzise* Definition verzichtet man besser, denn eine verfrühte Definition birgt Gefahren in sich. Solange wir das Problem nicht sehr viel besser verstehen, ist jeder Versuch einer formalen Definition vermutlich irreführend oder übermäßig restriktiv oder beides.[6]

2. Detaillierte Argumentationen zur Frage, wofür das Bewußtsein da ist, sind wahrscheinlich verfrüht, obwohl derartige Überlegungen nützliche Hinweise auf die Beschaffenheit des Bewußtseins ergeben könnten. Letztlich ist es ja etwas sonderbar, wenn man sich allzuviel Sorgen um die Funktion einer Sache macht, wenn uns nicht sonderlich klar ist, was für eine Sache es eigentlich ist. Es ist bekannt, daß man ohne Bewußtsein nur mit sehr routinemäßig vertrauten Situationen zurechtkommt bzw. in neuen Situationen nur auf ganz wenig Information reagieren kann.

3. Es ist plausibel anzunehmen, daß einige Tierarten – und insbesondere die höheren Säugetiere – einige wesentliche Merkmale von Bewußtsein besitzen, aber nicht unbedingt alle. Aus diesem Grund können passende Experimente mit solchen Tieren eine Relevanz für die Suche nach den Mechanismen haben, die dem Bewußtsein zugrundeliegen. Daraus folgt, daß ein Sprachsystem (der Art, wie es sich beim Menschen findet) für das Bewußtsein nicht wesentlich ist. Das heißt aber nicht, Sprache könne keine bedeutende Bereicherung des Bewußtseins sein.

4. Beim derzeitigen Stand des Wissens lohnt es sich nicht, darüber zu streiten, ob »niedere« Tiere wie Tintenfische, Fruchtfliegen oder Fadenwürmer Bewußtsein haben. Es ist jedoch wahrscheinlich, daß

Bewußtsein in einem gewissen Maße mit dem Komplexitätsgrad eines beliebigen Nervensystems korreliert. Erst wenn wir einmal – sowohl im Detail als auch im Prinzip – ein klares Verständnis davon haben, was Bewußtsein beim Menschen ist, wird auch die Zeit gekommen sein, das Problem des Bewußtseins bei sehr viel weniger entwickelten Tieren zu betrachten.

Aus demselben Grund möchte ich nicht die Frage stellen, ob gewisse Teile unseres menschlichen Nervensystems ihr speziell eigenes, isoliertes Bewußtsein haben. Wenn jemand sagt: »Natürlich hat mein Rückenmark Bewußtsein, es erzählt mir nur nichts«, dann werde ich beim gegenwärtigen Kenntnisstand nicht mit ihm darüber streiten.

5. Es gibt viele Bewußtseinsformen, z.B. solche, die mit dem Sehen, dem Denken, der Emotion, der Schmerzempfindung usw. zu tun haben. Selbst-Bewußtsein – d.h. der selbstbezügliche Aspekt von Bewußtsein – ist vermutlich ein Sonderfall von Bewußtsein. Unserer Auffassung nach läßt man ihn erst einmal besser beiseite. Einige ziemlich ungewöhnliche Zustände wie z.B. Hypnose, das Klarträumen oder das Schlafwandeln werden hier nicht betrachtet werden, denn sie zeichnen sich offenbar nicht dadurch aus, sich besonders gut für Experimente zu eignen.

Wie können wir das Bewußtsein wissenschaftlich angehen? Das Bewußtsein nimmt viele Formen an, doch wie ich bereits erläutert habe, lohnt es sich normalerweise, sich auf diejenige Form zu konzentrieren, die allem Anschein nach am leichtesten zu untersuchen ist. Christof Koch und ich haben das visuelle Bewußtsein allen anderen Bewußtseinsformen (wie z.B. Schmerz oder Selbst-Bewußtsein) vorgezogen, weil Menschen ausgesprochen visuelle Lebewesen sind und weil unser visuelles Bewußtsein besonders lebhaft und reich an Information ist. Außerdem ist der Input hier oft hochgradig strukturiert und dennoch leicht zu kontrollieren. Deshalb gibt es auch schon viele experimentelle Untersuchungen zum visuellen Bewußtsein.

Das visuelle System hat einen weiteren Vorteil. Es gibt viele Experimente, die man aus ethischen Gründen nicht mit Menschen, wohl aber mit Tieren machen kann. (Eine ausführlichere Erörterung findet sich im 9. Kapitel.) Glücklicherweise ist das visuelle System der höheren Primaten dem unsrigen einigermaßen ähnlich, und viele Experimente über visuelle Wahrnehmung wurden mit Tieren (z.B. mit dem Makaken) durchgeführt. Hätten wir uns dazu entschieden, das Sprachsystem zu untersuchen, dann hätte es keine passenden Versuchstiere gegeben.

Dank unserem detaillierten Wissen über das visuelle System im Hirn der Primaten (siehe 10. und 11. Kapitel) können wir verstehen, wie die entsprechenden Teile des Hirns das Bild (das visuelle Feld) auseinandernehmen; wir wissen aber noch nicht, wie das Hirn dies alles zusammensetzt, um daraus unsere hochorganisierte Sicht der Welt zu schaffen – d.h. das, was wir sehen. Es scheint, als müßte das Hirn gewissen Aktivitäten, die sich in verschiedenen seiner Teile abspielen, irgendeine globale Einheit auferlegen, so daß die Eigenschaften eines einzelnen Objekts – seine Form, Farbe, Bewegung, usw. – auf irgendeine Weise zusammengebracht werden, ohne zugleich mit den Eigenschaften anderer Objekte im visuellen Feld durcheinandergebracht zu werden.

Für diesen globalen Prozeß sind Mechanismen nötig, die man vielleicht ganz gut als »Aufmerksamkeit« beschreiben kann und zu denen auch irgendeine Form von Ultrakurzzeitgedächtnis gehört. Es gibt die Hypothese, diese globale Einheit werde womöglich durch das *korrelierte* Feuern der relevanten Neuronen ausgedrückt. Grob gesagt heißt dies: diejenigen Neurone, die auf die Eigenschaften dieses einen bestimmten Objekts reagieren, feuern im selben Moment, während andere aktive Neurone, die anderen Objekten entsprechen, nicht gleichzeitig mit diesen korrelierten Neuronen feuern. (Dies wird ausführlicher im 14. und 17. Kapitel erörtert.) Um dieses Problem anzugehen, müssen wir erst einmal etwas von der Psychologie der visuellen Wahrnehmung verstehen.

3 SEHEN

»Sehen ist Glauben.«

Von Nichtwissenschaftlern werde ich oft, meistens beim Abendessen, gefragt, woran ich gerade arbeite. Wenn ich dann sage, daß ich über einige Probleme nachdenke, die mit dem visuellen System der Säugetiere zusammenhängen – also damit, wie wir Sachen sehen –, dann entsteht gewöhnlich eine kleine Verlegenheitspause. Mein Gesprächspartner fragt sich, was an so etwas Einfachem wie dem Sehen so schwierig sein könnte. Wir öffnen einfach unsere Augen, und schwupp da ist die Welt, groß und klar, mit lauter Gegenständen in leuchtendem Technicolor, und wir müssen uns dazu nicht besonders anstrengen. Das alles erscheint so herrlich einfach, was also könnte daran ein Problem sein? Würde ich mich damit beschäftigen, wie wir Mathematik treiben oder die Lehren der Chemie bzw. (noch schlimmer) der Wirtschaftswissenschaften begreifen, dann könnte es sich vielleicht lohnen, darüber zu reden, denn all diese Dinge verlangen ja immerhin eine gewisse geistige Anstrengung. Aber Sehen ...?

Außerdem haben viele Menschen das Gefühl: »Warum sollte ich mich um mein Hirn kümmern, solange es ordentlich funktioniert?« Das Haupt-»Problem« mit dem Hirn ist ihrer Ansicht nach, wie man es wieder in Ordnung bringt, wenn etwas damit passiert ist. Nur ein paar wenige wissenschaftlich interessierte Menschen wollen wissen: Wie funktioniert mein Hirn im einzelnen, wenn ich etwas sehe?

An unserem derzeitigen Wissen über das visuelle System ist zweierlei, was ziemlich überraschend ist. Erstens, wieviel wir bereits wissen – und es ist wirklich eine enorme Menge. Ganze Kurse werden abgehalten über die Psychologie der visuellen Wahrnehmung (über Fragen wie z.B.: Unter welchen Bedingungen erzeugt die schnelle Abfolge unbewegter Bilder auf der Kinoleinwand den Eindruck einer glatten Bewegung?), über die Physiologie der visuellen Wahrnehmung (d.h. über die Struktur und das Verhalten des Auges und der einschlägigen Teile des Hirns) und über die Molekular- und Zellbiologie der visuellen Wahrnehmung (also über Nervenzellen und die vielen Moleküle, aus denen sie sich zusammensetzen). Zu diesem Wissen sind wir durch die sorgfältigen Untersuchungen vieler Experimentatoren und Theoretiker gelangt, die über viele Jahre hinweg Menschen und Tiere erforscht haben.

Als zweites überrascht, daß wir trotz all dieser Arbeit tatsächlich noch keine klare Idee davon haben, wie wir irgend etwas sehen. Diese Tatsache bleibt den Studenten, die solche Kurse belegen, üblicherweise verborgen. Gewiß zeugte es angesichts all dieser sorgfältigen Arbeit und all dieser ausgefeilten Argumentationen von schlechtem Stil, wenn zu verstehen gegeben würde, daß uns immer noch jedwedes klare wissenschaftliche Verständnis des Vorgangs der visuellen Wahrnehmung fehlt. Und dennoch, gemäß den Standards der exakten Wissenschaften (wie z.B. der Physik, Chemie und Molekularbiologie) wissen wir bis heute nicht einmal in Umrissen, wie unser Hirn das lebhafte visuelle Bewußtsein erzeugt, das uns so selbstverständlich ist. Zwar können wir kurze Einblicke in Ausschnitte der entsprechenden Prozesse erlangen, doch zur Antwort auf die einfachsten Fragen – Wie sehe ich Farbe? Was geht vor sich, wenn ich mich bildlich an ein vertrautes Gesicht erinnere?– fehlen uns sowohl die Detailinformationen als auch die Einfälle.

Es gibt noch eine dritte überraschende Sache. Vermutlich haben Sie bereits irgendeine über den Daumen gepeilte Idee davon, wie Sie Dinge sehen. Sie wissen, daß Ihre Augen so etwas wie kleine Fernsehkameras sind. Mit Hilfe von Linsen projizieren sie die visuelle Szenerie, die sich vor Ihnen befindet, auf eine besondere Leinwand (die Retina) am hinteren Ende des Auges. Jede Retina hat viele Millionen einzelner »Photorezeptoren«, die auf die in Ihr Auge hineinkommenden Photonen (Licht-Teilchen) reagieren. Dann setzen »Sie« die Bilder zusammen, die aus Ihren beiden Augen in Ihr Hirn gelangen, und so sehen Sie. Wie dies vor sich gehen könnte, können Sie sich vermutlich irgendwie vorstellen, ohne sich darüber viel Gedanken machen zu müssen. Was Sie nun aber vielleicht überrascht, ist folgendes: Obwohl die Wissenschaftler noch nicht wissen, wie wir Dinge sehen, läßt sich leicht zeigen, daß *Ihre* Vorstellungen darüber, wie Sie Dinge sehen, weitgehend zu vereinfachend und vielfach schlicht falsch sind.

Das geistige Bild, das die meisten von uns haben, sieht folgendermaßen aus: Irgendwo in unserem Hirn ist ein kleiner Mann bzw. eine kleine Frau, der oder die verfolgt (oder wenigstens sehr darum bemüht ist zu verfolgen), was los ist. Dies werde ich als den Homunculus-Fehlschluß bezeichnen (*homunculus* ist das lateinische Wort für »Menschlein«). Vielen Menschen kommt es tatsächlich so vor – und auch dafür wird es zu gegebener Zeit einer Erklärung bedürfen –, doch unsere Erstaunliche Hypothese besagt, daß es sich nicht so verhält. Sie besagt, locker formuliert: »Das machen alles die Neuronen.«

Im Lichte dieser Hypothese nimmt das Problem des Sehens einen vollkommen neuen Charakter an. Kurz, es muß Strukturen oder Vorgänge im Hirn geben, die sich auf irgendeine geheimnisvolle Weise so verhalten, als würden sie ein wenig dem geistigen Bild mit dem Homunculus entsprechen. Doch was für Strukturen könnten das sein? Um diese schwierige Frage anzugehen, müssen wir etwas darüber wissen, was das Sehen leisten soll und wie der biologische Apparat in unserem Schädel diese Leistung erbringt.

Wozu braucht jemand ein visuelles System? Man könnte es sich leicht machen und einfach sagen: Damit er (oder seine Gene) mehr Nachkommen hinterläßt, oder damit er seinen Verwandten hilft, mehr Nachkommen zu hinterlassen. Doch das ist zu allgemein; es sagt uns zu wenig. In der Praxis muß ein Lebewesen deshalb sehen, weil es an Nahrung kommen, Räuber und andere Gefahren vermeiden, sich paaren und (bei gewissen Arten) seine Nachkommenschaft aufziehen muß. Dafür ist ein gutes visuelles System von unschätzbarem Wert.

Der Neurobiologe John Allman, der am California Institute of Technology arbeitet, hat die Ansicht vertreten, daß Säugetiere – im Gegensatz zu den Reptilien – wegen ihrer ständigen Aktivität und ihrer relativ hohen und gleichbleibenden Körpertemperatur besonders darauf angewiesen sind, keine Wärme zu verlieren. Das gilt in besonderem Maße für kleine Säugetiere, weil ihre Körperoberfläche im Vergleich zum Volumen so groß ist. Daher das Fell, ein Merkmal, das sich nur bei Säugetieren findet, und daher auch – wie er nahelegt – die enorme Entwicklung der Großhirnrinde bei den Säugetieren. Er glaubt, daß dieser Teil des Hirns die frühen Säugetiere hinreichend schlau gemacht hat, um genug Nahrung aufzustöbern, durch die sie sich warm halten konnten.

Nun sind Säugetiere zwar schlau, als Tierklasse haben sie aber keine besonders gute visuelle Wahrnehmung – vermutlich deshalb, weil sie sich aus kleinen Nachttieren entwickelt haben, für die die visuelle Wahrnehmung weniger wichtig war als das Riechen und Hören. Die Ausnahme sind die Primaten (die Affen und der Mensch). Die meisten von ihnen haben eine exzellente visuelle Wahrnehmung entwickelt, wenn auch – wie beim Menschen – ihr Geruchssinn schwach ist.

Als die Dinosaurier ausgerottet waren, entwickelten sich diese frühen Säugetiere sehr rasch, weil sie die freigewordenen ökologischen Nischen übernahmen. Dank ihrer schlaueren Hirne haben sie das sehr wirksam gemacht und brachten schließlich den Menschen hervor, das schlaueste aller Säugetiere.

Wozu also gebrauchen Säugetiere ihre Augen? Die Photonen, die in unsere Augen gelangen, zeigen uns nur, wieviel Licht von jedem Teil des visuellen Felds[1] kommt, und sie geben uns einige Informationen über die Wellenlänge des Lichts. Was man aber wissen will, ist, *was* da draußen ist, was es tut und was es wohl tun wird. Anders gesagt, man muß Objekte sehen, ihre Bewegungen und einiges, was mit ihrer »Bedeutung« zu tun hat: was sie gewöhnlich tun; wozu sie gewöhnlich gebraucht werden; wann und unter was für Umständen man sie (oder ähnliche Objekte) in der Vergangenheit gesehen hat ... und so weiter.

Nicht nur braucht man diese Informationen, wenn man überleben und lebensfähigen Nachwuchs hinterlassen will, vielmehr braucht man sie »in Echtzeit« (wie das in der Computer-Terminologie heißt) – und d.h.: schnell genug, um noch rechtzeitig etwas zu unternehmen. Es nutzt nicht viel, wenn die Wettervorhersage für morgen sehr genau ist, es aber eine Woche dauert, sie auszurechnen. Es gibt also eine sehr hohe Prämie für die schnellstmögliche Gewinnung der entscheidenden Informationen. Besonders instruktiv ist hier der Fall, in dem ein Lebewesen ein anderes zu töten versucht.

Das Auge und das Hirn müssen also das einfallende Licht so zu interpretieren versuchen, daß sie daraus all diese wichtigen Informationen gewinnen. Wie geschieht das? Ich möchte – bevor ich detaillierter beschreibe, was beim Sehen vor sich geht – drei allgemeinere Bemerkungen machen:

1. Man läßt sich von seinem visuellen System leicht täuschen.

2. Die von unsern Augen bereitgestellte visuelle Information kann mehrdeutig sein.

3. Sehen ist ein konstruktiver Prozeß.

Nehmen wir uns die drei einzeln nacheinander vor, obwohl sie miteinander zusammenhängen.

Man läßt sich vom eigenen visuellen System leicht täuschen. Viele Menschen glauben z.B., daß sie alles gleich klar sehen. Wenn ich aus meinem Arbeitszimmer in den Garten schaue, dann habe ich den Eindruck, daß ich die Rosensträucher vor mir genau so klar sehe wie die etwas weiter rechts stehenden Bäume. Wenn ich meine Augen für einen Moment ruhighalte, bemerke ich sofort, daß dies nicht stimmt. Feine Einzelheiten kann ich nur sehen, wenn sie in der Nähe des Zentrums meines Blicks liegen. Meine visuelle Wahrnehmung wird zu den Rändern hin immer verschwommener. Ganz am äußersten Rand kann ich Objekte nur noch mit Mühe erkennen. Diese Beschränkungen sind im Alltagsleben nicht unmittelbar offenkundig, weil wir unsere Augen so mühelos und häufig bewegen, daß wir der *Illusion* erliegen, wir sähen überall gleichermaßen klar. Man halte einen farbigen Gegenstand (einen blauen Stift oder eine rote Spielkarte z.B.) seitlich neben den Kopf – und zwar so weit weg, daß man ihn überhaupt nicht sehen kann. Dann bringe man ihn allmählich bis zu dem Punkt, wo er am Rande des Gesichtsfelds auftaucht. UND NUN JEDE AUGENBEWEGUNG VERMEIDEN. Wenn Sie mit dem Gegenstand wackeln, werden sie bemerken, daß sich etwas bewegt, bevor Sie sehen können, was es ist. Sie können sagen, ob der Gegenstand längs oder quer ist, bevor Sie sich sicher sind, welche Farbe er hat. Und selbst dann, wenn Sie Form und Farbe schon erkennen können, die feinen Einzelheiten werden Sie erst erkennen, wenn Sie den Gegenstand ganz nahe an das Blickzentrum herangebracht haben. Auf meinem Stift ist ein kleines Etikett, auf dem steht »extra fine point«. Die Schrift ist klein, aber mit der Brille kann ich sie ohne weiteres erkennen, wenn ich den Stift etwa dreißig Zentimeter vor meinen Augen halte. Doch wenn ich meinen Finger daneben halte und nicht auf den Stift, sondern auf die Mitte meiner Fingerspitze schaue, dann kann ich nicht lesen, was auf dem Stift steht, obwohl die Schrift ziemlich nahe beim Zentrum meines Blicks ist. Meine Sehschärfe läßt außerhalb des Blickzentrums ganz rapide nach.

Wenn Sie ganz einfach und direkt demonstriert bekommen möchten, wie Sie sich von Ihrem visuellen System täuschen lassen, dann betrachten Sie Abbildung 1. Da sehen Sie auf mittlerer Höhe unmittelbar einen breiten Streifen, der von einem Hintergrund umgeben ist. Der Hintergrund ist links schwarz und wird nach rechts hin allmählich heller. Der Mittelstreifen selbst erscheint links offenkundig heller als rechts. Dennoch ist er überall gleich hell, wovon Sie sich leicht überzeugen können, wenn Sie den Hintergrund mit Ihren Händen abdecken.

Abb. 1: *Wie gleichmäßig ist die Schattierung des Streifens in der Mitte?*

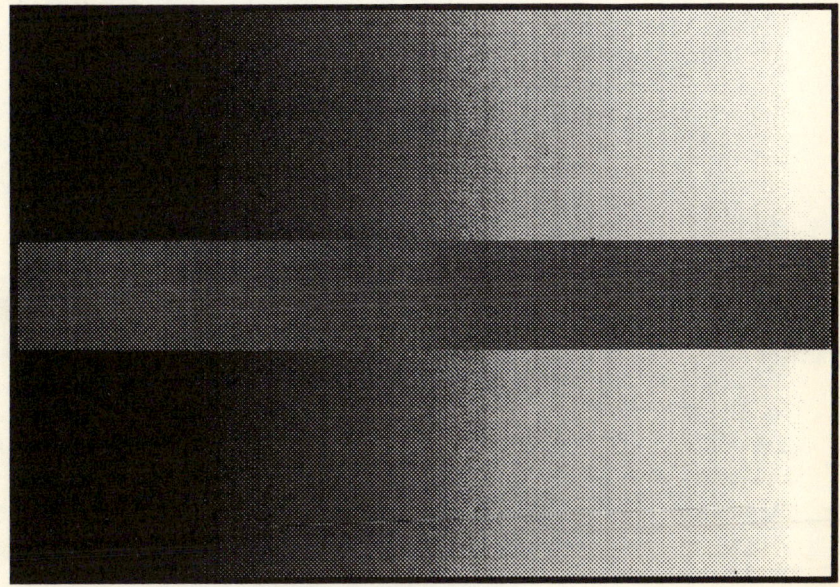

Abb. 2: *Sehen Sie ein weißes Dreieck?*

Wir lassen uns von unserem visuellen System auch auf subtilere Weise täuschen. Man schaue sich Abbildung 2 an. Sie ist unter dem Namen »Kanizsa–Dreieck« bekannt, nach dem italienischen Psychologen Gaetano Kanizsa, der in Triest arbeitete [1]. Vermutlich sehen Sie ein großes weißes Dreieck, das sich anscheinend vor drei schwarzen Scheiben befindet.[2] Das Weiß dieses Dreiecks kommt Ihnen vielleicht ein bißchen weißer vor als das der restlichen Figur.

Konturen wie die des scheinbaren weißen Dreiecks werden oft als »illusorische Konturen« bezeichnet, denn eine wirkliche Kontur ist ja gar nicht vorhanden, wie man leicht sehen kann, wenn man die restliche Figur abdeckt und einen kleinen Ausschnitt der »Kontur« freiläßt. Das Papier, das man dann sieht, erscheint als gleichmäßig weiß, ohne eine Kontur.

Meine zweite allgemeine Bemerkung lautet: *Jeder beliebige einzelne Aspekt der durch die Augen gelieferten visuellen Information ist gewöhnlich mehrdeutig.* Er allein, für sich selbst genommen, erlaubt es Ihnen nicht, nun eine unzweideutige Interpretation dieses Aspekts im Hinblick auf Objekte in der wirklichen Welt vor Ihren Augen zu geben. Tatsächlich sind häufig viele verschiedene Interpretationen vorstellbar.

Das dreidimensionale Sehen liefert ein offensichtliches Beispiel. Wenn Sie Ihren Kopf ganz ruhig halten und ein Auge schließen, dann können Sie die Welt immer noch – in einem gewissen Maß – mit räumlicher Tiefe sehen, obwohl Ihre einzige visuelle Information von dem zweidimensionalen Bild auf der Retina des geöffneten Auges kommt. Angenommen, das direkt vor Ihnen befindliche Objekt ist ein quadratisches Drahtgestell, das sich in gewissem Abstand vor einem gleichmäßig weißen Hintergrund befindet (siehe Abbildung 3a). Sie werden es gewiß als ein Quadrat sehen.

In Wirklichkeit mag es allerdings so sein, daß der Draht gar kein Quadrat, sondern ein seltsam geformtes Rechteck bildet, das *geneigt* ist (siehe Abbildung 3b); die Abbildung dieses Rechtecks auf der Retina ist genau dieselbe wie die eines Quadrats, das sich direkt

Abb. 3: *Alle Objekte (Rechtecke) in diesen beiden Bildern würden auf der Netzhaut eines einzelnen Auges dasselbe Muster hervorrufen. Die Objekte in* **a** *haben alle dieselbe Form, aber unterschiedliche Größe. Die Objekte in* **b** *haben unterschiedliche Form. Die langen Linien, die vor dem Auge des Betrachters zusammenlaufen, verdeutlichen, daß die Ecken der Objekte auf denselben Sichtlinien liegen.*

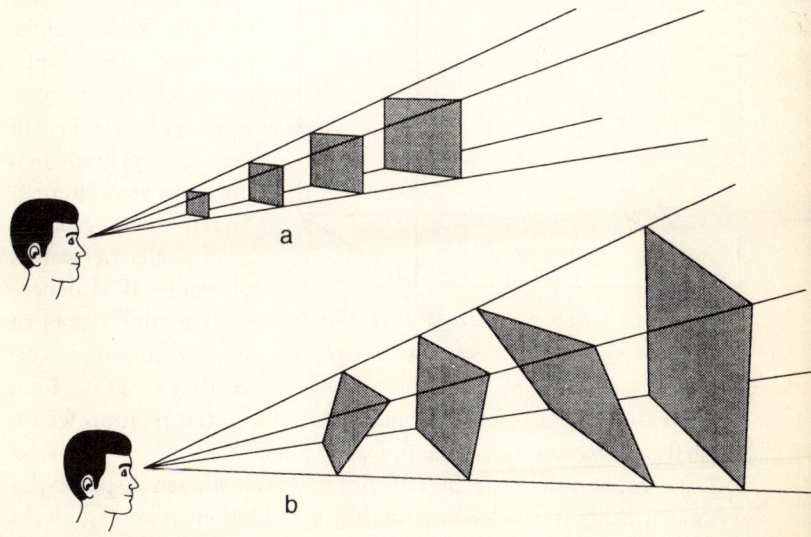

vor Ihnen befindet. Zudem gibt es sehr viele verzerrte Drahtgestelle, die dasselbe Bild auf der Retina hervorrufen könnten.

Das Beispiel wirkt vielleicht sehr künstlich, weil man sich ja selten die Welt so anschaut, daß man dabei ein Auge zumacht und den Kopf ganz ruhig hält. Doch angenommen, Sie schauen ein Foto an oder ein realistisches Gemälde. Durch die Kopfbewegungen oder den Einsatz beider Augen erfahren Sie nur, daß das Foto bzw. das Gemälde in Wirklichkeit flach ist. Dennoch werden Sie in den meisten Fällen das im Bild Dargestellte in drei Dimensionen sehen.

Gewisse einfache Zeichnungen lassen verschiedene gleichermaßen plausible Interpretationen zu. Betrachten wir Abbildung 4. Sie besteht aus zwölf durchgezogenen schwarzen Linien auf dem Papier, und trotzdem sieht fast jeder sie als den Umriß eines 3D- (dreidimensionalen) Würfels.

Diese spezielle Figur – sie heißt »Necker-Würfel« – hat eine interessante Eigenschaft. Schauen Sie eine Zeitlang nur diese Abbildung an. Der Würfel wird sich verändern, und zwar so, als würde er nun von einem anderen Winkel betrachtet. Nach einer gewissen Zeit kippt der Wahrnehmungseindruck wieder in den ursprünglichen um, und so weiter. In diesem Fall gibt es zwei gleichermaßen plausible 3D-Intepre-

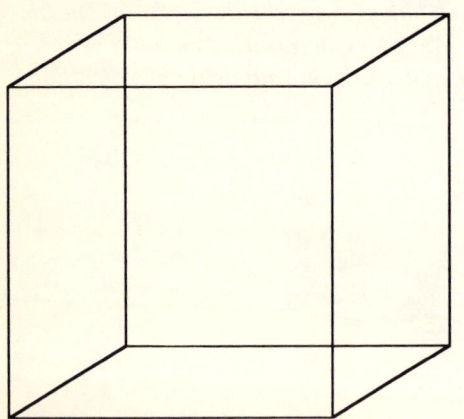

Abb. 4: *Schauen Sie sich diesen Würfel ausführlich an. Ändert sich sein Aussehen?* tationen, und das Hirn ist sich unsicher, welche ihm lieber ist. Man beachte, daß es zu jedem Zeitpunkt nur eine Interpretation wählt, niemals eine komische Mischung aus beiden.

Das Problem der Interpretation der verschiedenen Aspekte des visuellen Bilds ist ein Beispiel dafür, was Mathematiker »schlecht gestellte Probleme« nennen. Immer sind verschiedene Lösungen möglich, und ohne zusätzliche Information sind sie alle gleichermaßen plausibel. Um zur richtigen Lösung zu gelangen – zu der, die am meisten dem entspricht, »was wirklich da draußen ist« (nach Maßgabe anderer Tests wie Hingehen und Anfassen) –, müssen wir weitere Einschränkungen oder Restriktionen (»constraints«, wie neuerdings oft gesagt wird) zur Anwendung bringen. Anders gesagt, dem System müssen irgendwelche eingebauten Annahmen darüber verfügbar sein, wie die ankommenden Informationen am besten zu interpretieren sind.

Der Grund dafür, daß wir normalerweise ohne Mehrdeutigkeit sehen, ist, daß das Hirn die von den vielen verschiedenen Merkmalen der visuellen Szenerie (Form-, Farb- und Bewegungsaspekte usw.) bereitgestellten Informationen kombiniert und sich für die plausibelste Interpretation all dieser unterschiedlichen visuellen Anhaltspunkte zusammengenommen entscheidet.

Meine dritte allgemeine Bemerkung lautet: *Sehen ist ein konstruktiver Prozeß*, womit gesagt sein soll, daß das Hirn nicht passiv die ankommenden visuellen Informationen aufzeichnet. Es ist aktiv bestrebt, sie zu interpretieren, wie die obigen Beispiele gezeigt haben. Ein weiteres schlagendes Beispiel ist der Prozeß des »Ausfüllens«. Eine Art des Ausfüllens betrifft den blinden Fleck, der auftritt, weil die Nerven, die das Auge mit dem Hirn verbinden, das Auge irgendwo verlassen müssen, und in diesem kleinen Bereich der Retina (siehe Abb. 38) ist dann kein Platz für Photorezeptoren. Schließen oder verdecken Sie ein Auge und schauen Sie geradeaus nach vorne. Halten Sie einen Finger senkrecht vor sich, etwa 30 cm von Ihrer Nase entfernt; die Fingerspitze sollte ziemlich genau auf Augenhöhe sein. Bewegen Sie die Fingerspitze nun auf der Horizontalen von der Nase weg, bis sie etwa 15 Grad vom Blickzentrum entfernt ist. Wenn Sie ein wenig herumprobieren, können Sie einen Punkt finden, an dem Ihre Fingerspitze – für Sie – unsichtbar wird. (Achten Sie darauf, der Blick muß weiterhin nach vorne gerichtet bleiben.) An dieser kleinen Stelle des visuellenFelds sind Sie blind. Auch wenn Sie dort blind sind, taucht in Ihrem visuellen Feld kein offenkundiges Loch auf. Während ich dies schreibe, schaue ich zu Hause aus dem Fenster meines Arbeitszimmers auf den Rasen.

Selbst wenn ich ein Auge schließe und geradeaus nach vorne schaue, sehe ich in meinem Wahrnehmungseindruck des Rasens kein Loch. Auch wenn uns das erstaunlich vorkommen mag: Das Hirn versucht diesen blinden Fleck auszufüllen, und dazu benutzt es die beste Vermutung, die es darüber hat, was da wohl ist. Wie es diese Vermutung bildet, das versuchen Psychologen und Neurowissenschaftler herauszufinden. (Diesen Prozeß des Ausfüllens erörtere ich ausführlicher im 4. Kapitel.)

An den Anfang dieses Kapitels habe ich die Redewendung gestellt: »Sehen ist Glauben.« Normalerweise meint man damit: Wenn man etwas sieht, dann kann man auch daran glauben, daß es wirklich da ist. Ich möchte eine ganz andere Interpretation dieser hintergründigen Redewendung hervorheben: Was man sieht, ist nicht, was *wirklich* da ist; es ist das, wovon Ihr Hirn *glaubt,* es sei da. In vielen Fällen wird sich dies tatsächlich in schöner Entsprechung mit Eigenschaften der visuellen Welt vor Ihren Augen befinden, doch manchmal werden sich Ihre »Überzeugungen« vielleicht als falsch herausstellen. Sehen ist ein aktiver, konstruktiver Prozeß. Ihr Hirn erstellt die beste Interpretation, die es angesichts seiner früheren Erfahrung und der beschränkten und mehrdeutigen Information durch die Augen erstellen kann. Die Evolution hat dafür gesorgt, daß Ihr Hirn dies üblicherweise mit bemerkenswertem Erfolg tut – üblicherweise, aber nicht immer. Psychologen interessieren sich für visuelle Sinnestäuschungen, weil diese partiellen Ausfälle des visuellen Systems nützliche Hinweise darauf geben können, wie das System organisiert ist.

Wie sollen wir also an die visuelle Wahrnehmung herangehen? Beginnen wir doch mit den naiven Ansichten von jemandem, der sich über das Problem keine Gedanken gemacht hat. Klar, es kommt mir so vor, als hätte ich ein »Bild« der visuellen Welt, die vor mir liegt, in meinem Kopf. Dennoch glauben wohl nur die wenigsten, daß sich irgendwo in ihrem Hirn ein Bildschirm befindet, auf dem Lichtmuster erzeugt werden, die der visuellen Welt außerhalb des Kopfes entsprechen. Wir wissen zwar, daß es Maschinen (z.B. Fernsehapparate) gibt, die so etwas machen, aber wenn wir in den Kopf eines Menschen hineinschauen, finden wir keine Hirnzellen, die ordentlich aneinandergereiht sind und verschiedenfarbiges Licht emittieren. Natürlich muß es nicht so sein, daß die im Fernsehbild enthaltene Information nur auf dem Bildschirm enthalten ist. Wer unter Verwendung eines speziellen Computerprogramms ein Computerkunstwerk machen möchte, der weiß, daß die zur Herstellung des Bildes auf dem Bildschirm nötige Information im Computer nicht in Form von Lichtmustern gespeichert ist. Vielmehr ist sie im Speicher des Computers als eine Folge von elektrischen Ladungen in den Speicherchips enthalten. Möglicherweise ist sie dort in Form einer regelmäßigen Anordnung von Ziffern gespeichert, wobei jede Ziffer die Lichtintensität an einem bestimmten Punkt darstellt. Eine derartige Speicherung *sieht* nicht wie ein Bild *aus*, aber der Computer kann sie dazu verwenden, das Bild auf seinem Bildschirm zu erzeugen.

Dies ist ein Beispiel für ein *Symbol*. Die Information im Speicher des Computers ist nicht das Bild; sie symbolisiert das Bild. Ein Symbol ist etwas, das für etwas anderes steht, wie dies z.B. ein Wort tut. Das Wort *Hase* steht für ein Tier einer bestimmten Art. Niemand würde das Wort mit dem Tier verwechseln. Ein Symbol muß kein Wort sein. Eine rote Ampel symbolisiert »Halt«. Natürlich wird die Darstellung der visuellen Szenerie, die wir im Hirn vorzufinden erwarten, eine Darstellung in irgendeiner symbolischen Form sein.

Sie werden nun vielleicht sagen: Aber warum sollte es keinen *symbolischen* Bildschirm im Hirn geben? Angenommen, der Bildschirm bestünde aus einer Anordnung von Nervenzellen. Jede Nervenzelle wäre für die Aktivität an einem bestimmten »Punkt« im Bild zuständig. Die Zellaktivität wäre der Lichtintensität an diesem Punkt proportional. Wenn es dort viel Licht gäbe, wäre die Zelle sehr aktiv; wäre dort kein Licht, wäre sie inaktiv. (Wenn wir für jeden Punkt drei Nervenzellen hätten, könnten wir auch Farbe mit einbeziehen.) Die Repräsentation wäre somit symbolisch. Die Zellen dieses postulierten Bildschirms erzeugen zwar kein Licht, aber doch eine Form von elektrischer Aktivität, die Licht symbolisiert. Was spricht dagegen, daß dies alles ist, was wir brauchen?

Der Ärger mit einem solchen Gerät ist, daß es nichts »wahrnähme« außer einzelnen kleinen Lichtflecken. Es könnte nicht *sehen*, genausowenig wie Ihr Fernsehapparat. Einen Freund können Sie bitten: »Sag mir Bescheid, wenn die hübsche junge Frau mit den Nachrichten dran ist«, es hat aber keinen Zweck zu versuchen, den Fernsehapparat so einzurichten, daß er das übernimmt. Er hat nichts eingebaut, womit er eine Frau erkennen könnte – und schon gar nicht eine bestimmte Frau, die etwas Bestimmtes tut. Ihr Hirn hingegen (bzw. das Ihres Freundes) kann dies, ohne besondere erkennbare Anstrengung.

Dem Hirn reicht es also nicht, wenn es bloß Zellansammlungen hat, die nichts weiter tun als zeigen, wo welche Lichtintensität gegeben ist. Das Hirn muß *eine symbolische Beschreibung auf einer höheren Stufe* erzeugen, vermutlich auf mehreren höheren Stufen. Wie wir gesehen haben, ist dies nicht einfach, denn es muß diejenige Interpretation der visuellen Signale finden, die angesichts seiner bisherigen Erfahrung die beste ist. Was das Hirn demnach entwickeln muß, ist eine vielstufige Interpretation der visuellen Szenerie – eine Interpretation, die normalerweise von Objekten, Ereignissen und ihrer Bedeutung für uns handelt. Da ein Objekt, wie ein Gesicht, oft aus Teilen besteht (wie z.B. Augen, Nase, Mund usw.) und diese Teile wieder aus Unterteilen, so wird diese symbolische Interpretation sich wahrscheinlich auf verschiedenen Stufen bewegen.

Natürlich sind diese höherstufigen Interpretationen *implizit* in dem Lichtmuster enthalten, das auf die Retina fällt. Doch das reicht nicht aus. Das Hirn muß solche Interpretationen *explizit* machen. Die explizite Darstellung von etwas ist das, was so symbolisiert ist, daß es keiner weiteren umfangreichen Verarbeitung bedarf. Eine implizite Darstellung enthält diese Information zwar auch, aber es bedarf zusätzlicher Verarbeitung, um sie explizit zu machen. Man könnte an einen Fernsehapparat ziemlich leicht ein schlichtes Zusatzgerät anschließen, das signalisierte, ob ein bestimmter Punkt auf der Mattscheibe rot ist. Den Fernsehapparat so hinzukriegen, daß er ein rotes Licht aufleuchten läßt, sobald er das Gesicht dieser Frau irgendwo auf dem Bildschirm entdeckt, würde sehr viel zusätzliche Verarbeitung erfordern – so viel mehr, daß wir das überaus komplizierte Gerät, das dafür nötig ist, heute noch nicht bauen können.

Wenn etwas explizit symbolisiert worden ist, dann kann diese Information ohne weiteres verfügbar gemacht werden, so daß sie entweder für weitere Informationsverarbeitung oder für das Handeln verwendbar ist. Neurologisch gesehen bedeutet »explizit« vermutlich, daß die Nervenzellen so *feuern* müssen, daß die entsprechende Information durch die Art des Feuerns ziemlich direkt symbolisiert wird. Mithin ist es plausibel, daß wir eine *explizite, mehrstufige, symbolische*[3] *Interpretation* der visuellen Szenerie brauchen, um sie zu »sehen«.

Vielen Menschen fällt es schwer zu akzeptieren, daß das, was sie sehen, eine symbolische Interpretation der Welt ist – es wirkt doch alles so wie »die Sache selbst«. Doch in Wirklichkeit haben wir keine direkte Kenntnis von Objekten in der Welt. Diese Täuschung wird dadurch hervorgerufen, daß das System selbst so leistungsfähig ist; wie wir gesehen haben, können unsere Interpretationen gelegentlich falsch sein. Manche Menschen glauben aber lieber an eine körperlose Seele, die auf eine völlig geheimnisvolle Weise das Sehen bewerkstelligt und dabei vom Hirn unterstützt wird. Solche Menschen nennt man »Dualisten« – sie glauben, daß Materie eine Sache ist und Geist eine vollständig andere. Unsere Erstaunliche Hypothese hingegen besagt: das Gegenteil ist der Fall, die Nervenzellen machen das alles. Wir werden nun erörtern, wie man zwischen diesen beiden Auffassungen eine Entscheidung durch Experimente herbeiführen kann.

4 DIE PSYCHOLOGIE DER VISUELLEN WAHRNEHMUNG

»Wenn wir die Geschichte der Psychologie zurückverfolgen, geraten wir in ein Labyrinth phantastischer Meinungen, Widersprüche und Absurditäten, denen ein paar Wahrheiten beigemischt sind.«

Thomas Reid

Ich hoffe, ich habe Sie davon überzeugt, daß das Sehen nicht so einfach ist, wie Sie vielleicht dachten. Es ist ein konstruktiver Prozeß, in dem das Hirn parallel auf viele verschiedene »Merkmale« der visuellen Szenerie reagiert und versucht, sie zu bedeutungsvollen Ganzheiten zu kombinieren, wobei es seine frühere Erfahrung als Richtschnur verwendet. Zum Sehen gehören aktive Hirnvorgänge, die zu einer expliziten, vielstufigen, symbolischen Interpretation der visuellen Szenerie führen.

Betrachten wir nun einige Grundoperationen, die das Hirn ausführen muß, damit wir Objekte, ihre Lage (relativ zu uns und zu einander) und gewisse andere Eigenschaften (z.B. Form, Farbe, Bewegung usw.) sehen. Das vielleicht wichtigste, was dabei zu beachten ist, ist folgendes: *Im visuellen Feld sind uns Objekte nicht als Objekte gegeben.* Das einzelne Objekt ist nicht klar und unzweideutig für das sehende Subjekt gekennzeichnet. Das Hirn muß verschiedene Anhaltspunkte benutzen, um diejenigen Teile der visuellen Szenerie zusammenzutun, die einem einzelnen Objekt entsprechen. In der wirklichen Welt ist das oft nicht einfach. Manchmal ist das Objekt teilweise verborgen, manchmal wird es vor einem verwirrenden Hintergrund gesehen.

Ein Beispiel macht dies vielleicht klarer. Schauen Sie sich das Foto in Abbildung 5 an. Ohne Mühe werden Sie sofort sehen, daß es das Gesicht einer jungen Frau darstellt, die aus einem Fenster schaut. Doch schauen Sie genau hin. Die Holzleisten des Fensterrahmens zerlegen das Gesicht der Frau in vier getrennte Teile. Dennoch sehen Sie nicht vier einzelne Ausschnitte von vier einzelnen

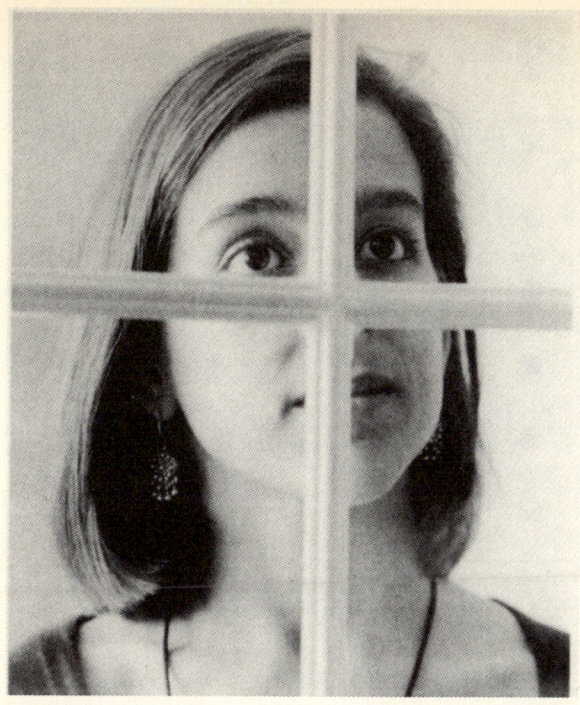

Abb. 5:
*Ein einziges
Gesicht?
Oder Teile
von vier
Gesichtern?*

Gesichtern, die zufällig nahe aneinandergekommen sind. Ihr Hirn
fügt die vier Teile zu einer Gruppe zusammen und interpretiert sie
als ein einzelnes Objekt – ein Gesicht –, das teilweise durch die Leisten davor verdeckt wird. Wie geht dieses Gruppieren im einzelnen
vor sich?

Das war eine der Fragen, die im Zentrum des Interesses der Gestaltpsychologen Max Wertheimer, Wolfgang Köhler und Kurt
Koffka standen. Die Gestaltpsychologie begann etwa 1912 in
Deutschland; allerdings verließen die drei Genannten Deutschland,
als die Nazis an die Macht kamen, und setzten ihre Arbeit schließlich in den Vereinigten Staaten fort. In meinem Wörterbuch wird
»gestalt«, das aus dem Deutschen ins Englische übernommene
Wort, definiert als »ein organisiertes Ganzes, in dem jeder einzelne
Teil jeden anderen beeinflußt, so daß das Ganze mehr ist als die
Summe seiner Teile«.[1] Mit anderen Worten, Ihr Hirn muß ein solches »Ganzes« aktiv aufbauen, indem es herausfindet, welche Kom-

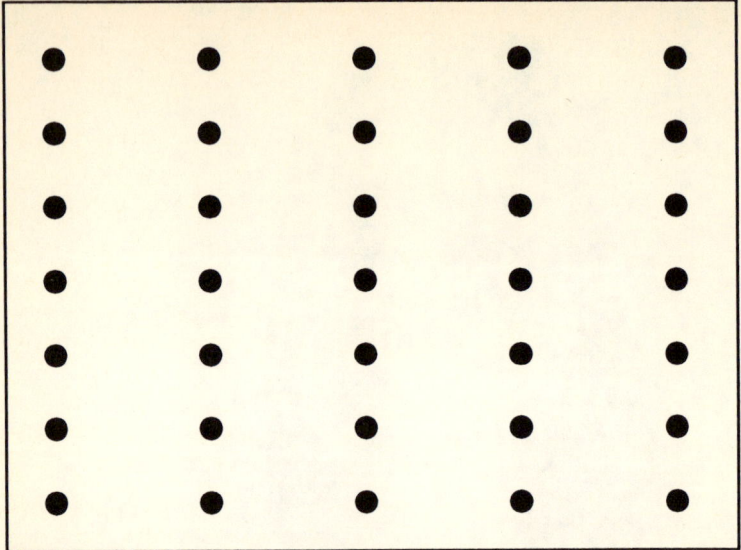

Abb. 6: *Liegen die Punkte auf waagerechten oder senkrechten Linien?*

bination der Teile den relevanten Aspekten des Objekts in der wirklichen Welt am besten entspricht; seine Schätzungen beruhen auf Ihrer bisherigen Erfahrung und auf der Erfahrung Ihrer entfernten Vorfahren, die in Ihren Genen eingebettet ist.

Es liegt auf der Hand, daß es auf die *Interaktion* der Teile ankommt. Die Gestaltpsychologen versuchten, eine Klassifikation derjenigen Interaktionstypen zu erstellen, die im visuellen System gewöhnlich anzutreffen sind; man bezeichnete sie als »Gesetze der Wahrnehmung« [1]. Zu den von ihnen formulierten Gruppierungsgesetzen gehörten das Gesetz der Nähe, das der Ähnlichkeit, das der guten Fortsetzung und das der Geschlossenheit. Betrachten wir sie der Reihe nach.

Das gestaltpsychologische Gesetz der Nähe besagt, daß wir dazu neigen, nahe beieinander und von anderen (ähnlichen) Objekten entfernter befindliche Dinge zu einer Gruppe zusammenzufassen. Das wird in Abbildung 6 deutlich. Sie besteht aus vielen kleinen schwarzen Punkten, die in einem regelmäßigen Rechteck angeordnet sind. Das Hirn könnte die Punkte sowohl zu vertikalen als auch zu horizontalen Linien gruppieren. Daß Sie die Punkte auf vertikalen Linien sehen, liegt daran, daß der Abstand eines Punktes zum nächstgelegenen Nachbarpunkt auf der Vertikalen kleiner ist als auf der Horizontalen. Weitere Experimente zeigen, daß Nähe gewöhnlich »räumliche Nähe« bedeutet und nicht Nähe auf der Retina.

Das gestaltpsychologische Gesetz der Ähnlichkeit besagt, daß wir Dinge zu einer Gruppe zusammenfassen, wenn sie irgendeine auffällige visuelle Eigenschaft wie Farbe oder Bewegungsrichtung gemeinsam haben. Wenn man eine Katze sieht, die sich bewegt, dann faßt man ihre Körperteile deshalb zu einer Gruppe zusammen, weil sie sich – im Durchschnitt – in dieselbe Richtung bewegen. Aus eben diesem Grund kann man eine Katze erkennen, wenn sie durch das Gebüsch kriecht. Steht sie hingegen vollkommen still, dann mag es schwierig sein zu sehen, daß sie da ist.

Das Gesetz der guten Fortsetzung ist in Abbildung 7 veranschaulicht. Man sieht dort zwei gebogene Linien, die einander schneiden. Wir sehen dies tatsächlich als zwei Linien – und nicht als vier, die sich alle an einem Punkt treffen, oder als zwei V-förmige Figuren, die sich treffen, wie das links oben dargestellt ist. Auch neigen wir dazu, unterbrochene Linien als durchgängige Linien zu sehen, die von irgend etwas teilweise verdeckt sind.

Schauen Sie sich die seltsamen acht Objekte in Abbildung 8a an. Die beiden in der Mitte sehen wie der Buchstabe Y aus; die andern sechs ähneln verzerrten Pfeilen. Nun schauen Sie sich Abbildung 8b

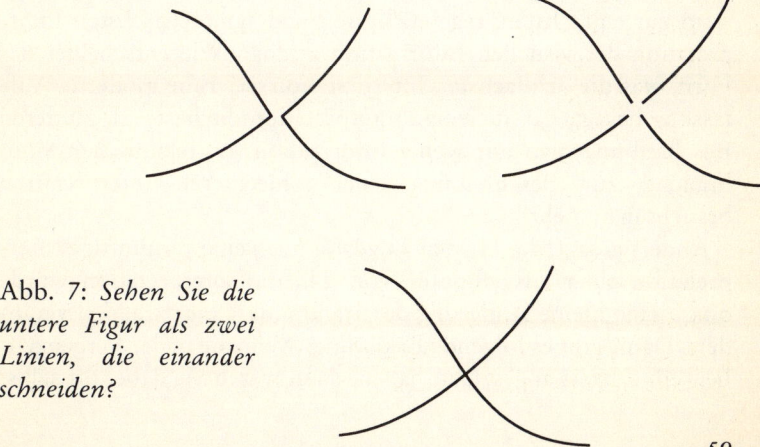

Abb. 7: *Sehen Sie die untere Figur als zwei Linien, die einander schneiden?*

59

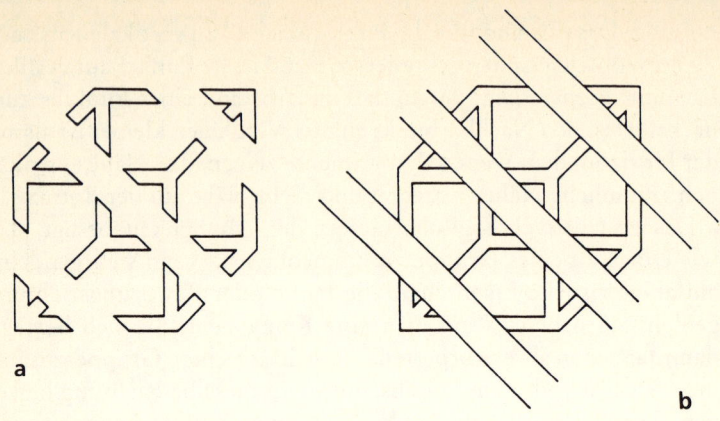

a

b

Abb. 8: *Was für Objekte sehen Sie?*

an. Vermutlich sehen Sie einen 3D-Würfelrahmen, der von drei diagonalen Streben teilweise verdeckt ist. Die erste Abbildung enthält keinen deutlichen Hinweis darauf, daß etwas verdeckt ist; es sieht mehr wie acht eigenständige Objekte aus.

Die sog. Geschlossenheit läßt sich am leichtesten anhand von gezeichneten Linien verstehen. Wenn eine Linie eine geschlossene oder fast geschlossene Figur bildet, dann neigen wir dazu, eine von einer Linie umschriebene Figur zu sehen und nicht nur einfach eine Linie.[2]

Die Gestaltpsychologen hatten außerdem noch ein allgemeines Prinzip der Prägnanz. Die Grundidee dabei ist, daß das visuelle System zur einfachsten, regelmäßigsten und symmetrischsten Interpretation der visuellen Information gelangt. Wie entscheidet das Hirn, was die »einfachste« Interpretation ist? Eine moderne Auffassung besagt, daß diejenige Interpretation die beste ist, zu deren Beschreibung man nur wenig Information (im technischen Sinn) braucht; zur Beschreibung einer schlechteren Interpretation braucht man mehr.[3]

Anders gesagt, das Hirn zieht gewöhnlich eine vernünftige Interpretation einer ausgeflippten vor, d.h. die Interpretation würde durch eine kleine Änderung des Standpunkts nicht radikal verändert. Dafür gibt es folgende Erklärung: Wenn Sie in der Vergangenheit ein Objekt angeschaut haben, dann waren Sie dabei oft selbst innerhalb der visuellen Welt in Bewegung; mithin hat Ihr Hirn unterschiedliche Aspekte dieses Objekts als zu einem einzigen Ding gehörig aufgenommen [2].

Die gestaltpsychologischen Gesetze der Wahrnehmung sollten nicht als starre Gesetze, sondern als nützliche Hilfsmittel bei der Erkenntnisfindung betrachtet werden. So verstanden bieten sie eine bequeme Einführung in die Probleme der visuellen Wahrnehmung. Was für Prozesse genau sind tatsächlich am Werk, die den Anschein dieser »Gesetze« hervorrufen? Die Antwort auf diese Frage versuchen viele auf visuelle Wahrnehmung spezialisierte Psychologen herauszufinden.

Bei der visuellen Wahrnehmung ist, wie die Gestaltpsychologen erkannt haben, die Trennung der Figur vom Grund wichtig. Das zu erkennende Objekt heißt »Figur«; seine Umgebung heißt »Grund«. Diese Trennung muß nicht immer einfach sein. Man betrachte Abbildung 9 aufmerksam. Wer das noch nie zuvor gesehen hat, mag Schwierigkeiten damit haben, da überhaupt ein erkennbares Objekt zu sehen. Bald wird man aber vermutlich erkennen, daß ein Teil des

Abb. 9: *Können Sie den Hund sehen?*

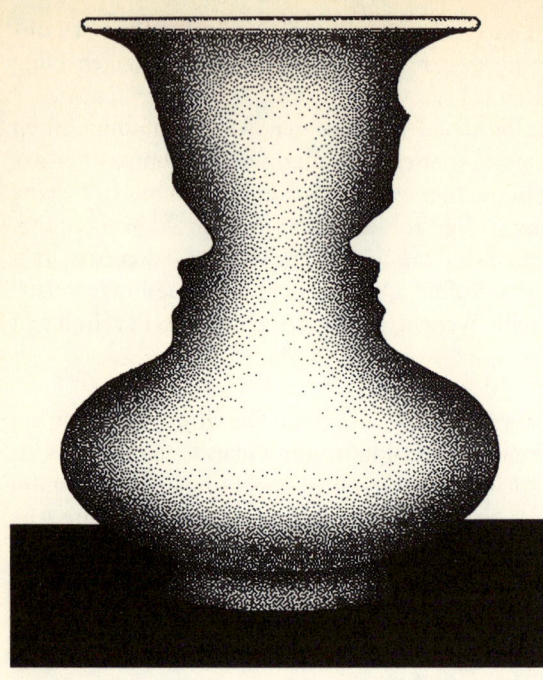

Abb. 10:
Eine Vase?
Oder zwei
Gesichter im
Profil?

Bildes einen Dalmatiner darstellt. Die Trennung der Figur vom Grund ist in diesem Beispiel absichtlich erschwert worden.

Es lassen sich Bilder konstruieren, in denen die Figur/Hintergrund-Trennung mehrdeutig ist. Betrachten wir Abbildung 10. Auf den ersten Blick sieht das aus wie eine Vase. Wenn man länger hinschaut, sieht man statt dessen vielleicht die Profile zweier Gesichter. Ursprünglich war die Vase die Figur, nun hingegen sind die Profile die Figur, und die vormalige Vase ist nun zum Grund geworden. Es ist schwierig, beide Interpretationen exakt gleichzeitig zu sehen.

Das Hirn braucht viele deutliche Hinweise, um zu einer Entscheidung darüber zu gelangen, welche visuellen Merkmale zu einem einzelnen Objekt gehören – und das geschieht im Groben gemäß den gerade geschilderten gestaltpsychologischen Gesetzen der Wahrnehmung. Wenn also ein gegebenes Objekt ziemlich kompakt ist (Nähe), eine deutlichen Umriß aufweist (Geschlossenheit), sich in genau eine Richtung bewegt (gemeinsames Schicksal) und überall dieselbe Farbe hat (Ähnlichkeit), dann erkennen wir vermutlich, daß es ein roter rollender Ball ist.

Es ist wichtig, daß ein Lebewesen dies gut beherrscht, denn sonst erkennt es nicht so leicht einen Räuber oder eine Beute bzw. andere Nahrung (wie z.B. einen Apfel). Es muß die Figur vom Grund absondern können. Tarnung nennen wir den Versuch, diese Prozesse in die Irre zu führen. Die Tarnung hebt die Durchgängigkeit der Oberfläche auf (z.B. der Tarnanzug der Soldaten) und erzeugt verwirrende Umrisse, durch die der wirkliche Umriß verborgen wird. Es werden Farben verwendet, die sich aller Wahrscheinlichkeit nach in den Hintergrund hineinmischen. Eine Katze, die sich anschleicht, bewegt sich vorsichtig und bleibt dann und wann wie angewurzelt stehen, um ihrer Beute keine Bewegungshinweise zu geben. Man hat sogar vermutet, unsere gute visuelle Farbwahrnehmung habe sich entwickelt, um unsere Primaten-Vorfahren in die Lage zu versetzen, rote Früchte vor einem verwirrenden Hintergrund von grünen Blättern zu erkennen.

Wir wissen einiges über die frühesten Stadien der visuellen Informationsverarbeitung, zum Teil aufgrund von Untersuchungen über das Auge und das Hirn (siehe 10. Kapitel). Zu den ersten Dingen, die dabei stattfinden, gehört die Beseitigung überflüssiger Information. Die Fotorezeptoren im Auge reagieren auf die Intensität des auf sie fallenden Lichts. Angenommen, Sie schauen auf eine ziemlich gleichmäßige, glatte, weiße Wand. Dann wird eine ganze Menge von Fotorezeptoren in Ihrem Auge in weitgehend gleicher Weise auf das Licht reagieren. Warum sollte *all* diese Information an das Hirn weitergegeben werden? Es ist besser, wenn die im Auge befindliche Retina die visuelle Information so verarbeitet, daß dem Hirn mitgeteilt wird, an welchen Stellen im Raum eine Änderung der Lichtintensität vorliegt, wo der Mauerrand verläuft. Wo über ein gewisses Gebiet der Retina hinweg keine Änderung vorliegt, wird kein Signal gesendet. Das Hirn muß dann folgenden Schluß ziehen: »kein Signal« bedeutet »keine Änderung«; dieser Teil der Mauer ist also visuell gleichmäßig.

Wir werden später noch sehen, daß das Hirn in einem gewissen Maße verschiedene Arten visueller Information auf einigermaßen

Abb. 11: *Nichts als Linien.*

getrennten, parallelen Pfaden verarbeitet. Daher ist es sinnvoll, den Fragen »Wie sehen wir Form? Wie sehen wir Bewegung? Wie sehen wir Farbe?« usw. jeweils eigene Untersuchungen zu widmen, obwohl zwischen diesen Prozessen eine gewisse Wechselwirkung besteht.

Beginnen wir mit der Form. Es ist für das Hirn offenkundig nützlich, Umrisse zu erkennen. Deshalb reagieren wir mit solcher Leichtigkeit auf Strichzeichnungen. Wir können die Strichzeichnung einer visuellen Szenerie interpretieren, obwohl sie keine Schraffierung, Textur oder Farbe enthält (siehe Abbildung 11). Es stellt sich heraus, daß verschiedene Bestandteile des Hirns besser auf feine Details reagieren, andere auf weniger feine Details und noch andere auf eher grobe räumliche Änderungen. Wer nur die letzteren sähe, für den sähe die Welt (im Vergleich zu unserer gewöhnlichen Sichtweise) verschwommen und unscharf aus. Psychologen sprechen von »Raumfrequenz«; eine hohe Raumfrequenz entspricht feinem Detail. Niedrige Raumfrequenz entspricht allmählicheren räumlichen Änderungen im Bild.

Betrachten Sie Abbildung 12. Vermutlich sehen Sie sie als eine Zusammensetzung aus kleinen Quadraten, von denen jedes eine gleichmäßige Grauschattierung aufweist. Lassen Sie das Bild nun verschwimmen (nehmen Sie z.B. Ihre Brille ab, oder blinzeln Sie durch halbgeschlossene Augen oder betrachten Sie die Abbildung aus größerer Entfernung). Dann werden Sie vermutlich das Gesicht Abraham Lincolns erkennen. Die feinen Details im Bild – die Ränder der Quadrate – haben den Erkenntnisprozeß gestört. Durch die Verschwommenheit werden die Ränder weniger augenfällig. Dann wird das Gesicht – wenn auch ein bißchen verschwommen – erkennbar, wobei nur die niedrigeren Raumfrequenzen im Bild Verwendung finden. Normalerweise helfen uns natürlich sowohl die niedrigen als auch die hohen Raumfrequenzen bei der Interpretation des Bilds.

Eines der schwierigsten Probleme, vor denen das Hirn steht, ist: Wie läßt sich Tiefeninformation aus einem 2D-Bild holen? Das Hirn muß dieses Problem nicht nur deshalb lösen, um herauszufin-

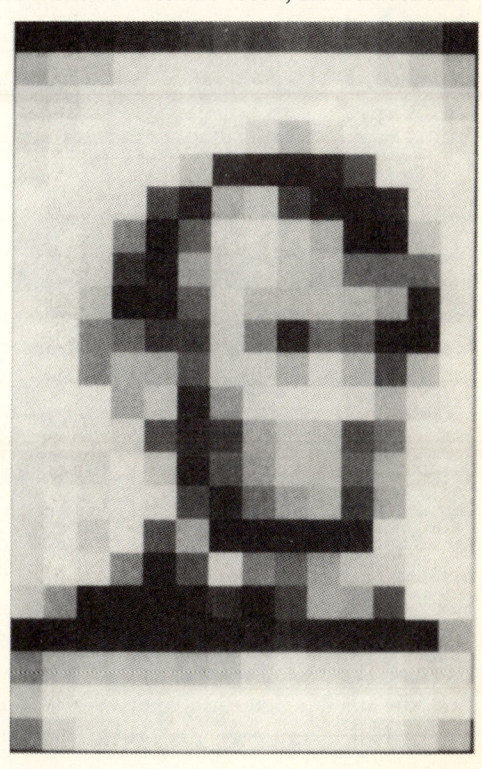

den, wie weit die Dinge vom Beobachter entfernt sind, sondern auch, um die 3D-Form jedes einzelnen Objekts zu sehen. Zwei Augen zu haben, hilft natürlich, aber die Form eines Objekts läßt sich auch oft mit einem Auge allein oder durch die Betrachtung einer Photographie erkennen.

Welche Hinweise macht sich das Hirn zunutze, um Tiefe in einem 2D-Bild zu se-

Abb. 12: *Schauen Sie sich das einmal aus einiger Entfernung an.*

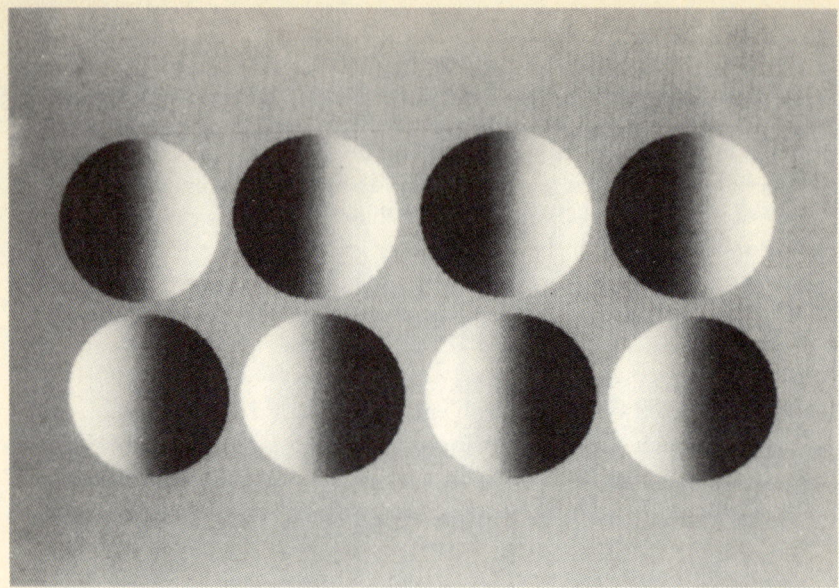

Abb. 13: *Mulden oder Buckel? Schauen Sie länger hin!*

hen? Ein Hinweis ist die Schattierung des Objekts, die durch den Einfallswinkel des Lichts hervorgerufen wird. Betrachten Sie Abbildung 13. Vermutlich werden Sie die Abbildung als eine Reihe von vier Mulden und eine zweite Reihe von vier Buckeln in einer ansonsten flachen Oberfläche sehen. Der Eindruck von Tiefe entsteht durch die vom einfallenden Licht hervorgerufene Schattierung.

Diese Interpretation ist übrigens mehrdeutig. Schauen Sie sich die Figur einige Zeit lang intensiv an oder drehen Sie die Buchseite verkehrt herum, dann werden Sie wahrscheinlich die Mulden als Buckel sehen und umgekehrt. (Man beachte, daß sich alle zusammen ändern.) Anfangs nimmt Ihr Hirn an, daß das Licht von der einen Seite kommt. Wenn das Licht in Wirklichkeit von der anderen Seite kommt, dann entspricht, wie Sie gerade gesehen haben, derselben Schattierung eine andere Form.

Ein weiterer sehr wirksamer Hinweis ist die räumliche Information, die aus der Bewegung gewonnen werden kann. Das bedeutet, daß in Fällen, in denen die Form eines Objekts im Ruhezustand schwer zu sehen ist (oft fehlen dann nämlich gewisse Hinweise auf die 3D-Form), die Erkennbarkeit dadurch erleichtert werden kann, daß das Objekt ein bißchen gedreht wird. Das Bild eines komplizierten Molekülmodells, das aus Bällen und Speichen gemacht ist, mag nicht leicht zu verstehen sein, wenn es während einer Vorlesung auf eine Leinwand projiziert wird. Wird hingegen das sich drehende Modell in einem Film gezeigt, dann springt die 3D-Form dem Betrachter ins Auge.

Zum dreidimensionalen Sehen reicht es nicht aus, daß jedes einzelne Objekt in 3D gesehen wird. Man muß die gesamte Szenerie in 3D sehen, damit man sieht, welche Objekte näher und welche weiter entfernt sind. Darauf gibt es selbst in 2D-Bildern starke Hinweise. Den ersten Hinweis liefert die Perspektive. Sehr eindrücklich läßt sich das anhand eines verzerrten Zimmers zeigen, das nach seinem Erfinder, Adelbert Ames, »Ames-Zimmer« heißt. Der Betrachter schaut von außen mit nur einem Auge durch ein kleines Loch in das Zimmer hinein, so daß ihm jedweder Anhaltspunkt fehlt, den er durch stereoskopisches Sehen gewinnen könnte. Das Zimmer wirkt rechteckig, in Wirklichkeit ist jedoch die eine Wand viel länger, so daß die eine Ecke viel weiter vom Betrachter entfernt ist, als sie es

Abb. 14: *Links: So sieht das Ames-Zimmer aus, wenn man durch ein Guckloch hineinschaut. Rechts: Ein schematisches Diagramm des Zimmers.*

 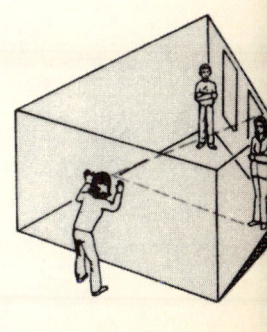

wäre, wenn das Zimmer rechteckig wäre (vgl. Abbildung 14). Als ich einmal im Exploratorium in San Francisco in ein solches Zimmer schaute, sah ich ein paar Kinder, die darin herumliefen. Wenn sie auf der einen Seite waren, wirkten sie groß (denn sie waren ja in Wirklichkeit ganz nahe), während sie – dieselben Kinder – auf der anderen Seite klein aussahen (denn nun waren sie ja weiter weg). Beim Hinüberrennen von einer Seite zur anderen (von der nahe gelegenen zur entfernten Ecke und wieder zurück) schien ihre Größe sich ganz drastisch zu verändern. Ich weiß sehr wohl, daß Kinder nicht derart schnell wachsen (und schrumpfen) können, und doch war die Täuschung so unwiderstehlich, daß ich sie nicht auf der Stelle abschütteln konnte. Die scheinbare Größe des einzelnen Kindes ergab sich aus der (falschen) Perspektive, die von den Zimmerwänden erzeugt wurde.

Wie viele andere, so läßt auch diese Sinnestäuschung sich nicht ohne weiteres auf einem »Top-down«-Weg berichtigen – durch das Wissen, das auf den höchsten Verarbeitungsebenen des Hirns über die Funktionsweise der Sinnestäuschung vorhanden ist.

Abb. 15: *Sehen Sie ein seltsames weißes Objekt?*

Abb. 16: *Verläuft das, was Sie hier sehen, von Ihnen aus nach hinten?*

Den zweiten starken Hinweis liefert die Überdeckung — wenn ein nähergelegenes Objekt ein weiter entferntes teilweise verdeckt. Das haben wir bereits bei dem Bild mit dem Mädchengesicht hinter den Leisten des Fensterrahmens (Abbildung 5) gesehen. Um sich dieses Anhaltspunkts zu bedienen, muß das Hirn folgern, daß die verschiedenen Teile des überdeckten Objekts zusammengehören, wie wir das am Anfang dieses Kapitels schon erörtert haben.

Linien können zwei überraschende Effekte hervorrufen, die mit der Überdeckung verwandt sind. Den ersten Typ von Effekt haben wir schon mit dem Kanizsa-Dreieck (Abbildung 2) kennengelernt. Die (illusorische) Grenze des weißen Dreiecks wird dadurch erzeugt, daß die geraden Kanten der Pacman-Figuren verlängert werden. Der andere Typ von Effekt ist der Abbildung 15 zu entnehmen.

In diesem Fall wird die scheinbare Grenze hauptsächlich durch die Anordnung von Linien-*Begrenzungen* erzeugt. Eine »Linie« im visuellen Feld kann sich aus vielerlei ergeben: man denke z.B. an ein

Muster auf einem Hemd, an die Streifen eines Zebras, an einen Schatten, der auf irgendein Objekt fällt oder an etwas Ähnliches. Ein Objekt, das einen Hintergrund überdeckt, unterbricht häufig Linien dieses Hintergrunds. So kommt es dann, daß die illusorischen Konturen, die von Linien-Begrenzungen erzeugt werden, zu Umrissen des Objekts werden, und dies zeigt sich auch in dem künstlichen Fall, den Abbildung 15 vorstellt. Der Psychologe V. S. Ramachandran hat zu Recht gesagt: »In gewissem Sinn sind illusorische Konturen wirklicher (d.h. bedeutsamer für uns) als wirkliche Konturen.«

Ein weiterer Anhaltspunkt für Abstand ist der Texturgradient. Schauen Sie sich Abbildung 16 an. Sie sehen dort das Bild eines Stücks Rasen, und Sie haben unmittelbar den Eindruck, daß der Rasen von Ihnen aus nach hinten verläuft. Das liegt daran, daß die Grashalme *auf dem Papier* systematisch zum oberen Bildrand hin kleiner werden. Ihr Hirn sieht dies nicht als eine flache senkrechte Wand, an der unten großes und oben kleines Gras wächst, sondern als eine sich vor Ihnen in die Tiefe ausbreitende Fläche mit überall gleich hohem Rasenbewuchs.

Es gibt noch andere Hinweise auf Tiefe. Einer davon ist die scheinbare Größe – da ein vertrautes Objekt ein kleineres Retinabild erzeugt, wenn es weiter entfernt ist, kann das Hirn aufgrund geringer scheinbarer Größe annehmen, daß das Objekt weiter entfernt ist. Ein weiterer Hinweis ist, daß Landschaften aus der Entfernung gewöhnlich blauer aussehen. All diese Hinweise haben Künstler (insbesondere seit der Entdeckung der Perspektive in der Renaissance) sich zunutze gemacht. Gute Beispiele sind Canalettos Venedig-Bilder.

Wenden wir uns nun einer Hauptquelle der Information über Tiefe zu. Sie wird »Stereopsis« genannt und beruht darauf, daß die Sicht auf die Welt, die unsere beiden Augen haben, ein wenig verschieden ist.[4] Es war der Physiker Sir Charles Wheatstone, der Mitte des 19. Jahrhunderts erstmals mit aller Deutlichkeit nachwies, daß zwei leicht unterschiedliche Blickvorlagen, wenn sie passend dargeboten werden, einen lebhaften Eindruck von Tiefe vermitteln können. (Wheatstone bleibt auch aus einem anderen Grund unvergessen. Er sollte einmal den Freitagabendvortrag an der Royal Institution in

London halten; dort ist es Tradition, daß der Vortragende vor seiner Vorlesung eine Viertelstunde lang in einem kleinen Zimmer wartet. Wheatstone wurde während des Wartens so nervös, daß er wegrannte. Seitdem wird der Freitagsabendredner vorsichtshalber in dem Zimmer eingeschlossen.) Wheatstone erfand ein Stereoskop (das ein wenig komplizierter aufgebaut war als der Typ, der im spätviktorianischen Zeitalter populär wurde); beim Hineinschauen blickte jedes Auge des Betrachters auf ein anderes Bild, und die beiden Bilder waren aus geringfügig unterschiedlichen Positionen aufgenommen. Durch den Positionsunterschied entstehen zwei Anblicke, die nicht genau gleich sind. Das Hirn ist in der Lage, die Unterschiede zu erkennen (sie heißen in der Fachterminologie »Querdisparationen«), und daraus ergibt sich der lebhafte Eindruck, die fotographisch abgebildete Szenerie werde dreidimensional gesehen, so als befände sie sich direkt vor dem Betrachter.

Man kann sich den Effekt der Stereopsis auch einfach dadurch bewußt machen, daß man ein Auge schließt und die näherliegenden Gegenstände der Umgebung anschaut. Der Eindruck von Tiefe ist dann bei den meisten Menschen viel schwächer, als wenn sie beide Augen benutzen. (Natürlich hat man – wegen der anderen Anhaltspunkte, die gerade erörtert wurden – auch mit nur einem einzigen geöffneten Auge einen ziemlich guten Eindruck davon, in welcher räumlichen Tiefe sich die Objekte befinden.) Ein weiteres offenkundiges Beispiel liefern realistische Gemälde oder Fotos eines Gebäudes, einer Stadt oder einer Landschaft. In diesem Fall gestatten die beiden Augen dem Hirn den Schluß, daß die Oberfläche des Bildes flach ist. Der Eindruck von Tiefe wird sogar noch lebhafter sein, wenn man das Bild nur mit einem Auge anschaut, zugleich den Bildrahmen mit den Händen ausblendet und sich so stellt, daß keine Spiegelungen des Glases auftreten. Dadurch werden einige Hinweise auf die Zweidimensionalität der Bildoberfläche beseitigt, und die Hinweise, die der Künstler zur Vortäuschung von Tiefe ins Bild gesetzt hat, entfalten eine stärkere Wirkung.

Die Stereopsis funktioniert am besten bei ziemlich nahen Objekten, denn dann ist die Querdisparation zwischen den beiden Netzhautbildern, die das rechte und das linke Auge liefern, am größten. Klarerweise muß das Objekt – wenn man es mit beiden Augen erblickt – mehr oder weniger in der Mitte vor dem Betrachter liegen und nicht so weit seitlich, daß es in dem einen Auge durch die Nase verdeckt wird. Raubtiere, die sich auf ihre Beute stürzen müssen, wie z.B. Katzen und Hunde, haben gewöhnlich nach vorne gewandte Augen. Sie können beim Kampf mit der Beute die Stereopsis einsetzen. Anderen Tieren, wie z.B. den Hasen, nützt es mehr, daß ihre Augen seitlicher am Kopf plaziert sind, dadurch können sie in einem größeren Blickfeld nach ihren Feinden Ausschau halten. Ihre Stereopsis ist beschränkter als unsere, weil ihre Augen weniger visuelle Überschneidung haben.[5]

Wie steht es mit der Bewegung? Das visuelle System ist naheliegenderweise an Bewegung sehr interessiert. Wenn man einen Film anschaut, hat man häufig den lebhaften Eindruck, da bewegten sich Objekte, obgleich es sich bei dem, was tatsächlich auf der Leinwand erscheint, um eine rasche Abfolge von Standbildern handelt. Dieses Phänomen ist als »Scheinbewegung« bekannt. In dieser sehr künstlichen Situation kann die visuelle Wahrnehmung fehlgehen. Die Speichen eines Wagenrads können sich anscheinend in die falsche Richtung bewegen. Man weiß sehr wohl, wie das allgemein zu erklären ist. Grob gesagt verbindet das Hirn eine bestimmte Speiche in dem einen Bild mit derjenigen Speiche im nächsten Bild, die den geringsten Abstand hat. Wegen der Drehung des Rads kann es sein, daß es sich nicht um dieselbe Speiche handelt. Da die Speichen alle ziemlich gleich ausschauen, kann es vorkommen, daß das Hirn in den beiden aufeinanderfolgenden Bildern zwei verschiedene Speichen miteinander verbindet. Wenn die beiden miteinander verbundenen Positionen (relativ zum Wagen) identisch sind, scheint das Rad stillzustehen. Wenn die Umdrehungsgeschwindigkeit ein wenig verlangsamt wird, hat es den Anschein, als bewegten die Radspeichen sich rückwärts. So kommt es denn, besonders in älteren Filmen, oft vor, daß die Speichen – beim Abbremsen des Wagens – ihre Bewegung relativ zur Wagenbewegung zu ändern scheinen. In der Psychologie hat es sehr viele Experimente gegeben, mit denen man versuchte, genau herauszubekommen, welche Bedingungen für das Zustandekommen guter Scheinbewegung vonnöten sind.

Ein weiterer Bewegungseffekt ist die Sinnestäuschung mit der sog. Friseurstange. Auf dieser Stange sind spiralförmige Streifen. Wenn sie sich um ihre Längsachse dreht, scheinen die Streifen sich nicht zu drehen, sondern sich auf der Stange nach oben oder unten zu bewegen (gewöhnlich nach oben). Im 11. Kapitel wird dies ausführlicher erörtert werden. Unsere Bewegungswahrnehmung ist mithin nicht immer ganz einfach. In diesem Fall sieht man nicht die *lokale* Bewegung jedes einzelnen Streifenstücks; statt dessen stellt sich das Hirn irrigerweise vor, das gesamte Muster bewege sich.

Die Bewegungswahrnehmung im Hirn wird von zwei Hauptvorgängen erledigt, die man (nicht ganz akkurat) als das »Kurzbereich-System« und das »Langbereich-System« bezeichnet. Das erstere tritt, wie man glaubt, auf einer früheren Verarbeitungsstufe auf als das letztere. Das Kurzbereich-System erkennt keine Objekte, sondern nur Veränderungen in den Lichtmustern, die mit der Retina wahrgenommen und ins Hirn übermittelt werden. Es extrahiert Bewegung als einen »Grundbestandteil«, ohne zu wissen, was sich bewegt. Mit anderen Worten: dieser einfache Bewegungsaspekt kann sinnvollerweise als eine primäre Empfindung aufgefaßt werden. Dieses System operiert automatisch – d.h. es wird durch Aufmerksamkeit nicht beeinflußt.

Man vermutet, daß das Kurzbereich-System unter Zuhilfenahme von Bewegungsinformation Figur und Grund voneinander trennen kann[6] und daß es für den Bewegungs-Nacheffekt (manchmal »Wasserfalleffekt« genannt) verantwortlich ist. (Wenn Sie eine Zeitlang auf einen Wasserfall schauen und dann Ihren Blick auf danebenliegende Felsen richten, dann werden diese für kurze Zeit sich nach oben zu bewegen scheinen.) Neuerdings gibt es Zweifel an diesen Vermutungen; kürzlich ist nachgewiesen worden, daß der Bewegungs-Nacheffekt durch Aufmerksamkeit beeinflußbar ist [3].

Das Langbereich-System registriert anscheinend die Bewegung von Objekten. Es registriert also nicht bloße Bewegung als solche, sondern es registriert, *was* sich bewegt. Dieses System kann durch Aufmerksamkeit beeinflußt werden.

Betrachten wir ein (übermäßig vereinfachtes) Beispiel: Ein rotes Quadrat wird ganz kurz auf eine Leinwand projiziert, nach einer Pause nicht weit davon entfernt ein blaues Dreieck. Werden die Parameter (des Abstands und der Zeit) so gewählt, daß das Langbereich-System vorherrscht, dann sieht der Beobachter ein rotes Quadrat, das sich in ein blaues Dreieck verwandelt, und er sieht die scheinbare Bewegung dieses sich verwandelnden Objekts von der einen Position zu anderen. Wenn hingegen Abstand und Zeitintervall so klein sind, daß hauptsächlich der Kurzbereich-Mechanismus aktiviert wird, dann sieht der Beobachter Bewegung, aber er sieht vielleicht kein sich bewegendes Objekt. Er nimmt Bewegung wahr, ohne zu wissen, was sich bewegt. In den meisten Situationen sind beide Systeme in einem gewissen Maße aktiv. Um nur eines allein zu aktivieren, bedarf es sehr sorgfältig ausgeklügelter Reize.

*

Das Hirn verwendet Bewegungshinweise, um weitere Informationen über die sich ändernde Umgebung abzuleiten. Ich habe bereits erläutert, wie es in manchen Fällen Struktur aus der Bewegung herleiten kann. Das Hirn kann Bewegung aber auch noch anders verwenden. Wenn ein Objekt direkt auf Ihre Augen zukommt, dann vergrößert sich sein Bild auf Ihrer Netzhaut. Wenn der Umfang eines Objekts auf einer Leinwand plötzlich größer gemacht wird, dann haben Sie den Eindruck, daß es Ihnen entgegensaust (obwohl die Leinwand immer noch genauso weit entfernt ist). Diese Art der Bewegung des visuellen Bilds wird »Dilation« genannt. Sie ruft derart lebhafte Wirkungen hervor, daß man vermuten möchte, es gebe einen besonderen Teil des Hirns, der auf die Dilation des Bildes reagiert. Und in der Tat: er ist entdeckt worden (siehe 11. Kapitel).

Eine weitere Aufgabe des visuellen Bewegungssystems ist es, den Weg zu weisen, auf dem wir uns durch die Welt bewegen. Wenn Sie mit nach vorne gerichtetem Blick vorwärtsschreiten, dann verschwindet Ihre visuelle Szenerie: unten wie oben, rechts wie links. Diese Bewegung der Netzhautbilder wird »visuelles Flußmuster« genannt; dem Piloten ist sie bei der Landung eine große Hilfe. Ein einäugiger Pilot (der also nicht stereoskopisch sehen kann) kann mit Hilfe der Informationen, die ihm das visuelle Flußmuster vermittelt, sein Flugzeug sehr schön landen. Der Punkt, an dem nichts fließt, ist der Punkt, auf den er zufliegt. Um diesen Punkt herum scheinen die visuellen Objekte sich von ihm weg zu bewegen, wenn auch mit unterschiedlicher Geschwindigkeit (vgl. Abbildung 17). Diese visuellen Informationen helfen dem einäugigen Piloten, das Flugzeug zum richtigen Punkt auf der Landebahn zu steuern.

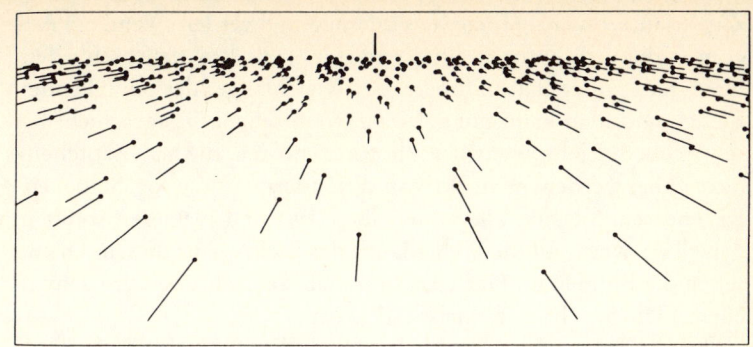

Abb. 17: *Jemand landet ein Flugzeug und benutzt dabei nur ein Auge. Er bewegt sich auf den Punkt am Horizont zu, der durch die senkrechte Linie markiert ist. Im visuellen Feld sind viele schwarze Punkte verteilt. Die dünne Linie an jedem Punkt zeigt an, in welche Richtung der Punkt sich aufgrund der Vorwärtsbewegung des Beobachters scheinbar bewegen würde. Die Länge der Linie entspricht der Geschwindigkeit, mit der sich der Punkt bewegt.*

Auch die Farbwahrnehmung ist nicht so einfach, wie sie scheinen mag. Die Grunderklärung stellt einen Zusammenhang zu den verschiedenen Arten von Photorezeptoren im Auge her. Jeder dieser Rezeptortypen reagiert auf Photonen (die Lichtteilchen) eines ganz begrenzten Wellenlängenbereichs. Es ist wichtig zu beachten, daß die *Art und Weise*, auf die ein einzelner Fotorezeptor reagiert, nicht von der Wellenlänge des aufprallenden Photons abhängt. Der Rezeptor fängt das Photon ein, oder er fängt es nicht ein. Wenn er es einfängt, dann hat das immer dieselbe Auswirkung – die Wellenlänge des Photons spielt keine Rolle. Allerdings hängt die *Wahrscheinlichkeit* einer Reaktion der Fotozelle von der Wellenlänge des Photons ab. Einige Wellenlängen haben eine größere Chance, die Fotozelle zu erregen, andere eine geringere. Beispielsweise mag sie sehr oft auf »rote« Photonen reagieren, aber nur selten auf »grüne«.

Reagiert der Rezeptor auf einen aufprallenden Photonenstrom, dann liegt das entweder daran, daß wenigstens ein paar Photonen einer bevorzugten Wellenlänge dabei waren, oder daran, daß viele Photonen einer weniger bevorzugten Wellenlänge dabei waren; der Rezeptor kann nicht feststellen, welche dieser beiden Fälle vorliegt.

Zur Erläuterung mag folgendes hinzugefügt werden: Wenn ein Auge nur Photorezeptoren eines einzigen Typs hat, dann fehlt dem Hirn jede Information über die Wellenlänge des einfallenden Lichts, und man kann nur schwarz/weiß sehen. Das geschieht bei sehr trübem Licht, wenn die Photorezeptoren, die als »Zäpfchen« bezeichnet werden, nicht aktiv sind, sondern nur die sog. Stäbchen-Rezeptoren. Sie sind alle vom selben Typ und reagieren somit in derselben Weise auf die Wellenlänge des Lichts. Aus diesem Grund sehen die Blumen im Garten, wenn man sie nachts bei sehr schwachem Licht anschaut, zumeist farblos aus.

Um Farbinformation zu erhalten, bedarf es Photorezeptoren von mehr als einem Typ; sie müssen *verschiedene* Wellenlänge/Reaktion-Kurven haben. Bei diesen Kurven gibt es zwar gewisse Überschneidungen, aber im Durchschnitt wird ein Strom einfallender Photonen derselben Wellenlänge die verschiedenen Fotorezeptoren in unterschiedlichem Grad erregen, und das Hirn kann dank diesem Erregungsverhältnis entscheiden, welche »Farbe« das auf dem betreffenden Punkt der Netzhaut aufprallende Licht hat.

Es ist allgemein bekannt, daß die meisten Menschen drei Arten von Zäpfchen haben (grob gesagt: für einen Kurzwellen-, einen Mittelwellen- und einen Langwellenbereich; man spricht häufig – obwohl das nicht ganz korrekt ist – von Blau-, Grün- und Rot-Zäpfchen). Ein kleiner Prozentsatz der Männer hat keine »Rot«-Zäpfchen und ist mithin teilweise farbenblind.[7] Diese Menschen können Schwierigkeiten haben zu erkennen, ob die Ampel rot oder grün zeigt.

*

Das sind die Grundzüge der Erklärung dafür, wie wir Farbe sehen. Eine Reihe von Einschränkungen und näheren Erläuterungen sind eigentlich nötig; ich möchte hier nur eine erwähnen. Sie betrifft den sog. Land-Effekt (so benannt nach Edwin Land, dem Erfinder von Polaroid, der diesen Effekt ausführlich erforscht hat). Land hat sehr nachdrücklich gezeigt, daß die Farbe eines Flecks im visuellen Feld nicht nur davon abhängt, welche Wellenlängen von diesem Fleck ins Auge gelangen, sondern auch von den Wellenlängen, die aus anderen Gebieten des visuellen Felds kommen.

Wieso sollte das so sein? Was in das Auge gelangt, hängt nicht nur von den Lichtreflexionseigenschaften (der Farbe) der betreffenden

Oberfläche ab, sondern auch von der Wellenlänge des Lichts, das auf diese Oberfläche fällt. Deshalb sollten die Farben des bunten Kleids einer Frau bei Tageslicht ganz anders aussehen als bei Kerzenlicht. Das Hirn ist folglich nicht vornehmlich an der Kombination aus Reflexionsstärke und Beleuchtung interessiert, sondern an den Farbeigenschaften der Objektoberflächen. Es versucht, diese Information dadurch zu gewinnen, daß es die Reaktion der Augen auf verschiedene Gebiete des visuellen Felds miteinander vergleicht. Das tut es mit Hilfe des »constraints« (der Annahme), daß zum betreffenden Zeitpunkt die Farbe der Beleuchtung in der Szenerie überall ziemlich gleich ist, obwohl sie bei anderer Gelegenheit ganz anders sein kann. Wenn die Beleuchtung rosa ist, dann wird alles ein bißchen rosa, und das Hirn versucht, dies wieder gutzumachen. Deshalb sieht ein bei Tageslicht roter Stoff in künstlichem Licht immer noch ziemlich rot aus, obwohl – wie wir alle wissen – er nicht genau gleich aussieht, weil der Kompensationsmechanismus nicht perfekt funktioniert.

Einige andere visuelle Konstanzphänomene werde ich nur beiläufig erwähnen. Ein Objekt sieht auch dann, wenn wir es nicht direkt anschauen, so daß es auf einen anderen Teil der Netzhaut fällt, annähernd gleich aus. Wir erkennen es sogar dann als dasselbe Objekt, wenn wir es in einer anderen Entfernung sehen, so daß die Größe seines Netzhautbildes verändert ist, und auch dann, wenn es ein wenig gedreht wurde. Wir halten diese unterschiedlichen Konstanzphänomene für selbstverständlich, aber eine einfache Sehmaschine könnte solche Kunststücke nicht vollbringen, solange sie keine eigens zu diesem Zweck eingebauten Vorrichtungen hätte – das entwickelte Hirn muß sie haben. Wie das Hirn all dies im einzelnen macht, ist nicht ganz klar.

Zwischen Bewegung und Farbe besteht eine seltsame Beziehung. Das Kurzbereich-Bewegungssystem im Hirn sieht hauptsächlich schwarz/weiß. Dies zeigt sich höchst einfach, wenn man ein in Bewegung befindliches Muster, das aus zwei gleich hellen Farben (z.B. rot und grün) besteht, auf eine Leinwand projiziert. Die relative Helligkeit der beiden Farben wird dann so eingestellt, daß sie dem Betrachter gleich hell vorkommen. Das muß für jede Person einzeln gemacht werden, denn mein Balance-Punkt mag sich von Ihrem unterscheiden.[8] Ein derartiger ausbalancierter Zustand wird »Isoluminanz« genannt.

Wenn man nun auf eine Leinwand blickt, auf der sich rote Objekte vor einem grünen Hintergrund bewegen, wobei die beiden Farben zur Isoluminanz gebracht worden sind, dann wirkt die Bewegung viel langsamer als sie wirklich ist; ja, sie kann sogar ganz zum Stillstand kommen. (Dies trifft besonders dann zu, wenn der Blick auf den Rand der Leinwand gerichtet wird.) Das liegt daran, daß das Schwarz/Weiß-System im Hirn die Leinwand als ein einheitliches Grau sieht (weil die Farben gleich hell sind), und deshalb registriert das Kurzbereich-Bewegungssystem nur wenig oder gar keine Bewegung.

All diese Beispiele zeigen, daß das Hirn aus vielen verschiedenen Aspekten der visuellen Szenerie nützliche Informationen gewinnen kann. Was tut es, wenn die zur Verfügung stehende Information unvollständig ist? Der blinde Fleck liefert ein gutes Beispiel. Wie im 3. Kapitel erläutert worden ist, hat man in jedem Auge einen blinden Fleck, den das Hirn »ausfüllt«, so daß man selbst dann kein Loch an der betreffenden Stelle des visuellen Felds sieht, wenn man das andere Auge schließt. Der Philosoph Daniel Dennett glaubt nicht, daß es einen Vorgang des Ausfüllens gibt. In seinem Buch *Consciousness Explained* hat er zurecht bemerkt, daß »ein Nichtvorhandensein von Information nicht dasselbe ist wie die Information über ein Nichtvorhandensein«. Im Anschluß daran schreibt er : »Damit Sie ein Loch sehen, müßte etwas in Ihrem Hirn auf einen Kontrast reagieren: *entweder* zwischen Innenrand und Außenrand – und dafür hat Ihr Hirn an der betreffenden Stelle keine Maschinerie – *oder* zwischen vorher und nachher: jetzt sehen Sie an einer Stelle noch einen schwarzen Punkt, dann sehen Sie an derselben Stelle nichts mehr (weil Sie an einem Experiment teilnehmen, das Sie auf die Existenz Ihres blinden Flecks aufmerksam macht).« Deshalb, so argumentiert Dennett, gibt es da kein Ausfüllen. Da fehle einfach nur jedwede Information, daß da ein Loch ist.

Diese Argumentation ist jedoch fehlerhaft, denn Dennett hat nicht bewiesen, daß keine Information über den Bereich des blinden Flecks erschlossen wird. Sein Argument ist bloß, daß das Hirn

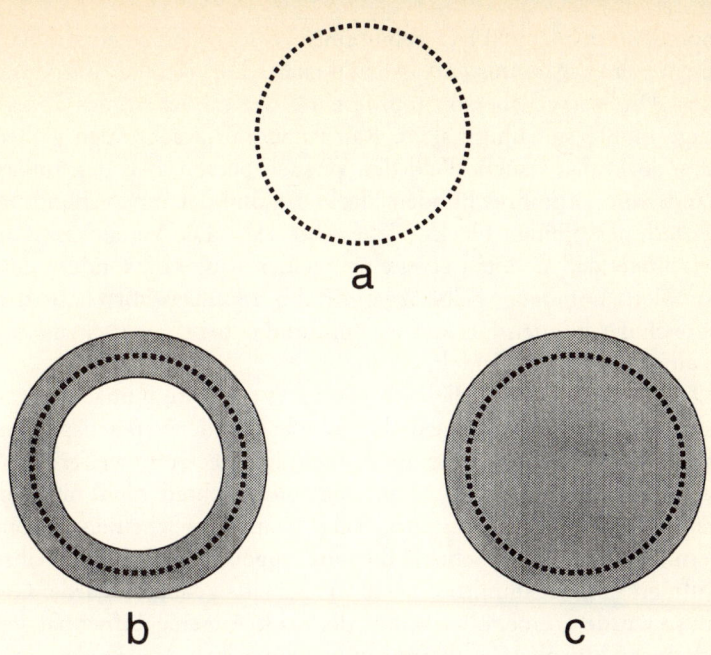

Abb. 18: **a)** *Die gepunktete Linie stellt den Rand des blinden Flecks dar.* **b)** *Der dunkle Ring stellt den (gelben) Annulus dar, der dem geöffneten Auge dargeboten wird. Er ist so plaziert, daß er auf beiden Seiten über den Rand des blinden Flecks hinausreicht.* **c)** *Hier ist dargestellt, was die Versuchsperson sieht – und zwar keinen gelben Annulus, sondern eine komplette gelbe Scheibe. Man beachte, daß die Versuchsperson niemals den Umriß des blinden Flecks sieht, der hier als gepunktete Linie dargestellt ist.*

vielleicht keinen solchen Schluß zieht. Und es stimmt auch nicht, daß das Hirn bestimmt nicht über die notwendige Maschinerie verfügt. Eine sorgfältige Untersuchung des Hirns zeigt, daß es Nervenzellen hat, die das leisten könnten.

Der Wahrnehmungspsychologe V. S. Ramachandran (er arbeitet in La Jolla in der Abteilung für Psychologie der University of California, San Diego) hat Dennett mit einem feinen Experiment widerlegt [4]. (Es macht immer Vergnügen nachzuweisen, daß Philosophen unrecht haben.) Er zeigte einer Versuchsperson ein Bild mit einem gelben Annulus (das ist ein dicker Ring — siehe Abbildung 18b). Die Versuchsperson mußte ein Auge schließen, das andere Auge mußte sie ruhig halten. Ramachandran brachte den gelben Ring so in das visuelle Feld der Versuchsperson, daß der äußere Rand *außerhalb* ihres blinden Flecks lag und der innere Rand *innerhalb* des blinden Flecks (siehe Abb. 18b). Die Versuchsperson berichtete, daß sie nicht etwa einen gelben Ring sah, sondern eine komplette homogene gelbe *Scheibe* (Abb. 18c). Das Hirn hatte den Bereich des blinden Flecks ausgefüllt und dabei einen dicken Ring in eine Scheibe verwandelt.

Zur Untermauerung dieses Ergebnisses plazierte Ramachandran noch einige ähnliche Ringe in das visuelle Feld der Versuchsperson; es gab dann also einen Ring um den blinden Fleck und weitere Ringe an anderer Stelle. Die Versuchsperson berichtete nicht nur, daß sie im Bereich des blinden Flecks eine komplette Scheibe sah, sondern auch, daß diese Scheibe ihr »ins Auge sprang«, d.h. daß ihre Aufmerksamkeit unmittelbar auf die Scheibe gezogen wurde. Genauso würde es einem Betrachter, der beide Augen geöffnet hat, gehen, wenn ihm eine Zufallsanordnung von gelben Ringen plus einer gelben Platte gezeigt würde. Die so offenkundig andersartige Scheibe würde ihm ins Auge springen. Wie Ramachandran ausgeführt hat, legt dies nahe, daß man tatsächlich den blinden Fleck ausfüllt – man ignoriert nicht einfach, was dort ist. Denn wie sollte einem etwas, das man nicht beachtet, auch noch ins Auge springen?

Was wir im blinden Fleck sehen, ist nicht leicht zu erforschen, denn er liegt 15 Grad außerhalb des Zentrums der Blickrichtung, und dort sehen wir, wie ich oben erwähnt habe, nicht sehr deutlich. Ramachandran und der englische Psychologe Richard Gregory haben Experimente angestellt [5], in denen es um etwas geht, das sie »künstliches Skotom«[9] nennen; solche künstlichen Skotome können viel näher am Blickrichtungszentrum hervorgerufen werden. (Dennett erwähnt diese Arbeit in einer Anmerkung; er ist aber über ihre Ergebnisse nicht glücklich.) Noch bemerkenswerter ist, was die Untersuchungen ergeben haben, die Ramachandran und seine Mitarbeiter kürzlich mit Patienten vorgenommen haben, die eine kleine, lokale Beschädigung nicht im Auge, sondern im visuellen Teil des Hirns haben. Ein solcher Patient kann in Wirklichkeit nicht

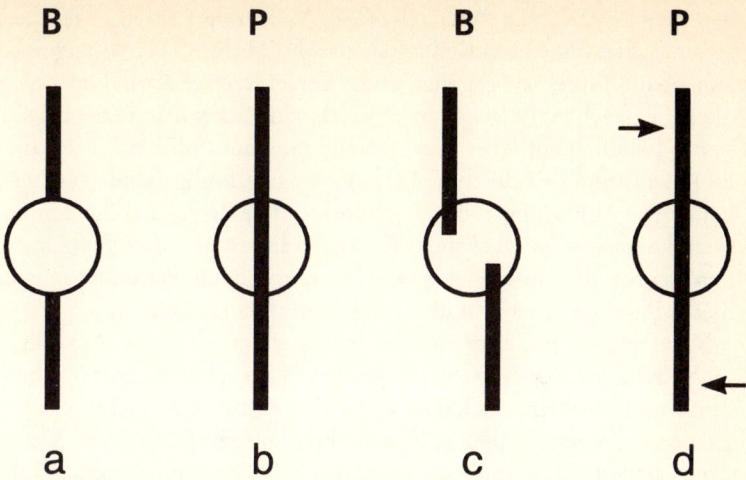

B **P** **B** **P**

a   b   c   d

Abb. 19: *Die mit* **B** *(Bild) gekennzeichneten Markierungen geben wieder, was der Versuchsperson gezeigt wurde. Was sie schließlich gesehen hat, ist unter* **P** *(Perzept, d.h. das »Wahrgenommene«) dargestellt. Der Kreis ist eine diagrammatische Darstellung des Skotoms – also desjenigen kleinen Gebiets im visuellen Feld, das derjenigen Region im Hirn (und zwar im primären Sehfeld der einen Seite) entspricht, die bei der Versuchsperson nicht aktiv war.*

sehen, was sich im entsprechenden Gebiet seines visuellen Felds befindet – er hat dort eine blinde Stelle –, aber es gibt keinen Zweifel, daß sein Hirn (wenn es genug Zeit hat) diese Stelle mittels plausibler Vermutungen, die auf Informationen über die Umgebung der Stelle beruhen, ausfüllt.

Schematische Illustrationen einiger Resultate dieser Untersuchungen sind in Abbildung 19 zu sehen. Auf einem Kathodenstrahl-Leuchtschirm wurden zwei vertikale Linien oberhalb und unterhalb der blinden Stelle plaziert; nach ein paar Sekunden sahen die Patienten eine durch das Loch hindurch verlaufende Linie. Ein Patient berichtete, daß er – als der Leuchtschirm mit den Linien ausgeschaltet wurde – »ein sehr lebhaftes weißes ›Phantom‹ des ausgefüllten Abschnitts der Linie sah« und daß dies für mehrere Sekunden anhielt! Noch erstaunlicher war, was sich ergab, als man den beiden Patienten zwei vertikale Linien zeigte, die seitlich gegeneinander versetzt verliefen (siehe Abbildung 19c). Anfangs sahen sie die Linien als gegeneinander versetzt, doch dann begannen die Linien sich zu bewegen bzw. »aufeinander zuzutreiben«, bis sie sich schließlich auf einer Linie befanden. Dann füllte das Hirn die Lücke aus und ließ die zwei Linien als eine durchgehende erscheinen (siehe Abbildung 19d). Diese horizontale Bewegung der Linien (man vergesse nicht, daß sie in Wirklichkeit fest an ihrem Platz blieben) wurde als sehr lebhaft geschildert, und beide Patienten schien dieses Phänomen sehr zu überraschen und zu faszinieren.

Mit anderen Experimenten wurde gezeigt, daß das Ausfüllen nicht bei allen Aspekten der visuellen Wahrnehmung zum selben Zeitpunkt geschieht. Es kam vor, daß Form, Bewegung, Textur und Farbe zu unterschiedlichen Zeitpunkten ausgefüllt wurden. Wenn das visuelle Feld beispielsweise aus vielen roten Punkten in zufälliger Verteilung bestand, dann war es bei dem einen Patienten so, daß die Farbe fast sofort in die blinde Stelle »hineinblutete«, daß sich aber erst fünf Sekunden später das dynamische Muster sich bewegender Punkte einstellte.

Man beachte, daß es zwischen diesen Resultaten, die sich bei einer blinden Stelle im Hirn ergeben, und denen, die sich bei dem echten blinden Fleck im Auge ergeben, einen wichtigen Unterschied gibt. Im letzten Fall geschieht das Ausfüllen fast augenblicklich. Im Fall des Hirnschadens dauert der Vorgang mehrere Sekunden, vermutlich deshalb, weil die Beschädigung den Mechanismus im Hirn zerstört hat, der das rasche Ausfüllen besorgt.

Das Ausfüllen ist wahrscheinlich kein spezieller Vorgang, der eine Sonderanfertigung für den blinden Fleck wäre. Es ist wahrscheinlicher, daß dieser Vorgang – in der einen oder anderen Form – auf vielen Ebenen des normalen Hirns auftritt. Er gestattet es dem Hirn, aus unvollständigen Informationen ein vollständiges Bild zu erraten – eine sehr nützliche Fähigkeit.

Wir haben jetzt Einblick in die Komplexität der Psychologie des visuellen Wahrnehmens gewonnen. Offenkundig ist das Sehen keine einfache Sache. Es ist ganz anders als das, was Sie aufgrund Ihrer Alltagserfahrung erwartet hätten. Wie das alles funktioniert, weiß man noch nicht genau, und viele wichtige Experimente und Begriffe mußte ich hier unbeachtet lassen. Im nächsten Kapitel werden wir zwei weitere Aspekte des Sehens – Aufmerksamkeit und Ultra-kurzzeitgedächtnis – streifen, die mit visuellem Bewußtsein eng zusammenhängen; dabei werden wir auch auf das schwierige Thema eingehen, wieviel Zeit von den verschiedenen Aspekten der visuellen Informationsverarbeitung benötigt wird.

5 AUFMERKSAMKEIT UND GEDÄCHTNIS

»Du schenkst mir keine Aufmerksamkeit«,
sagte der Hutmacher. »Wenn du sie nicht
schenkst, hast du nichts von ihr.«
nach Lewis Carroll

Jeder kennt die Bedeutung der Wendung »Du bist nicht aufmerksam«. So etwas wird beispielsweise dann gesagt, wenn jemand abgelenkt ist oder vor sich hindöst. In der Psychologie wird zwischen »Wachheit« (oder »Wachsamkeit«) und »Aufmerksamkeit« unterschieden. Wachheit ist ein allgemeiner Zustand, der das gesamte Verhalten einer Person betrifft, man denke nur daran, wie das ist, wenn man morgens wach wird. Aufmerksamkeit beinhaltet für Psychologen, wie William James gesagt hat, »ein Sich-Abwenden von manchen Sachen, um mit anderen Sachen besser umzugehen«.

Uns geht es hauptsächlich um visuelle Aufmerksamkeit und nicht um die Art von Aufmerksamkeit, deren es bedarf, um Musik zu hören oder irgendeine Handlung zu vollziehen. Man erinnere sich daran, daß Aufmerksamkeit für etwas gehalten wird, das zumindest einige Formen des Bewußtseins unterstützt. Eine Form der visuellen Aufmerksamkeit ist die Augenbewegung (die oft durch Kopfbewegungen unterstützt wird). Weil wir im Umkreis unseres Blickzentrums klarer sehen, erhalten wir mehr Informationen über ein Objekt, wenn wir unsere Augen in diese Richtung wenden. Von Objekten, die wir *nicht* direkt anschauen, erhalten wir (zumindest was ihre Form angeht) ungenauere Information.

Wodurch werden Augenbewegungen gesteuert? Solche Bewegungen reichen von reflexartigen Reaktionen – z.B. auf eine plötzliche Bewegung irgendwo außerhalb des Blickzentrums – bis hin zu absichtlichen Augenbewegungen (»Ich frage mich, was der da drüben macht«). Vermutlich haben alle Formen der Aufmerksamkeit sowohl reflektorische als auch absichtliche Bestandteile.

Ein Beispiel für selektive Aufmerksamkeit beim Hören liegt vor, wenn eine Versuchsperson über einen Kopfhörer in das linke Ohr andere Töne gespielt bekommt als in das rechte und sich auf die Töne in dem einen Ohr konzentriert, während sie zugleich versucht, die Töne im anderen Ohr nicht zu beachten. Viele Töne, die in das zweite Ohr kommen, gelangen nicht ins Bewußtsein. Es läßt sich aber nachweisen, daß sie im Hirn eine Spur hinterlassen und manchmal Einfluß darauf haben können, was im anderen Ohr gehört wird. Auf irgendeiner Stufe werden sie vom Hirn registriert.

Aufmerksamkeit filtert also *un*beachtete Ereignisse aus. Auf ein beachtetes Ereignis kommt die Reaktion schneller, sie hat eine niedrigere Schwelle und ist präziser. Aufmerksamkeit erleichtert auch ein wenig die Erinnerung an das Ereignis. Früher haben sich Psychologen nicht damit beschäftigt, was sich im Schädel abspielt; sie haben die Aufmerksamkeit zumeist mit Hilfe von Messungen untersucht, die ihren Einfluß auf die Reaktionsgeschwindigkeit, auf das Fehlerniveau usw. betrafen. Mit anderen Worten, man untersuchte, welche *Auswirkungen* die Aufmerksamkeit auf ein Ereignis (im Vergleich zu fehlender Aufmerksamkeit) hat, und versuchte, aus dem Muster der gewonnenen Ergebnisse Rückschlüsse auf die mutmaßlichen Mechanismen der Aufmerksamkeit zu ziehen.

Es ist überraschend, was man alles nicht kann, wenn man die Augen ruhighält. Angenommen, ein Zufallsmuster von Punkten blitzt für einen kurzen Moment auf einer Leinwand vor Ihnen auf – zu kurz, als daß Sie eine Augenbewegung machen könnten. Können Sie sagen, wieviele Punkte da sind? Wenn es nur drei oder vier sind, dann können Sie deren Anzahl fehlerlos angeben, doch wenn es sechs, sieben oder mehr sind, dann werden Sie Fehler machen. Das liegt nicht bloß daran, daß sie nur kurz dargeboten wurden. Wenn extrem helle Punkte aufblitzen, dann hinterlassen sie ein Nachbild auf der Netzhaut. (Das bedeutet, daß wenn Sie nun Ihre Augen bewegen, die Punkte sich – weil sie sozusagen auf der Netzhaut festsitzen – anscheinend mit den Augen mitbewegen.) Sie können das Punktemuster für einige Sekunden sehen, aber dennoch können Sie sie nicht exakt zählen – ein sehr seltsames Gefühl. Sie fangen zwar an zu zählen, aber Sie gewinnen keinen Überblick darüber, welche Punkte Sie gezählt haben.

Gibt es eine Form der Aufmerksamkeit, die nicht von Augenbewegungen abhängt? Kann die Aufmerksamkeit sich zwischen einer großen Augenbewegung (einer sog. Sakkade) und der nächsten verschieben? Der klinische Psychologe Michael Posner von der University of Oregon hat dazu viele Experimente gemacht [1]. Er und andere haben gezeigt, daß es in der Tat eine solche Form der visuellen Aufmerksamkeit gibt. Ein typisches Experiment sieht folgendermaßen aus: Die Versuchsperson fixiert ihren Blick auf einen bestimmten markierten Punkt. Ein kurzes Signal teilt ihr mit, daß wahrscheinlich ein Objekt an einer bestimmten Stelle – z.B. rechts vom Fixationspunkt – auftauchen wird. Sie wird gebeten, so schnell wie möglich auf einen Knopf zu drücken, wenn das Objekt auftaucht. Ihre Reaktionszeit wird notiert. Wenn das Objekt bei einigen Durchgängen an einer *un*erwarteten Stelle auftaucht (also z.B. links vom Fixationspunkt), dann ist die Reaktion langsamer. Diese Verlangsamung der Reaktion kommt – laut Interpretation der Psychologen – dadurch zustande, daß die Versuchsperson ihre visuelle Aufmerksamkeit von der erwarteten Seite auf die unerwartete verschieben muß.

Posner hat die Hypothese aufgestellt, daß diese Aufmerksamkeitsänderung wahrscheinlich drei aufeinanderfolgende Vorgänge umfaßt:

lösen – bewegen – ankoppeln

Als erstes muß das System sich von der Stelle im visuellen Feld lösen, auf die seine Aufmerksamkeit gerichtet war. Dann muß »die Aufmerksamkeit« zu der neuen Stelle bewegt werden, und schließlich muß das System an dieser Stelle die Aufmerksamkeit ankoppeln. Eine weitere wichtige Frage ist, ob man zur selben Zeit auf zwei getrennte Stellen (oder Objekte) im visuellen Feld aufmerksam sein kann. Die meisten Belege sprechen dafür, daß das nicht geht,[1] obwohl man in der Lage sein mag, mehrere sich bewegende Punkte[2] zu verfolgen [3]. Es gibt aber starke Belege dafür, daß die Aufmerksamkeit hinsichtlich ihres räumlichen Formats verändert werden kann: mal kleiner und feiner, mal größer und gröber. Wenn Sie beispielsweise ein Buch lesen, dann werden Sie Ihre Aufmerksamkeit hauptsächlich auf die Wörter und nicht auf jeden einzelnen Buchstaben richten. Beim Korrekturlesen, wenn es auf jeden Buchstaben und jedes Satzzeichen ankommt, reicht dies allerdings nicht; kleine Fehler würden leicht übersehen. Mir persönlich fällt das Korrekturlesen schwer. Normalerweise lese ich so schnell, daß ich ohne eine besondere Anspannung meiner Aufmerksamkeit kleine Druckfehler nicht bemerke.

Es ist klar, daß die Aufmerksamkeit die Art und Weise, wie man sieht, verändert. Wie wird dies von den Psychologen erklärt? Nun, zunächst einmal muß man ganz klar sehen, daß es zur Zeit keine allgemein akzeptierte Theorie der visuellen Aufmerksamkeit gibt. Ich kann hier also nur einige der im Umlauf befindlichen Ideen beschreiben und ein paar Hauptstreitpunkte erwähnen.

Es besteht allgemein Einigkeit darüber, daß bei der Aufmerksamkeit – leger gesprochen – ein Engpaß im Spiel ist. Die Grundidee lautet: Die Informationsverarbeitung auf den unteren Stufen ist weitgehend parallel, viele verschiedene Aktivitäten laufen gleichzeitig ab. Doch dann kommt eine Stufe (vielleicht sind es mehrere), auf der bei der Informationsverarbeitung ein Engpaß auftritt. Es kann jeweils nur ein einziges »Objekt« (oder eine geringe Anzahl von »Objekten«) behandelt werden. Dies wird dadurch bewerkstelligt, daß die Informationen, die von den anderen Objekten kommen, vorübergehend herausgefiltert werden. Das Aufmerksamkeitssystem wendet sich dann ziemlich schnell dem nächsten Objekt zu und so weiter. Mithin ist die Aufmerksamkeit weitgehend seriell (d.h. sie wendet sich einem Objekt nach dem anderen zu) und nicht parallel (wie dies der Fall wäre, wenn das System sich vielen Dingen auf einmal zuwenden würde).[3] Auf diese wichtige Unterscheidung (zwischen paralleler und serieller Verarbeitung) werde ich später noch ausführlich eingehen.

Einer gebräuchlichen Metapher zufolge gibt es einen »Scheinwerfer« der visuellen Aufmerksamkeit. Die vom Scheinwerfer erfaßte Information wird in einer besonderen Weise verarbeitet. Dadurch sehen wir das betreffende Objekt oder Ereignis genauer und schneller, und wir erinnern uns auch leichter daran. Die visuelle Information außerhalb des »Scheinwerfers« wird in einem geringeren Maße verarbeitet, anders verarbeitet oder gar nicht verarbeitet. Das Aufmerksamkeitssystem des Hirns bewegt diesen hypothetischen Scheinwerfer rasch von einer Stelle des visuellen Felds zu einer anderen – genauso, wie man (wenn auch langsamer) die Augen bewegt.

In ihrer einfachsten Form beinhaltet die Scheinwerfer-Metapher, daß das visuelle System seine Aufmerksamkeit auf eine *Stelle* des visuellen Felds richtet. Dafür gibt es viele indirekte Belege. Eine Alternative ist, daß sich die Aufmerksamkeit nicht auf eine bestimmte Stelle, sondern auf ein bestimmtes Objekt richtet. Wenn sich das Objekt bewegt (die Augenstellung bleibt unverändert), dann läßt sich in manchen Fällen nachweisen, daß die Aufmerksamkeit dem Objekt folgt und nicht an derselben Stelle bleibt [4]. Zur Zeit sieht es so aus, daß in einem gewissen Maß beide Formen der Aufmerksamkeit – auf ein visuelles Objekt oder auf eine visuelle Stelle – vorkommen können.

Psychologen haben oft eine Unterscheidung zwischen »prä-attentativer« und »attentativer« Verarbeitung gemacht. Der ungarische Psychologe Bela Julesz, der seit vielen Jahren in den Vereinigten Staaten arbeitet, hat einige eindrückliche Beispiele für prä-attentative Verarbeitung entwickelt [5]. Schauen Sie sich Abbildung 20 an: Die Grenze zwischen den beiden »Texturen« auf der linken Seite

Abb. 20: *Wie einheitlich ist das?*

springt Ihnen ins Auge. Schauen Sie nun in der Abbildung nach rechts: Auf den ersten Blick sehen Sie keine offenkundigen Texturgrenzen. Bei genauerem Hinsehen ergibt sich, daß ein Gebiet aus dem Buchstaben L (in verschiedenen Ausrichtungen) besteht und ein anderes aus dem Buchstaben T, doch dieser Unterschied springt Ihnen nicht entgegen. Es bedarf der fokalen Aufmerksamkeit, um diesen Unterschied zu sehen.

Es gibt noch eine andere Methode, um das Phänomen des Entgegenspringens (bzw. sein Ausbleiben) zu untersuchen. Ein visuelles Arrangement wird auf einen Bildschirm projiziert; in ihm befindet sich irgendwo ein »Ziel«-Reiz, den die Versuchsperson entdecken soll; dieses Ziel ist umgeben von anderen Objekten, die aber eine gewisse Ähnlichkeit mit dem Ziel haben und deshalb »Distraktoren« (»Ablenker«) genannt werden. Ein Beispiel: Der Bildschirm ist mit Buchstaben übersät; alle sind grün, bis auf einen einzigen roten. Die Versuchsperson wird gebeten, auf den Knopf zu drücken, sobald sie den roten Buchstaben entdeckt. Es stellt sich heraus, daß sie das sehr schnell schafft. Wichtiger ist, daß ihre Reaktionszeit nicht davon abhängt, ob wenige oder ob viele grüne Buchstaben auf dem Bildschirm sind. Die Zeit bleibt gleich, gleichgültig wieviele Distraktoren da sind. Der rote Buchstabe »springt« der Versuchsperson einfach entgegen.

Anne Treisman, die auf dem Gebiet der psychologischen Forschung über die Aufmerksamkeit führend ist, hat 1977 mit zwei Kollegen folgendes berühmte Experiment gemacht [6]: Zunächst wurde gezeigt, daß ein roter Buchstabe, der sich vor einem Hintergrund von grünen Buchstaben befindet, entgegenspringt. Es wurde auch gezeigt, daß unter lauter gleichfarbigen Buchstaben ein einzelner Buchstabe T entgegenspringt, wenn er sich vor einem Hintergrund von S-Buchstaben befindet. Das Entgegenspringen tritt also sowohl bei der Farbe als auch bei der Form auf. Dann wurde der Versuchsperson eine schwierigere Aufgabe gestellt. Etwa die Hälfte der Buchstaben waren grüne T, etwa die Hälfte waren rote S, doch außerdem gab es noch ein rotes T. Die Versuchsperson sollte dieses rote T entdecken. Sie konnte nicht einfach nach einem roten Buchstaben suchen und auch nicht einfach nach einem T; von beidem gab es ja zu viele. Sie mußte nach der *Verknüpfung* einer Farbe (rot) und einer Form (T) suchen. Diese Verknüpfung sprang ihr *nicht* entgegen. Es dauerte einige Zeit, bis sie das rote **T** fand, und je mehr Distraktoren da waren, desto länger dauerte es. Wurden 25 Buchstaben gezeigt, so dauerte es viel länger, das einzige rote **T** zu finden, als wenn nur 5 Buchstaben gezeigt wurden.[4]

Dies wurde als Hinweis auf einen seriellen Suchmechanismus gedeutet – d.h. das Aufmerksamkeitssystem mußte jeden Buchstaben *einzeln* anschauen, um zu entscheiden, ob er rot *und* ein T ist.

Wieviel Zeit braucht die Aufmerksamkeit, um sich von einer Stelle zu einer anderen zu bewegen? Hier werden die Dinge komplizierter. Es schien, als wäre die Zeit desto kürzer, je »auffälliger« das Objekt – d.h. je größer seine Wirkung auf das Aufmerksamkeitssystem – war. Dies könnte deshalb so sein, weil das System – bei einem sehr roten Rot z.B. – vielleicht in der Lage ist, *mehrere* Buchstaben zugleich zu untersuchen, indem es den »Scheinwerfer« über ein größeres Gebiet strahlen läßt. Dies würde bedeuten, daß es bei der Durchsicht aller Buchstaben weniger Schritte braucht, und damit wäre die Verarbeitungszeit pro Buchstabe verringert. Aufgrund der empirischen Befunde konnte die Ansicht vertreten werden, daß ein Schritt etwa 60 Millisekunden dauerte, wenn jedes Objekt einzeln behandelt wurde. Wenn jeweils zwei Objekte zugleich behandelt wurden, dann war die Zeit pro Schritt immer noch 60 Millisekunden, die Zeit *pro Buchstabe* (und das war alles, was man beobachten konnte) wäre allerdings nur 30 Millisekunden. Für jeweils drei Objekte zugleich nur 20 Millisekunden.

Doch es gibt eine weitere Komplikation. Vielleicht lernte das Hirn der Versuchsperson hinzu und entschloß sich, nur auf rote Buchstaben zu achten und die grünen zu ignorieren.[5] Dann konnte es etwa die Hälfte der Buchstaben ignorieren. Das würde bedeuten, das Hirn wäre bei derselben Aufmerksamkeitsschritt-Geschwindigkeit schneller mit seiner Suche fertig. In diesem Fall würde das beobachtete Resultat dadurch zustande kommen, daß jeder Schritt 120 Millisekunden dauert.

Somit ergibt sich hier die unerfreuliche Lage, daß in manchen Fällen der Schritt sehr kurz erscheinen mag (vielleicht nur 20 Millisekunden), während seine *wirkliche* Dauer vielleicht viel größer (120 Millisekunden) ist. Dies kann sein, wenn das Hirn »schummelt«, indem es nur auf die roten Objekte achtet und außerdem immer drei Buchstaben zusammennimmt, bis es das rote **T** findet. Mithin ist die

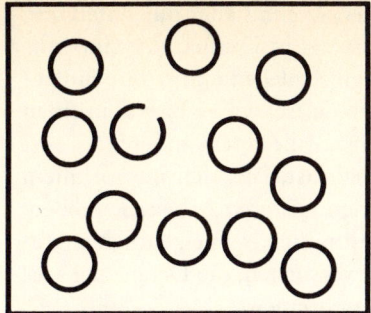 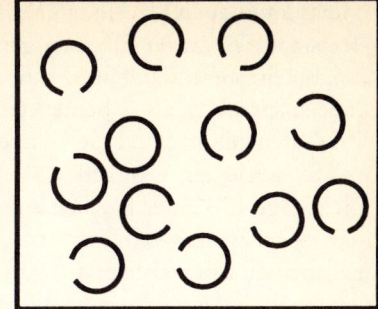

Abb. 21 a: *Welcher tanzt aus der Reihe?* Abb. 21 b

korrekte Zeit für den einzelnen Schritt des Scheinwerfers ungewiß. Treisman zeigte auch, daß das Entgegenspringen asymmetrisch sein kann [8]. Ein unterbrochener Kreis, der sich vor einem Hintergrund geschlossener Kreise befindet, springt uns entgegen (siehe Abbildung 21a); es bedarf aber seriellen Suchens, um einen geschlossenen Kreis vor einem Hintergrund unterbrochener Kreise zu finden (Abbildung 21b).

Wie beschreiben Psychologen den Unterschied zwischen prä-attentativer und attentativer Verarbeitung? Treisman vermutete ursprünglich, daß bei der prä-attentativen Verarbeitung über das gesamte visuelle Feld hinweg einfache Merkmale (wie z.B. Lage im Raum, Bewegung, Farbe) mit Hilfe einer Reihe von parallel arbeitenden, spezialisierten Subsystemen registriert werden. In der sog. fokalen Aufmerksamkeit werden diese Merkmale dann auf irgendeine Weise kombiniert. Mit sorgfältigen Experimenten wies sie nach, daß das Hirn sich vertun kann und die Merkmale inkorrekt kombiniert, wenn die für das Kombinieren der Merkmale zur Verfügung stehende Zeit sehr kurz ist, so daß es zu irrigen Verknüpfungen kommt. Um dies zu veranschaulichen, hat Treisman in ihrer Vorlesung sehr kurz ein Dia gezeigt, auf dem eine junge Frau mit schwarzen Haaren und einem roten Pullover zu sehen war. Gewöhnlich waren dann mehrere Teilnehmer davon überzeugt, daß sie eine rothaarige Frau gesehen hatten. Das Rot ihres Pullovers war ins Haar »gewandert« und hatte so eine irrige Verknüpfung bewirkt.

Das kann auch im Alltag geschehen, kommt aber nur selten vor. Treisman [9] hat ein Beispiel genannt: »Ein Freund, der eine sehr belebte Straße entlangging, ›sah‹ einen Kollegen und wollte ihn gerade ansprechen, als er bemerkte, daß der schwarze Bart dem einen Passanten gehörte und die Glatze und Brille einem anderen.«

Was genau ein »einfaches Merkmal« ist, läßt sich im vorhinein nicht sagen.[6] Leider hat sich aus vielen weiteren Arbeiten ergeben, daß es gar nicht so einfach ist zu bestimmen, was eigentlich entgegenspringt. Ich werde erst gar nicht versuchen, die Details der vielen einschlägigen Experimente zu beschreiben.

In den verschiedenen theoretischen Modellen der Aufmerksamkeit, die Anne Treisman entwickelt hat, wird das Entgegenspringen gewöhnlich als ein Prozeß beschrieben, der sich von dem längeren Prozeß des seriellen Suchens unterscheidet. Andere Psychologen, wie z.B. Kyle Cave und Jeremy Wolfe, nehmen an, daß das Entgegenspringen einfach der erste Schritt im Prozeß der Aufmerksamkeit ist [10]. Sie vermuten, daß im Aufmerksamkeitssystem ein gewisses »Rauschen« ist, wodurch es für Fehler anfällig ist. Wenn ein Objekt hinreichend »auffällig« ist, wird der Scheinwerfer der Aufmerksamkeit sich im ersten Schritt diesem Objekt bzw. der entsprechenden Stelle zuwenden. Falls das Objekt viel weniger auffällig ist, mag es dem System Schwierigkeiten bereiten, das Zielobjekt aufzuspüren. Das System muß dann vielleicht mehrere Versuche machen, bevor es das Ziel anstrahlt – und das kostet Zeit. Ein solcher Mechanismus kann zu experimentellen Resultaten führen, die so aussehen, als handele es sich um einen einfachen seriellen Such-Mechanismus.

Von John Duncan und Glyn Humphreys ist sogar das Vorhandensein eines Scheinwerfers in Abrede gestellt worden [11]. Ihr Ansatz besagt, daß verschiedene Objekte des visuellen Felds einen Kampf um den Einzug ins visuelle Kurzzeitgedächtnis beginnen; Objekte, denen dies gelingt, können in einigen Fällen handlungsrelevant werden. Ihr hierarchisches theoretisches Modell berücksichtigt auch die Beziehung *zwischen* verschiedenen Distraktoren – ob sie z.B. alle von derselben Art sind oder von vielerlei verschiedener Art.

Vielleicht gelangen die Psychologen einmal zu einem allgemein akzeptierten Modell der Aufmerksamkeit, allerdings wird es wohl kein einfaches Modell sein. Mein Verdacht ist, daß das richtige Modell sich nicht aus psychologischen Testreihen allein wird herleiten lassen – das System ist dafür einfach zu komplex. Es bedarf vielleicht einer gewissen Kenntnis des Verhaltens der Neuronen in den entsprechenden Teilen des Hirns, bevor die richtigen Antworten sich einstellen.

Wir verstehen demnach nur zum Teil, was es mit der visuellen Aufmerksamkeit auf sich hat. Im Augenblick haben wir für sie kein allgemein akzeptiertes psychologisches Modell.

Wie steht es mit dem Kurzzeitgedächtnis? Was wissen wir darüber? Eine Erinnerung kann man definieren als eine durch Erfahrung bewirkte Veränderung in einem System, die für dessen nachfolgende Gedanken oder Verhaltensweisen etwas ausmacht – aber diese Definition hat nicht viel Wert, weil sie zu weit gefaßt ist. Auch Müdigkeit, Verletzungen, Vergiftungen usw. würden darunter fallen, und dadurch würde auch nicht zwischen Lernen und Entwicklung (frühem Wachstum) unterschieden werden. Der israelische Neurobiologe Yadin Dudai hat eine nützlichere und ausgefeiltere Definition vorgebracht [12]. Zunächst erklärt er, was er unter einer »inneren Repräsentation der Welt« versteht – wobei er mit »Welt« sowohl das äußere als auch das innere Milieu meint. Eine innere Repräsentation definiert er als ein »neuronal kodiertes strukturiertes Modell der Welt, das potentiell Verhalten steuern kann«. Damit wird betont, daß wir letzten Endes hauptsächlich daran interessiert sind, wie Nervenzellen (Neuronen) das Verhalten beeinflussen. »Lernen« ist dann entsprechend die durch Erfahrung bewirkte Erschaffung oder Abänderung einer solchen inneren Repräsentation. Solche Veränderungen können beträchtlich lange (manchmal jahrelang) bestehen bleiben; wir werden uns jedoch hauptsächlich für Erinnerungen interessieren, die nur von sehr kurzer Dauer sind.

Mir geht es im folgenden nicht um besonders einfache Gedächtnisformen wie die Habituation oder Sensibilisierung. (Wenn man einem Säugling oft hintereinander dasselbe Bild zeigt, dann ist er anfangs interessiert, beginnt sich aber bald zu langweilen. Das nennt man »Habituation«.) Diese Vorgänge gehören in die Rubrik der »nicht-assoziativen Prozesse«. Sie treten sogar bei sehr niederen Tieren wie der Seegurke auf. Uns wird es mehr um das »assoziative Lernen« gehen – eine Form des Lernens, bei der der Organismus auf *Beziehungen* zwischen Reizen und Handlungen reagiert.[7]

Es ist nützlich, verschiedene Typen von Gedächtnis zu unterscheiden, auch wenn umstritten ist, wie diese Typen genau zu charakterisieren sind. Eine bequeme Klassifizierung teilt das Gedächtnis in ein episodisches, ein kategoriales und ein prozedurales auf. Das episodische Gedächtnis umfaßt Erinnerungen an Ereignisse, oft mitsamt irrelevanter Details, die mit dem Ereignis zusammenhängen. Ein gutes Beispiel wäre Ihre Erinnerung daran, wo Sie waren, als Sie von der Ermordung Präsident Kennedys erfuhren.[8] Ein Beispiel für eine kategorische Erinnerung wäre die Bedeutung eines Wortes wie »Ermordung« oder »Hund«, während das Wissen, wie man schwimmt oder Auto fährt, zum prozeduralen Gedächtnis gerechnet würde.

Eine andere Klassifikationsmethode richtet sich nach der Zeit: wie lange es dauert, die Erinnerung zu erwerben, und wie lange bleibt sie gewöhnlich erhalten. Einige Erinnerungen – insbesondere des episodischen Gedächtnisses – klassifiziert man als »Blitzlicht«-Lernen oder Lernen »beim ersten Versuch«. Sie prägen sich auf Anhieb – nach einem einzigen Vorkommnis – sehr lebhaft ein. (Auch solche Erinnerungen können natürlich durch Memorieren verstärkt werden – man erzählt dieselbe Geschichte immer wieder, nicht unbedingt ganz wahrheitsgemäß.) Andere Typen von Erinnerung brauchen Wiederholungen, denen man das allgemeine Wesen der betreffenden Sache – wie z.B. die Bedeutung eines (undefinierten) Wortes – entnimmt.

Prozedurales Wissen (z.B. Auto fahren können) läßt sich oft nur schwer mit Hilfe eines einzigen Erlebnisses erwerben; hier hilft gewöhnlich wiederholtes Üben. Oft bleibt es beachtlich lange erhalten. Wer einmal schwimmen gelernt hat, kann immer noch ziemlich gut schwimmen, wenn er viele Jahre ausgesetzt hat. Ein berühmter Pianist sagte mir einmal, als wir uns über das Vergessen vertrauter Musikstücke unterhielten: »Das Muskelgedächtnis hält am längsten«; mit diesem Ausdruck meinte er das automatische Spielen eines Stücks, bei dem man nicht an das Stück denkt.

Erinnerungen dauern unterschiedlich lange an, und man unterscheidet üblicherweise zwischen Langzeit- und Kurzzeitgedächtnis, obgleich diese Ausdrücke für verschiedene Menschen Unterschiedliches bedeuten. »Langzeit« bedeutet gewöhnlich für Stunden, Tage, Monate oder gar Jahre. »Kurzzeit« kann sich auf Sekundenbruchteile, aber auch auf ein paar Minuten beziehen. Das Kurzzeitgedächtnis ist gewöhnlich labil und hat ein beschränktes Fassungsvermögen.

Man denke einmal daran, was beim Träumen geschieht. Allem Anschein nach kann man, solange man wirklich träumt, nichts im Langzeitgedächtnis deponieren (oder zumindest nichts, woran man sich explizit erinnern kann). Das Hirn behält den Traum in irgendeiner Art von Kurzzeitgedächtnis. Wenn Sie aufwachen (und das mag öfter geschehen, als Ihnen bewußt ist), wird das Langzeitgedächtnissystem eingeschaltet. Alles, was sich noch im Kurzzeitgedächtnis befindet, kann dann ins Langzeitsystem überwiesen werden. Und deshalb erinnern Sie sich nicht an den ganzen Traum, aber an die letzten paar Minuten. Wenn Sie kurz nach dem Aufwachen gestört werden – z.B. durch einen Telefonanruf –, dann wird Ihre Kurzzeiterinnerung an den Traum unterbrochen, sie wird schlechter und geht vielleicht ganz verloren, so daß Sie sich nach dem Telefongespräch nicht länger an den letzten Teil Ihres Traums erinnern können.

Sich etwas ins Gedächtnis zurückzurufen ist, wie wir alle wissen, kein einfacher Vorgang. Gewöhnlich bedarf es irgendeines Anhaltspunkts, um die Erinnerung aufzurufen – und selbst dann kann sie flüchtig sein. Einige Erinnerungen werden schwach und brauchen stärkere Hilfen, um wachgerufen zu werden. Andere, so scheint es, verblassen, bis sie für immer erloschen sind. Eine verwandte Erinnerung kann sich aufdrängen und den Zugang zu derjenigen blockieren, die man eigentlich haben möchte.

Die Bewußtseinsprozesse im allgemeinen und die des visuellen Bewußtseins im besonderen enthalten offenkundig vieles, was wir schon im episodischen und kategorischen Langzeitgedächtnis gespeichert haben. Was uns hier mehr angeht, ist das Ultrakurzzeitgedächtnis, denn es ist plausibel anzunehmen, daß wir kein Bewußtsein mehr hätten, wenn wir *alle* Formen der Erinnerung für neue Ereignisse verlören. Diese wesentliche Form von Gedächtnis braucht allerdings nur für Sekundenbruchteile oder höchstens vielleicht für ein paar wenige Sekunden anzudauern. Konzentrieren wir uns deshalb nun auf diese Gedächtnisformen mit sehr kurzer Dauer.

Schauen Sie auf die Szenerie, die sich vor Ihnen befindet, und schließen Sie dann plötzlich Ihre Augen. Das lebhafte Bild Ihrer visuellen Welt verschwindet sehr schnell; Ihnen bleibt nur eine blasse Erinnerung daran. Auch diese ist gewöhnlich nach ein paar Sekunden verschwunden. Seit dem 18. Jahrhundert hat man versucht, die Dauer dieses Verschwindens zu messen. Ein sich im Dunkeln bewegendes Licht (von einer glühenden Zigarrenspitze z.B.) hinterläßt eine Lichtspur. Moderne Untersuchungen über Dauer solcher Spuren legen nahe, daß die Wahrnehmung des Lichts etwa 100 Millisekunden lang anhält, aber vielleicht liegt das auch an Nachbildern auf der Netzhaut.

Wie untersuchen Psychologen die unterschiedlichen Formen des Kurzzeitgedächtnisses? Ein klassisches Experiment hat der amerikanische Psychologe George Sperling 1960 durchgeführt [13]. Er bot zwölf Buchstaben, die in drei Viererreihen angeordnet waren, ganz kurz (50 Millisekunden lang) auf einem Bildschirm dar. In dieser kurzen Zeit konnte sich die Versuchsperson nur vier oder fünf Buchstaben merken. In einem zweiten Experiment bat er dann die Versuchsperson, eine Zeile der Anordnung wiederzugeben. Er benutzte einen Ton, um kenntlich zu machen, welche Zeile abgelesen werden sollte, doch dieser Hinweis kam erst unmittelbar *nach* dem Ausschalten der Projektion. In diesem Fall konnte die Versuchsperson ca. drei der vier Buchstaben in der betreffenden Zeile wiedergeben.

Von diesem zweiten Experiment allein ausgehend hätte man erwarten können, daß die Versuchsperson – die ja drei von vier Buchstaben *einer* Zeile wiedergeben kann – von allen drei Zeilen also neun (drei mal drei) Buchstaben angeben kann. Sie konnte aber, wie wir schon gehört haben, nur etwa vier oder fünf der zwölf wiedergeben. Das ist ein starker Hinweis darauf, daß das Hirn die Buchstaben von einem visuellen Abdruck abliest, der schnell zerfällt. Diese Form des extrem kurzen visuellen Gedächtnisses wird oft »ikonisches Gedächtnis« genannt; *ikonisch* bedeutet bildlich.

Dazu hat es viele weitere Untersuchungen gegeben. Die Zerfallszeit variiert mit der Helligkeit, die das visuelle Feld vor und nach der Präsentation der Buchstaben hat. Wenn das visuelle Feld dunkel ist, liegt die Zerfallszeit in der Größenordnung von etwa einer Sekunde; bei einem helleren Feld beträgt sie viel weniger, vielleicht ein paar Zehntelsekunden. Ein derartiger Effekt des hellen Hintergrundfelds wird »Maskierung« genannt. Auch Muster lassen sich als Maske einsetzen, aber diese beiden Arten der Maskierung sind sehr verschieden. Mit anderen Worten: Die Helligkeitsmaskierung tritt auf einer frühen Stufe des visuellen Systems auf, möglicherweise schon auf der Netzhaut, bevor die Information aus beiden Augen kombiniert wird. Die Mustermaskierung hängt sehr vom Zeitintervall zwischen der Präsentation der Buchstaben und der Maske ab. Die Daten legen nahe, daß sie wahrscheinlich auf mehreren Ebenen des visuellen Systems auftritt, nachdem die Information aus beiden Augen kombiniert worden ist.

Das ikonische Gedächtnis scheint vom Fortdauern eines kurzen visuellen Signals abzuhängen, wobei es nicht so sehr darauf ankommt, wann das Signal aufhört, sondern darauf, wann es angefangen hat. Das ist ein Hinweis darauf, daß seine biologische Funktion darin besteht, genügend Zeit (ungefähr im Bereich zwischen 100 und 200 Millisekunden) zur Verfügung zu stellen, um die Verarbeitung sehr kurzer Signale zu ermöglichen, und daraus ergibt sich, daß *für adäquate visuelle Informationsverarbeitung eine gewisse Mindestzeit nötig ist.*

Es gibt auch noch eine etwas längere Variante des visuellen Kurzzeitgedächtnisses. Der englische Psychologe Alan Baddeley hat sie intensiv erforscht und als »Arbeitsgedächtnis« bezeichnet [14]. Ein typisches Beispiel ist die Erinnerung an eine neue siebenstellige Telefonnummer. Die Anzahl von Ziffern, an die Sie sich erinnern können, wird als Ihre »Ziffernspanne« bezeichnet. Bei den meisten Menschen sind das gewöhnlich sechs oder sieben. Anders gesagt: das Arbeitsgedächtnis hat ein beschränktes Fassungsvermögen. Anscheinend gibt es auch hier unterschiedliche Formen von Gedächtnis, je nachdem, was für eine Art von Sinnesreizung im Spiel ist. Bei der Form von Arbeitsgedächtnis, das zur visuellen Wahrnehmung gehört, spricht Baddeley vom »räumlich-visuellen Notizblock«. Die Zeiträume, um die es dabei geht, betragen einige Sekunden.

Dieses Gedächtnis scheint auch beim visuellen Vorstellen eine Rolle zu spielen – wenn man sich beispielsweise an ein Gesicht oder einen vertrauten Gegenstand zu erinnern versucht. Die Eigenschaften dieses Gedächtnisses unterscheiden sich so sehr von denen des kürzeren ikonischen Gedächtnisses, daß wahrscheinlich andere Hirnprozesse im Spiel sind.

Ist das Arbeitsgedächtnis notwendig für Bewußtsein? Es gibt Anhaltspunkte, die nahelegen, daß es nicht notwendig ist. Einige Patienten mit Hirnschäden haben eine sehr stark reduzierte Ziffernspanne – sie können sich an kaum mehr als die letzte Ziffer, die sie gehört haben, erinnern –, dennoch scheinen sie ein anderweitig normales Bewußtsein zu haben und besitzen übrigens manchmal ein unbeeinträchtigtes Langzeitgedächtnis [15]. Bis jetzt ist es noch nie vorgekommen, daß ein Patient alle Formen von Arbeitsgedächtnis (visuell und auditiv) verloren hat, doch das mag daran liegen, daß der Schaden, der einen solchen Defekt hervorriefe, ohne andere Beeinträchtigungen zu verursachen, ein sehr präzises, über verschiedene Stellen im Hirn hinweg verteiltes Muster aufweisen müßte und deshalb vielleicht niemals in der Praxis auftritt.

Das Langzeitgedächtnis unterscheidet sich anscheinend sowohl vom ikonischen als auch vom Arbeitsgedächtnis. Jemand, dem etwa 2500 ziemlich unterschiedliche Farbdias (jedes zehn Sekunden lang) gezeigt wurden, konnte nach zehn Tagen immer noch ca. 90 Prozent davon wiedererkennen. Da er allerdings nur erkennen mußte, daß er das Bild schon einmal gesehen hatte (und sich nicht ohne Unterstützung daran erinnern mußte, was viel schwieriger ist), brauchte er bloß einen Bruchteil der in jedem Bild enthaltenen Information zu bewahren.

Wir werden uns im folgenden nicht eingehend mit dem episodischen Langzeitgedächtnis beschäftigen, denn ein hirngeschädigter Patient, der keine neuen episodischen Langzeiterinnerungen bilden kann, ist dennoch wach und bei Bewußtsein (siehe dazu 12. Kapitel). Es ist das Kurzzeitgedächtnis – und insbesondere das ikonische Gedächtnis –, das aller Wahrscheinlichkeit nach in innigem Zusammenhang mit den Mechanismen des Bewußtseins steht.

6 DER AUGENBLICK DER WAHRNEHMUNG: THEORIEN ÜBER DAS SEHEN

»Die Psychologie ist eine sehr unbefriedigende Wissenschaft.«

Wolfgang Köhler

Erinnerungen des ikonischen oder des Arbeitsgedächtnisses können sehr rasch zerfallen. Läßt sich etwas darüber sagen, wieviel Zeit für die verschiedenen Prozesse nötig ist, die zum Bewußtsein führen oder ihm entsprechen? Man erinnere sich daran, daß einige Kognitionswissenschaftler, die die Hirnaktivitäten als Rechenvorgänge beschreiben möchten (siehe 2. Kapitel), der Ansicht sind, daß das, was bewußt wird, nicht die Rechenvorgänge selbst sind, sondern ihre *Resultate.*

Man hat behauptet, daß bestimmte Hirnaktivitäten nicht zu Bewußtsein kommen, wenn sie nicht eine gewisse Mindestdauer haben [1]. Wenn es sich um eine schwache Aktivität handelt, dann mag es sein, daß sie eine halbe Sekunde lang andauern muß. Was wir wissen müssen, das ist, wie lange die Aktivität dauert, die einem einzelnen »Augenblick der Wahrnehmung« entspricht, denn damit hätten wir einen Anhaltspunkt bei unserer Suche nach dem neuralen Korrelat von Bewußtsein. Wie lange dauert eine einzelne Verarbeitungsperiode?

Betrachten wir den folgenden Fall. Einer Person wird kurz (20 Millisekunden) ein roter Reiz gezeigt und unmittelbar darauf an exakt derselben Stelle 20 Millisekunden lang ein grüner. Was berichtet sie darüber, was sie gesehen hat? Sie hat *nicht* erst einen roten und sofort danach einen grünen Reiz gesehen. Stattdessen hat sie einen gelben Reiz gesehen – und genau das hätte sie auch gesehen, wenn das rote und das grüne Licht zugleich gezeigt worden wären.[1] Wenn hingegen auf den roten Reiz *kein* grüner gefolgt wäre, hätte sie gesagt, daß sie einen roten Reiz gesehen habe. Das bedeutet, daß ihr die Farbe (Gelb) erst dann bewußt sein konnte, als sie die Information, die sie dem grünen Reiz entnahm, verarbeitet hatte.[2]

Man erlebt also nicht direkt den wirklichen Beginn eines Reizes. Eine bewußte Schätzung der wirklichen Dauer eines kurzen Reizes ist uns unmöglich. Schon 1887 hat der französische Wissenschaftler A. Charpentier herausgefunden, daß ein bis zu 66 Millisekunden anhaltendes Aufleuchten für nicht länger gehalten werden kann als das 7 Millisekunden lange Aufleuchten eines Kontrolllichts.

Der amerikanische Psychologe Robert Efron hat im Jahre 1967 einen sehr klugen Artikel zu diesem Problem geschrieben [2]. Aufgrund von Schätzungen, die auf leicht unterschiedlichen Methoden beruhten, schloß er, daß die Dauer der Verarbeitungsperiode ca. 60-70 Millisekunden beträgt. Dieser Wert ergibt sich für ziemlich einfache Reize, die auffällig genug sind, um leicht bemerkt zu werden. Es wäre nicht überraschend, wenn die Verarbeitungsperiode bei schwächeren oder komplizierteren Reizen länger wäre.

Läßt sich etwas darüber sagen, wieviel Zeit für komplizierteres Verarbeiten benötigt wird? Dabei handelt es sich gewöhnlich um die Präsentation eines visuellen Reizes, auf den sofort eine Maske folgt – d.h. ein Muster, das sich an derselben Stelle des visuellen Felds befindet und irgendeinen der Abläufe stört, die notwendig sind, damit der ursprüngliche Reiz gesehen wird. Die detaillierte Interpretation solcher Resultate ist vermutlich ziemlich knifflig und heikel. Wenn das System von einfacher Art ist, so daß das Signal beständig, ohne Pausieren, von Stufe zu Stufe fortschreitet, und wenn der Schritt zum Bewußtsein keine Zeit kostet, dann würden die Signale, die von der Maske ausgehen, wohl niemals die vom Reiz ausgehenden Signale einholen. Da aber eine Maskierung gewöhnlich die Wahrnehmung des Reizes stört, ergibt sich, daß zumindest einige der Verarbeitungsschritte Zeit kosten – und das ist ja ohnehin plausibel. Trotz dieser Interpretationsschwierigkeiten können uns Maskierungseffekte einen gewissen Aufschluß darüber geben, was da vor sich geht.

Dazu hat der amerikanische Psychologe Robert Reynolds verschiedene Experimente gemacht [3]. Er wollte zeigen, daß zu verschiedenen Zeitpunkten verschiedene Aspekte eines Perzepts zu sehen sind. Anders gesagt: Er wollte den zeitlichen Verlauf des Perzepts untersuchen, vom Einsetzen der Präsentation bis zum Zeitpunkt, an dem ein relativ stabiles Perzept erreicht ist.

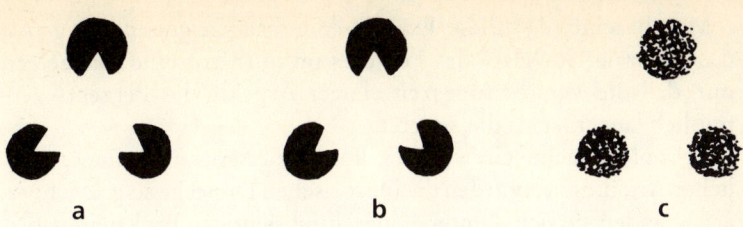

a   b   c

Abb. 22: *Ein gerades weißes Dreieck, ein gekrümmtes weißes Dreieck und eine Maske.*

Betrachten wir als Beispiel die Zeit, die nötig ist, um das Wahrgenommene von illusorischen Konturen zu entwickeln, wie wir sie im 3. Kapitel kennengelernt haben. Reynolds zeigte seinen Versuchspersonen eines von zwei verschiedenen solcher Beispiele (siehe Abbildung 22) – dadurch wurde es für sie schwerer, einfach nur zu raten oder zu lügen. Es handelte sich jeweils um drei schwarze »Pacman«-Figuren, die so gezeichnet waren, daß die Seiten des einen illusorischen Dreiecks gerade und die des anderen gekrümmt wirkten. Ein Reiz wurde 50 Millisekunden lang präsentiert, mit einer Verzögerung[3] folgte die in Abbildung 22c dargestellte Maske. Der Reiz war so groß und hell, daß die Versuchspersonen selbst bei dieser kurzen Präsentation die drei Pacman-Figuren klar erkannten. Aufgrund des ikonischen Gedächtnisses würden wir erwarten, daß die Dauer der Einwirkung der von der Präsentation ausgehenden Signale auf das Hirn größer ist als die Präsentationsdauer (50 Millisekunden) – vermutlich mehrere hundert Millisekunden.

Reynolds fand heraus, daß die überwiegende Mehrzahl der Versuchspersonen kein illusorisches Dreieck sah, wenn die Maske unmittelbar auf den Reiz folgte; die wenigen, die angaben, sie hätten eines gesehen, machten oft Fehler und verwechselten ein gerades Dreieck mit einem gekrümmten oder umgekehrt. Wenn allerdings die Verzögerung 50-75 Millisekunden betrug – d.h. bei einem SOA von 100-125 Millisekunden –, gaben alle Beobachter an, daß sie ein Dreieck gesehen hatten, auch wenn nicht alle von ihnen vollständig korrekte Angaben hinsichtlich der Krümmung machten.

Das zeigt deutlich, daß die Gesamtverarbeitungszeit davon abhängt, was genau man sieht. Die drei Pacman-Figuren waren deutlich zu sehen, bevor das illusorische Dreieck gesehen wurde.

Man beachte, daß diese Experimente nicht zeigen, wann genau das »neurale Korrelat« des Perzepts im Hirn entstand. Sie zeigen nur, daß die Verarbeitungszeit einiger Aspekte des Perzepts vermutlich länger ist als die anderer.

Reynolds machte ein weiteres, komplizierteres Experiment ähnlicher Art; diesmal wurden die illusorischen Dreiecke so gezeichnet, als befänden sie sich »hinter« einer durchsichtigen Backsteinmauer. Die Interpretation eines derartigen visuellen Bilds ist mehrdeutig. Die Versuchspersonen sahen zuerst die drei Pacman-Figuren. Dann meldeten sie ein helles Dreieck, anschließend verneinten sie das Vorhandensein dieses Dreiecks. Am Schluß kehrte das Perzept des Dreiecks zurück.[4] Die Zeit für die letzten drei Schritte betrug ca. 150 Millisekunden pro Schritt.

Zweifelsohne kann die Zeit von »Rechenvorgängen« von deren Komplexität abhängen. Eine detaillierte Interpretation wird zwar davon abhängen, wie die Signale im einzelnen in verschiedenen Bereichen des Hirns herumsausen und wie diese Bereiche miteinander interagieren (und das wird wohl eher kompliziert sein), aber immerhin haben wir jetzt eine grobe Vorstellung davon, in welcher Größenordnung sich die Zeiten bewegen, die für die visuelle Informationsverarbeitung nötig sind. Genauere Zeiten werden wir aller Wahrscheinlichkeit nach solange nicht bekommen, bis wir die vielen verschiedenen Hirnvorgänge und deren Interaktionsweisen besser verstehen, die beim Sehen eine Rolle spielen.[5]

Ich habe eine Reihe von Aspekten der visuellen Informationsverarbeitung zwar kurz erwähnt, aber keine systematische Darstellung davon gegeben, wie wir an alle diese Prozesse herangehen sollen. Dies ist ein schwieriges Thema. Wenn es in diesem Buch nur um visuelle Wahrnehmung ginge, dann müßte ich eine ausführliche Darstellung der heutzutage verbreiteten Theorien über das Sehen geben – d.h. darüber, wie das Hirn tatsächlich die komplizierten Tätigkeiten ausführt, die dazu führen, daß wir sehen, was wir sehen. Doch abgesehen von den im 2. Kapitel erwähnten Kognitionswissenschaftlern haben die meisten Theoretiker wenig Interesse am Bewußtsein gezeigt. Aus diesem Grund – und weil es keine allgemein akzeptierte Theorie des Sehens gibt – habe ich auf eine detaillierte Darstellung der vielen unterschiedlichen Lösungsansätze zu diesem

Problem verzichtet. Der folgende kurze Überblick soll dem Leser immerhin einen flüchtigen Blick auf das Thema ermöglichen.[6]

Theoretisches Interesse am Sehen kann sehr verschiedene Gründe haben. Einige Menschen möchten eine Maschine bauen, die so gut sehen kann wie wir (oder sogar besser) und die sich für häusliche, industrielle oder militärische Verwendung eignet. Es kümmert sie wenig, wie unser Hirn das macht – außer daß sie das auf Ideen bringt. Eine sehende Maschine braucht das Hirn nicht genau nachzuahmen, ein Flugzeug muß ja auch nicht mit den Flügeln schlagen.

Andere sind hauptsächlich daran interessiert, wie Menschen sehen. Auf der einen Seite gibt es (als Extrem) einige Funktionalisten, die bestreiten, daß ihnen die Kenntnis der Einzelheiten des Hirns jemals *irgend etwas* Nützliches bringt.[7] Dieser Standpunkt ist derart bizarr, daß die meisten Wissenschaftler erstaunt sind, wenn sie erfahren, daß er tatsächlich vertreten wird. Auf der anderen Seite gibt es als Extrem Neurowissenschaftler, die sich hauptsächlich darauf konzentrieren, wie die Nervenzellen im Hirn eines Tiers auf ein visuelles Bild reagieren, und die wenig Interesse daran haben, wie diese Reaktion dazu führt, daß das Tier etwas sieht. Glücklicherweise gibt es nun aber auch eine Handvoll Forscher, die in keines dieser beiden Extreme verfallen. Sie interessieren sich sowohl für die Psychologie der visuellen Wahrnehmung als auch für das Verhalten der Nervenzellen.

Auch die Ideen, mit denen Forscher an diese Probleme herangehen, sind sehr verschieden. Manche meinen, es komme darauf an, die visuelle Umgebung zu erforschen: den Boden unter uns, den Himmel über uns und die mannigfachen Objekte dazwischen. Das Hirn kümmert sie nicht weiter, denn sie nehmen an, es müsse nur als »Resonator« von Aspekten der Umgebung dienen, was auch immer das heißen mag. Sie nennen sich selbst *Gibsonianer*, nach ihrem Guru, dem verstorbenen J. J. Gibson. Andere versuchen, grundlegende – aber sehr beschränkte – visuelle Operationen zu analysieren (wie z.B. die Gewinnung von räumlicher Information aus der Schattierung oder die Sinnestäuschung mit der Friseurstange), und sie erfinden Computerprogramme zur Lösung solcher Probleme. Dieser Zugang ist in den Universitätsabteilungen für Künstliche Intelligenz (KI) immer noch sehr stark. Wieder andere gleichen das, was im Hirn geschieht, Ereignissen und Objekten des Alltagslebens an. Sie sprechen von »Scheinwerfern« oder davon, daß »für ein Objekt eine Akte angelegt wird«. In den vergangenen 20-30 Jahren hat man häufig Erklärungen verwendet, die darauf beruhten, wie ein Computer vorgeht: es werden explizite Regeln angewandt, um zu einem Ergebnis zu gelangen; und man hat sich in diesen Erklärungen auch der Computerbegrifflichkeit («zentrale Verarbeitung«, »Direktzugriffsspeicher« usw.) bedient. Eine neuere Entwicklung besteht in den neuronalen Netzen – das sind neuronenartige Einheiten, die ohne explizite Regeln weitgehend parallel interagieren. (Das wird ausführlicher im 13. Kapitel erörtert.)

Im 4. Kapitel hatten wir gesehen, daß die Gestaltpsychologen die Grundprinzipien entdecken wollten, die dem Sehvorgang zugrunde liegen. Das Argument dafür war: Es ist notwendig, die aerodynamischen Gesetze zu kennen, um sowohl zu verstehen, wie Vögel fliegen, als auch, wie Flugzeuge das tun; also sollte man, wenn man die visuelle Wahrnehmung verstehen will, nach den allgemeinen Prinzipien Ausschau halten, die dabei im Spiel sind. In modernen Spielarten dieses Ansatzes werden die Theorien mit Vorliebe informationstheoretisch formuliert. Mathematiker entwickeln dann – wen überrascht das – gerne allgemeine mathematische Prinzipien der einen oder anderen Art. Man brauchte ein eigenes Buch, um einem breiteren Publikum alle diese Ideen vorzustellen.

Jeder dieser Standpunkte hat einen gewissen Wert, doch es fehlt noch eine detaillierte und weithin akzeptierte Theorie des Sehens, in der diese miteinander verbunden wären. Alle vorliegenden Theorien sind jedenfalls insofern inadäquat, als sie sich dem Problem des visuellen Bewußtseins nicht stellen. Das Sehen ist in jedem Fall ein so komplexer und so schwieriger Prozeß, daß es höchstwahrscheinlich bis weit ins nächste Jahrhundert hinein dauern wird, bis wir eine umfassende Theorie haben werden. Wenn wir das Problem des visuellen Bewußtseins jetzt angehen wollen, dann müssen wir uns durchschlagen, so gut wir können. Und dazu brauchen wir einen vorläufigen Standpunkt, sonst kommen wir nirgendwohin.

Ein Ansatz, den ich nützlich fand, wurde von dem verstorbenen englischen Wissenschaftler David Marr vorgeschlagen. David hatte als junger Mann an der Universität Cambridge sein Mathematikstudium abgeschlossen, und zwar zur Vorbereitung auf seine

Hirnforschungen. In seiner Dissertation stellte er eine detaillierte und neue Theorie des Cerebellums (Kleinhirns) vor. Anschließend stellten Sydney Brenner und ich ihm ein Arbeitszimmer in unserem Labor in Cambridge (England) zur Verfügung, und dort entwickelte er seine Theorien über die allgemeine Funktionsweise des Hippocampus und des visuellen Cortex (des Sehfelds der Großhirnrinde). Er ließ sich, mit Einschränkungen, zum KI-Ansatz in der Theorie der visuellen Wahrnehmung bekehren und wechselte ans Massachusetts Institute of Technology (MIT), wo er mit dem italienischen Theoretiker Tomaso Poggio zusammenarbeitete. Im April 1979 besuchten mich die beiden für einen Monat am Salk-Institut. David schrieb ein (posthum erschienenes) Buch mit dem Titel *Vision*, in dem er seine vielen fruchtbaren Ideen über die visuelle Wahrnehmung gut verständlich darlegte (seine wissenschaftlichen Aufsätze sind nicht leicht zu lesen). Nicht alle seine Ideen haben überlebt, aber das Buch ist noch immer eine meisterliche Darstellung seiner Sicht der Probleme. Das letzte Kapitel besteht aus einem imaginären Dialog zwischen David und einem hartnäckig Ungläubigen (das bin ich); dieser Dialog ist den vielen Gesprächen nachempfunden, die wir drei damals am Salk-Institut miteinander führten.

David hatte sich ein allgemeines Schema ausgedacht, das die groben Umrisse des Sehprozesses beschreibt. Er glaubte, es sei die Hauptaufgabe der visuellen Wahrnehmung, eine Repräsentation der Form herzuleiten; Helligkeit, Farbe, Textur usw. betrachtete er als etwas, das gegenüber der Form sekundär ist. Für ihn war es ganz natürlich, die Ansicht zu vertreten, das Hirn schaffe in sich selbst eine symbolische Repräsentation der visuellen Welt, in der die vielen Aspekte, die im Netzhautbild nur implizit enthalten sind, explizit gemacht werden. David dachte, daß diese gesamte Leistung nicht in einem einzigen Schritt erbracht werden kann – und damit hat er fast sicher recht. Er postulierte, daß es eine *Abfolge* von Repräsentationen geben müsse. Er nannte diese aufeinander folgenden Repräsentationen die »primäre Skizze«, die »2^1/$_2$ D-Skizze« und das »3D-Modell«.

Die *primäre Skizze* macht einige wichtige Informationen über das zweidimensionale Bild explizit – vornehmlich die dort vorliegenden Lichtintensitätsdifferenzen sowie deren geometrische Verteilung und Organisation. Die primäre Skizze handelt u.a. von Segmenten, sog. Blobs, Endpunkten, Diskontinuitäten, Grenzen und so weiter. Die *2¹/₂ D-Skizze* macht die Ausrichtung (und ungefähre Tiefe) der sichtbaren Oberflächen und ihrer Konturen explizit und zwar in einem betrachterzentrierten Rahmen. Das *3 D-Modell* beschreibt Formen und ihre räumliche Organisation in einem objektzentrierten Rahmen.

Auf diese Weise wird zumindest einmal die visuelle Aufgabe in einzelne Stufen zerlegt, und das allein hat auf jeden Fall den Nutzen, uns erkennen zu lassen, daß beim Sehen sehr viel getan werden muß. Die Einzelheiten stimmen vermutlich nicht. Die drei Stufen sind wahrscheinlich nur eine erste Annäherung – Farbe, Textur und Bewegung müssen ja z.B. noch zur »Form« hinzugenommen werden. Es wird wohl mehr als drei Stufen geben, und sie werden vermutlich nicht so säuberlich unterschieden sein, wie Marrs Beschreibung das beinhaltet. Wahrscheinlich interagieren sie in beiden Richtungen. Und dennoch: dieses Schema bietet eine Art der Verarbeitung an, die vielleicht wirklich stattfindet, wenn wir etwas sehen. (Die neurowissenschaftliche Relevanz wird im 17. Kapitel erörtert.)

David Marrs früher Tod – er starb im Alter von 35 Jahren an Leukämie – war ein großer Verlust für die theoretische Neurobiologie. Wäre es ihm vergönnt gewesen weiterzuleben, dann hätte er – davon bin ich überzeugt – nicht krampfhaft an seinen Ideen festgehalten; vielmehr hätte er im Zuge des neurobiologischen Fortschritts weitere Ansätze zu einer Theorie des Hirns entwickelt. Sein scharfer Verstand, sein Einfallsreichtum und seine Kreativität wären uns sicher eine große Hilfe dabei, einen Weg durch das Gewirr von Schwierigkeiten zu finden, vor dem wir heute stehen. Er besaß nicht nur sehr bemerkenswerte intellektuelle Fähigkeiten, sondern konnte außerdem noch große Mengen von experimentellen Daten von sehr unterschiedlicher Art aufnehmen und verdauen.

Welchen Erklärungsstil werden wir brauchen, um das Hirn zu verstehen? Meine eigenen Auffassungen stimmen hier aufs engste mit der utilitaristischen Wahrnehmungstheorie von V.S. Ramachandran überein. Er vertritt die Auffassung, daß die visuelle Wahrnehmung keine intelligenten Schlußfolgerungen von der Art enthält, wie wir sie verwenden, wenn wir eine Argumentation entwickeln, und seine Theorie kommt auch ohne die vage Idee aus, das Hirn funktioniere einfach als »Resonator« des visuellen Inputs. Das Hirn muß auch keine schwierigen Gleichungen lösen, wie sich dies im Rahmen des KI-Ansatzes oftmals ergibt. Ramachandran glaubt, daß in der Wahrnehmung »Faustregeln, Abkürzungen und clevere Taschenspielertricks zur Anwendung kommen, die in Millionen von Jahren natürlicher Auslese durch Ausprobieren erworben wurden. In der Biologie ist das eine vertraute Strategie, aber den Psychologen – die anscheinend vergessen, daß das Hirn ein biologisches Organ ist – scheint das entgangen zu sein ...«. Ich stimme Ramachandran ebenfalls zu, wenn er sagt: »Der beste Weg zur Auflösung einiger dieser Probleme mag wirklich darin bestehen, die schwarze Schachtel zu öffnen und die Reaktionen von Nervenzellen zu erforschen. Doch Psychologen und Computerwissenschaftler stehen dieser Vorgehensweise oft sehr mißtrauisch gegenüber [4].«

Ramachandrans Auffassung zufolge ist es beim derzeitigen Stand der Forschung nicht die Aufgabe des an visueller Wahrnehmung interessierten Psychologen, ausgefeilte mathematische Theorien zu entwickeln, mit denen er seine Resultate erläutern kann; vielmehr solle er eine Skizze gewissermaßen der »Naturgeschichte« des Sehens (insbesondere der relativ frühen Stadien) entwerfen. Wenn die visuelle Aufgabe erst einmal in ihre vielen Bestandteile zerlegt worden ist und sich insbesondere zeigen läßt, daß gewisse Interaktionen schwach sind oder ganz fehlen, dann werden wir wissen, was genau mit Hilfe der Neurologie erklärt werden muß. Diese Erklärungen werden vielleicht komplizierte Mathematik enthalten, vielleicht auch nicht. Mit Gewißheit wird es in ihnen um die Eigenschaften interagierender Neurone und um die Einzelheiten ihrer Verbindungen gehen. Aufgrund der Komplexität der visuellen Welt ist mithin zu erwarten, daß wir viele schnelle, grob zusammengeschusterte Prozesse finden werden, die auf viele verschiedene Weisen dynamisch miteinander interagieren.[8]

Der nächste Schritt besteht demnach darin, etwas über das Hirn des Menschen (und des Affen) zu erfahren und auch über die vielen Nervenzellen und Moleküle, aus denen sie bestehen. Davon handelt Teil II.

Zweiter Teil

7 DAS MENSCHLICHE HIRN IN GRUND-ZÜGEN

Alle staunten, und ein jeder fragte sich: »Wie kann das sein!
Wie paßt nur so viel Wissen in seinen kleinen Kopf hinein?«
frei nach *Oliver Goldsmith*, »The Deserted Village«

Die Nervensysteme aller Säugetiere, von der Maus bis zum Menschen, sind nach demselben allgemeinen Plan gebaut, auch wenn sie sich hinsichtlich ihrer Größe – man vergleiche das Hirn einer Maus mit dem eines Elefanten – und der Proportionen ihrer verschiedenen Teile beträchtlich unterscheiden. Die Hirne der Reptilien, Vögel, Amphibien und Fische haben zwar eine deutliche Verwandtschaft mit den Hirnen der Säugetiere, aber es gibt auch bedeutsame Unterschiede. Darauf werde ich hier nicht näher eingehen. Genausowenig werde ich versuchen, die Entwicklung des Hirns im Fötus und im heranwachsenden Lebewesen zu beschreiben, obwohl dies ein wichtiges Thema ist, das zu einem Verständnis des reifen Hirns viel beitragen kann. Für unsere Zwecke reicht es festzuhalten, daß die Gene (und die epigenetischen Prozesse, die durch sie in der Entwicklung des Organismus gesteuert werden) offenbar die Grobstruktur des Nervensystems festlegen, daß es aber der Erfahrung bedarf, um die vielen Struktureinzelheiten zu verfeinern und aufeinander abzustimmen; und dieser Prozeß hält oft das ganze Leben hindurch an.

Es gibt eine Tatsache über das Hirn, die so offenkundig ist, daß sie selten erwähnt wird: Es ist mit dem übrigen Körper verbunden und kommuniziert mit ihm. Das Nervensystem empfängt Informationen nur von den verschiedenen Transduktoren im Körper. (Ein »Transduktor« verwandelt eine chemische und physische Einwirkung – wie z.B. Licht, Schall oder Druck – in ein elektrochemisches Signal.)

Einige dieser Transduktoren reagieren auf Signale, die weitgehend von außerhalb des Körpers kommen – so z.B. die Fotorezeptoren des Auges, wenn sie auf Licht reagieren. Sie überwachen die äußere Umgebung. Andere Transduktoren reagieren auf Aktivitäten, die sich hauptsächlich innerhalb des Körpers abspielen – das ist z.B. bei denen der Fall, die reagieren, wenn Sie Magenschmerzen haben, oder bei solchen, die den Säuregrad Ihres Bluts anzeigen. Sie überwachen die innere Umgebung. Der motorische Output des Nervensystems steuert die vielen Muskeln des Körpers. Das Hirn kann außerdem die innere Ausschüttung verschiedener chemischer Stoffe (gewisser Hormone z.B.) beeinflussen. Die peripheren Nervenzellen, die direkt mit allen diesen Inputs und Outputs zu tun haben, machen nur einen sehr kleinen Bruchteil der Nervenzellen insgesamt aus. Die weitaus meisten Nervenzellen verarbeiten Information *innerhalb* des Systems.

Das zentrale Nervensystem kann auf verschiedene Weisen unterteilt werden; eine einfache Unterteilung sieht folgende drei Teile vor: das Rückenmark, den Hirnstamm (am oberen Ende des Rückenmarks) und darüber das Vorderhirn. Das Rückenmark empfängt Sinnesinformationen vom Körper und übermittelt Anweisungen an die Muskeln. Weil es uns hier um die visuelle Wahrnehmung geht, müssen wir im folgenden weder dem Rückenmark noch dem unteren Teil des Hirnstamms viel Aufmerksamkeit widmen. Unser Hauptinteresse richtet sich auf das Vorderhirn und insbesondere auf den Neocortex, der den größten Teil des zerebralen Cortex (die Großhirnrinde) ausmacht.

Der zerebrale Cortex (gewöhnlich einfach »Cortex« genannt) besteht aus zwei getrennten Lappen aus Nervenzellen, auf jeder Seite des Kopfes befindet sich einer. Beim Menschen ist die Gesamtfläche dieser beiden Lappen etwas größer als die eines Herrentaschentuchs. Deshalb müssen sie stark gefaltet sein, um in den menschlichen Schädel hineinzupassen. Die Lappen sind an verschiedenen Stellen unterschiedlich dick, typischerweise zwischen 2 und 5 Millimeter. Das ist die graue Substanz des Cortex. Sie besteht hauptsächlich aus Neuronen[1] (aus ihren Zellkörpern und Verästelungen); es gibt aber auch noch viele Hilfszellen: die sogenannten. Gliazellen. Jeder Quadratmillimeter des kortikalen Lappens umfaßt etwa 100 000 Neuronen[2]; die Großhirnrinde des Menschen

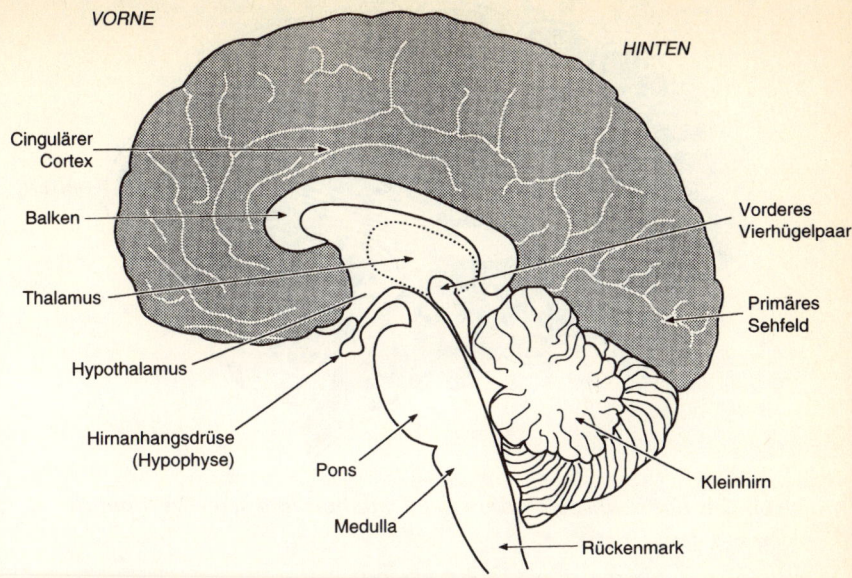

Abb. 23: *Eine Hälfte des menschlichen Hirns, von innen gesehen. Der cerebrale Cortex ist grau dargestellt.*

enthält einige zehn Milliarden Neuronen – eine Zahl, die der Menge aller Sterne in unserer Milchstraße vergleichbar ist.

Einige Verbindungen zwischen diesen Neuronen sind lokaler Art – sie reichen weniger als einen (oder höchstens einige wenige) Millimeter weit –, andere hingegen verlassen den kortikalen Lappen und überwinden eine gewisse Distanz, bevor sie in einem anderen Teil des Lappens angelangen oder sich anderswohin wenden. Diese längeren Verbindungen sind oft mit einer fettigen Hülle umgeben, die aus einer Myelin genannten Substanz besteht; dadurch kann das Signal sich schneller fortbewegen. Eine Schicht mit vielen myelinumhüllten Verbindungen sieht ein wenig weißlich glänzend aus; deshalb spricht man dann von «weißer Substanz». Etwa 40 Prozent unseres Hirns besteht aus weißer Substanz, d.h. aus diesen längeren Verbindungen. Daran zeigt sich sehr einfach und anschaulich, wieviel Kommunikation im Hirn stattfindet.

Der Neocortex ist der komplexeste Teil des Cortex (vgl. Abbildung 23). Im »alten« Cortex (Paläocortex), der ebenfalls ein dünner

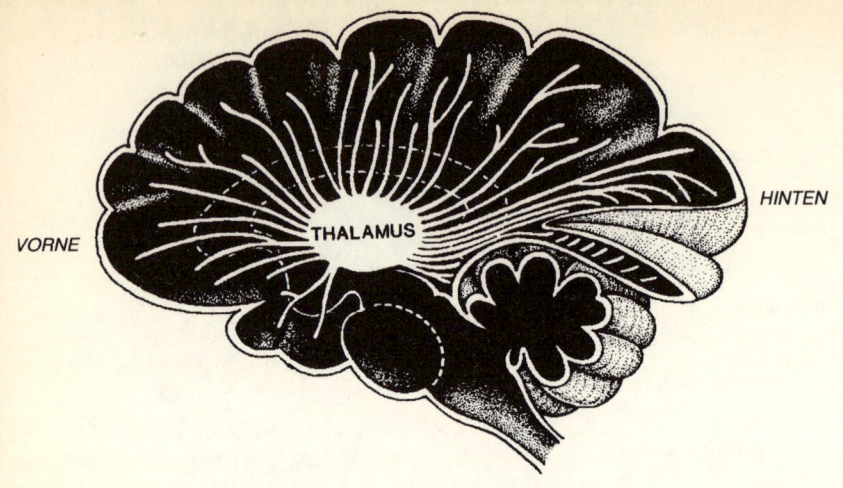

VORNE THALAMUS HINTEN

Abb. 24: *Die Schlüsselposition des Thalamus und seine Verbindungen mit dem Cortex.*

Lappen ist, geht es hauptsächlich um das Riechen. Der Hippocampus ist eine interessante hochstufige Struktur, d.h. er ist weit von den Sinnesinputs entfernt. Er speichert vermutlich für ein paar Wochen die Kodierungen für neue Erinnerungen des episodischen Langzeitgedächtnisses, bevor die Informationen an die Großhirnrinde übermittelt wird.

Mit dem Cortex sind verschiedene subkortikale Strukturen im vorderen Teil des Hirns verbunden (Abbildung 23). Die wichtigste darunter ist der Thalamus[3], der manchmal das Tor zum Cortex genannt wird, weil *die Hauptinputs[4] des Cortex durch ihn hindurch müssen* (Abb. 24). Der Thalamus läßt sich in etwa zwei Dutzend Gebiete unterteilen, von denen jedes auf ein bestimmtes Teilgebiet der Großhirnrinde bezogen ist. Jedes Gebiet des Thalamus hat auch wiederum sehr starke Empfangsverbindungen mit den kortikalen Gebieten, zu denen es Informationen aussendet. Den genauen Zweck dieser Rückverbindungen kennt man noch nicht. Der Thalamus liegt nicht auf dem Weg vieler anderer Verbindungen, die von der Großhirnrinde *ausgehen*. Diese Verbindungen können direkt in andere Teile des Hirns gehen. Der Thalamus sitzt rittlings auf den Haupteingängen zum Cortex, aber nicht auf den Hauptausgängen.

In der Nähe des Thalamus (Abbildung 25) befinden sich einige hochentwickelte Strukturen, die gewöhnlich mit dem Fachterminus *Corpus striatum* zusammengefaßt werden. Diese Gebiete spielen eine wichtige Rolle bei der Bewegungssteuerung, ihre genaue Funktion ist allerdings noch unklar. Spezielle Bereiche des Thalamus (die »nuclei intralaminares«) sind hauptsächlich mit dem Corpus striatum verbunden, aber auch – allerdings diffuser – mit der Großhirnrinde.

*

Seit etwa hundert Jahren gibt es eine Kontroverse darüber, an welcher Stelle die verschiedenen geistigen Funktionen auf der Großhirnrinde lokalisiert sind. Auf der einen Seite gibt es das Extrem der holistischen Auffassung, daß alle Teile des Cortex in etwa funktional gleichwertig sind; auf der anderen Seite (die sog. Lokalisationsauffassung) gibt es als Extrem die Meinung, jedes kleine Gebiet des Cortex erfülle eine andere Aufgabe.

Abb. 25: *Ein Schnitt durch das menschliche Hirn.*

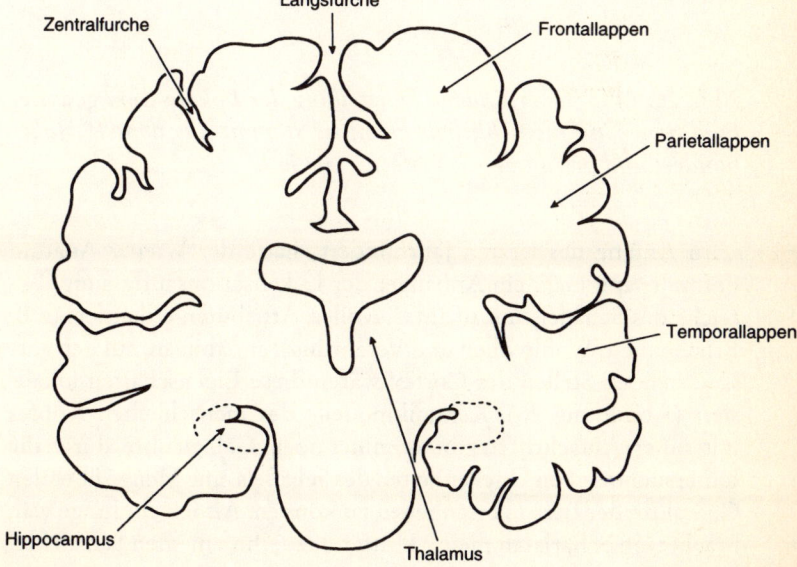

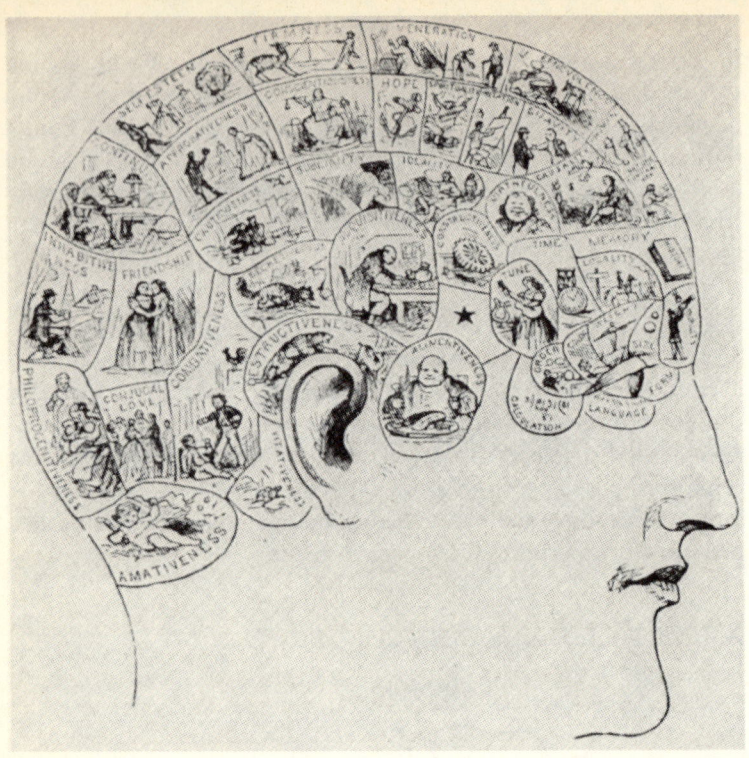

Abb. 26: *Eine frei erfundene Darstellung der Lokalisation gewisser Funktionen im menschlichen Hirn; sie stammt aus dem 19. Jahrhundert und beruht auf den Ideen von Gall.*

Zu Anfang des letzten Jahrhunderts hatte der Wiener Anatom Franz Joseph Gall, ein Anhänger der Lokalisationsauffassung, Bereiche des Schädels mit phantasievollen Attributen etikettiert (z.B. Erhabenheit, Wohlwollen und Verehrung); er nahm an, auf den entsprechenden Stellen des Cortex wären diese Eigenschaften lokalisiert (Abbildung 26). Keramikmodelle des menschlichen Kopfes mit diesen Aufschriften gibt es immer noch. Gall glaubte, durch die Untersuchung von Unebenheiten des Schädels eine Menge über den Charakter der Person erschließen zu können. Als ich ein Junge war, brachte ein Scharlatan meine Mutter dazu, ihn »meinen Schädel lesen« zu lassen; natürlich kostete das etwas. Er behauptete, meine Unebenheiten seien höchst interessant und gegen eine zusätzliche Bezahlung untersuchte er sie noch genauer. Ich habe nie herausbekommen, zu welchen Schlüssen über mich er auf diesem Weg gelangt ist.

Gall war zwar der erste wichtige Vertreter der Lokalisationsthese, die Einzelheiten seiner Vorstellungen waren allerdings völlig falsch, und das hat dazu geführt, daß die These in der Medizin einen schlechten Ruf hatte. Heutzutage wissen wir allerdings, hauptsächlich dank detaillierter Untersuchungen zum Cortex des Makakenaffen, aber auch auf Grund von Daten über den Menschen, daß funktionale Lokalisation *in einem gewissen Maße* vorkommt. Da allerdings während der meisten Geistestätigkeiten viele verschiedene Gebiete des Cortex zusammenwirken müssen, darf die Idee der Lokalisation nicht ins Extrem getrieben werden.

Eine nützliche Analogie liefern hier vielleicht die Eigenschaften eines kleinen organischen Moleküls, wie z.B. des Zuckers oder des Vitamins C. Jedes einzelne Atom hat relativ zu den übrigen eine bestimmte Lokalisation, und jedes Atom hat seine eigenen charakteristischen Eigenschaften – so ist z.B. Wasserstoff ganz anders als Sauerstoff. Das Gesamtverhalten des Moleküls hingegen hängt davon ab, wie die Konstituenten-Atome miteinander interagieren, auch wenn einige Atome gewöhnlich wichtiger sind als andere. Manchmal haben die Elektronen, die die Atome miteinander verbinden, eine ziemlich bestimmte Lokalisation. In anderen Fällen, z.B. bei aromatischen Verbindungen wie Benzol, sind einige von ihnen über eine Mehrzahl von Atomen hinweg verteilt.

Wir können daher eine ungefähre Karte der Großhirnrinde anlegen und die verschiedenen Bereiche ihrer primären Funktion entsprechend etikettieren (siehe Abbildung 27). Das Sehen ist am hinteren Ende des Kopfes lokalisiert (vgl. Abbildung 23), das Hören auf der Seite und der Tastsinn oben. Unmittelbar vor dem somatosensorischen Bereich (Tastsinn) befinden sich die Gebiete, die den willkürlichen motorischen Output steuern – d.h. die beabsichtigten Instruktionen für die Muskeln. Die genauen Funktionen der vorderen Gebiete sind weniger sicher. Vermutlich geht es dort um das Planen (insbesondere um das langfristige Planen) und andere hochstufige

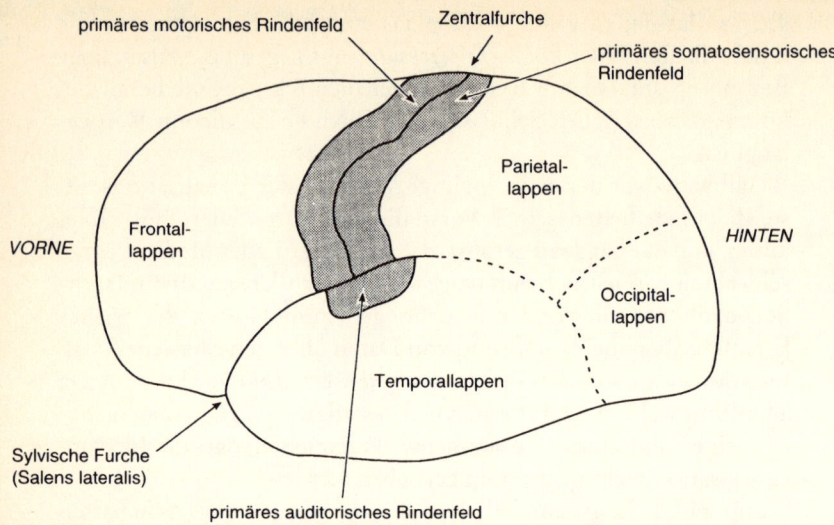

Abb. 27: *Die vier Hauptlappen des menschlichen Hirns und die Lage der wichtigsten motorischen und sensorischen Bereiche.*

kognitive Aufgaben. Ein kleines Gebiet im vorderen Bereich (die frontalen Augenfelder) scheinen bei den willentlichen Augenbewegungen eine Rolle zu spielen.

Der seltsame Umstand, daß die *linke* Seite des Cortex höchst direkt mit der *rechten* Seite des Körpers verbunden ist, gehört zum Allgemeinwissen.[5] Jedoch werden die beiden kortikalen Lappen durch ein massives Bündel aus Nervenfasern, das »Corpus callosum«, verbunden. Beim Menschen hat das Corpus callosum etwa eine Milliarde einzelner Nervenfasern; die Verbindungen gehen in beide Richtungen.

Sprache – etwas, das nur der Mensch besitzt – hängt hauptsächlich von der linken Seite des Hirns ab, jedenfalls bei nahezu allen Rechtshändern und den meisten Linkshändern. Es gibt wenigstens zwei Hauptgebiete. Das eine, das sich seitlich ziemlich weit hinten befindet, heißt das »Wernicke-Areal«; das andere – das sog. Broca-Areal – liegt ebenfalls seitlich, aber weiter vorne, nicht weit vom motorischen Rindenfeld entfernt. Keines dieser Gebiete versteht man im Detail, und das liegt hauptsächlich daran, daß es keine Tiere mit hochentwickelter Sprache gibt, und Tiere sind nun einmal unsere Hauptquelle experimenteller Informationen über das Hirn. Es gibt verschiedene andere Gebiete in der Umgebung dieser beiden (insbesondere im Schläfenlappen des Cortex), die ebenfalls bei der Sprachverarbeitung eine Rolle spielen (siehe dazu 9. Kapitel). Meiner Ansicht nach wird sich bei jedem dieser großen Gebiete – auch beim Broca- und beim Wernicke-Areal – herausstellen, daß es aus vielen wohlunterschiedenen kleineren kortikalen Arealen besteht, die auf komplizierte Weisen miteinander verbunden sind.

Ein hinreichend schwerer Schlag auf die linke Seite des Kopfes kann zu Lähmungen von Teilen der rechten Körperhälfte und auch zu Sprechstörungen führen. Dennoch kann die betreffende Person dank ihrer unbeschädigten rechten Hirnhälfte immer noch fluchen und sogar singen; ja sie kann sogar Männerstimmen von Frauenstimmen unterscheiden. Diese letztgenannte Fähigkeit kann verlorengehen, wenn die *rechte* Seite des Hirns verletzt wird; bei solchen Verletzungen bleibt das Sprachvermögen zwar weitgehend intakt, das normale Sprechen (Betonung, Satzmelodie) mag allerdings verlorengehen.

Diese Beispiele machen zweierlei deutlich: Im Hirn gibt es in der Tat ein gewisses Maß von funktionaler Lokalisation; doch *was* eine solche Lokalisation hat, mag im Einzelfall recht überraschend sein.

Der außerhalb des Cortex gelegene Hypothalamus (siehe Abbildung 23) spielt bei vielen Tätigkeiten des Körpers eine wesentliche Rolle. Er umfaßt viele kleine Gebiete, deren Hauptfunktionen darin bestehen, den Hunger, den Durst, die Temperatur, das Sexualverhalten und ähnliche Körpertätigkeiten zu regulieren. Der Hypothalamus hat eine enge Verbindung mit der Hirnanhangsdrüse (Hypophyse) – ein winziges Organ, das verschiedene Hormone in den Blutkreislauf bringt.

Eine viel größere, auffälligere, aber unwichtigere Hirnregion ist das Kleinhirn (Cerebellum), das sich am Hinterkopf befindet (siehe Abbildung 23). Bei einigen Fischen – z.B. bei elektrischen Fischen und bestimmten Haien – ist es hochentwickelt. Es scheint bei der Bewegungssteuerung eine Rolle zu spielen. Trotzdem kann auch jemand, der ohne Kleinhirn geboren wird, einigermaßen gut zurechtkommen. Eine weitere wichtige Region ist die im Hirnstamm gelegene »Retikulärformation«; sie hat viele in engem Austausch miteinander befindliche Teile, deren Funktionen bisher nur zum Teil verstanden sind. Hier finden sich die Nervenzellen, die das allgemeine Erregungsniveau und die verschiedenen Stufen des Schlafs steuern. Nervenzellgruppen aus diesem Bereich senden Signale an verschiedene Teile des Vorderhirns, auch an den Neocortex. So sendet z.B. die kleine Neuronengruppe, die man als »Locus coeruleus« bezeichnet, Signale an verschiedene Stellen, darunter auch der Cortex. Eine solche Nervenfaser kann von der Vorderseite des Cortex bis an das hintere Ende reichen, wobei sie unterwegs Millionen von Verbindungen mit anderen Nervenzellen herstellt. Die genaue Funktion des Locus coeruleus ist unbekannt. Er wird während der Schlafphasen, in denen die meisten unserer Träume stattfinden (den sog. REM-Phasen[6]), fast gänzlich inaktiv. Es ist möglich, daß seine Aktivität gebraucht wird, wenn der Cortex eine Erinnerung im Langzeitgedächtnis abspeichern muß. Seine Inaktivität während des REM-Schlafes könnte helfen zu erklären, warum wir uns an unsere Träume zumeist nicht erinnern können.

Eine zweiteilige Struktur ganz oben am Hirnstamm ist für das visuelle System wichtig. Bei den niederen Wirbeltieren, wie den Fröschen, bezeichnet man sie als »optisches Dach« (tectum opticum), bei den Säugetieren spricht man vom «vorderen Vierhügelpaar» (Colliculus superior). Vermutlich bilden sie beim Frosch einen Großteil seines visuellen Systems, doch bei den Säugetieren (und besonders bei den Primaten) haben sie diese Rolle an die Großhirnrinde abgetreten. Bei den Säugetieren scheinen sie hauptsächlich mit Augenbewegungen befaßt zu sein, und zwar besonders mit den unwillkürlichen.

Das menschliche Hirn hat keine einheitliche Struktur, genausowenig wie unser restlicher Körper. Ebenso wie das Herz, die Leber, die Nieren und die Bauchspeicheldrüse haben auch die verschiedenen Bereiche im Hirn unterschiedliche Funktionen. Dennoch können die verschiedenen Körperorgane sehr eng miteinander interagieren. Die Leber ist zwar das »Blutorgan«, aber das Herz pumpt das Blut. Auch im Hirn finden sich vielfältige Interaktionen. An der Bewegungssteuerung ist oft nicht nur das Rückenmark beteiligt, sondern auch viele weiter oben gelegene Bereiche, wie z.B. das motorische

Rindenfeld, das Corpus striatum und das Kleinhirn. Beim Sehen sind sowohl das vordere Hügelpaar als auch Teile des Thalamus und des Cortex beteiligt, auch wenn ihre jeweiligen Aufgaben sich voneinander unterscheiden.

Die Hauptfunktionen fast aller Körperorgane verstehen wir ziemlich gut, und wir verstehen ebenfalls, zumindest so ungefähr, wie jedes Organ seine Funktionen ausübt. In ein oder zwei Fällen ist unser Wissen einigermaßen neu. Als ich in den späten vierziger Jahren meine biologische Forschungsarbeit begann, war die Funktion der Thymusdrüse nicht bekannt, und man hatte nicht einmal die Vermutung, daß sie in unserem Immunsystem eine Schlüsselrolle spielt. Tatsächlich habe ich zum ersten Mal von ihr erfahren, weil die Thymusdrüse des Kalbs eine bequeme DNA-Quelle war. Leider ist unser Wissen über die verschiedenen Teile des Hirns immer noch sehr eingeschränkt. Welche Funktion *genau* hat denn der Thalamus, das Corpus striatum oder das Kleinhirn? Wir kennen ihr Verhalten in groben Zügen, aber detailliertes Wissen haben wir noch nicht. Wir haben eine sehr ungefähre Vorstellung davon, was der Hippocampus macht, aber was genau seine Funktion ist, darüber herrscht keine Einigkeit. All dies muß noch herausgefunden werden.

Nachdem wir vom Standpunkt der höchsten Beschreibungsebene gesehen haben, was es mit dem Hirn auf sich hat, wollen wir nun in eine tiefer gelegene Ebene hinuntertauchen und einen Blick auf seine entscheidenden Bestandteile werfen: die einzelnen Nervenzellen.

8 DAS NEURON

»Die Funktion des Hirns läßt sich nicht völlig abtrennen von
der Funktion seiner Grundeinheiten: den Nervenzellen.«

Idan Segev

Mit der Erstaunlichen Hypothese wird hervorgehoben, daß »Sie«
weitgehend das Verhalten einer ungeheuren Menge von Neuronen
sind. Deshalb ist es wichtig, daß Sie wenigstens eine ungefähre Vorstellung davon haben, wie Neuronen sind und was sie tun. Zwar
gibt es viele verschiedene Neuronentypen, aber die meisten von ihnen sind dennoch nach dem gleichen Schema gebaut.[1]

Auf die elektrischen Impulse, die von vielen verschiedenen Ursprüngen ausgehend auf den Zellkörper und dessen sich veräsiteln-
de Fortsätze (die »Dendriten« des Neurons, vgl. Abb. 28) auftref-
fen, zeigt ein typisches Wirbeltier-Neuron drei Reaktionen. Einige
Inputs erregen das Neuron, einige hemmen es, und einige modulieren sein Verhalten. Wenn das Neuron stark genug erregt wird, besteht seine Reaktion darin, daß es »feuert«: es sendet auf seinem
Ausgangskabel (dem »Axon«) einen elektrischen Impuls (einen

Abb. 28: *Das schematische Diagramm eines »typischen« Wirbeltier-
Neurons. Die elektrischen Signale kommen in den Dendriten herein
und gehen durch das Axon hinaus. In diesem Diagramm fließt die
Information also von links nach rechts.*

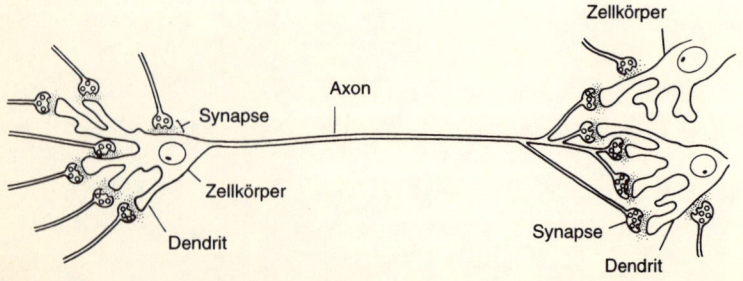

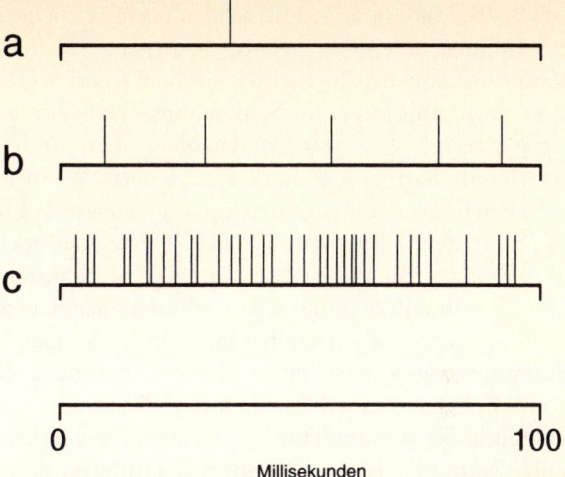

0   **100**

Millisekunden

Abb. 29: *Das Feuern eines einzelnen Neurons. Jeder kurze senkrechte Strich stellt einen Impuls dar. In* **a** *feuert das Neuron mit seiner Hintergrundrate. In* **b** *reagiert es auf irgendeinen einschlägigen Input mit einem durchschnittlich schnellen Feuern. In* **c** *reagiert es etwa so schnell, wie es kann. Man beachte die Zeit-Skala.*

»Spike«) aus. Das Neuron hat ein einziges Axon, das sich aber gewöhnlich verzweigt. Das elektrische Signal läuft jeden Ast und Zweig entlang, bis das Axon mit vielen anderen Neuronen in Berührung kommt und so deren Verhalten beeinflußt.

Das ist die Hauptaufgabe eines Neurons. Es empfängt Informationen von vielen anderen Neuronen, gewöhnlich in der Form elektrischer Impulse. Es nimmt eine komplizierte zeitabhängige Addition dieser Inputs vor und sendet daraufhin auf seinem Axon Information (in der Form einer Abfolge elektrischer Impulse) an viele andere Neuronen. Obwohl ein Neuron auch Energie verbraucht, um seine Aktivitäten aufrechtzuerhalten und Moleküle zu synthetisieren, besteht seine Hauptfunktion darin, Signale zu empfangen und auszusenden – d.h. mit Information umzugehen. Entsprechend wird ein Politiker dauernd mit Informationen von Leuten bombardiert, die möchten, daß er in einer bestimmten Sache mit Ja bzw. mit Nein stimmt; er muß alle Informationen berücksichtigen, wenn er seine Stimme abgibt.

Wenn nichts Besonderes los ist, dann sendet ein Neuron gewöhnlich seine Impulse mit einer relativ niedrigen, unregelmäßigen »Hintergrund«-Frequenz, die meist zwischen 1 und 5 Hertz liegt (1 Hertz ist ein Impuls bzw. eine Schwingung pro Sekunde). Diese fortgesetzte »nervige« Aktivität hält das Neuron auf Trab; es ist in dauernder Bereitschaft, sofort stärker zu feuern. Wenn es erregt wird, weil es viele Erregungssignale empfängt, steigt die Frequenz, mit der es feuert, deutlich an, auf 50 bis 100 Hertz oder noch höher. Für kürzere Zeit mag die Feuerrate bis auf 500 Hertz ansteigen (siehe Abb. 29). Fünfhundert Impulse pro Sekunde mag man zwar für schnell halten, aber es ist entsetzlich langsam im Vergleich zu der Verarbeitungsgeschwindigkeit eines Home Computers, der ohne weiteres millionenfach schneller sein kann. Wenn ein Neuron zu viele hemmende Signale empfängt, dann kann es geschehen, daß sein Impuls-Output noch unter die normale Hintergrundsfrequenz absackt, aber diese Verringerung ist so klein, daß sie nur wenig Information übermitteln kann. Neuronen können auf ihren Axonen nur Signale eines einzigen Typs aussenden. Es gibt keine »negativen« Impulse. Außerdem verlaufen diese elektrischen Signale normalerweise nur in einer Richtung, und zwar vom Zellkörper zu den Axonen-Enden.[2]

✳   ✳   ✳

Doch wie sind Neuronen im Detail beschaffen? Woraus besteht ein Neuron? In vielerlei Hinsicht ist es wie andere Zellen des menschlichen oder tierischen Körpers auch. Seine Gene bestehen aus DNA, die in der Form von Chromosomenpaketen in einer besonderen Struktur – dem sog. Zellkern (»Nucleus«) – enthalten ist. Es gibt andere spezielle Strukturen, und manche von ihnen (z.B. das Mitochondrion, »das Kraftwerk der Zelle«) haben ihre eigene DNA. Fast jede Zelle des Körpers[3] enthält zwei Kopien der genetischen Information, von jedem Elternteil eine. Jede dieser Kopien hat sehr viele verschiedene Gene, und zwar vermutlich ca. 100 000.[4] Nicht alle diese Gene kommen in allen unseren Zellen zur Wirkung. Einige sind in der Leber aktiver, andere in den Muskeln und so weiter. Man nimmt an, daß in den verschiedenen Teilen des Hirns insgesamt mehr Gene aktiv sind als in jedem anderen Organ.

Die meisten dieser Gene kodieren die Instruktionen für die Synthese eines Proteins. Wenn wir uns jede Zelle als eine Fabrik vorstellen, dann sind die Proteine die Werkzeugmaschinen, dank denen in der Fabrik produziert wird. Ein »typisches Protein« ist gewöhnlich deutlich kleiner als ein Milliardstel der Zelle, viel zu klein also, als daß man es in einem optischen Mikroskop sehen könnte; allerdings kann man mit Hilfe eines Elektronenmikroskops manchmal seine Form (wenn auch nicht die feinen Einzelheiten seiner ungefähren atomaren Struktur) erkennen. Jedes Protein hat seine eigene präzis definierte Molekularstruktur, die aus Tausenden, Zehntausenden oder gar Hunderttausenden von Atomen besteht, die alle in einer charakteristischen Weise miteinander veknüpft sind. Die Schlüsselmoleküle des Lebens sind mit atomarer Präzision gebaut.

Der gesamte Zellinhalt wird durch eine gewissermaßen flüssige Membran aus Lipiden oder teilweise fettartigen Molekülen umschlossen (Lipide sind fettartige Stoffe), die verhindert, daß diese gesamte komplizierte Maschinerie und das, was sie produziert, aus der Zelle hinausrutscht. Gewisse Proteine in dieser Membran fungieren als feine Kanäle oder Pumpen, durch welche die verschiedenen Moleküle in die Zelle hinein- bzw. aus ihr herausgelangen können. Die gesamte Struktur hat sehr kunstvolle Steuerungsmechanismen, die ebenfalls aus organischen Molekülen bestehen; sie erlauben es der Zelle, sich zu reproduzieren und mit anderen Zellen wirkungsvoll zu interagieren. Kurz, die Nervenzelle ist ein chemisches Wunderwerk auf sehr kleinem Raum, das die natürliche Auslese in Milliarden von Jahren entwickelt hat.

Neuronen sind ganz anders als viele unserer anderen Zellen. Reife Neuronen bewegen sich nicht hin und her, sie teilen sich normalerweise auch nicht. Wenn ein reifes Neuron abstirbt, wird es (mit einigen wenigen Ausnahmen) nicht durch ein neues ersetzt. Neuronen haben eine spitzere Gestalt als die meisten anderen Zellen. Wie sich die Dendriten verästeln, das ist bei den verschiedenen Neuronentypen unterschiedlich, aber gewöhnlich hat ein Neuron mehrere Hauptäste, die sich immer weiter verzweigen. Der Zellkörper (oft auch das »Soma« genannt) kann unterschiedlich groß ausfallen. Ein typischer Durchmesser ist etwa 20 Mikrometer.[5]

Der häufigste Neuronentyp in unserer Großhirnrinde ist die sog. Pyramidenzelle. Oft hat ihr Zellkörper eine leicht pyramidale

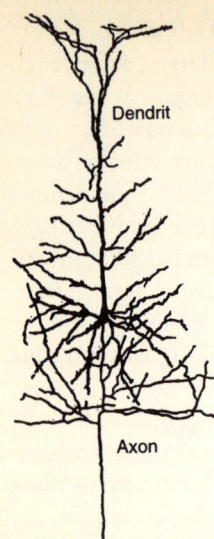

Abb. 30: *Ein wichtiger Typ von Neuron: die Pyramidenzelle. Diese Zeichnung wurde von dem spanischen Neuroanatomen Cajal vor etwa hundert Jahren angefertigt.*

Abb. 31: *Ein anderer Neuronentyp: die sog. dornige Sternzelle. Die dünnen Linien zeigen die vielen Äste ihres Axons. Die dicken Linien stellen die Dendriten dar. Die Zahlen links bezeichnen die verschiedenen corticalen Schichten, wie sie sich uns bei einem Querschnitt durch den Cortex darbieten.*

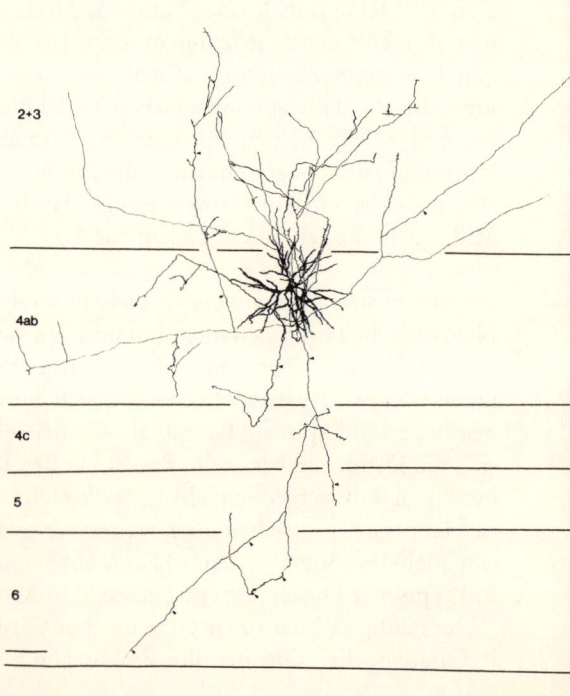

Form; an der Spitze befindet sich ein großer Dendrit – siehe Abb. 30. Andere Neuronen, wie z.B. die »Sternneuronen«, haben nach allen Seiten hin Äste (siehe Abb. 31).

Das Axon eines Neurons (sein Output-Kabel) kann sehr lang sein, manchmal über einen Meter wie beim Rückenmark, sonst könnte man ja nicht mit den Zehen wackeln. (Zu beachten ist, daß der Radius des Zellkörpers eines Neurons nur selten die Größe von 3 Tausendstel Zentimetern erreicht.) Der Durchmesser eines nicht-myelinisierten Axons ist gewöhnlich sehr klein: zwischen 0,1 und 1 Mikrometer. Manche Axone haben aber eine fettige (Myelin-) Hülle, dank der der elektrische Impuls schneller wandern kann, als ihm das ohne die Hülle möglich wäre.

*   *   *

Der Impuls in einem Axon ähnelt nicht dem elektrischen Strom in einem Draht. In einem Metalldraht ist der Strom eine bewegte Elektronenwolke. Im Neuron beruhen die elektrischen Effekte auf geladenen Atomen (Ionen), die sich – durch Molekülkanäle von Proteinen in der sonst isolierenden Zellmembran – ins Axon *hinein und* aus ihm *heraus* bewegen. Durch ihre Hin- und Herbewegungen verändern die Ionen das elektrische Potential (die Spannung) an der betreffenden Stelle der Zellmembran. Diese Veränderung des Potentials pflanzt sich am Axon entlang fort. Dieses Signal ist regenerativ und braucht Energie. Dadurch wird der Impuls, der am Axon entlangwandert, nicht schwächer, sondern hat am Ende etwa dieselbe Form und Größe wie am Anfang. Diese Eigenschaft gestattet es dem Impuls, große Entfernungen zurückzulegen und dennoch einen merklichen Effekt auf die Neuronen am Ende des Axons zu haben.

Im 19. Jahrhundert war man der völlig falschen Auffassung, der Impuls sei zu schnell, um meßbar zu sein, er habe vielleicht sogar Lichtgeschwindigkeit. Als Helmholtz schließlich Mitte des letzten Jahrhunderts die Geschwindigkeit maß, stellte sich heraus, daß sie nur selten 100 Meter pro Sekunde erreichte (das ist etwa ein Drittel der Schallgeschwindigkeit in der Luft). Viele, darunter auch Helmholtz' Vater, waren von diesem Resultat sehr überrascht. Eine bei nicht-myelinisierten Axonen typischere Geschwindigkeit ist vielleicht anderthalb Meter pro Sekunde. Das mag uns ziemlich langsam vorkommen (in der Tat: ein Fahrrad ist schneller), es entspricht aber anderthalb Millimeter in einer Millisekunde.

Die weit entfernten Enden des Axons müssen vom Zellkörper mit Molekülen versorgt werden, weil fast alle Gene und der Großteil der für die Proteinsynthese nötigen biochemischen Maschinerie sich im Zellkörper und nicht im Axon befinden. Im Axon gibt es einen systematischen Molekülfluß in beiden Richtungen. Es ist beeindruckend, wenn man das in einem Film (im Zeitraffer) sieht. Solche Filme werden mit speziellen optischen Hochleistungsmikroskopen aufgenommen und zeigen winzige Teilchen, die hintereinander hertraben, einige das lange Axon hinab, andere hinauf. Die Geschwindigkeiten der Teilchen sind unterschiedlich, aber dieser Fluß ist immer viel langsamer als die Geschwindigkeit des axonalen Impulses. Natürlich bedarf es einer besonderen molekularen Maschinerie, um diesen Transport zu betreiben und zu lenken.

Die klassische Lehre vom Neuron besagte, daß die Dendriten (die Input-Kabel) »passiv« seien. Daraus ergibt sich, daß der Spannungswechsel auf seinem Weg von einer Stelle des Dendriten zu einer anderen abnimmt, weil einige der beteiligten Ionen durch die Membran hindurch verlorengehen – ganz so, wie Morsezeichen auf ihrem langen Weg durch transatlantische Kabel schwächer wurden. Aus diesem Grund sind Dendriten kürzer als Axone, oft sind sie nur einige wenige Mikrometer lang. Heutzutage vermutet man jedoch, daß sich bei einigen Neuronen aktive Prozesse in den Dendriten abspielen, daß sie aber wahrscheinlich nicht von genau derselben Art sind wie die aktiven Prozesse in den Axonen.

Der Impuls wandert dann also das Axon entlang, bis er zu einer Synapse gelangt, d.h. zu einer speziellen Verbindungsstelle zwischen zwei Neuronen. Jedes Neuron hat an seinem Zellkörper und den Dendriten viele Synapsen. Ein kleines Neuron hat vielleicht nur 500 Synapsen; eine große Pyramidenzelle kann bis zu 20 000 haben. In der Großhirnrinde dürfte es 6000 Neuronen geben. Man erwartet vielleicht, daß die Synapse irgendein elektrischer Kontakt ist, weil doch der Impuls elektrisch ist und der Effekt auf das nächste Neuron ebenfalls ein elektrischer ist. Das ist zwar manchmal der Fall, aber meistens ist die Übertragung von einem Neuron zum nächsten komplizierter.

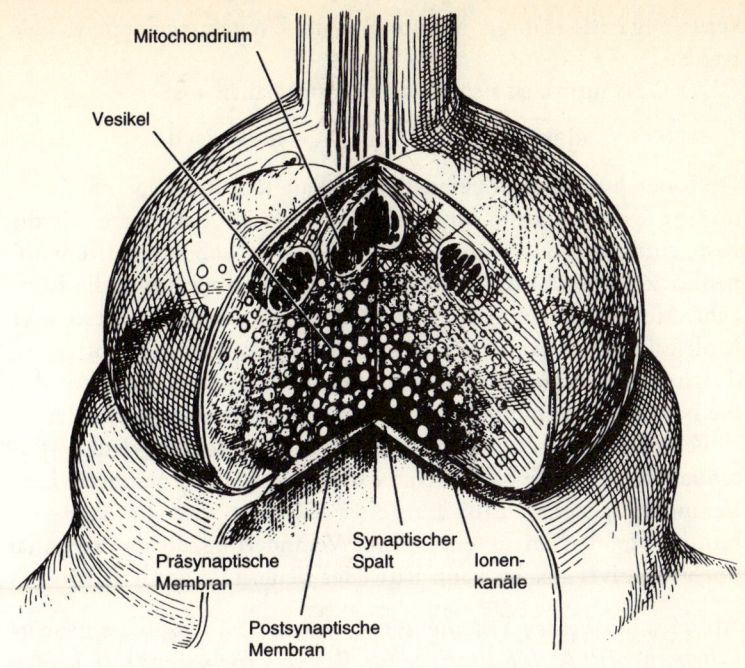

Abb. 32: *Die idealisierte Darstellung einer »typischen« Synapse. Man beachte den kleinen synaptischen Spalt.*

In Wirklichkeit sind die beiden Neuronen nicht direkt miteinander verbunden. Es gibt eine wohldefinierte Lücke zwischen ihnen, die etwa ein vierzigstel Mikrometer breit ist und auf Bildern, die mit einem Elektronenmikroskop gemacht wurden, leicht zu erkennen ist (siehe Abb. 32). Diese Lücke ist »der synaptische Spalt«. Wenn der Impuls auf der präsynaptischen Seite der Synapse ankommt, bewirkt er, daß kleine Bläschen mit chemischen Stoffen (diese Bläschen heißen »Vesikel«) ihren Inhalt in die Lücke entleeren. Diese kleinen chemischen Moleküle breiten sich schnell in der Lücke aus, und viele binden sich an einen Molekülkanal in der Membran der Synapse der Empfängerzelle. Dies führt dazu, daß die betreffenden Kanäle sich öffnen, und auf diese Weise können geladene Ionen auf der postsynaptischen Seite der Synapse in die Membran hinein oder aus ihr heraus gelangen. Dadurch ändert sich die lokale Potentialverteilung entlang dieser Membran in der Umgebung der jeweiligen Kanäle.

Der Gesamtprozeß sieht also folgendermaßen aus:

elektrisch – chemisch – elektrisch.

Ob Ionen hinein- oder herausfließen, hängt, grob gesagt, davon ab, ob ihre Konzentration im Neuron größer ist oder kleiner als die Konzentration außerhalb. Bezeichnend ist es, daß die Natrium-Ionenkonzentration im Neuron niedrig gehalten wird und die Konzentration der Kalium-Ionen höher ist. Das erledigen besondere Molekülpumpen in der Zellmembran. Wenn ein Kanal offen ist, durch den beide Arten von Ionen passieren können, dann werden die Natrium-Ionen hinein- und die Kalium-Ionen herausfließen.[6]

Wenn nichts Besonderes anliegt, hat das Neuron ein »Ruhe«-Potential von 70 Millivolt (innen zu außen) an seiner Membran. Eine Veränderung zum Positiveren (etwa -50 mV) wird die Zelle vermutlich veranlassen zu feuern. Eine Veränderung, die das Potential noch negativer macht, kann jedwedes Feuern verhindern. Ob das

Abb. 33: *Die beiden Synapsentypen, die man im Cortex im wesentlichen antrifft:* **A**, *Typ 1 (erregend);* **B**, *Typ 2 (hemmend). In beiden Darstellungen ist das Axon oben, der Dendrit ist unten und der synaptische Spalt dazwischen. Die Pfeile zeigen die Richtung des hauptsächlichen Informationsflusses an: vom (präsynaptischen) Axon zum (postsynaptischen) Dendriten.*

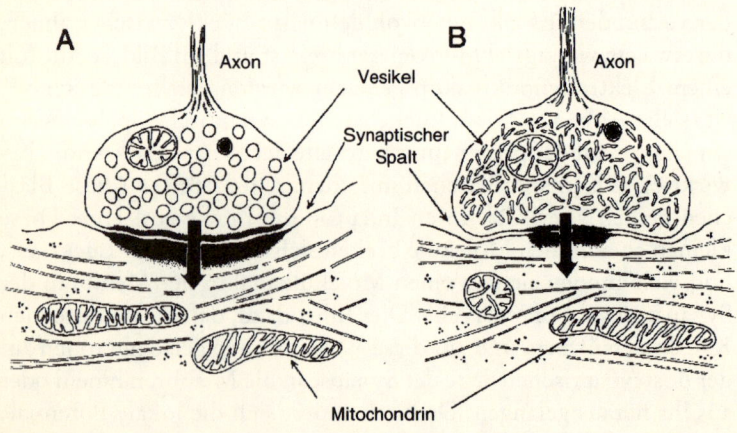

Neuron hinreichend erregt ist, um einen Impuls in seinem Axon hervorzurufen, hängt davon ab, wie sehr diese Potentialveränderungen (die von den aktivierten Synapsen an verschiedenen Stellen der Dendriten und des Zellkörpers des Neurons erzeugt werden) das elektrische Potential an einem speziellen Gebiet verändern, das sich in der Nähe der Stelle befindet, wo das Axon anfängt.

Schauen wir uns eine Synapse etwas genauer an (Abb. 33). Im Cortex gibt es zwei Haupttypen – Typ 1 und Typ 2 –, die im Elektronenmikroskop unterschieden werden können.[7] Synapsen vom Typ 1 erregen gewöhnlich das Empfänger-Neuron, die vom Typ 2 hemmen es normalerweise.

Der Haupttyp der erregenden Synapse im Hirn liegt nicht direkt am Schaft des Dendriten auf, sondern auf kurzen Zweigchen der Dendriten, die man als »Dornen« bezeichnet (siehe Abb. 34, S. 132). Ein einzelner Dorn hat niemals mehr als eine erregende Synapse; manche Dornen haben allerdings auch noch eine einzige hemmende Synapse. Wie man in Abb. 34 sehen kann, hat ein Dorn eine gewisse Ähnlichkeit mit einer kleinen Flasche, die an ihrem Hals mit dem Dendriten verbunden ist. Der Dorn hat einen in etwa kugelförmigen Kopf (der gewöhnlich ein wenig deformiert ist) und einen dünnen, zylindrischen Hals. Die Synapse selbst liegt beim Kopf und ist von den Geschehnissen, die sich innerhalb der Zelle abspielen, ziemlich isoliert. Sie enthält viele Rezeptoren, darunter auch Ionenkanäle, die geöffnet werden können, wenn ein Neurotransmitter-Molekül (aus dem synaptischen Spalt, der sich zwischen dem Axon und dem empfangenden Dornenkopf befindet) an einem speziellen Platz dieser Art von Rezeptor zu sitzen kommt.

Ein Dorn ist eine ziemlich komplizierte Struktur, und wir sind noch weit davon entfernt, seine Funktion vollständig zu verstehen. Ich vermute, daß der Dorn eine Schlüsselerfindung der Evolution ist, die eine viel raffiniertere Verarbeitung des ankommenden Signals gestattet, als sie sonst möglich wäre.

Ich werde nicht versuchen, die vielen Arten von Protein-Molekülen zu beschreiben, die sich in der Lipid-Membran befinden, die das Neuron umgibt. Einige von diesen Molekülen werden durch Transmitter-Moleküle[8] aktiviert und dann »Rezeptoren« genannt. Das häufigste erregende Transmitter-Molekül in unserer Großhirnrinde

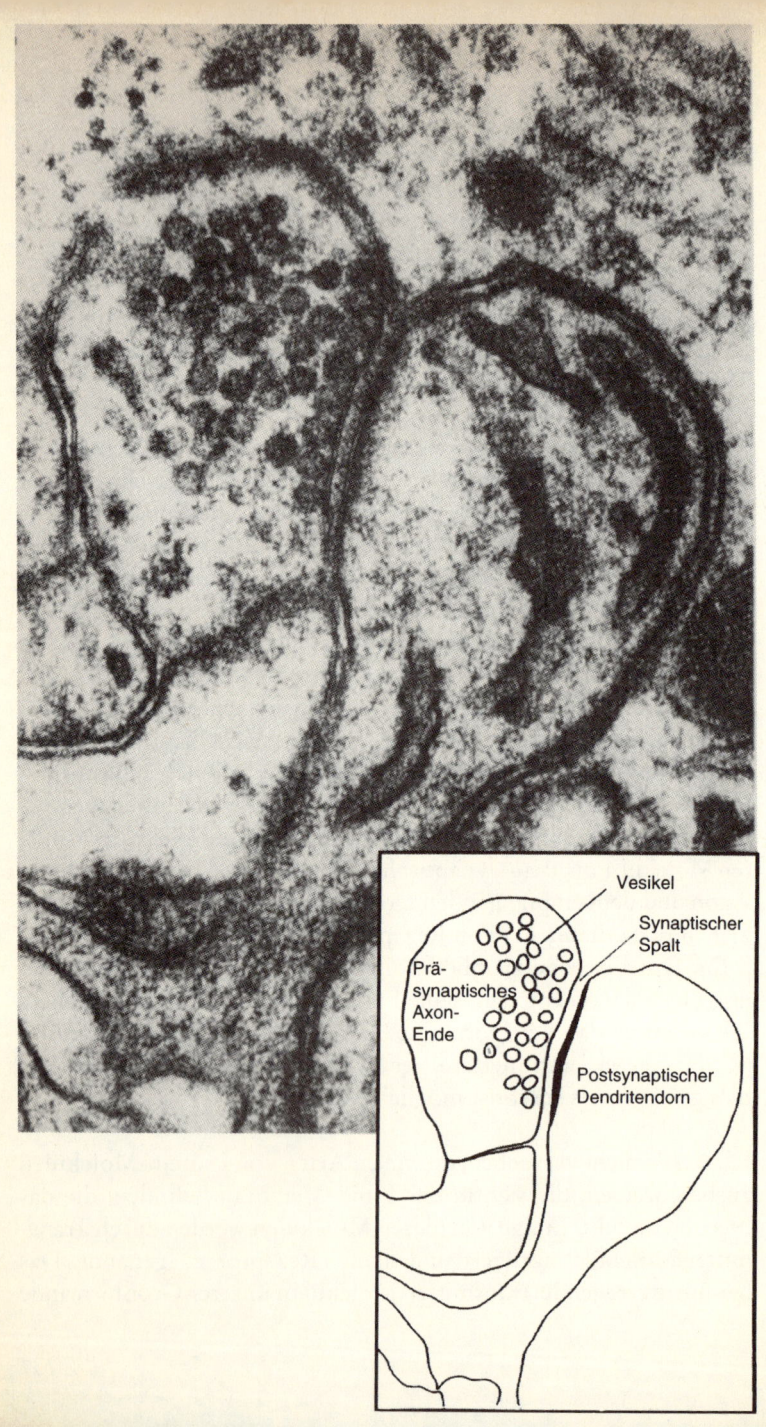

Vesikel

Synaptischer
Spalt

Prä-
synaptisches
Axon-
Ende

Postsynaptischer
Dendritendorn

ist ein kleines, ziemlich gewöhnliches organisches Molekül mit dem Namen »Glutamat«.[9] Obwohl es zwei Hauptarten von Ionenkanälen gibt (die einen reagieren nur auf Spannung, die anderen nur auf einen Neurotransmitter), ist dennoch ein dritter Typ, der sog. NMDA-Kanal, am interessantesten.[10] Er reagiert sowohl auf Spannung als auch auf Glutamat. Genauer gesagt: wenn das lokale Potential an der Membran ungefähr den Ruhewert hat, dann öffnet er sich nur selten, selbst wenn Glutamat da ist. Wenn hingegen das Potential weniger negativ ist (weil z.B. in der Nähe andere erregende Synapsen auf dem Dendriten aktiv sind), dann öffnet Glutamat den Kanal. Der Kanal reagiert also nur auf einen Zusammenhang zwischen präsynaptischer Aktivität (die vom Glutamatausstoß des Axons herrührt) und postsynaptischer Aktivität (in Form einer Spannungsänderung an der Membran, die von den Inputs anderer Synapsen herrührt). Dies ist, wie wir sehen werden, *eine Schlüsseleigenschaft der Funktionsweise des Hirns.*

Wenn der NMDA-Glutamatkanal sich öffnet, können nicht nur Natrium- (Na^+) und Kalium (K^+)-Ionen durchfließen, sondern auch beachtliche Mengen von Calciumionen (Ca^{2+}). Diese hineinkommenden Calciumionen sind offenbar das Signal, durch das komplizierte Ketten chemischer Reaktionen in Gang gesetzt werden, die zur Zeit erst teilweise durchschaut werden. Unter dem Strich kommt heraus, daß die Stärke der Synapse sich ändert, für Tage, Wochen, Monate oder sogar noch länger. (Dies könnte die Grundlage einer bestimmten Form von Gedächtnis sein – vgl. die Darstellung der Hebbschen Regel im 13. Kapitel.) Wir können nun erste Anfänge der Erklärung kognitiver Prozesse (wie z.B. Gedächtnisprozesse) mit Hilfe von molekularen Vorgängen ansatzweise erkennen. Ein experimentelles Beispiel: Wenn diese NMDA-Kanäle im Hippocampus einer Ratte chemisch inaktiviert werden, kann die Ratte sich nicht daran erinnern, wo sie sich gerade aufgehalten hat.

Abb. 34: *Hier sehen wir einen ultradünnen Schnitt durch eine Synapse an einem Dorn, wie man ihn im Elektronenmikroskop sehen kann. In der Zeichnung werden die wesentlichen Bestandteile kenntlich gemacht.*

Wie steht es mit der Hemmung? Gibt es ein Neuron, dessen Axon an manchen seiner Enden Erregung hervorruft und an anderen Hemmung? Überraschenderweise geschieht dies in der Großhirnrinde so gut wie nie. Genauer gesagt: Die Axon-Enden eines *bestimmten* Neurons sind entweder allesamt erregend oder allesamt hemmend, niemals eine Mischung aus beidem. Die erregenden Synapsen benutzen offenbar, wie wir gesehen haben, Glutamat als Neurotransmitter. Die hemmenden Synapsen bedienen sich eines verwandten kleinen Moleküls, das GABA genannt wird.[11] In der Großhirnrinde setzen etwa 20 Prozent aller Neuronen GABA frei.[12]

Eine wichtige Konsequenz des Umstands, daß die meisten synaptischen Übertragungen nicht elektrisch, sondern chemisch ablaufen, ist, daß sie durch kleine, speziell zugeschnittene Moleküle gestört werden können, oft schon bei sehr kleinen Konzentrationen. Deshalb können die psychedelischen Effekte von LSD schon bei einer so kleinen Dosis wie 150 *Mikro*gramm zustande kommen. Daraus erklärt sich auch, warum manche Medikamente unter gewissen Umständen psychische Erkrankungen (wie z.B. Depressionen) lindern können, die anscheinend durch die eine oder andere Art von Fehlfunktion bei der Arbeitsweise der Neurotransmitter verursacht sind. Beispielsweise weiß man, daß die chemischen Stoffe in Schlaftabletten (aus der Gruppe der Benzodiazepine) mit dem GABA-Rezeptor eine Verbindung eingehen und die GABA-Effekte verstärken. Diese erhöhte synaptische Hemmung ist dem Schlaf zuträglich. Die Beruhigungsmittel Librium und Valium sind ebenfalls Benzodiazepine und funktionieren ähnlich.

Erregung und Hemmung sind in der Großhirnrinde nicht symmetrisch angeordnet, auch wenn einige theoretische Modelle dies unterstellen. Die Fernverbindungen zwischen verschiedenen Gebieten des Cortex werden nur von Pyramidenzellen aufrechterhalten. Die sind immer erregend. Die Axone der meisten hemmenden Neuronen sind ziemlich kurz und beeinflussen nur Neurone in ihrer Nachbarschaft.[13] Es kommt niemals vor (möglicherweise gibt es eine kleinere Ausnahme), daß ein und derselbe Neuronentyp in zwei sehr ähnlichen morphologischen Formen auftritt, so daß er in der einen Form Erregung und in der anderen Hemmung hervorruft. Die gesamte Anordnung ist in wenigstens zwei Hinsichten asymmetrisch: Ein Neuron kann keine negativen Impulse aussenden; und Erregung und Hemmung werden von ganz unterschiedlichen Neuronenarten hervorgerufen. Allerdings empfangen alle Neuronen Erregung und Hemmung, vermutlich um sowohl zu verhindern, daß sie immer still sind, als auch, daß sie völlig durchdrehen.

Im Neocortex gibt es im wesentlichen nur zwei Neurotransmitter: Glutamat (oder ein naher Verwandter) für die Erregung und GABA für die Hemmung. Leider liegen die Dinge nicht ganz so einfach – es gibt eine ganze Menge anderer Neurotransmitter. Die Neuronen des Hirnstamms, die mit dem Cortex in Verbindung stehen, verwenden Transmitter wie z.B. Serotonin, Noradrenalin und Dopamin. Andere Neuronen im Hirn verwenden Acetylcholin. Etwa ein Fünftel der hemmenden Zellen setzen, zusammen mit dem üblichen GABA, auch etwas größere organische Moleküle (»Peptide«) frei. Die meisten dieser Transmitter wirken langsamer als die beiden wichtigsten schnellen Transmitter (Glutamat und GABA). Gewöhnlich bringen sie selbst das Neuron nicht zum Feuern, sondern modulieren nur das Feuern der Zelle. Wahrscheinlich sind solche Transmitter nicht mit der ungeheuren Menge verwickelter Informationen befaßt (das ist Sache der schnellen Prozesse), sondern führen hauptsächlich sehr allgemeine Prozesse aus – den Cortex wachhalten z.B. oder ihm sagen, wann er etwas behalten soll.

Nicht nur gibt es viele Neurotransmitter (auch wenn nur zwei davon die meiste Arbeit erledigen), es gibt auch viele Arten von Kanälen. Wenigstens sieben Arten von Kaliumkanälen gibt es, die meisten davon kommen ziemlich häufig vor.[14] Manche öffnen sich schnell, andere langsamer. Einige Kanäle werden, wenn sie offen sind, rasch inaktiv, andere langsam. Einige sind hauptsächlich dazu da, den wandernden Axonen-Impuls zu bilden; andere haben subtilere Auswirkungen im Zellkörper und in den Dendriten. Um zu berechnen, wie sich ein Neuron bei ankommenden Signalen genau benehmen wird, müssen wir wissen, wie all diese Kanäle in dem betreffenden Neuron verteilt sind und welche Eigenschaften sie haben.

Unterschiedliche Neuronen feuern unterschiedlich. Einige können sehr schnell feuern, andere langsamer. Einige feuern einzelne

»Spikes«, andere feuern gerne ganze Salven. Es gibt Fälle, in denen ein und dasselbe Neuron beides kann; ob es Einzelimpulse oder Salven feuert, hängt von seiner Aktivierung und davon ab, wie es sich gerade zuvor verhalten hat. Im sog. S-Schlaf[15] (das ist der tiefe, traumlose Schlaf) kann ein Neuron in anderer Weise feuern als in der, die beim wachen Lebewesen anzutreffen ist. Und das mag weitgehend an Auswirkungen liegen, die Neuronen im Hirnstamm auf den Thalamus und die Großhirnrinde haben. Über kurz oder lang wird es nötig sein, daß wir die Vorgänge, die sich in Neuronen (gleichgültig welchen Typs) abspielen, tiefer und vollständiger verstehen.

Wir können mithin sagen: Ein Neuron ist aufreizend einfach, wenn wir es gewissermaßen von außen betrachten. Es reagiert dadurch auf die vielen ankommenden Signale, daß es selbst wiederum elektrische Impulse aussendet. Erst wenn wir versuchen herauszubekommen, wie es im einzelnen reagiert, wie diese Reaktion von der Zeit abhängt und auch davon, in welchem Zustand sich andere Teile des Hirns befinden – erst dann überwältigt uns die Vielschichtigkeit, die seinem Verhalten innewohnt. Es ist ganz klar: wir müssen verstehen, wie all diese chemischen und elektrochemischen Vorgänge ineinandergreifen. Dann müssen wir das, was wir dabei herausbekommen, so auf den Punkt bringen, daß wir mit diesen Resultaten – und sei's auch nur als Näherungswerten – wirklich etwas anfangen können. Kurz, wir brauchen einfache Modelle für die verschiedenen Neuronentypen; sie dürfen nicht so kompliziert sein, daß man sie nicht mehr nachvollziehen kann, und nicht so einfach, daß sie wichtige Merkmale außer acht lassen. Das ist leichter gesagt als getan. Ein Neuron mag zwar ziemlich dumm sein, aber seine Dummheit ist in vielerlei Hinsicht subtil.

Eine kennzeichnende Eigenschaft von Neuronen ist schon ziemlich klar. Ein einzelnes Neuron kann in unterschiedlichem Tempo und in gewissem Maße auch in unterschiedlicher Weise feuern. Aber dennoch kann es zu einer gewissen Zeit immer nur eine beschränkte Menge an Information aussenden. Nun kommt aber während dieser Zeit – über die vielen Synapsen, die es hat – sehr viel potentielle Information bei ihm an. Im Verlauf dieses Vorgangs – der sich innerhalb eines bestimmten Zeitraums vom Input bis zum

Output eines Neurons erstreckt – muß es einen Informationsverlust geben, jedenfalls dann, wenn wir ein einzelnes Neuron für sich allein betrachten. Dieser Verlust wird dadurch wieder ausgeglichen, daß jedes Neuron auf bestimmte Input-Kombinationen reagiert und diese neue Form von Information nicht nur an eine Stelle weiterschickt, sondern an viele Stellen: Das Impuls-Muster, das ein Neuron seinem Axon übermittelt, verteilt sich in ziemlich ähnlicher Form auf viele verschiedene Synapsen, weil ein Axon ja viele Äste hat.

Das Signal, das ein Neuron auf einer seiner Synapsen empfängt, ist genau dasselbe wie das, das viele andere Neuronen ebenfalls empfangen. All dies zeigt schon, daß wir nicht einfach ein Neuron für sich allein genommen betrachten können. Wir müssen berücksichtigen, was sich ergibt, wenn viele Neuronen ihre gemeinsame Wirkung entfalten.

Sehr wichtig ist, daß ein Neuron einem anderen Neuron immer nur eines mitteilt: wie sehr es erregt ist.[16] Diese Signale teilen den Empfänger-Neuronen normalerweise keine weitere Information mit – z.B. Information über die Lage des Sender-Neurons.[17] Die im Signal enthaltene Information wird gewöhnlich mit gewissen Geschehnissen in der Außenwelt im Zusammenhang stehen, wie z. B. das Geschehnis, das von den Fotorezeptoren der Augen empfangen wird.

In der Wahrnehmung erfährt das Hirn gewöhnlich etwas über die Außenwelt oder über andere Körperteile. Deshalb scheint das, was wir sehen, sich außerhalb von uns zu befinden, obwohl die Neuronen, die das Sehen doch besorgen, sich im Kopf befinden. Vielen Menschen kommt das sehr seltsam vor. Die »Welt« befindet sich außerhalb des Körpers, und andererseits befindet sie sich (das, was man von ihr weiß) völlig innerhalb des Kopfes. Das trifft auch auf Ihren Körper zu. Was Sie von ihm wissen, hängt nicht an Ihrem Kopf. Es befindet sich in Ihrem Kopf.

Gewiß, wenn wir den Schädel aufmachen und die Signale auffangen, die irgendein bestimmtes Neuron ausgesendet hat, dann können *wir* oftmals sagen, wo sich das Neuron befindet. Das Hirn, das wir untersuchen, hat diese Information hingegen nicht. Und daraus erklärt sich, weshalb wir normalerweise nicht genau wissen, wo in unseren Köpfen sich unsere Wahrnehmungen und Gedanken abspielen. Es gibt keine Neuronen, deren Feuern eine derartige Information symbolisiert.

Man bedenke, daß Aristoteles glaubte, derlei Vorgänge spielten sich im Herzen ab. Er wußte nämlich, wo das Herz liegt, und er konnte verfolgen, wie sich das Verhalten des Herzens aufgrund geistiger Vorgänge (Sich-Verlieben z.B.) verändert. Ohne die Hilfe spezieller Instrumente können wir solche Veränderungen der Neuronen im menschlichen Hirn nicht beobachten. Darum – und um anderes – wird es im nächsten Kapitel gehen.

9 EXPERIMENTE

Die Kunst der Forschung ist die Kunst, schwierige Probleme dadurch lösbar zu machen, daß man Mittel schafft, mit denen man an sie herankommt.   *Sir Peter Medawar*

Genaugenommen weiß jeder nur von sich selbst mit Gewißheit, daß er Bewußtsein hat. Ich beispielsweise weiß, daß ich Bewußtsein habe. Es scheint mir, daß Ihr Erscheinungsbild und Ihr Verhalten dem meinen sehr ähnlich sind; deshalb – und weil Sie mir ja insbesondere auch versichern, daß Sie wirklich Bewußtsein haben – folgere ich mit einem hohen Grad an Gewißheit, daß auch Sie Bewußtsein haben. Es folgt daraus, daß ich – wenn mich die Beschaffenheit meines eigenen Bewußtseins interessiert – meine Untersuchungen nicht auf Experimente mit mir selbst beschränken muß. Ich kann vernünftigerweise auch Experimente an anderen Menschen vornehmen, vorausgesetzt sie liegen nicht offensichtlich im Koma.

Wenn ich die neurale Grundlage des Bewußtseins verstehen möchte, reicht es nicht aus, psychologische Experimente an wachen Menschen vorzunehmen. Ich muß außerdem die Nervenzellen und Moleküle im menschlichen Hirn untersuchen und auch die Art und Weise, wie sie interagieren. Ein Teil dieser Informationen – hauptsächlich solche, die die Struktur betreffen – läßt sich mit Hilfe des toten Hirns gewinnen, doch zur Erforschung der komplizierten Aktivität der Nervenzellen müssen wir Experimente am lebendigen menschlichen Hirn machen. Zwar gibt es damit keine unüberwindlichen technischen Probleme, aber es gibt unüberwindliche ethische Erwägungen, die viele Experimente dieses Typs entweder unmöglich oder sehr schwierig machen.

Die meisten Menschen haben nichts dagegen, daß ein Experimentator Elektroden an ihrem Schädel anbringt, um die Hirnströme zu untersuchen. Sie haben allerdings etwas dagegen, daß ein Teil ihres

Schädels auch nur vorübergehend entfernt wird, so daß Elektroden direkt in die Gewebsschichten des Hirns gesteckt werden können. Und selbst wenn jemand sich freiwillig zu so etwas bereit erklärte, um zum Fortschritt der Wissenschaft beizutragen, würde kein Arzt die Operation durchführen und entweder darauf hinweisen, daß dies gegen seinen Hippokratischen Eid verstoße, oder – was realistischer ist –, daß ihn ganz bestimmt jemand verklagen würde, wenn er es täte. In unserer Gesellschaft kann man sich freiwillig zur Armee melden und das Risiko eingehen, verwundet oder getötet zu werden, aber man kann sich nicht freiwillig für gefährliche Experimente zur Verfügung stellen, nur um zum Erwerb wissenschaftlicher Erkenntnis beizutragen.

Einige wenige tapfere Forscher haben Experimente an sich selbst durchgeführt; der britische Biochemiker und Genetiker J.B.S. Haldane ist ein herausragendes Beispiel. Er schrieb sogar einen Artikel darüber, unter dem Titel: »Sein eigenes Kaninchen sein«. In der Medizin gab es auch ein paar Heldentaten, wie z.B. Sir Ronald Ross' Nachweis, daß Moskitos Malaria übertragen; doch wer sich freiwillig für Experimente zur Verfügung stellen wollte, die zur Befriedigung der wissenschaftlichen Neugier beitragen könnten, dem würde das verboten oder ausgeredet.

Manchmal ist es möglich, in beschränktem Umfang Experimente am offenen menschlichen Hirn eines wachen Patienten (der vorher seine Zustimmung gegeben hat) vorzunehmen, und zwar im Verlauf gewisser notwendiger Hirnoperationen. Im Hirn gibt es keine Schmerzrezeptoren, deshalb hat der Patient keine unangenehmen Empfindungen, wenn die Oberfläche seines offenen Hirns leichten elektrischen Reizungen ausgesetzt wird. Leider ist die während der Operation für Experimente verfügbare Zeit gewöhnlich sehr kurz, und nur wenige Neurochirurgen haben ein hinreichend großes Interesse daran, wie das Hirn im einzelnen funktioniert, um solche Experimente zu machen. Pionierarbeit auf diesem Gebiet leistete der kanadische Neurochirurg Wilder Penfield Mitte unseres Jahrhunderts. In jünster Zeit war George Ojemann (Universität Washington in Seattle) führend. Mit elektrischem Strom wird für eine gewisse Zeit ein kleines Gebiet im Umkreis der Elektrode inaktiviert; die Spannung ist so gering, daß es nach dem Abschalten des

Stroms keine bleibenden Nachwirkungen gibt. Ojemann hat sich auf Regionen des Cortex konzentriert, die es mit Sprache zu tun haben, denn wenn er Teile des Cortex des Patienten entfernt, um eine auf anderem Weg unheilbare Epilepsie zu lindern, dann möchte er so wenig wie möglich die angrenzenden Sprach-Areale in Mitleidenschaft ziehen.

Eines von Ojemanns überraschendsten Resultaten ergab sich bei einer zweisprachigen Patientin [1]. Bei der Reizung gewisser Stellen der Oberfläche ihrer linken Großhirnrinde konnte sie zeitweise gewisse Wörter der einen Sprache (Englisch) nicht verwenden, wohl aber der anderen (Griechisch). An anderen Stellen geschah das Umgekehrte. Mithin zeigte sich ein deutlicher Ortsunterschied bei einigen Aspekten der beiden Sprachen.

*   *   *

Zumeist können die Aktivitäten des menschlichen Hirns nur von außerhalb des Schädels erforscht werden.[1] Es gibt einige Scan-Methoden, durch die man Bilder vom lebenden Hirn bekommen kann, doch im Hinblick auf räumliche bzw. zeitliche Auflösung sind allen diesen Verfahren deutliche Grenzen gesetzt. Die meisten dieser Scans sind sehr teuer und werden ausschließlich für medizinische Zwecke verwendet.

Daher überrascht es nicht, daß Neurowissenschaftler es oft vorgezogen haben, ihre Experimente an Tieren durchzuführen. Ich bin zwar weniger sicher, daß ein Affe Bewußtsein hat, als daß Sie Bewußtsein haben, ich kann aber vernünftigerweise annehmen, daß ein Affe kein totaler Automat ist – d.h. keine Maschinerie mit komplexem Verhalten, aber völlig ohne Bewußtsein. Damit ist nicht gesagt, daß der Affe dasselbe Maß an Bewußtsein *seiner selbst* hat wie ein Mensch. Experimente, in denen es um Erkennen im Spiegel geht, legen nahe, daß einige Menschenaffen, wie z.B. Schimpansen, ein gewisses Maß an Bewußtsein ihrer selbst haben, während den übrigen Affen dies weitgehend oder gar gänzlich fehlt. Daß Affen eine Form der visuellen Wahrnehmung haben, die unserer nicht unähnlich ist, auch wenn sie ihr sprachlich keinen Ausdruck verleihen können – mit dieser Annahme geht man wohl ein vertretbares Risiko ein. Den Makaken kann man beispielsweise dazu bringen, zwischen zwei sehr ähnlichen Farben zu unterscheiden. Diese Tests zeigen, daß die Leistung des Affen mit unserer eigenen vergleichbar ist. Auf Katzen trifft das viel weniger zu (sie sind Nachttiere) und auf Ratten noch weniger. Zum visuellen System von Schimpansen und Gorillas werden sehr wenige Experimente gemacht, die einen Eingriff ins Hirn umfassen; das ist zu teuer. Wenn es uns hauptsächlich um die Moleküle im Hirn des Säugetiers geht, dann sind Ratten oder Mäuse die besten und billigsten Tiere, denn ihre Hirnmoleküle sind den unsrigen wahrscheinlich sehr ähnlich, auch wenn ihre Hirne in vielen anderen Hinsichten einfacher sind.

Affen und andere Säugetiere haben einen anderen Vorteil gegenüber den Menschen: Sie eignen sich derzeit viel besser für neuroanatomische Untersuchungen. Und zwar aus folgendem Grund: Fast alle modernen Methoden zur Erforschung der längeren Verbindungen innerhalb des Hirns verwenden den aktiven Transport von Molekülen, sowohl nervenaufwärts als auch -abwärts. Zu diesem Zweck wird in einen Teil des Hirns des lebenden Tiers eine chemische Substanz injiziert, die man dann (gewöhnlich für mehrere Tage) diese Verbindungen zu den Teilen entlangwandern läßt, die mit der Injektionsstelle direkt verbunden sind. Dann wird das Tier schmerzlos getötet, und das Hirn wird daraufhin untersucht, welchen Weg die injizierte chemische Substanz genommen hat. Es leuchtet ein, daß es sich von selbst verbietet, solche Experimente mit Menschen zu machen. Aufgrund dessen wissen wir sehr viel mehr über die Einzelheiten der längeren Verbindungen im Makakenhirn als in dem des Menschen.

Da das Menschenhirn dem des Makaken nicht genau entspricht, würde man vielleicht erwarten, daß solch eine offenkundige Wissenslücke die Neurowissenschaftler tief bekümmert und daß unter ihnen lauthals neue Methoden zur Erforschung der menschlichen Neuroanatomie gefordert werden. Doch dem ist bei weitem nicht so [2]. Es ist gewiß an der Zeit, daß Sponsoren mit Weitblick ein Intensivprogramm zur Entwicklung neuer Techniken in Gang bringen, damit die gegenwärtige Malaise der Neuroanatomie des Menschen ein Ende hat.

Doch selbst wenn neue Methoden entwickelt werden, mit denen eine deutlich bessere Neuroanatomie des Menschen ermöglicht würde, so änderte das nichts daran, daß viele Schlüsselexperimente nur an Tieren gemacht werden können. Die meisten dieser Experimente verursachen nur geringe oder gar keine Schmerzen, aber nach Abschluß der Experimente (die sich manchmal über Monate erstrecken) ist es gewöhnlich notwendig, das Tier zu töten, was völlig schmerzlos geschieht. Die Tierschützer haben gewiß recht, wenn sie darauf bestehen, daß Tiere auf humane Weise behandelt werden, und dank ihren Bemühungen kümmert man sich heutzutage in den Laboratorien etwas besser um sie als früher. Doch es ist sentimental, Tiere zu idealisieren. In der freien Wildbahn ist das Leben eines Tiers (ob Fleisch- oder Pflanzenfresser) oft brutal und kurz im Vergleich zu seinem Leben in Gefangenschaft. Und es ist auch nicht vernünftig zu behaupten, Mensch und Tier hätten –weil sie ja beide »Teil der Natur« seien – Anspruch auf genau gleiche Behandlung. Steht einem Gorilla wirklich eine akademische Ausbildung zu? Die Forderung, Tiere sollten auf ganz genau dieselbe Weise behandelt werden wie Menschen, entwürdigt unsere einzigartigen menschlichen Fähigkeiten. Tiere sollten ganz gewiß human behandelt werden, aber es beweist immer einen getrübten Sinn für Werte, wenn man sie mit Menschen auf dieselbe Stufe setzt.

Affen können in neuroanatomischen und neurophysiologischen Experimenten nützlich sein, doch es gibt Grenzen. Aufgeweckten Affen kann man zwar beibringen, einfache psychologische Tests zu machen, aber dieser Trainingsvorgang ist sehr arbeitsaufwendig. Es kann mehrere Wochen oder noch länger dauern, einem Makaken beizubringen, den Blick starr auf einem bestimmten Punkt zu halten und einen Hebel zu bedienen, wenn er waagerechte Linien sieht, und einen anderen, wenn er senkrechte sieht. Einen Doktoranden bringt man viel schneller dazu. Außerdem können Menschen in Worten beschreiben, was sie gerade gesehen haben. Sie können uns auch sagen, was sie sich vorstellen oder gerade geträumt haben. Es ist fast unmöglich, solche Informationen von einem Affen zu bekommen.

Nur eine einzige Strategie scheint möglich: Einige Arten von Experimenten macht man mit Menschen, andere mit Affen. Dann muß man gewisse riskante Annahmen über die Ähnlichkeit und Verschiedenheit von Menschen- und Affenhirnen machen. Raschen Fortschritt kann es ohne Risiken nicht geben, und deshalb müssen wir bei dieser Art des Vorgehens sowohl kühn als auch vorsichtig sein, indem wir unsere Annahmen so oft überprüfen, wie uns dies möglich ist.

Bei der ältesten Methode zur Messung von Hirnströmen – beim Elektroenzephalogramm (EEG) – werden große Elektroden direkt am Kopf angebracht. Im Hirn spielt sich sehr viel elektrische Aktivität ab, aber wenn man sie von außen registrieren möchte, dann stellen die elektrischen Eigenschaften des Schädels eine Art Barriere dar. Eine einzige Elektrode reagiert auf die elektrischen Felder, die von mehreren Zehnmillionen Nervenzellen erzeugt werden, und so geht der Beitrag einer einzelnen Zelle völlig unter. Das ist etwa so, als versuchte man, die Gespräche, die die Einwohner einer Stadt führen, aus einer Höhe von 3000 Metern zu erforschen. Man würde den Aufschrei einer Menschenmasse in einem Fußballstadion hören, aber man hätte wohl Schwierigkeiten zu entscheiden, welche Sprache da unten gesprochen wird.

Der große Vorteil des EEG ist, daß seine zeitliche Auflösung sehr gut ist, sie liegt etwa im Bereich einer Millisekunde. Das Ansteigen und Abfallen der Hirnpotentiale läßt sich sehr gut nachverfolgen. Weniger klar ist, was die Wellen im EEG anzeigen. In einem wachen Hirn sind sie offenkundig ganz anders als im S-Schlaf. Im REM-Schlaf haben die Wellen im EEG viel Ähnlichkeit mit denen eines wachen Hirns – deswegen spricht man auch von paradoxem Schlaf, denn die Person schläft zwar, doch ihr Hirn scheint wach zu sein. In dieser Schlafphase haben wir die meisten unserer halluzinationsartigen Träume.

Eine Technik, die oft angewandt wird, besteht darin, nicht irgendwelche beliebigen Hirnpotentiale zu messen, sondern solche, die unmittelbar nach einem bestimmten Wahrnehmungsinput auftreten, z.B. nach dem Klang eines scharfen Klicks in dem einen Ohr. Die Reaktion auf den Reiz ist gewöhnlich sehr klein im Vergleich zu den elektrischen Hintergrundsignalen (das Signal/Rausch-Verhältnis ist klein), so daß sich einer einzelnen Reaktion nur sehr wenig entnehmen läßt. Das Ereignis muß viele Male wiederholt werden, alle EEG-Signale vom Ausgangsereignis an werden »übereinandergelegt« und gemittelt. Dadurch wird das Signal/Rausch-Verhältnis verbessert (weil das Rauschen »hinweggemittelt« wird), und man

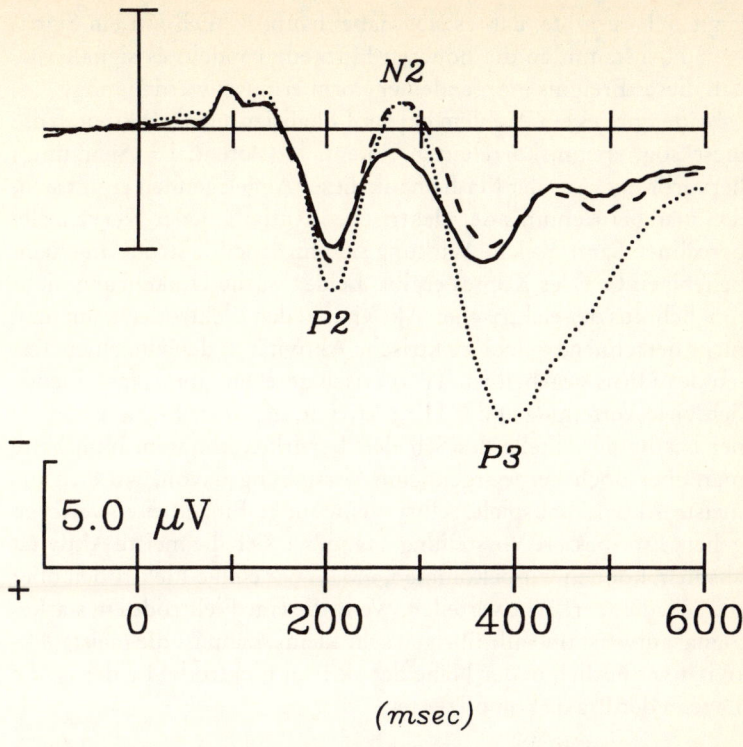

Abb. 35: *Evozierte Potentiale, in denen die verschiedenen Komponenten zu sehen sind. Die P300-Komponente ist als P3 gekennzeichnet. Die Resultate ergaben sich bei drei unterschiedlichen Ereignis-
typen: Kein Entgegenspringen (durchgezogene Linie), Entgegenspringen außerhalb des Zielreizes (gestrichelt) und Entgegenspringen im Zielreiz (gepunktet). Man beachte den großen P300 für das
dritte Ereignis.*

erhält häufig eine einigermaßen gut reproduzierbare Spur der typischen Hirnpotentiale, die mit jener Hirnaktivität zusammenhängen. Ein ziemlich häufiger Gipfelpunkt bei der Reaktion heißt z.B.
»P300« – das P steht für »positiv«, und »300« bezeichnet die 300
Millisekunden, die zwischen dem Senden des Signals und dem Gipfelpunkt vergehen (siehe Abb. 35). Der P300 korreliert üblicherweise mit etwas, das überraschend ist und Aufmerksamkeit ver-

langt. Ich vermute, daß es sich dabei hauptsächlich um ein Signal vom Hirnstamm an die höheren Hirnteile handelt; es signalisiert, daß dieses Ereignis in irgendeiner Form erinnert werden möge.

Leider gibt es ein Problem bei der Lokalisierung der Aktivität, die diese sog. ereigniskorrelierten Potentiale (Potential = Spannung) hervorbringt. Aus der Mathematik dieser Angelegenheit ergibt sich, daß man bei Kenntnis der elektrischen Aktivität jeder Nervenzelle berechnen kann, welche Wirkung sich für eine Elektrode an einem beliebigen Ort des Kopfes ergibt. Leider ist die Umkehrung nicht möglich; aus der elektrischen Aktivität in den Elektroden kann man nicht berechnen, welche elektrische Aktivität in den einzelnen Teilen des Hirns gegeben ist. Theoretisch gesehen gibt es fast unendlich viele Verteilungen der Hirnaktivität, die dasselbe Signal an einer bestimmten Stelle des Schädels bewirken könnten. Nun hätte man aber doch gerne irgendeine Vorstellung davon, wo sich die meiste Aktivität abspielt, selbst wenn einige Einzelheiten verloren gehen. Eine bessere Vorstellung davon, wo sich die meiste Aktivität abspielt, können wir bekommen, indem wir einige Elektroden über die Schädeloberfläche verteilen. Wenn die eine Elektrode ein starkes Signal aufweist und alle übrigen sehr kleine, dann ist die meiste Aktivität vermutlich in der Nähe der aktiven Elektrode. Leider ist die Lage in der Praxis komplizierter.[2]

Aus diesen ereigniskorrelierten Signalen lassen sich nicht sehr viele, aber doch einige nützliche Informationen gewinnen. Der auditorische Cortex befindet sich hauptsächlich im Schläfenbereich des Hirns. Was geht dort vor sich, wenn die betreffende Person von Geburt an taub ist? In einer der Untersuchungen, die zu dieser Frage gemacht wurden, waren die Eltern der Versuchspersonen selbst taub, so daß der zugrundeliegende Schaden mit großer Wahrscheinlichkeit ein genetischer war und vermutlich eher die Ohren als das Hirn betraf. Durch Beobachtung der ereigniskorrelierten Potentiale konnten die Psychologin Helen Neville und ihre Kollegen zeigen, daß einige Reaktionen auf visuelle Signale an der Peripherie des visuellen Felds (bei einer Verzögerung von etwa 150 Millisekunden) einen viel höheren Gipfelpunkt aufweisen als dies bei Menschen mit normalem Gehör der Fall ist [3]. Dieser Anstieg trat sowohl im vorderen Temporalbereich auf (ein Gebiet, das normalerweise mit dem

Gehör zusammenhängt) als auch in Teilen der Frontalregion des Hirns.

Es überrascht nicht, daß dieser Anstieg durch Signale verursacht wird, die von der Peripherie des visuellen Felds kommen, denn wenn taube Menschen sich mit Zeichen verständigen, dann richten sie ihren Blick hauptsächlich auf die Augen und das Gesicht des Zeichengebers. Aus diesem Grund kommt viel Zeichen-Information aus Bereichen, die außerhalb des Blickzentrums liegen. Zur Kontrolle untersuchte Neville Personen, die hören konnten (obwohl ihre Eltern taub waren) und die Amerikanische Zeichensprache erlernt hatten. Sie wiesen den Aktivitätsanstieg, der sich bei den taub geborenen Personen herausgestellt hatte, nicht auf. Dies beweist, daß nicht einfach das Erlernen der Zeichensprache den Effekt bewirkt hatte.

Neville vermutete, daß Teile des visuellen Systems während der Entwicklung des Hirns irgendwie Teile des auditiven Systems übernehmen, denn die normale, klangbezogene Aktivität fehlt bei diesen völlig tauben Menschen. Bei Menschen mit normalem Gehör verhindert der auditive Input vermutlich jede visuelle Inbesitznahme auditiver Bereiche des Cortex. Neuere Experimente mit Tieren lassen diese Idee plausibel erscheinen [4].

*   *   *

Eine neuere Technik untersucht die sich verändernden Magnetfelder, die das Hirn erzeugt. Diese Felder sind extrem klein (im Vergleich zum Magnetfeld der Erde handelt es sich um winzige Bruchteile), und deshalb verwendet man spezielle Detektoren (sog. Squids[3]), wobei die gesamte Anlage sorgfältig gegen die wechselnden Magnetfelder der Umgebung abgeschirmt werden muß. Ursprünglich setzte man ein einziges Squid ein, doch nun nimmt man bis zu 37 Stück. Damit erreicht man oft eine bessere räumliche Lokalisierung als mit dem EEG. Die übrigen Vorzüge und Begrenzungen gleichen denen, die sich für elektrische Felder ergeben, nur stört der Schädel sehr viel weniger bei den magnetischen Signalen. Die Magnetdetektoren reagieren auf Quellen (Dipole), die senkrecht zu den vom EEG erfaßten elektrischen Dipolen stehen; und daher können die Squids Signale einfangen, die das EEG verfehlt, und umgekehrt.

Die Erforschung von Hirnströmen ist nicht besonders teuer, obwohl die Squid-Detektoren nicht billig sind. Die anderen Scan-Methoden erfordern nicht nur sehr kostspielige Apparaturen, sondern sind auch teuer in Betrieb und Unterhaltung. Es gibt nicht allzuviele derartige Scanner, und sie finden sich fast nur in medizinischen Einrichtungen. Sie erzeugen Bilder einer Schnittebene durch das Hirn zu einem bestimmten Zeitpunkt; wenn man an einer ganzen Region interessiert ist, braucht man gewöhnlich mehrere Bilder.

Im wesentlichen gibt es Scanner von zweierlei Art: die einen reagieren auf irgendeinen Aspekt der statischen Hirnstruktur, die andern registrieren Aktivität. Das älteste Verfahren – die Computertomographie (CT) – verwendet Röntgenstrahlen. Eine neuere Technik, die exzellente Bilder mit hoher Auflösung liefert, ist die Kernspin-

Abb. 36: *Ein typisches Kernspintomogramm, das die Auswirkungen eines Schlaganfalls zeigt*

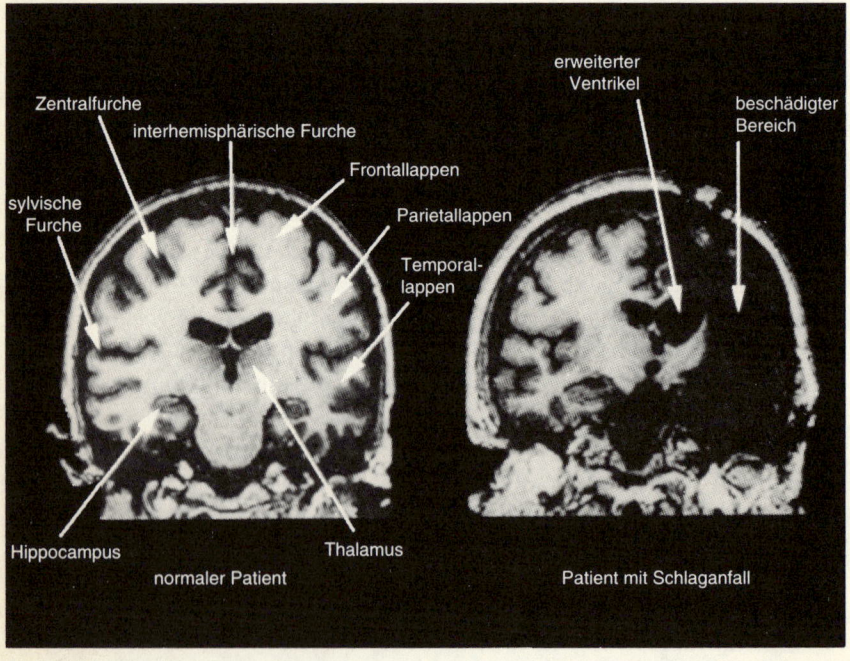

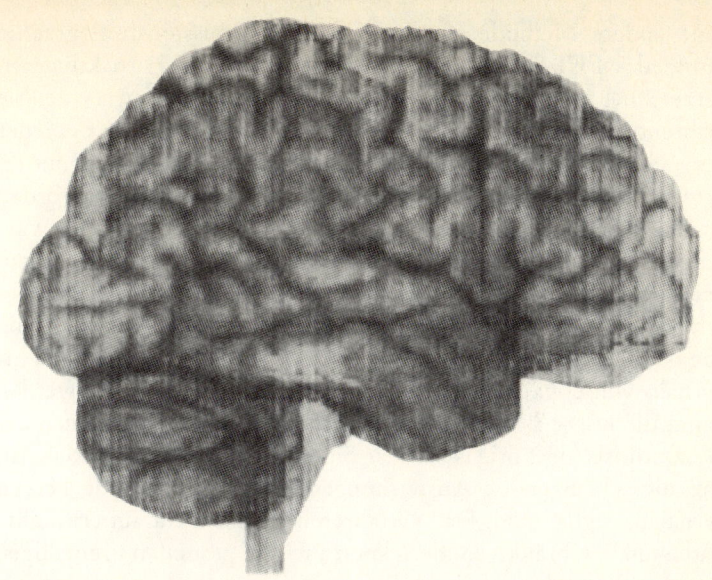

Abb. 37: *Eine Ansicht des Hirns der Neurophilosophin Patricia Churchland; Hanna Damasio hat die darin verwendeten Kernspintomogramme angefertigt.*

tomographie. Soweit man weiß, schädigt sie das Hirn nicht. Normalerweise wird dabei die Dichte der Protonen (der Wasserstoffatomkerne) registriert; dieses Verfahren spricht somit besonders auf Wasser an. Es kommen dabei Bilder mit gutem Kontrast heraus, aber sie sind statisch und registrieren keinerlei Hirnaktivität (siehe Abb. 36). Sie zeigen sehr deutlich die groben Strukturunterschiede, die zwischen zwei Hirnen bestehen. Unter günstigen Umständen können beide Verfahren Strukturschäden (wie sie von Schlägen, Pistolenkugeln usw. hervorgerufen werden) verzeichnen, aber manche Schäden lassen sich leichter mit der einen Technik sehen, andere mit der anderen. Mit Hilfe einer Spezialtechnik kann man Kernspintomogramme dazu verwenden, eine dreidimensionale Rekonstruktion des Hirns einer lebenden Person anzufertigen, inklusive Außenansichten. Abb. 37 zeigt eine Seite des (lebenden) Hirns der Neurophilosophin Patricia Churchland.

*   *   *

Eine andere Methode ist die Positronen-Emissionstomographie (kurz: das PET-Scanning). Damit können lokale Hirnaktivitäten verzeichnet werden, aber nur mit ihrem Durchschnittswert, den sie während ungefähr einer Minute haben. Dem Patienten oder der Versuchsperson wird ein Molekül injiziert (z.B. H_2O), das mit einem harmlosen radioaktiven Atom (wie z.B. ^{15}O) markiert worden ist, das ein Positron emittiert, wenn es zerfällt.[4] Das markierte Wasser gelangt ins Blut. Die kurze Halbwertszeit des ^{15}O bedeutet zwar, daß die Zeitdauer zwischen seiner Herstellung im Teilchenbeschleuniger und seiner Injektion sehr kurz gehalten werden muß, aber sie hat zwei Vorteile. Der Sauerstoff zerfällt so schnell, daß innerhalb von etwa zehn Minuten ein Experiment gemacht werden kann; die kurze Belastung durch Radioaktivität bedeutet, daß die Gesamtdosis (die nötig ist, um ein Signal zu bekommen) so klein ist, daß die schädigenden Auswirkungen auf die betreffende Person vernachlässigbar sind. Das Verfahren ist somit nicht auf erkrankte Patienten beschränkt, sondern kann auch bei gesunden Freiwilligen angewandt werden.

Sobald irgendein Teil des Hirns aktiver als normal ist, steigt dort gewöhnlich die Durchblutung an. Das vom Computer erzeugte Bild entspricht letztlich der Durchblutungsstärke jeder der in der Messung erfaßten Hirnregion. Es wird ebenfalls ein PET-Scan der betreffenden Person gemacht, wenn sie sich in irgendeinem Kontrollzustand befindet. Der Unterschied zwischen den beiden Bildern entspricht in etwa der Hirnaktivitätsveränderung zwischen Reizungszustand und Kontrollzustand.

Marcus Raichle leitet an der Washington Universität in St. Louis eine Gruppe von Medizinern, die mit Hilfe dieser Technik zu besonders interessanten Resultaten gelangt sind. In früheren Experimenten hatten sie die Reaktionen von Versuchspersonen auf einige wenige grobe visuelle Muster untersucht, die so ausgesucht worden waren, daß sie in verschiedenen ziemlich großen Gebieten des visuellen Felds zu einem Höchstmaß an Erregung führten. Die Durchblutungsveränderungen im primären Sehfeld der Großhirnrinde tauchten annähernd dort auf, wo man sie aufgrund von Erkenntnissen erwartet hatte, zu denen man schon vorher durch Untersuchungen von Hirnschädigungen beim Menschen gelangt war. Auch in anderen Gebieten des visuellen Cortex waren Veränderungen zu bemerken, aber die Ergebnisse hatten keinen großen Wert, weil sie nicht klar genug waren.

Neuerdings haben diese Forscher Durchblutungsveränderungen untersucht, die sich während einer anspruchsvolleren visuellen Aufgabe – dem sog. Stroop-Störeffekt – einstellten [5]. In diesem Experiment soll die Versuchsperson so schnell wie möglich die Farbe eines gedruckten Worts erkennen. Der Dreh dabei ist, daß das Wort *Rot* z.B. grün gedruckt ist. Durch Nicht-Übereinstimmung der Wortfarbe (grün) und der Wortbedeutung (rot) wird die Reaktionszeit verlängert. Die Durchblutung bei solchen Aufgaben wurde mit der Durchblutung bei einfachen Fällen verglichen, in denen das Wort *Rot* rot gedruckt wurde. Die Forscher fanden heraus, daß bei der schwierigeren Aufgabe in mehreren Gebieten des Cortex eine erhöhte Durchblutung vorlag, die stärkste Durchblutung war jedoch in einem Gebiet in der Mitte des Hirns, ziemlich weit vorne (der sog. rechte anteriore Bereich des Cingulums). Diesen Umstand schrieben sie dem Ausmaß an Aufmerksamkeit zu, das für die Bewältigung dieser Aufgabe nötig war. Ihre Schlußfolgerung lautet: »Diese Daten legen nahe, daß der anteriore Bereich des Cingulums eine Rolle spielt in dem Prozeß, in dem auf der Grundlage irgendwelcher bewußter Pläne, die bereits intern vorhanden sind, eine Auswahl zwischen konkurrierenden Verarbeitungsalternativen getroffen wird.« Für mich klingt das mehr nach dem freien Willen als nach dem, was wir üblicherweise Aufmerksamkeit nennen (siehe dazu auch das Postskriptum am Ende des Buches). Es ist klar, daß man mehr über die neuronalen Einzelheiten der verschiedenen Prozesse wissen muß, die dabei im Spiel sind.

Durch PET-Scans gelangen wir zu Resultaten, die wir auf anderem Weg nur sehr schwer bekommen könnten, sie haben aber auch einige Nachteile. Abgesehen von den hohen Kosten ist die räumliche Auflösung nicht sehr gut, obwohl sich das durch die Entwicklung moderner Geräte bessert. Gegenwärtig beträgt sie gewöhnlich ca. 8 Millimeter. Der andere Nachteil ist die sehr schwache zeitliche Auflösung – es dauert nicht viel weniger als eine Minute, bis man ein gutes Signal erhält, während das EEG im Millisekundenbereich arbeitet.

Führende Zentren kombinieren heutzutage ein PET-Scan (für die Hirnaktivität) mit einem Kernspintomogramm, das die Hirnstruktur zeigt, so daß die Resultate des PET-Scans auf das betreffende individuelle Hirn abgebildet werden können. Früher hat man die Resultate statt dessen auf ein »Durchschnittshirn« abgebildet. Bald wird man bei der Interpretation solcher Resultate allerdings an eine Grenze stoßen, und das liegt an dem oben erwähnten Mangel an Detailwissen über die menschliche Neuroanatomie.

Zur Zeit werden auch neue Methoden der Verwendung von Kernspintomogrammen entwickelt. Bei einer dieser Methoden wird das Gerät so eingestellt, daß es vornehmlich auf Lipide reagiert [6]. Die resultierenden Bilder können dabei helfen, einige der verschiedenen Areale im Cortex der betreffenden Person zu lokalisieren (ihre exakte Lokalisierung kann von Person zu Person ein bißchen verschieden sein). Das wird dadurch möglich, daß einige corticale Areale mehr myelenisierte Axone (und mithin mehr Lipid) haben als andere.

Mit anderen neuen Kernspintomographie-Methoden wird versucht, verschiedene andere Aktivitäten im Hirn (z.B. auch Stoffwechselaktivitäten) zu beobachten und nicht nur seine statische Struktur. Doch wird sich hier vermutlich ein schlechteres Signal/Rausch-Verhältnis ergeben als bei den konventionellen Kernspintomogrammen. Es wird interessant sein zu sehen, wie sich diese neuen Methoden entwickeln.

Soviel zur Erforschung des menschlichen Hirns. Welche Methoden gibt es, um zu sehen, wie sich die Neuronen im Hirn eines Tiers verhalten? Die Technik, die uns die detailliertesten Informationen liefert, verwendet eine feine Elektrode. Das ist ein isolierter Draht mit einer winzigen ungeschützten Spitze. Die Elektrode wird, nachdem ein Teil der Schädeldecke unter Narkose entfernt wurde, direkt ins Nervengewebe hineingeführt; dem Tier werden dadurch keine Schmerzen zugefügt, denn im Hirn gibt es keine Schmerzdetektoren. Wenn die Spitze einer solchen Mikroelektrode sehr nahe an eine Nervenzelle herangebracht wird, kann sie (von außerhalb der Zelle) wahrnehmen, wann diese feuert. Sie kann auch schwächere Signale von weiter entfernten Zellen empfangen. Indem man die Elektrodenspitze in der Längsrichtung im Gewebe bewegt, kann man eine Nervenzelle nach der anderen »abhören«. Der Experimentator kann sich zwar aussuchen, an welcher Stelle er seine Elektrode in das Hirn des Tiers einsetzt, es ist aber ein bißchen Glückssache, bei was für einem Zelltyp er schließlich ankommt. Heutzutage werden oft mehrere Elektroden eingesetzt, so daß man zur selben Zeit mehr als einer Nervenzelle zuhören kann.

Eine andere Technik besteht darin, eine dünne Schicht des Nervengewebes zu untersuchen, die man dem Hirn des Tiers entnimmt. In diesem Fall handelt es sich bei der Elektrode um eine sehr dünne, spitz zulaufende Glasröhre. Eine Elektrode dieses Typs kann so plaziert werden, daß sich ihre Spitze tatsächlich innerhalb einer Nervenzelle befindet. Damit kann man zu detaillierteren Informationen über die elektrische Aktivität in dieser Zelle gelangen. (Diese Technik kann auch bei narkotisierten Tieren angewandt werden, bei wachen Tieren erweist sie sich als schwierig.) Eine Nervengewebsschicht kann über viele Stunden hinweg in einer entsprechenden Lösung aufbewahrt werden. Man kann sie ohne weiteres mit verschiedenen chemischen Substanzen durchschwemmen, um zu sehen, welche Auswirkungen sie auf das Verhalten der Nervenzelle haben.

Das Wachstum von Neuronen, die dem Hirn sehr junger Tiere entnommen wurden, kann in manchen Fällen in einem Reagenzglas stattfinden. Ein solches Neuron nimmt während seines Wachstums vielleicht Kontakt mit einer benachbarten Nervenzelle auf. Diese Situation hat noch weniger damit zu tun, was sich im lebenden Tier abspielt, aber man kann daran das Grundverhalten neuraler Verbindungen studieren. Derartige Verbindungen haben Kanäle in ihren Membranen, die – wenn sie geöffnet sind – geladenen Atomen (= Ionen) den Durchfluß gestatten.

Wirklich bemerkenswert ist vielleicht, daß es jetzt möglich ist, das Verhalten eines einzelnen Moleküls eines Ionen-Kanals zu untersuchen. Das geschieht mittels einer Technik, die unter der Bezeichnung »Membranfleck-Klemme« (»Patch-Clamping«) bekannt ist [7]. Für die Entwicklung und Anwendung dieser Technik erhielten Erwin Neher und Bert Sakmann 1991 einen Nobelpreis. Eine winzige Glaspipette, die eine speziell abgeschrägte Spitze mit einem Umfang von ca. 1 oder 2 Mikrometer hat, kann so eingesetzt werden, daß sie ein kleines Stück Lipid-Membran ansaugt. Wenn man Glück hat, dann enthält dieses Stück wenigstens einen Ionenkanal.

Durch Einsatz eines elektrischen Verstärkers und eines Aufnahme-geräts kann das elektrische Geschehen untersucht werden. Die Konzentration der relevanten Ionen wird auf beiden Seiten des klei-nen Stücks Membran verschieden gehalten. Wenn der Kanal sich öffnet, und sei's auch nur kurz, dann sausen viele elektrisch gela-dene Ionen hindurch. Dieser Schwall erzeugt einen meßbaren Strom, obwohl es sich hier nur um einen einzigen Kanal handelt. Auf diese Weise können die Auswirkungen von Neurotransmittern und anderen pharmakologischen Wirkstoffen (normalerweise klei-ne organische Moleküle) untersucht werden, aber auch die Auswir-kungen der Membranspannung.

Das Patch-Clamping kann außerdem dazu verwandt werden, um Ionenkanäle zu untersuchen, deren Gene künstlich in ein unbe-fruchtetes Froschei übertragen wurden. Das unbefruchtete Ei wird den Anweisungen dieser fremden Gene nachkommen, die Proteine des Kanals synthetisieren und sie in seiner Außenmembran depo-nieren; dort können sie mit Hilfe der kleinen Pipette aufgenommen werden, die beim Patch-Clamping verwendet wird. Diese Technik ist nützlich, wenn man das Gen eines bestimmten Ionenkanals her-ausfinden will.

Zusammenfassend kann man sagen: Es gibt viele Methoden zur Erforschung des menschlichen und tierischen Hirns; einige gehen von der Außenseite des Kopfes vor, andere setzen innerhalb des Kopfes an. Jede von ihnen hat ihre Grenzen, sei es zeitliche Auflö-sung, räumliche Auflösung oder Kostenaufwand. Einige lassen sich ziemlich leicht interpretieren, liefern aber nur wenig Information. Andere Messungen sind leicht zu machen, aber schwer zu interpre-tieren. Nur durch Einsatz kombinierter Methoden können wir hof-fen, die Geheimnisse des Hirns zu lösen.

10 DAS VISUELLE SYSTEM DER PRIMATEN - ANFANGSSTADIEN

»Ich seh' etwas, das du nicht siehst, und das fängt an mit ...«

Kinderspiel

Das Sehen ist ein komplizierter Vorgang, und so ist es nicht überraschend, daß die visuellen Hirnpartien nicht einfach sind. Sie bestehen aus einem sehr großen primären System, einem sekundären System und einer Reihe weniger wichtiger Systeme. Sie alle empfangen ihren Input von einigen Millionen Neuronen, den sog. Ganglienzellen, die sich auf der Rückseite jedes Auges befinden. Das primäre System ist mit der Großhirnrinde durch einen kleinen Teil des Thalamus verbunden, der »äußerer Kniekörper« oder kurz »CGL« (Corpus geniculatum laterale) heißt. Das sekundäre System ist verbunden mit dem schon erwähnten vorderen Vierhügelpaar (Colliculus superior).

Abb. 38: *Die Struktur des Auges; zum Vergleich ein Fotoapparat.*

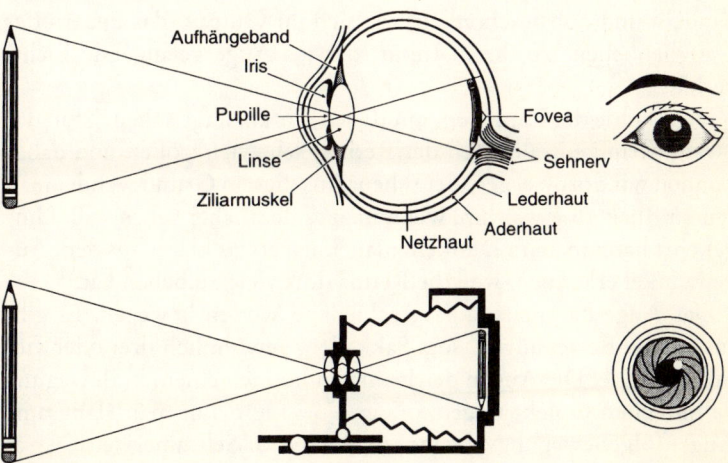

Die allgemeine Struktur des Auges ist wohlbekannt (siehe Abb. 38). Es hat eine Linse, deren Brennweite variieren kann – jedenfalls bei Menschen unter 45. Die Öffnung, »Pupille« genannt, ist ebenfalls veränderlich; bei hellem Licht ist sie kleiner. Die Linse bildet das Bild des visuellen Felds auf eine dünne Zellschicht auf der Augenrückwand ab: auf die Retina. In einer Schicht der Retina befinden sich die vier Arten von Fotorezeptoren, die auf die Photonen des einfallenden Lichts reagieren. Und zwar sind dies die Stäbchen und die drei Zäpfchen-Typen, die diese Bezeichnung ihrer Form wegen haben. Von den Stäbchen gibt es in jedem Auge über 100 Millionen; sie reagieren hauptsächlich bei Dämmerlicht, und davon gibt es nur eine Sorte. Von den Zäpfchen gibt es etwa 7 Millionen; sie sind bei hellem Licht aktiv. Es gibt drei verschiedene Sorten, jede davon reagiert auf eine andere Wellenlänge des einfallenden Lichts. Dadurch wird unsere Farbwahrnehmung möglich, wie bereits in Kapitel 4 erläutert wurde.

Bevor diese Information weitergegeben wird, wird sie zunächst von der Retina verarbeitet. Letztlich ist die Retina ein kleines Stück Hirn. Im Vergleich zur Großhirnrinde ist sie relativ leicht zu untersuchen. Der amerikanische Physiologe John Dowling hat sie einmal als »einen zugänglichen Teil des Hirns« bezeichnet. Vermutlich wird sie derjenige Teil des Wirbeltierhirns sein, den wir als ersten ziemlich vollständig verstehen werden. Wie interessant ihre Struktur auch sein mag, ich werde sie hier als »schwarze Schachtel« behandeln und nur beschreiben, wie sich ihr Output (das Feuern der Ganglienzellen) zu ihrem Input (das ins Auge gelangende Licht) verhält.[1]

Die Dichte der Zäpfchen, mit denen wir am Tage sehen, ist in der Fovea (dem zentralen Teil der Retina) sehr viel größer, und daher können wir dort viel genauer sehen. Aus diesem Grund wendet man seinen Blick zu etwas hin, wenn man es deutlicher sehen will. Umgekehrt kann man im Dunkeln manchmal etwas klarer aus dem Augenwinkel erkennen, weil die Retina dort viele Stäbchen hat.

Das Auge kann sich auf verschiedene Weisen bewegen. Es gibt ruckartige Bewegungen, sog. Sakkaden, gewöhnlich drei oder vier pro Sekunde. Die Augen der Primaten können einem in Bewegung befindlichen Objekt folgen, diesen Vorgang nennt man »langsame Augenfolgebewegung« (»smooth pursuit«). Seltsamerweise ist es fast unmöglich, die Augen gleichmäßig über eine unbewegte Szenerie hinwegstreifen zu lassen, wenn man sich das vorgenommen hat. Sobald man das zu tun versucht, bewegen sich die Augen ruckartig. Des weiteren machen die Augen dauernd kleinste Bewegungen verschiedener Art. Wird das Retinabild auf die eine oder andere Weise völlig unbewegt gehalten, verschwindet es nach ein oder zwei Sekunden aus dem Bewußtsein. (Dies wird im 15. Kapitel ausführlicher erörtert.)

Die Zellen, die Signale vom Auge zum Hirn senden, heißen »Ganglienzellen«. Jede einzelne Ganglienzelle zeigt nur dann eine heftige Reaktion, wenn in *einem ganz bestimmten Teil* des visuellen Felds ein kleiner Lichtfleck an- bzw. ausgeht. Der Fleck muß sich an dieser Stelle befinden, weil die Linse ihn auf eine Stelle abbildet, die sich in der Nähe der Ganglienzelle in der Netzhaut befindet. Das wird davon abhängen, wohin das Auge gerichtet ist. (Genauso hängt die Reaktion eines bestimmten kleinen Ausschnitts eines Films in einem Fotoapparat davon ab, wo er sich auf dem Film befindet und wohin die Kamera gerichtet ist.) Derjenige Teil des visuellen Felds, der eine bestimmte Zelle beeinflußt, ist das »rezeptive Feld« der betreffenden Zelle.

Bei völliger Dunkelheit feuert eine Ganglienzelle gewöhnlich mit einer niedrigen, unregelmäßigen Frequenz, man nennt sie die "Hintergrundrate". Bei einem Typ von Ganglienzelle – bei der sog. An-Zentrum-Zelle – steigt das Feuern dramatisch an, wenn ein kleiner Lichtfleck genau in das Zentrum ihres rezeptiven Felds gestrahlt wird. Dieses kleine Zentrum ist von einer kreisförmigen Region umgeben, in der genau das Gegenteil geschieht. Wenn der Fleck nur diese ringförmige Region ausfüllt, sinkt die Hintergrundrate ab; wird der Fleck dann ausgeschaltet, setzt ein schnelles Feuern ein (vgl. dazu die linke Seite von Abb. 39).

Angenommen, wir haben verschiedene kreisförmige Lichtflecken mit unterschiedlichem Radius, deren Mittelpunkt sich jeweils genau in der Mitte des rezeptiven Felds der Zelle befindet. Wie wir gesehen haben, bewirkt ein kleiner Fleck, wenn er angeschaltet wird, ein heftiges Feuern der Zelle; ein Fleck mit größerem Radius hingegen löst eine schwächere Reaktion aus, und wenn der Fleck so groß ist, daß er sowohl das Zentrum als auch den umgebenden Ring aus-

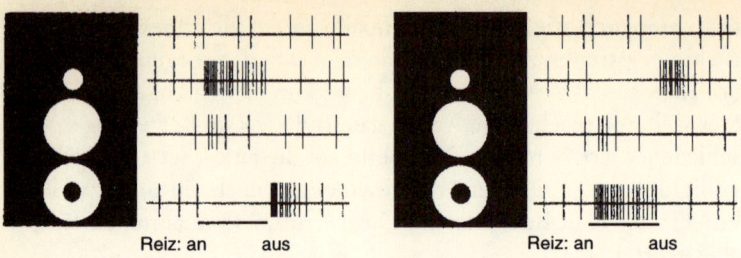

Abb. 39: *Aufzeichnungen von typischen Ganglienzellen. Links handelt es sich um solche vom Typ »An-Zentrum«, rechts um »Aus-Zentrum«-Zellen. Jede kurze senkrechte Linie stellt einen axonalen Impuls dar. Die Reize sind in den beiden schwarzen Rechtecken zu sehen. Die obersten Reihen zeigen die Hintergrundfeuerrate, wenn kein Licht auf diesen Teil der Netzhaut gelangt. Die drei Reihen darunter zeigen die Reaktionen auf einen kleinen Lichtfleck, auf einen großen Lichtfleck und auf einen Lichtring mit einem dunklen Zentrum.*

füllt, dann gibt es fast gar keine Reaktion mehr. Mit anderen Worten: Die Umgebung des rezeptiven Feldzentrums wirkt der Reaktion des rezeptiven Feldzentrums entgegen. Das bedeutet, daß jede einzelne Ganglienzelle auf einen kleinen Lichtfleck, der genau richtig plaziert ist, mit schnellem Feuern reagiert, auf einen gleichmäßig hellen Fleck hingegen, der eine größere Umgebung ausfüllt, kaum reagiert. Die Netzhaut verarbeitet die ins Auge gelangende Information so, daß dadurch überflüssige Information teilweise eliminiert wird. Das, was ans Hirn weitergeschickt wird, zeigt hauptsächlich die interessanten Teile des visuellen Felds, in denen die Lichtverteilung nicht gleichmäßig ist; die langweiligen Teile, in denen die Verteilung ziemlich konstant ist, werden weitgehend ignoriert.

Neben den An-Zentrum-Zellen gibt es genausoviele Aus-Zentrum-Zellen. Bei ihnen handelt es sich, grob gesagt, um den entgegengesetzten Zelltyp – d.h. sie feuern schnell, wenn ein Fleck im Zentrum ihres rezeptiven Felds abgeschaltet wird (vgl. die rechte Seite von Abb. 39). Dies veranschaulicht eine sehr allgemeine Eigenschaft von Neuronen, die Impulse an ihren Axonen aussenden.

Ein Neuron kann keine negativen Impulse erzeugen. Wie läßt sich dann ein negatives Signal aussenden? Im Thalamus und im Cortex findet man üblicherweise keine schnelle Hintergrundfeuerrate von etwa 200 Hertz. Wenn es eine derartige Zelle gäbe, dann könnte sie eine positive Reaktion signalisieren, indem sie ihre Frequenz auf 400 Hertz erhöht, und sie könnte eine negative Reaktion aussenden, indem sie ihre Frequenz in Richtung Null absinken läßt. Statt einer derartigen Zelle gibt es oft zwei ziemlich ähnliche Neuronen, die beide eine niedrige Hintergrundfeuerrate haben. Die eine feuert, wenn ein gewisser Parameter ansteigt, die andere feuert, wenn er absinkt. Wenn nichts Besonderes los ist, tun Neuronen gewöhnlich fast gar nichts; und das ist besser, als dann durchgehend mit 200 Hertz zu knattern, denn es spart Energie.

Wenn das Hirn eine sinusförmige (wellenartige) Aktivitätsveränderung an irgendeiner Stelle signalisieren möchte, dann feuert das eine Neuron, wenn das Signal positiv ist, und ein anderes feuert, wenn es negativ ist. Dies sollte uns vor einer zu einfachen Verwendung mathematischer Funktionen bei der Beschreibung solcher Abläufe warnen. Weiterhin reagiert ein wirkliches Neuron auf eine plötzliche Veränderung seines Inputs oft erst einmal mit einer Feuersalve, die gewöhnlich bald wieder zu Ende ist; das genaue zeitliche Muster des Feuerns variiert von einem Neuronentyp zum anderen. Neuronen wurden nicht erfunden, damit Mathematiker es bequem haben.

Die Größe des rezeptiven Felds einer Ganglienzelle (d.h. der visuelle Raumwinkel, auf den sie reagiert) kann sehr verschieden ausfallen; in der Nähe des Augenzentrums sind die Felder viel kleiner als am Rande. Ganglienzellen liegen immer ziemlich nahe beisammen, so daß die rezeptiven Felder benachbarter Zellen einander ein wenig überschneiden. Ein Lichtfleck auf der Netzhaut wird gewöhnlich eine ganze Gruppe benachbarter Ganglienzellen erregen, obgleich nicht unbedingt alle im gleichen Maße.

Es gibt aber nicht nur zwei Haupttypen von Ganglienzellen, die An-Zentrum- und die Aus-Zentrum-Zellen. In Wirklichkeit gibt es verschiedene grobgefächerte *Klassen* von Ganglienzellen (von denen jede wiederum in Unterklassen vom Typ »An-Zentrum« und vom Typ »Aus-Zentrum« zerfällt). Die genaue Beschaffenheit dieser Zellklassen ist bei den Säugetieren von Spezies zu Spezies ein wenig verschieden. Beim Makaken-Affen gibt es zwei Hauptklassen,[2] die manchmal als »M-Zellen« und »P-Zellen« bezeichnet werden (»M« steht hier für »Magno-«, und das heißt: groß; »P« steht für »Parvo-«: klein). Die Ganglienzellen des Menschen sind vermutlich ziemlich ähnlich. Überall in der Netzhaut sind die M-Zellen größer als die P-Zellen, und sie haben auch größere rezeptive Felder. Ihr Axon ist dicker, und dadurch gelangen ihre Signale schneller ins Hirn. Sie reagieren sehr gut auf geringe Lichtintensitätsunterschiede und kommen deshalb sehr gut mit geringem Kontrast zurecht, obwohl ihre Feuerrate bei starkem Kontrast ein Plateau erreicht. Vermutlich werden sie weitgehend dazu verwendet, Veränderungen in der visuellen Szenerie zu signalisieren.

Die P-Zellen sind zahlreicher vorhanden. Ihre Reaktionen sind eher linear (proportional zum Input) als die der meisten M-Zellen. Sie interessieren sich mehr für die kleineren Details, den stärkeren Kontrast und besonders für Farbe. Beispielsweise mag es sein, daß das Zentrum des rezeptiven Felds einer P-Zelle gut auf Grün-Wellenlängen reagiert, während die gegensteuernde Umgebung mehr auf Rot-Wellenlängen reagiert. Deshalb gibt es verschiedene Untersorten von P-Zellen, die jeweils an unterschiedlichen Farbkontrasten interessiert sind. Wiederum sehen wir, daß die Netzhaut nicht einfach nur nackte Information über das auf ihre Photorezeptoren fallende Licht weitergibt. Vielmehr setzt bereits in ihr der Vorgang der Verarbeitung dieser Information ein, und diese Verarbeitung *geschieht schon hier auf mehr als eine Weise.*

Die Axone der beiden Hauptklassen von Ganglienzellen – die M- und die P-Zellen (zu beiden Klassen gehören wiederum An-Zentrum- und Aus-Zentrum-Zellen) – gehen in das CGL; zur Erinnerung: das Corpus geniculatum laterale ist diejenige Region im Thalamus, die die Informationen an die Großhirnrinde weitergibt. Die Netzhaut hat allerdings auch Verbindungen zum vorderen Vierhügelpaar. P-Zellen haben keine solchen Verbindungen, wohl aber einige M-Zellen und andere Zellen unterschiedlichen Typs. Weil das Vierhügelpaar keinen Input von P-Zellen bekommt, ist es farbenblind.

*   *   *

Bei den meisten Wirbeltieren sind fast alle Ganglienzellen des rechten Auges mit dem optischen Dach[3] der *linken* Hirnhälfte verbunden und umgekehrt. Bei den Primaten liegen die Dinge komplizierter. Jedes Auge projiziert zu beiden Hemisphären des Hirns, aber so, daß die linke Hirnhälfte nur solche Inputs empfängt, die es mit der rechten Hälfte des *visuellen Feldes* zu tun haben.

Mithin geht alles, was Sie rechts von Ihrem Blickzentrum sehen, zum linken CGL, weiter zum linken visuellen Cortex und auch zum linken vorderen Vierhügelpaar (siehe Abb. 40). Natürlich sind die beiden Hirnhälften normalerweise durch verschiedene Nervenfasertrakte miteinander verbunden. Die stärkste dieser Verbindungen ist das Corpus callosum. Wenn es (aus medizinischen Gründen) durchtrennt wird, dann sieht – wie wir im 12. Kapitel genauer betrachten werden – die linke Hirnhälfte nur die rechte Seite des visuellen Felds und die rechte Hälfte nur die linke Seite. Das kann überraschende Auswirkungen haben – fast so, als wären nun zwei Personen in einem Kopf.

Abb. 40: *Eine Skizze der frühen visuellen Pfade, von unten gesehen. Man beachte, daß die rechte Seite des visuellen Felds die linke Hirnhemisphäre beeinflußt, und entsprechend die linke Seite die rechte Hemisphäre. Die Verbindungen, die mit der rechten Seite des visuellen Felds zu tun haben, werden durch unterbrochene Linien wiedergegeben.*

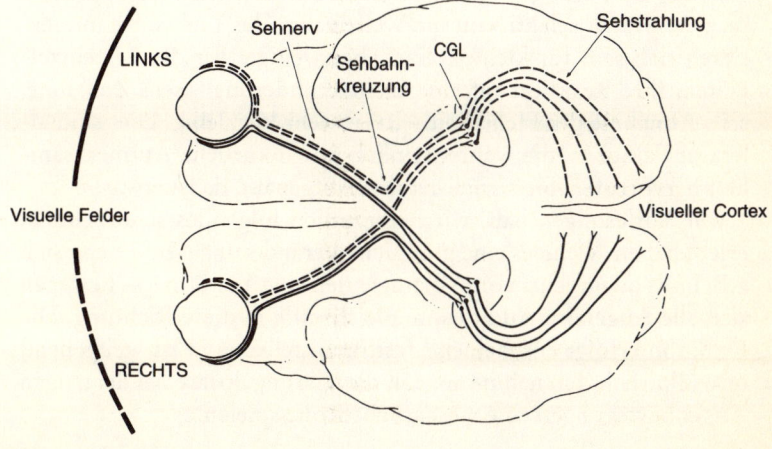

Betrachten wir kurz das sekundäre System, das zum vorderen Vierhügelpaar projiziert. Bei den niederen Wirbeltieren wie den Kröten ist dies das primäre visuelle System; bei den Säugetieren hat die Großhirnrinde viele Funktionen dieses Systems übernommen. Als Funktion übriggeblieben ist offenbar die Steuerung der Augenbewegungen, wahrscheinlich spielt dieses System aber auch bei anderen Aspekten der visuellen Aufmerksamkeit eine Rolle.

Das Vierhügelpaar ist eine geschichtete Struktur. Es gibt drei Hauptbereiche, die ich die oberen, die unteren und die Tiefen-Bereiche nenne. Die oberen Bereiche empfangen verschiedene Arten von Netzhaut-Inputs, aber auch Inputs von den auditorischen und somatosensorischen Systemen. Die Abbildung der Inputs ist ungenau, allerdings variieren die Abbildungsdetails von Spezies zu Spezies. Bei den Tiefenbereichen sind die Inputs noch vielfältiger.

Es ist wichtig zu wissen, daß es im Tiefenbereich Neuronen gibt, die mit dem Vierhügelpaar auf der anderen Hirnseite verbunden sind, und zwar über eine Verbindung, die man die »intertektale Kommissur« nennt. (Bei den sog. Split-Brain-Operationen, die im 12. Kapitel geschildert werden, wird diese Verbindung zumeist nicht unterbrochen.) Diese Tiefenbereiche sind auch mit Neuronen des Hirnstamms verbunden, die bei der Steuerung der Augen- und Halsmuskulatur beteiligt sind.

Nun zum Verhalten der Neuronen. Im oberen Bereich reagieren viele auf Bewegung. Beim Makaken sind sie farbenblind, d.h. sie reagieren nicht selektiv auf die Wellenlänge des Lichts. Sie interessieren sich sehr für kleine Reize, aber weniger für die Reizeinzelheiten. Ihre Reaktion auf eine Lichtveränderung – sei's Zunahme, sei's Abnahme der Helligkeit – ist oft sehr kurzlebig. Dies sind allesamt Faktoren, die wahrscheinlich unwillkürliche Aufmerksamkeit hervorrufen. Sie signalisieren: »Aufgepaßt, da ist etwas!«

Wer Vorlesungen hält, wird vermutlich folgendes schon einmal erlebt haben: Wenn es eine plötzliche Veränderung gibt – wenn sich z.B. links oder rechts vom Vortragenden eine Tür öffnet –, bewegen sich alle Augen im Auditorium gleichzeitig in diese Richtung. Die Reaktion erfolgt anscheinend fast unmittelbar und ist weitgehend unwillkürlich. Ich nehme an, daß die Vierhügelpaare bei derartigen Augenbewegungen eine wesentliche Rolle spielen.

Doch woher wissen die Augen, wohin sie sich wenden sollen? Dank der Experimente, die David Sparks, David Robinson und andere entwickelt haben, haben wir nun eine wesentlich bessere Vorstellung davon, wie dies vor sich geht [1]. Während der obere Bereich des Vierhügelpaars sich als eine sensorische Karte charakterisieren läßt, enthalten der mittlere und der Tiefen-Bereich offenbar eine »motorische Karte«. Das Feuern der Neuronen in diesen Bereichen kodiert die Richtung und Amplitude der Veränderung der Augenstellung, die nötig ist, damit die Augen eine Sakkade zum Zielreiz hin machen. Dieses Signal ist mehr oder weniger unabhängig von der Stellung der Augen in dem Moment vor Beginn der Bewegung. Die Botschaft, die an den Hirnstamm gesendet wird, beinhaltet, wie groß die auszuführende Bewegung sein soll und in welche Richtung sie gehen soll.

Dieses Signal ist anders abgefaßt, als ein Ingenieur vermuten würde. So könnte ein einzelnes Neuron zum Beispiel für eine bestimmte Richtung der Bewegung zuständig sein, und in seiner Feuerrate könnte die Größe der Bewegung kodiert sein. Auf diese Weise ließen sich mit wenigen Neuronen alle Richtungen und Größen kodieren. Eine andere Möglichkeit (bei der allerdings sehr viel mehr Neuronen gebraucht würden) wäre vielleicht, daß jedes einzelne Neuron genau einen bestimmten Bewegungsvektor kodiert – d.h. die Richtung und die Größe der Bewegung. Die Wahrheit sieht hingegen ganz anders aus. Wenn eine Sakkade herbeigeführt werden soll, dann fangen einige zusammenliegende Neuronen des Vierhügelpaars an, sehr schnell zu feuern. Vereinfachend kann man sagen: Der Bewegungsvektor wird durch das Zentrum dieser Aktivität in der motorischen Karte festgelegt. Mithin kann ein bestimmtes Neuron des Vierhügelpaars bei vielen sehr verschiedenen Bewegungstypen mitwirken. Die aktiven Neuronen als eine Gesamtheit legen den Vektor der Sakkade fest. Kurz gesagt, eine einzelne Augenbewegung wird durch viele Neuronen gesteuert.[4]

Und wodurch wird die Geschwindigkeit einer Augenbewegung gesteuert? Sie kann mit der Feuerrate der Neuronen der aktiven Gruppe korreliert sein. Je schneller sie feuern, desto schneller bewegen sich die Augen. So hängt die Bewegungsrichtung schließlich von der Lage des effektiven Zentrums der aktiven Gruppe in der motorischen Karte ab.

Vielleicht kommt Ihnen dies sehr seltsam vor, aber es ist ein schönes (und typisches) Beispiel dafür, wie eine Ansammlung von Neuronen miteinander zusammenhängende Parameter, wie die Geschwindigkeit und die Richtung von Augenbewegungen, kodieren kann. Der Vorteil dabei ist, daß das System nicht versagt, wenn ein paar Neuronen ausfallen. Kein Ingenieur würde ein derartiges System entwerfen, es sei denn, er hat schon davon gehört, wie das Hirn dies bewältigt. Wenn diese Signale am Hirnstamm ankommen, müssen sie in andere Signale transformiert werden, die dann die Augenmuskeln steuern. Wie das im einzelnen vor sich geht, ist noch nicht bekannt.

Betrachten wir nun das primäre visuelle System, das durch das CGL hindurch zum visuellen Rindenfeld projiziert. Das CGL ist ein kleiner Teil des Thalamus. Als ich 1976 an das Salk-Institut kam, bekam ich das Arbeitszimmer (mit Blick auf das Meer), das vorher dem verstorbenen Bruno Bronowski gehört hatte. In diesem Zimmer stand ein farbiges Plastikmodell des menschlichen Hirns in doppelter Lebensgröße. Den Thalamus fand ich ohne weiteres, aber es dauerte ein wenig, bis ich die kleine Wölbung fand, die das CGL wiedergeben sollte. Das war zu erwarten, denn es besteht aus nur anderthalb Millionen Neuronen.

Über das CGL muß man zweierlei wissen. Erstens sieht es aus wie ein Relais und nichts weiter. Zweitens tut es vermutlich – im Widerspruch zum ersten Punkt – etwas sehr viel Komplizierteres als ein Relais, aber wir wissen noch nicht genau, was.

Die Hauptneuronen im CGL erzeugen Erregung. (Außerdem gibt es noch eine kleinere Anzahl von hemmenden Zellen, die GABA freisetzen.) Das CGL wird aus zwei Gründen als Relais bezeichnet; der eine ist anatomisch, der andere physiologisch. Die Hauptneuronen empfangen ihren Input von der Netzhaut und schicken ihre Axone direkt zum ersten visuellen Areal (V1) der Großhirnrinde. Dazwischen befinden sich keine anderen Neuronen – deshalb die Bezeichnung »Relais«. Diese Axone haben einige wenige zusätzliche Verästelungen, die zu anderen Hauptzellen oder zu anderen Teilen des CGL führen. Mit anderen Worten: diese Neuronen bleiben lieber für sich und reden nicht viel mit ihren Kollegen. Darüber hinaus wird der Input von der Netzhaut so auf das CGL abgebildet, daß jede Schicht des CGL eine leicht verzerrte Karte des visuellen Felds enthält. Die rezeptiven Felder dieser CGL-Neuronen haben Ähnlichkeit mit denen der Netzhaut, manchmal fallen sie allerdings ein wenig größer aus. Auf den ersten Blick gibt das CGL einfach die Netzhaut-Informationen an den visuellen Cortex weiter – und zwar in ziemlich derselben Form, in der es diese Informationen erhalten hat.

Das Wort *Karte* (oder *Abbildung*) wird im Hinblick auf das visuelle System in zweierlei unterschiedlichem Sinn verwendet. Man spricht in einem allgemeineren Sinn von einer Abbildung, wenn im Empfänger-Gebiet Axone nebeneinander endigen, die von Neuronen kommen, die im Sender-Gebiet nicht allzu weit voneinander entfernt sind. Dadurch entsteht unweigerlich eine Art ungefährer Karte (oder Abbildung) des Sender-Gebiets im Empfänger-Gebiet. In einem eingeschränkteren Sinn spricht man auch von einer »retinotopischen« Karte oder Abbildung. Dies bedeutet, daß Neuronen, die in dem betreffenden visuellen Gebiet nahe beieinander liegen, auf die Aktivität von nahe beieinander liegenden Punkten auf der Netzhaut reagieren (und d.h. auf nahe beieinander liegende Punkte in der 2D-Projektion des dreidimensionalen visuellen Felds). Wenn man innerhalb des visuellen Systems weiter aufsteigt, dann wird die retinotopische Abbildung immer wirrer (weil es sich auf jeder der vielen Stufen jeweils nur um eine näherungsweise Abbildung handelt), aber jede einzelne neurale Abbildung eines Gebiets auf das nächste kann dennoch ziemlich getreu sein.

Das CGL des Makaken hat sechs Schichten (siehe Abb. 41). Zwei davon haben große Zellen und heißen deshalb »magnozellulär«. Die eine magnozelluläre Schicht bekommt ihren Input vom rechten Auge, die andere vom linken. Zwischen den Schichten gibt es wenig Interaktion. Ihr Input kommt hauptsächlich von den M-Zellen der Netzhaut. Man könnte nun denken, daß die P-Zellen der Netzhaut entsprechend zu zwei Schichten mit kleinen Zellen (sog. parvozellulären Schichten) projizieren. Aber damit alles nicht so einfach ist, gibt es nicht nur zwei parvozelluläre Schichten, sondern vier. Die Inputs, die von den beiden Augen kommen, sind wiederum getrennt. Das Wichtigste hierbei ist: sowohl die M- und die P-

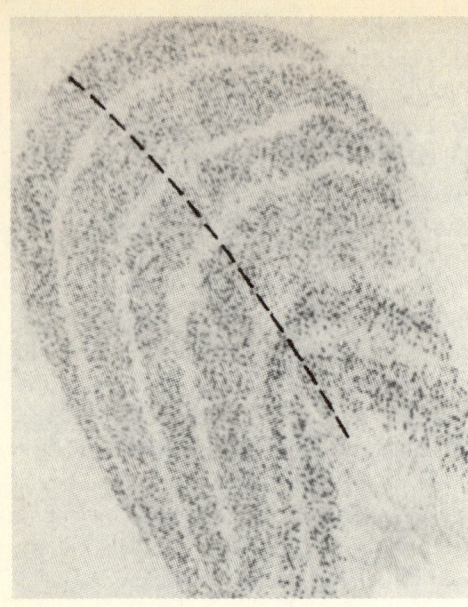

Abb. 41: *Die sechs Schichten des CGL eines Makaken. Der Schnitt ist eingefärbt, damit die Zellkörper (als dunkle Klümpchen) sichtbar werden. Die beiden niedrigsten Schichten haben größere Zellen (»M-Zellen«) und heißen »magnozelluläre Schichten«. Die oberen vier Schichten haben kleinere Zellen (»P-Zellen«) und heißen »parvozelluläre Schichten«. Jede Schicht empfängt Inputs nur von einem Auge.*

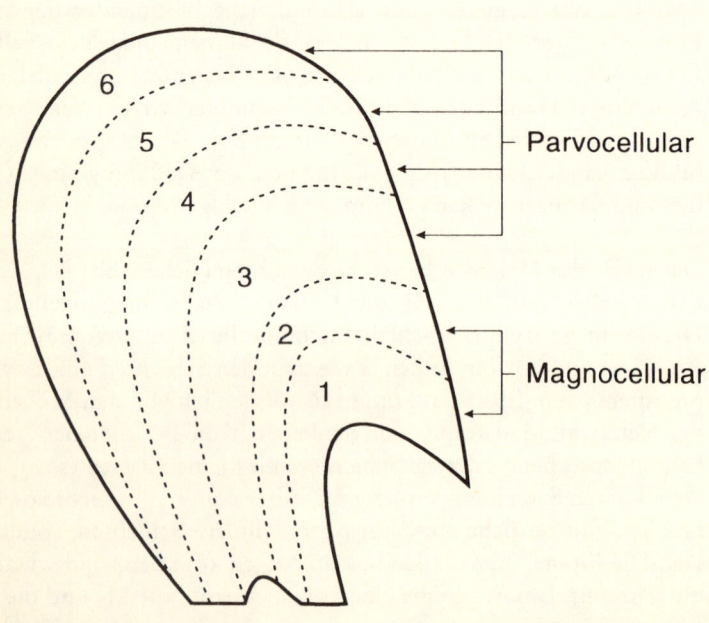

Inputs als auch die Inputs vom rechten und vom linken Auge werden weitgehend getrennt.

Worin besteht der Funktionsunterschied zwischen den parvozellulären und den magnozellulären Schichten? In zwei Laboratorien wurden Affen dazu abgerichtet, verschiedene visuelle Aufgaben zu erfüllen; dann hat man ihnen kleine lokale Läsionen im CGL zugefügt. Diese Experimente deuten darauf hin, daß die Neuronen der parvozellulären Schichten es im wesentlichen mit Farbe, Textur, Form und Stereopsis zu tun haben und daß die magnozellulären Neuronen darauf spezialisiert sind, Bewegung und Flackern zu erkennen (eine ausführliche Darstellung dazu findet sich in [2]).

Bis jetzt haben wir nur über die erregenden Hauptzellen gesprochen. Die hemmenden Neuronen zerfallen in zwei Hauptgruppen: in diejenigen, die sich im eigentlichen CGL befinden, und diejenigen, die sich in einer dünnen Schicht befinden, die man als »retikulären Nucleus des Thalamus« bezeichnet (nicht zu verwechseln mit der sog. Retikulärformation im Hirnstamm). Diese dünne Zellschicht umgibt einen großen Teil des Thalamus; sie hat ausschließlich hemmende Neuronen. Sie empfangen ihre Erregung von den Axonen, die zur Großhirnrinde gehen oder von ihr kommen, und sie interagieren untereinander. Ihr Output wird auf den unmittelbar unter ihnen liegenden Teil des Thalamus abgebildet. Wenn man den Thalamus als das Tor zum Cortex bezeichnen kann, dann nimmt sich der retikuläre Nucleus wie der Hüter dieses Tores aus.

Die CGL-Neuronen erhalten auch Input, der aus dem ersten visuellen Areal des Cortex (V1) zurückkommt. Überraschenderweise gibt es viel mehr Axone, die aus V1 zurückkommen, als solche, die dort hingehen. Die aus V1 zurückkommenden Axone haben allerdings die Tendenz, ihre synaptischen Verbindungen mit den CGL-Neuronen an sehr weit von deren Zellkörpern gelegenen Stellen der Dendriten zu machen, so daß es sein kann, daß ihre Auswirkungen ziemlich abgeschwächt sind. Die genaue Funktion dieser Rückverbindungen ist unbekannt (im 16. Kapitel finden sich einige diesbezügliche Spekulationen).

Es gibt außerdem Inputs vom Hirnstamm, die auf das Verhalten des Thalamus und insbesondere seines retikulären Nucleus einwirken. Dies bedeutet, daß das CGL im wachen Tier ohne Einschränkung visuelle Information übermittelt, diese Übermittlung aber blockiert, wenn das Tier sich im S-Schlaf befindet. Es gibt noch viele weitere Details über die Neuronen im Thalamus und über die unterschiedlichen Arten ihrer synaptischen Verbindungen, aber das, was ich bisher dargestellt habe, sollte reichen, um deutlich werden zu lassen, welch verwirrende Kombination von scheinbarer Einfachheit und wichtiger Komplexität im CGL gegeben ist.

Die Hauptzellen des CGL projizieren zum visuellen Cortex (vgl. Abb. 40). Bei den Katzen gehen die Axone in verschiedene visuelle Areale, beim Makaken und beim Menschen hingegen stellen fast alle von ihnen eine Verbindung zum ersten visuellen Areal her.[5] (Neuerdings nimmt man an, daß es einige sehr schwache Verbindungen zu anderen visuellen Arealen des Affencortex gibt; die werden eine Rolle spielen, wenn wir uns im 12. Kapitel mit dem sog. Blindsehen beschäftigen.) Wenn bei einem Affen oder einem Menschen an allen Teilen von V1 erhebliche Schäden vorliegen, dann ist er hinsichtlich der betreffenden Hälfte des visuellen Felds fast völlig blind.

Auf den ersten Blick wirkt jeder Teil des zerebralen Cortex erst einmal wie ein vollständiges Durcheinander. Unter jedem Quadratmillimeter befinden sich ca. 100 000 Neuronen. Die Axone und Dendriten erscheinen wie bunt durcheinandergewürfelt, dazwischen gibt es in einer völlig chaotischen Anordnung zahlreiche Gliazellen und Blutgefäße. Von der aufgeräumten Anordnung der Transistoren und von anderen Strukturen in einem Computer-Chip ist hier nichts zu sehen. Bei genauerer Untersuchung ergibt sich allmählich ein gewisses Maß an Ordnung. Da die allgemeine Anordnung der Neuronen in den vielen verschiedenen Bereichen des zerebralen Cortex weitgehend gleichartig ist, wollen wir zunächst einmal betrachten, was vielen kortikalen Arealen gemeinsam ist.

Der zerebrale Cortex ist eine dünne Schicht – d.h. seine Ausdehnung in der Breite ist viel größer als seine Ausdehnung in der Tiefe. Die Anordnung und Erscheinungsweise der Neuronen ist asymmetrisch. Die Richtung, die senkrecht zur Schicht verläuft, nennt man »vertikal« (so als läge der Cortex auf einem Tisch ausgebreitet vor uns); die anderen beiden Richtungen heißen »horizontal«. Beispielsweise haben fast alle Pyramidenzellen einen »apikalen« (an der Pyramidenspitze gelegenen) Dendriten, der gemäß dieser Rede-

1
2
3
4a
4b
4c
5
6

Abb. 42: *Ein Querschnitt durch den primären visuellen Cortex (V1) des Makaken. Wie zuvor stellt jeder Fleck den Körper einer einzelnen Zelle dar. Man beachte die Schichtenstruktur. Die Numerierung der Schichten ist links zu sehen. (Die weißen Lücken sind durchschnittene Blutgefäße.)*

weise "vertikal" zum oberen Rand des Cortex aufsteigt. Im Gegensatz dazu haben die beiden horizontalen Dimensionen des Cortex im Durchschnitt sehr ähnliche Eigenschaften. Das ist wie bei der Anordnung von Bäumen im Wald: Die vertikale Richtung erscheint ganz anders als die beiden horizontalen.

Das bemerkenswerteste Charakteristikum des Cortex ist, daß er aus Schichten besteht. Es ist wichtig, etwas über diese Schichten zu erfahren, denn die Neuronen tun in den verschiedenen Schichten Unterschiedliches. Es hat sich eingebürgert, von sechs Schichten zu sprechen, doch in Wirklichkeit gibt es in einer Schicht oft mehrere Unterschichten (siehe Abb. 42). Die oberste Schicht – Schicht 1 – enthält wenige neuronale Zellkörper. Sie besteht hauptsächlich aus den apikalen Dendriten vieler Pyramidenzellen, die in den unteren

Schichten liegen, und aus verschiedenen Arten von Axonen, die synaptische Verbindungen mit ihnen herstellen. Hier gibt es viele Leitungen, aber nur wenige Zellkörper. Darunter liegen die Schichten 2 und 3, die man oft zusammenfassend als die oberen Schichten bezeichnet. Sie haben viele Pyramidenzellen. Schicht 4 hat viele dornige (erregende) Sternzellen und sehr wenige Pyramidenzellkörper. Die Dicke dieser Schicht variiert von Areal zu Areal, in manchen Arealen ist sie fast nicht vorhanden. Die Schichten 5 und 6, die man oft als die unteren Schichten bezeichnet, haben wiederum viele Pyramidenzellen. Die apikalen Dendriten von einigen dieser Zellen reichen bis ganz zur Schicht 1 hinauf.

Nun ist es aber nicht nur so, daß die Neuronen der verschiedenen Schichten sich voneinander unterscheiden, sondern – was noch wichtiger ist – die Neuronen der verschiedenen Schichten sind auch in unterschiedlicher Weise *verbunden* (vgl. Abb. 43).

Die oberen Schichten (Schicht 2 und 3) sprechen nur mit anderen kortikalen Arealen. Sie projizieren niemals aus dem Cortex hinaus, allerdings können einige ihrer Neuronen (über das Corpus callosum) mit kortikalen Arealen auf der anderen Seite des Hirns ver-

Abb. 43: *Ein stark vereinfachtes Diagramm, das einige der Hauptpfade innerhalb des Areals V1 zeigt. Es gibt viele Seitenverbindungen, die in diesem Diagramm nicht dargestellt sind.*

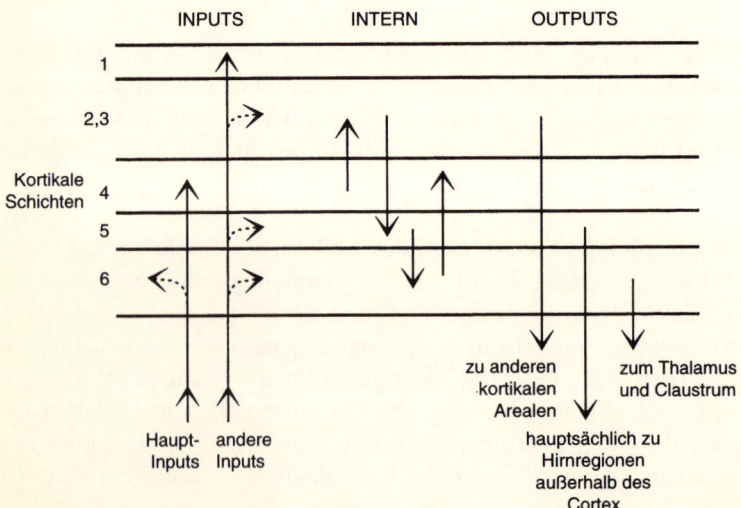

bunden sein. Einige Neuronen der Schicht 6 projizieren zurück zum Thalamus oder zum Claustrum (das ist ein dünnes Anhängsel des Cortex, das genau unter ihm in Richtung zur Hirnmitte liegt); manche darunter haben allerdings Axonzweige, die mit Neuronen in Schicht 4 verbunden sind. Der einzige Teil des Cortex, dessen Neuronen ganz aus dem kortikalen System hinausprojizieren – d.h. weder zu anderen Teilen des Cortex, noch zum Thalamus und auch nicht zum Claustrum projizieren – befinden sich in Schicht 5, aber auch dort gibt es Neuronen, die zu anderen kortikalen Arealen projizieren. In einem gewissen Sinn ist Schicht 5 die Stelle, an der die im Cortex verarbeitete Information an andere Teile des Hirns und ans Rückenmark weitergegeben wird. Alle Verbindungen, die den Cortex verlassen (auch wenn sie danach wieder in ihn hineingelangen), sind erregend.

Natürlich enthält der Cortex auch viele hemmende Zellen. Zahlenmäßig sind die (erregungsauslösenden) Pyramidenzellen in der Mehrzahl. Die hemmenden Zellen, die GABA als Neurotransmitter verwenden, bilden gewöhnlich ungefähr ein Fünftel aller Zellen; die restlichen Zellen sind hauptsächlich dornige Sternzellen. Die Axone dieser (erregungsauslösenden) Sternzellen sind ziemlich kurz und stellen nur in den horizontalen Richtungen Verbindungen zu einigermaßen nahe gelegenen Neuronen (im Umkreis von 100 oder 200 Mikrometer) her. Dasselbe trifft, mit einer einzigen Ausnahme, auf alle Arten von hemmenden Neuronen zu.[6]

Einen gewissen Typ hemmender Zelle gibt es allem Anschein nach nicht. Das Axon einer Pyramidenzelle verläuft gewöhnlich nach unten und verläßt den betreffenden Bereich des Cortex, um ein häufig ziemlich weit entferntes Ziel zu erreichen. Bevor es den Bereich verläßt, läßt es gewöhnlich mehrere Äste (»Kollaterale« genannt) aussprossen. In manchen Fällen verzweigen diese sich mehrfach, sie können aber auch ziemlich große Entfernungen (mehrere Millimeter) horizontal innerhalb des betreffenden Cortex-Gebiets zurücklegen.

Wenn wir annehmen, daß der Cortex Rechnungen ausführt, dann könnte man vielleicht auf die Idee kommen, es gäbe einen speziellen Typ hemmender Synapse – eine Art Tor –, der es der Information gestattet, den Zellkörper durch das Axon zu verlassen, um innerhalb des betreffenden kortikalen Gebiets mehrere Male zu zirkulieren (so daß auf diese Weise Rechnungen ausgeführt werden könnten, bei denen mehrere Wiederholungen nötig sind), bevor dann das »Ergebnis« über den Hauptast des Axons an den Zielort in einem anderen Areal geschickt wird. Zu diesem Zwecke brauchten wir starke hemmende Synapsen nicht am Anfangsstück des Axons (wie das bei der Armleuchterzelle der Fall ist), sondern kurz vor der Stelle, an der das Axon gerade den betreffenden Teil der kortikalen Schicht verläßt. Es gibt keinen Anhaltspunkt dafür, daß es solche Synapsen gibt – auch wenn wenigstens ein Theoretiker sie erfunden hat, damit sein Modell funktioniert! Es gibt auch keine an anderen Verzweigungspunkten des Axons. All dies weist darauf hin, daß es ein kortikales Areal derart eilig damit hat, seine Botschaften auszusenden, daß es vorher kaum irgendwelche Wiederholungen durchführt. Und das bedeutet vermutlich, daß Verbindungen zwischen verschiedenen kortikalen Arealen genauso wichtig sein können wie Verbindungen innerhalb eines einzelnen Areals, wenn das Hirn einen funktionierenden Zusammenschluß von Aktivitäten zustande bringen muß.

∗   ∗   ∗

Läßt sich überhaupt etwas darüber sagen, wie der Informationsfluß zwischen den verschiedenen Schichten des Cortex im großen und ganzen verläuft? Das ist ein enorm komplexer Vorgang, in Abb. 43 findet sich eine schematische Skizze, die wahrscheinlich das Wichtigste einfängt.

Der Haupteingang (allerdings nicht der einzige Zugang) zu einem kortikalen Areal führt in die Schicht 4; wenn diese Schicht zu klein ist oder ganz fehlt, führt er in den unteren Teil von Schicht 3. Die Schicht 4 ist hauptsächlich mit den oberen Schichten (2 und 3) verbunden, und diese wiederum haben eine starke Verbindung mit Schicht 5. Von der Schicht 5 gehen ziemlich lange »horizontale« Verbindungen in die darunter liegende Schicht 6; von dort aus wiederum gehen einige kurze »vertikale« Verbindungen zurück in die Schicht 4. Es gibt auch noch andere wichtige Inputs (aus anderen kortikalen Arealen) in die Schicht 1. Sie können Kontakt zu den apikalen Dendriten der großen Pyramidenzellen aus den meisten unteren Schichten herstellen.

Aus dieser einfachen Zusammenfassung geht nicht hervor, von welch verwickelter Art viele der axonalen Verbindungen innerhalb eines kleinen Cortexbereichs sind – insbesondere die vielen Verbindungen innerhalb einer Schicht selbst, von denen viele überraschend lang sind. Es ist klar, daß hinter all diesen Regelmäßigkeiten irgendeine Logik steckt, aber solange wir den Cortex nicht besser verstehen, ist es schwer zu sagen, um was für eine Logik genau es sich handelt. Der Neocortex mag zwar die Krönung des Menschen sein, aber er gibt seine Geheimnisse nicht ohne weiteres preis.

Eine letzte Bemerkung über die verschiedenen Bereiche des zerebralen Cortex ist nötig. Ursprünglich hatte man den Cortex danach in Bereiche aufgeteilt, was man anhand von dünnen, eingefärbten Schnitten unter einem optischen Hochleistungsmikroskop erkennen konnte – solche Untersuchungen nennt man »cytoarchitektonisch«. Das erste visuelle Areal, V1, zum Beispiel erhielt den Namen »Streifenkörper«, weil es deutliche horizontale Streifen aufweist, die von großen Axonenbündeln stammen, die innerhalb dieses Areals in allen horizontalen Richtungen verlaufen. Diese Streifen sind so groß, daß man sie mit bloßem Auge auf einem angefärbten Objektträger erkennen kann (siehe Abb. 44). Die Streifen hören am Rand eines größeren Cortexgebiets auf, und so war es natürlich, dieses Gebiet als ein einigermaßen einheitliches Areal irgendeiner Art zu betrachten und ihm einen Namen (bzw. eine Zahl als Namen) zu geben. Andere Gebiete des Cortex sahen ein wenig anders aus. Beispielsweise hat der Streifencortex eine sehr dicke Schicht 4, während sie beim primären motorischen Cortex sehr klein ist oder ganz fehlt. Leider waren manche Unterschiede zwischen angrenzenden Bereichen derart fein, daß die Neuroanatomen darüber keine Einigkeit herstellen konnten. Zu Anfang des 20. Jahrhunderts beschrieb der deutsche Neuroanatom Korbinian Brodmann seine Aufteilung des Cortex verschiedener Säugetiere (einschließlich des Menschen) in einzelne Gebiete und ordnete jedem Areal eine Zahl zu. Den Streifencortex nannte er Areal 17, das Areal daneben 18, und das neben Areal 18 nannte er 19. Den primären motorischen Cortex bezeichnete er als Areal 4. Andere Neuroanatomen – u.a. Oskar und Cécile Vogt – entdeckten viele weitere Unterteilungen.[7]
Brodmanns Unterteilungen haben sich ganz gut bewährt, aber sie

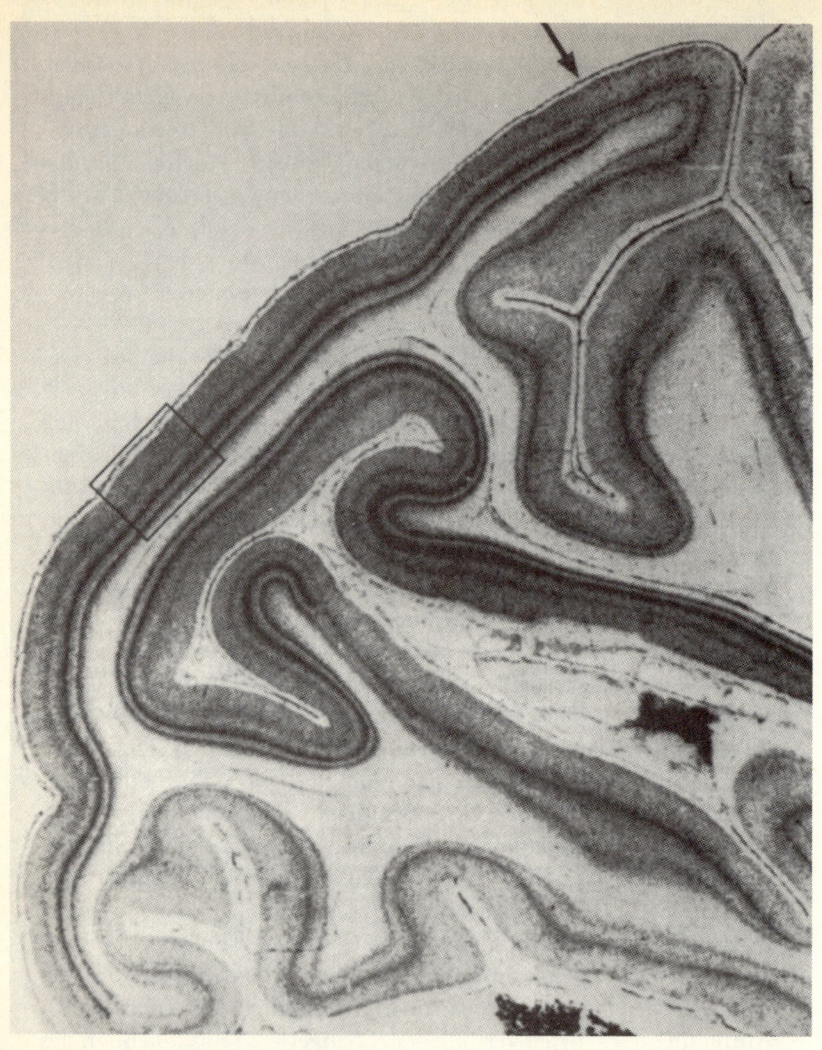

Abb. 44: Ein Schnitt durch den visuellen Cortex des Makaken; durch die Einfärbung werden die Zellkörper sichtbar. Teile von V1 weisen die starken Streifen auf (deshalb auch die Bezeichnung »Streifencortex«). Der Pfeil markiert eine der Grenzen zwischen V1 und dem weniger gestreiften Areal V2. Das kleine Rechteck findet sich als Ausschnittsvergrößerung in Abbildung 42.

sind, grob gesagt, nicht fein genug. Seine Areale 17, 18 und insbesondere 19 kümmern sich um die visuelle Wahrnehmung. Heute wissen wir – wie wir im nächsten Kapitel sehen werden –, daß 17 zwar als ein Areal für sich betrachtet werden kann, für 18 und 19 müssen aber so viele wichtige Unterteilungen gemacht werden, daß diese Terminologie nicht länger verwendet wird, obwohl sie – in Anwendung auf den Menschen – in der medizinischen Fachliteratur überlebt hat.

Fassen wir zusammen: Die frühen Teile des visuellen Systems sind hochgradig parallel – viele gleichartige, aber getrennte Neuronen sind allesamt gleichzeitig aktiv. Die Verarbeitung des visuellen Inputs beginnt an der Netzhaut, auf der Rückseite des Auges. Sie sendet die Information im wesentlichen auf zwei Wegen weiter: zum einen über das CGL zum Cortex, zum andern zum vorderen Vierhügelpaar (das sich hauptsächlich um Augenbewegungen kümmert); außerdem sendet sie ihre Informationen an verschiedene kleinere visuelle Bereiche im Hirnstamm, die mit Augenbewegungen, Pupillenöffnung und dergleichen befaßt sind. Informationen über die Farbe gehen zum CGL, aber nicht zum vorderen Vierhügelpaar. Jede einzelne dieser frühen Informationen ist ziemlich lokal und ziemlich einfach. Damit wir irgend etwas sehen können, muß die visuelle Information in vielen kortikalen Arealen des visuellen Systems noch weiter verarbeitet werden.

11 DER VISUELLE CORTEX DER PRIMATEN

»Wir sollten die Dinge so einfach wie möglich machen,
aber nicht einfacher.«   *Albert Einstein*

Jede der beiden kortikalen Schichten (links und rechts) kann in viele ziemlich wohlunterschiedene kortikale Areale aufgeteilt werden. Wonach bemißt sich, ob ein bestimmter kleiner Ausschnitt des Cortex einem einzigen Areal angehört? Es kommen eine Reihe von Kriterien in Frage. Das erste ist die Struktur, die sich unter dem Mikroskop zeigt – ob der Ausschnitt z.B. eine ausgeprägte Schicht 4 hat. Wir haben bereits gesehen, wie das Areal 17 durch seine Streifen ganz eindeutig definiert ist. Solch einfache Unterschiede sind jedoch nur in den wenigsten Fällen von Nutzen, obwohl sich das ändern mag, sobald mehr molekulare Einfärbungen zur Verfügung stehen. Eine andere Methode zur Auffindung der Umgrenzungen eines visuellen Areals besteht darin, die Einzelheiten der entsprechenden visuellen Karte zu untersuchen. Doch diese Methode ist oftmals inadäquat, insbesondere bei den höheren visuellen Arealen, von denen die meisten nur wenig oder gar keine retinotopische Organisation aufweisen – d.h. diese Areale haben keine leicht zu lesende visuelle Karte. Gegenwärtig besteht die wirkungsvollste Methode darin, für jedes in Frage kommende Areal das charakteristische Muster seiner Verbindungen – seine Inputs und Outputs – herauszufinden. Das kann man heutzutage mit modernen biochemischen Methoden ziemlich zuverlässig bewerkstelligen; allerdings können die meisten dieser Methoden, wie wir im 9. Kapitel gesehen haben, nicht beim menschlichen Hirn zur Anwendung gebracht werden.

Viele Wissenschaftler haben einen Beitrag zu dieser funktionalen Zergliederung des zerebralen Cortex (insbesondere der Katze und des Makaken) geleistet. Dennoch ist unser Wissen immer noch unvollständig, und viele Einzelheiten müssen als vorläufig betrachtet werden.

Beginnen wir mit dem Streifencortex (Areal 17), der heute als V1 bezeichnet wird – das erste visuelle Areal. Es ist ziemlich groß und bildet eine Ausnahme zu der Regel, daß sich unter jedem Quadratzentimeter der kortikalen Oberfläche ca. 100000 Neuronen befinden. In V1 sind es eher 250000. Insgesamt enthält das V1 des Makaken auf jeder Seite ungefähr 200 Millionen Neuronen. Dies muß man im Vergleich mit den etwa eine Million Axonen sehen, die vom CGL in das V1 kommen. Aus diesen Zahlen ergibt sich unmittelbar, daß im V1 viel Verarbeitung der aus dem CGL hereinkommenden Inputs stattfinden muß. Die hohe Oberflächendichte impliziert, daß die Neuronen im Schnitt eher klein sind, denn V1 ist nicht dicker als das Nachbararareal V2, wo die Oberflächendichte kleiner ist. Man hat den Eindruck, daß die Evolution versucht hat, in V1 so viel hineinzupacken, wie irgendwie vertretbar ist.

Der Input vom CGL ist erregend und geht hauptsächlich in Schicht 4, ein Teil geht in Schicht 6. Schicht 4 ist mehrfach unterteilt. Die Inputs von den P- und den M-Schichten des CGL werden zwischen verschiedenen Unterschichten von Schicht 4 aufgeteilt. Die ankommenden Axonen haben so viele Verästelungen, daß ein Axon mit bis zu tausend verschiedenen Neuronen in Kontakt treten kann. Umgekehrt empfängt jedes einzelne Neuron in Schicht 4 Inputs von vielen verschiedenen ankommenden Neuronen. Trotzdem empfangen nur wenige (vielleicht 20 Prozent) Synapsen einer typischen Sternzelle in Schicht 4 einen Input direkt vom CGL. Der Input der restlichen Synapsen kommt anderswoher, hauptsächlich von den Axonen anderer Neuronen aus der Umgebung. Die Neuronen der Schicht 4 hören also nicht nur darauf, was das CGL ihnen sagt, sondern tauschen sich darüber auch untereinander nachhaltig aus.

Wie der Netzhaut-Input auf das CGL abgebildet wird, so wird der CGL-Input auf das V1 abgebildet. Es handelt sich dabei natürlich um eine Abbildung der anderen Hälfte des visuellen Felds, diese Abbildung ist jedoch nicht einheitlich (Abb. 45). Für die Bereiche in der Nähe des Zentrums der Blickrichtung steht viel mehr Platz zur Verfügung als für die Bereiche an der visuellen Peripherie. Diese Abbildung erinnert mich an die vor einigen Jahren beliebten scherzhaften Darstellungen, in denen zu sehen war, wie ein New

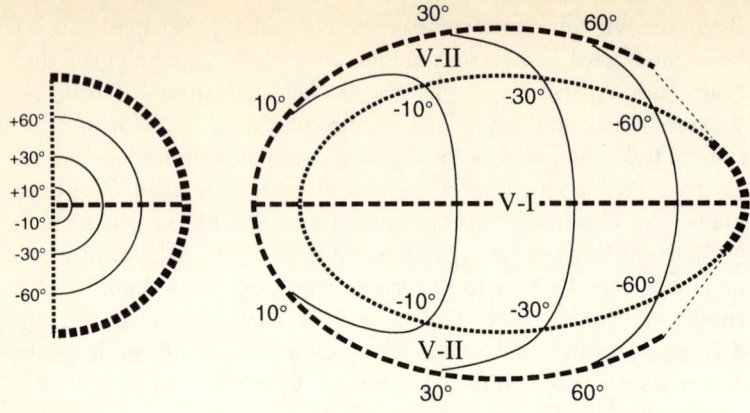

Abb. 45: *Eine schematische Karte des (entfalteten) linken visuellen Cortex eines Nachtaffen. Nur V1 und V2 sind dargestellt. Die kleine Abbildung links zeigt das rechte visuelle Feld. Man beachte die Symbole, mit denen die verschiedenen Teile des Felds bezeichnet werden; sie tauchen in der Karte rechts wieder auf. Das Zentrum des visuellen Felds – ungefähr die ersten 10 Grad – nimmt im Vergleich zur Peripherie (von 60 bis 90 Grad) einen Großteil des kortikalen Areals ein. Man beachte auch, wie die Repräsentation von V2 getrennt angeordnet ist.*

Yorker die Vereinigten Staaten sieht. Den meisten Platz nahm Manhattan ein. New Jersey war schon stark im Maßstab verkleinert, und auf Kalifornien und Hawaii gab es nur noch einen beiläufigen Hinweis in der Ferne.

Außerdem ist die kortikale Karte im Kleinen überraschend ungleichmäßig. Dort, wo es durch das CGL eine Verbindung von beiden Augen gibt – d.h. also, von überall außer vom blinden Fleck und vom äußersten Rand –, teilen sich die beiden in Schicht 4 hineinkommenden Verbindungen in unregelmäßige Streifen auf[1], die eine gewisse Ähnlichkeit mit Fingerabdrücken haben (s. Abb. 46). Entlang der Mitte dieser Streifen verlaufen eine Reihe von »Tropfen«, die durch Anfärbung eines bestimmten Enzyms (Cytochromoxydase) sichtbar werden. Die darin befindlichen Neuronen scheinen besonders an Farbe und Helligkeit interessiert zu sein.

Allgemein gesagt sind verschiedene Neuronen im kortikalen Areal V1 an verschiedenen Dingen interessiert. Man erinnere sich daran, daß der vom CGL kommende Input von Neuronen mit kleinen rezeptiven Feldern stammt, die nach dem Schema »Zentrum mit entgegenwirkender Umgebung« strukturiert sind. Einige Neuronen in der Schicht 4 des Makaken haben ebenfalls diese Struktur, auch wenn ihre rezeptiven Felder ein wenig größer sind. In den sechziger Jahren haben David Hubel und Torsten Wiesel (damals an der Harvard Medical School) entdeckt, daß die meisten anderen Neuronen im Areal V1 am besten auf einen dünnen Balken Licht (bzw. Dunkelheit) oder auf eine Kante reagieren, und nicht auf einen Lichtfleck. Für diese und weitere Entdeckungen erhielten sie 1981 einen Nobelpreis. Wenn die Linie sich bewegt, ist die Reaktion besser, als wenn sie an- und ausgeschaltet wird. Für jedes einzelne Neuron gibt es eine bestimmte *Orientierung* der Linie bzw. des Balkens, auf die sie mit besonders vehementem Feuern reagiert. Verändert sich die Orientierung auch nur um 15 Grad, dann nimmt die Feuerrate gewöhnlich stark ab. Verschiedene Neuronen haben verschiedene

Abb. 46: *Eine Rekonstruktion eines Teils des kortikalen Areals V1 des Makaken [1]. Die schwarzen Bereiche empfangen Inputs vom einen Auge, die weißen vom anderen.*

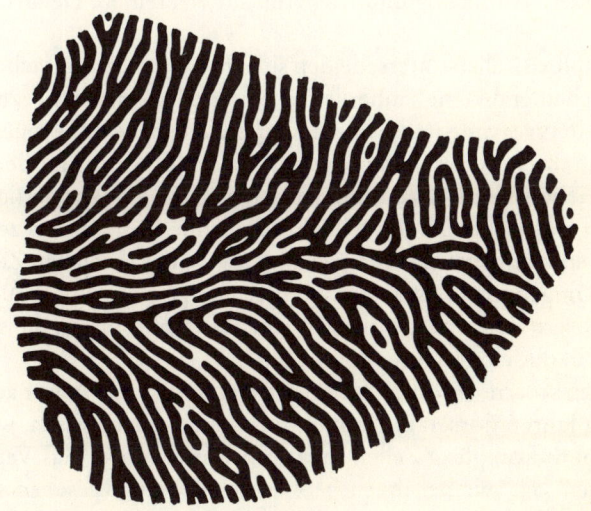

Lieblingsorientierungen, auch wenn unmittelbar über– bzw. untereinander gelegene Neuronen (mit Ausnahme einiger Teile von Schicht 4) gerne auf dieselbe Orientierung reagieren. Oft wird deshalb von einer »Säulen«-Anordnung gesprochen. Zudem ändert sich diese Lieblingsorientierung – wenn man auf der Horizontalen durch den Cortex geht – ziemlich bruchlos, auch wenn es gelegentlich einmal eine scharfe Diskontinuität geben mag. Die rezeptiven Felder der verschiedenen Neuronen jedes beliebigen kleinen Cortex-Areals von ca. 1 Millimeter Durchmesser weisen normalerweise kleinere Überschneidungen auf, und zugleich werden alle möglichen Orientierungen repräsentiert. Man hat im Hinblick auf diese Anordnung von »Hyper-Säulen« und »kortikalen Modulen« gesprochen, doch die zweite Bezeichnung sollte man nicht zu wörtlich nehmen. Leider ist die Modul-Idee bei den Theoretikern allzu beliebt – und auch bei manchen, die es besser wissen sollten.

Hubel und Wiesel haben entdeckt, daß es zwei große Klassen selektiv orientierter Zellen gibt; die einen nannten sie »einfach«, die andern »komplex«. Einfache Zellen haben rezeptive Felder mit wohldefinierten Erregungs- und Hemmungsteilgebieten, und zwar sind diese Teilgebiete so angeordnet, daß die Zelle am besten auf eine Linie oder eine Kante reagiert. Einige dieser Felder haben eine viel bessere Auflösung und reagieren auf viel feinere Details als andere.[2]

Komplexe Zellen unterscheiden sich darin von den einfachen, daß sie anscheinend keine säuberlichen Unterteilungen ihrer rezeptiven Felder in erregende und hemmende Bereiche haben. Sie feuern gut, wenn in ihrem rezeptiven Feld eine Linie oder Kante mit der Lieblingsorientierung ist; sie kümmern sich aber nicht sonderlich darum, an welcher Stelle dieses Felds die Linie liegt. Ihre rezeptiven Felder sind zumeist ein wenig größer als die der einfachen Zellen in ihrer Umgebung. Außerdem können einige von ihnen auch auf komplexere Reize reagieren, wie z.B. auf Punktmuster, die sich allesamt in dieselbe Richtung bewegen.

Es wirkt ernüchternd, wenn man erkennt, daß wir nach fast dreißig Jahren Forschung immer noch nicht genau wissen, wie einfache bzw. komplexe Zellen funktionieren, wenn sie das Verhalten erzeugen, das wir bei ihnen beobachten. Logisch gesehen scheint das Problem eher schlicht zu sein. Eine einfache Zelle feuert nur, wenn der Großteil einer Menge von Punkten (und zwar die Punkte, die die Lieblingslinie bilden) auf *additivem* Weg eine Reaktion erzeugen. Sie führen eine UND-Operation aus, ihr Input muß allerdings einen gewissen Schwellenwert erreichen, damit sie feuern. Eine komplexe Zelle hingegen feuert, wenn diese oder jene oder noch eine andere Linie vorliegt (alle diese Linien liegen irgendwo im rezeptiven Feld und haben ähnliche Orientierungen). Demnach sieht es so aus, als würde eine komplexe Zelle ihren Input von einer ganzen Reihe ähnlicher einfacher Zellen empfangen und in Anwendung darauf eine ODER-Operation ausführen. Zwar ist es richtig, daß die komplexen Zellen im Verarbeitungsprozeß etwas später auftreten als die einfachen Zellen, aber bei genauerer Untersuchung führt uns diese naheliegende Idee in Schwierigkeiten, denn viele komplexe Zellen haben Inputs direkt vom CGL. Außerdem gibt es weitere Probleme: Sie bringen ihre beste Reaktion gewöhnlich auf eine *in Bewegung befindliche* Linie, und manchmal hat ein Neuron Bewegung (im rechten Winkel zur Linie) in der einen Richtung lieber als in der entgegengesetzten.

Es ist besonders bedauerlich, daß dieses Problem noch nicht gelöst worden ist. Zumindest besteht die Chance, daß überall im cerebralen Cortex folgende allgemeine Strategie angewandt wird: Die UND-artige Operation wird von einfachen Zellen ausgeführt und daraufhin von komplexen Zellen eine ODER-Operation. Wenn das der Fall wäre, wäre es äußerst wichtig, es zu wissen.

Die Neuronen des kortikalen Areals V1 reagieren auf unterschiedliche Weise. Wie wir gesehen haben, sind viele der Neuronen in Schicht 4 vom Typus »Zentrum/Umgebung«. Das trifft auch auf die Neuronen in den Tropfen zu. Die meisten anderen Neuronen sind orientierungsselektiv; einige reagieren allerdings am besten, wenn die Linie nicht zu lang ist[3] (man spricht hier von »Endbegrenzung«), während andere – z.B. viele der Schicht 6 – am besten auf sehr lange Linien reagieren.

Der Input eines anderen Typs von Neuron kommt von beiden Augen; solche Neuronen feuern aber nur dann stark, wenn ihr Input von Netzhautneuronen herrührt, die sich nicht an genau entsprechenden Stellen der beiden Netzhäute befinden. Dies ist nötig, wenn das Hirn Informationen über die Entfernung des Objekts im visuellen Feld gewinnen soll, denn unterschiedlich weit entfernte Objekte erzeugen unterschiedliche Querdisparationen (wie bereits im 4. Kap. erläutert). Einige Neuronen sind, wie wir bereits gesehen haben, an einer bestimmten Bewegungsrichtung interessiert und reagieren nicht auf Bewegung in der entgegengesetzten Richtung. Viele davon liegen in einer dünnen Schicht, die 4B genannt wird. Viele Neuronen reagieren in ziemlich derselben Weise auf Licht jeder sichtbaren Wellenlänge; andere hingegen – besonders die Neuronen in den Tropfen – reagieren mit ihrem Zentrum und seiner Umgebung selektiv auf Wellenlängen. Kurz, sie interessieren sich für Farbe. All das zeigt, daß verschiedene Neuronen in V1 die ankommende visuelle Information in unterschiedlicher Weise verarbeiten.

Das rezeptive Feld ist derjenige Teil des visuellen Felds, in dem eine Veränderung des Lichts ein Feuern der Zelle bewirkt. Es gibt allerdings ein viel größeres Gebiet um das rezeptive Feld herum, innerhalb dessen eine Veränderung des Lichts zwar von sich aus kein Feuern der Zelle bewirkt, wohl aber Einfluß darauf hat, welche Wirkungen das eigentliche visuelle Feld erzeugt. Dieses große Gebiet nennt man neuerdings das »nicht-klassische« rezeptive Feld. Damit sind wir bei der wichtigen Idee des lokalen Kontexts. Dieser Kontext kann merkmalspezifisch sein. Die Zelle ist nicht nur an einem bestimmten Merkmal interessiert, sondern wird auch durch ähnliche Merkmale in der Umgebung beeinflußt. Dieser sehr bedeutsame Aspekt neuronalen Verhaltens tritt vermutlich auf allen Ebenen der visuellen Hierarchie auf. Aller Wahrscheinlichkeit nach wird er wichtige psychologische Implikationen haben, denn in der Psychologie stellt man auf Schritt und Tritt fest, daß der Kontext wichtig ist.

Warum sollte es im kortikalen Areal V1 eine Karte des visuellen Felds geben, auch wenn sie noch so ungenau und verzerrt ist? Der Grund ist nicht, daß es einen kleinen Menschen (den Homunculus) gibt, der sich diese Karte anschaut – unsere Erstaunliche Hypothese würde solch eine Erklärung nicht zulassen. Am wahrscheinlichsten ist, daß dadurch die Verbindungen im Hirn kürzer bleiben. Da ein Neuron in V1 sich hauptsächlich darum kümmert, was in einem ganz kleinen Ausschnitt des visuellen Felds los ist, hält eine Karte (oder annähernde Karte) diejenigen Neuronen ziemlich nahe bei einander, die erst im Zusammenspiel die entsprechende Information ergeben. Einige Theoretiker haben darauf hingewiesen, daß dieses Erfordernis der möglichst kurzen Verbindungen ebenfalls erklärlich machen könnte, weshalb es im Cortex diese verschiedenen Formen von Ungleichmäßigkeit gibt, denn mannigfache Teilkarten dürfen demnach innerhalb einer umfassenden Hauptkarte existieren [2]. Ein kleiner Flecken kann innerhalb der Teilkarte, zu der er gehört, starke Interaktionen haben und auch etwas längere Verbindungen zu anderen nahegelegenen Flecken derselben Teilkarte. Er kann weiterhin schwächere lokale Verbindungen zu angrenzenden Gebieten anderer Teilkarten-Typen in seiner Umgebung haben. Ganz entsprechend läßt sich eine Stadt manchmal sinnvollerweise als etwas betrachten, das aus vielen interagierenden lokalen Gemeinschaften und Vereinigungen mit gemeinsamen Interessen besteht, wobei die räumliche Anordnung zum Teil davon diktiert ist, wie die Kommunikation am meisten erleichtert wird. Deshalb gibt es nicht nur einen Supermarkt, sondern viele, die über die Stadt hinweg verteilt sind, damit niemand sehr weit von einem entfernt wohnt.

Diese Frage der ökonomischen Verbindung muß nach und nach in bezug auf alle Ebenen behandelt werden. Zusammen mit der Notwendigkeit, die Gesamtzahl der Neuronen in der Großhirnrinde auf einem erträglichen Minimum zu halten, mag hierin die Erklärung für die Beschaffenheit der kortikalen Organisation im allgemeinen und der des visuellen Systems im besonderen liegen.

Die Karte im Areal V1 ist so konstruiert, daß es sehr wahrscheinlich zu sein scheint, daß ihre weniger spezifischen Eigenschaften – welches Gebiet von V1 z.B. der Fovea entspricht – während der Entwicklung des Hirns festgelegt werden, wobei die relevanten Gene dies weitgehend steuern. Die feineren Details der Karte kommen durch Modifikationen zustande, die sich aus Inputs von den Augen ergeben, und sie scheinen davon abzuhängen, ob das Feuern der verschiedenen hineinkommenden Axone miteinander korreliert ist oder nicht. Einige dieser Entwicklungen können sogar schon vor der Geburt stattfinden. Im Leben des sehr jungen Lebewesens gibt es eine kritische Phase, während der solche Verbindungsveränderungen ziemlich leicht gemacht werden können, aber einige Veränderungen an der Karte können auch später im Leben stattfinden.

✳   ✳   ✳

Es ist nützlich, einen allgemeinen Ausdruck zu haben, der wiedergibt, was die spezifische Reaktion eines Neurons ist (viele Neuronen im Areal V1 zum Beispiel reagieren auf Orientierung). Häufig wird der Ausdruck »Merkmal-Detektor« verwendet. Damit wird zwar dem Faktum Rechnung getragen, daß einige Neuronen auf Orientierung reagieren, einige auf Wellenlänge und so weiter. Der Ausdruck hat jedoch zwei Nachteile. Erstens legt er nahe, daß das Neuron *ausschließlich* auf dasjenige »Merkmal« reagiert, nach dem es benannt ist. (Manche Leute nehmen vielleicht sogar an, es handele sich dann um das einzige Neuron, das auf dieses Merkmal reagiert, und das ist bei weitem nicht der Fall.) Damit wird die Tatsache nicht berücksichtigt, daß das betreffende Neuron auch auf andere (gewöhnlich verwandte) Merkmale reagieren kann. Beispielsweise reagiert eine orientierungssensitive Zelle mit Endbegrenzung gut auf eine kurze Linie (mit der richtigen Orientierung und an der richtigen Stelle), doch aufgrund der Substruktur ihres rezeptiven Felds kann sie auch auf die Krümmung einer viel längeren Linie reagieren, die teilweise innerhalb ihres rezeptiven Felds liegt.

Der zweite irreführende Aspekt des Ausdrucks »Merkmal-Detektor« ist, daß damit nahegelegt wird, das Neuron werde vom Hirn dazu benutzt, Bewußtsein von diesem bestimmten Merkmal zu erzeugen. Dies muß aber nicht der Fall sein. Beispielsweise muß ein Neuron, das auf unterschiedliche Wellenlängen unterschiedlich reagiert, kein Bestandteil desjenigen Systems sein, das es Ihnen erlaubt, Farbe zu sehen. Es könnte auch zu einem anderen System gehören, das nur die Aufmerksamkeit des Hirns auf Farbunterschiede lenkt, ohne zugleich Bewußtsein davon zu erzeugen, wie die Farbe tatsächlich ausschaut.

Ein weiterer selten kommentierter Aspekt der Merkmale, die von Merkmal-Detektoren kodiert werden, ist, daß sie sich selten in ordentliche Klassen einteilen lassen, wie das der Fall wäre, wenn ein Ingenieur die Detektoren entworfen hätte. So hätte man bei dem »einfachen« Typ orientierungssensitiver Zellen vielleicht erwartet, daß ihre erregenden und hemmenden Teilfelder auf zweierlei Weise angeordnet haben: die einen symmetrisch an der Längsachse des rezeptiven Felds und die andern antisymmetrisch.[4] Zwar gibt es derartige Anordnungen, es gibt aber auch jede Menge ähnlicher, wiewohl unordentlicher Anordnungen. In Kapitel 13 werden wir sehen, daß genau dies zu erwarten ist, wenn sie sich als Teil eines neuronalen Netzes entwickelt haben, das einen eingebauten Lernalgorithmus (eine Lernregel) verwendet, und nicht von einem Designer im vorhinein starr festgelegt worden sind.

Um zu verstehen, welche Rolle ein bestimmtes Neuron in den Tätigkeiten des Hirns spielt, müssen wir wenigstens sein rezeptives Feld kennen und wissen, *wohin* sein Output geht – d.h. wir müssen alle Neuronen kennen, mit denen sein Axon synaptischen Kontakt hat. Terry Sejnowski (der jetzt am Salk-Institut arbeitet) hat dies als das »projektive« Feld eines Neurons bezeichnet, in Analogie zu dem Ausdruck *rezeptives Feld*. In jeder Diskussion zum Thema »Bedeutung« wird das projektive Feld wahrscheinlich eine wichtige Rolle spielen. Es ist unwahrscheinlich, daß die Aktivität eines Neurons, dessen Axon durchtrennt wurde, für das Hirn viel Bedeutung haben kann.

Das kortikale Areal V2, das zweite visuelle Areal, ist ebenfalls groß, und es hat wie V1 eine »Karte« der entgegengesetzten Hälfte des visuellen Felds. Die Karte von V1 hatte schon ein wenig ungewöhnlich ausgesehen, weil der lokale Maßstab (der sog. Vergrößerungsfaktor) sich von dem Teil, der die Fovea abbildet, bis zur Peripherie verändert. Die Karte von V2 ist noch eigenartiger, wie man sehen kann, wenn man Abb. 45 sorgfältig studiert. Die Karte zerfällt im wesentlichen in zwei Teile, die dem oberen bzw. dem unteren Teil der gegenüberliegenden Hälfte des visuellen Felds entsprechen.[5] Wiederum wird den bei der Fovea gelegenen Bereichen des visuellen Felds mehr Platz gewidmet als den Bereichen an der Peripherie.

Insgesamt sind die Neuronen von V2 an ziemlich denselben allgemeinen Eigenschaften interessiert wie die im Areal V1: Orientierung, Bewegung, Querdisparation und Farbe – aber es gibt Unterschiede. Fast alle Neuronen in V2 empfangen Inputs von beiden Augen. Ihre rezeptiven Felder sind allerdings gewöhnlich größer als die von V1, und sie können subtiler reagieren. So hat man z.B. Neuronen entdeckt, die in Reaktion auf gewisse subjektive Konturen feuern.[6] Zwar hat man im kortikalen Areal V1 Neuronen gefunden, die auf den Linienbegrenzungstyp der subjektiven Kontur (Abb. 15) reagieren [3], aber Neuronen, die auf den anderen Typ (den Linienfortsetzungstyp, Abb. 2) reagieren, hat man in V1 nicht gefunden, dafür jedoch in V2 [4]. Es gibt zumindest einen Philosophen, der erstaunt war, als er erfuhr, daß Neuronen existieren, die auf subjektive Konturen reagieren, doch uns braucht das nicht zu überraschen. Als allgemeine Regel taugt vielleicht dies: Wenn wir ein visuelles Merkmal *explizit* sehen (im Gegensatz zu: es bloß erschließen), dann wird es in irgendwelchen Arealen unseres Hirns Neuronen geben, die in Reaktion auf dieses Merkmal feuern. Sollte sich diese Regel als zutreffend herausstellen, dann ist sie wichtig.

Das kortikale Areal V2 ist ebenfalls ungleichmäßig, doch das Enzym, das die Tropfen in V1 sichtbar macht, läßt nun ziemlich ausgefranste Streifen erkennen, die senkrecht zur V1/V2-Grenze verlaufen. Sorgfältige Untersuchungen der Neuronen in diesen Streifen ergaben, daß die allgemeinen visuellen Merkmale, auf welche sie reagieren, nicht in jedem Streifentyp die gleichen sind. Anscheinend fließen mehrere verschiedene Informationsströme durch V2. Einer davon beschäftigt sich hauptsächlich mit Farbe, ein anderer mit Querdisparation und so weiter. All diese Details sind von äußerstem Interesse für die Wissenschaftler, weil sie einen Einfluß darauf haben, wie die verschiedenen Neuronen in den verschiedenen Teilgebieten genau zu klassifizieren sind und wie sie uns helfen zu sehen. Wichtig für uns ist, daß das Verhalten der Neuronen – selbst wenn sie ein und demselben Areal angehören – in teilweise disjunkte Klassen aufgeteilt ist, obwohl sich darüber streiten läßt, wie sauber die Aufteilung ist.

Abb. 47: *Diese Abbildung (aus Felleman und Van Essen [5]) zeigt das gefaltete Makakenhirn entfaltet, so daß die Anordnung leichter verständlich wird. Zwei Ansichten zeigen den entfalteten Cortex in kleinerem Maßstab. Die Darstellung ganz oben links zeigt den Anblick der rechten Seite des Makakenhirns, von außen gesehen. Die Darstellung ganz unten links zeigt, wie dieser Teil des Hirns von in-*

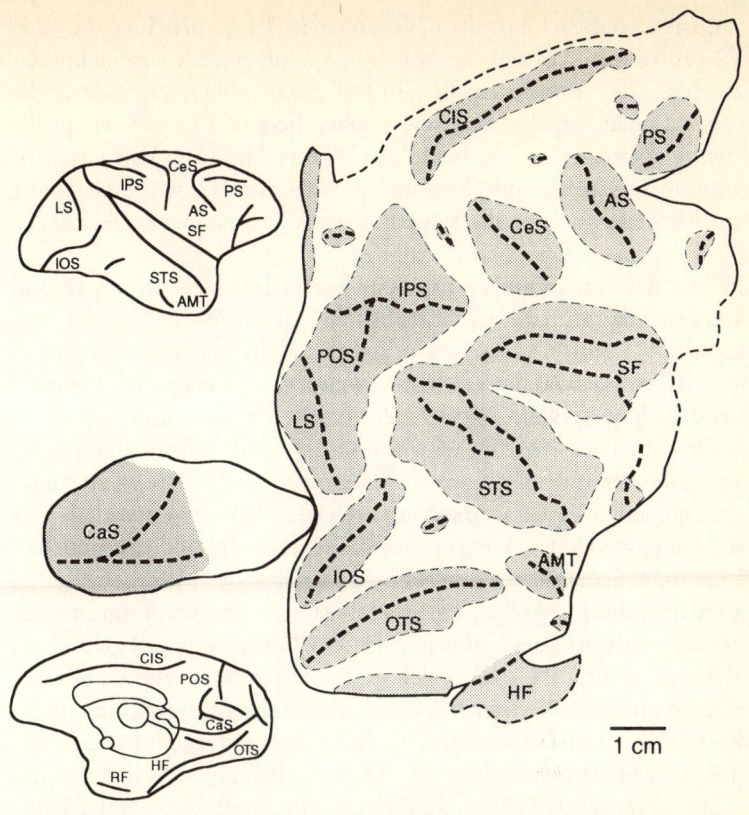

nen aussähe, wenn das Hirn in Hälften geschnitten würde. Die Linien markieren die diversen Furchen, die Buchstaben geben die Initialen der englischen Bezeichnungen an (PS steht z.B. für »Principal Sulcus«).

Die große Darstellung zeigt, was sich ergibt, wenn die kortikale Oberfläche entfaltet wird. Die stark gestrichelten Linien stellen die Tiefe der jeweiligen Furche dar. Die Gebiete, die innen gefaltet (und mithin gar nicht an der Hirnoberfläche) sind, wurden schattiert. Um die Verzerrung zu verringern, die durch das Entfalten der gekrümmten Oberfläche entsteht, wurden in der Oberfläche einige Schnitte vorgenommen. Es gibt einen, der um das erste visuelle Areal V1 (das links herausragt) herum verläuft, und noch zwei weitere.

Bis jetzt habe ich nur über Neuronen in V1 gesprochen, die nach V2 projizieren. Gibt es Neuronen in V2, die nach V1 zurückprojizieren?[7] Die Antwort ist: Es gibt fast genauso viele Neuronen, die von V2 zurückprojizieren, wie solche, die von V1 vorwärts projizieren; aber es gibt einen wichtigen Unterschied. Die Vorwärtsprojektion zielt insbesondere in die Schicht 4 von V2, wohingegen die Rückwärtsprojektion die Schicht 4 von V1 fast völlig vermeidet.

Früher nahm man nur drei visuelle kortikale Areale an: 17, 18 und 19. Zwei davon habe ich ausführlicher beschrieben: V1 (das entspricht 17) und V2 (das ist ein Teil des alten 18). Wieviele gibt es außerdem noch? Überraschenderweise sind wenigstens zwanzig verschiedene visuelle Areale identifiziert worden, und außerdem noch sieben weitere, die teilweise visuell sind. Allein schon diese Tatsache macht deutlich, wie komplex der visuelle Prozeß ist. In jedem einzelnen Areal ist das Verhalten der Neuronen merklich verschieden, weil jedes Areal ja verschiedene Inputs und Outputs hat. In Abb. 47 ist eine zweidimensionale Version des Makaken-Cortex zu sehen, die David Van Essen (der jetzt an der Washington University arbeitet) angefertigt hat. Da der Cortex sowohl gekrümmt als auch gefaltet ist, stellen sich in der Karte unweigerlich Verzerrungen ein.[8] Die Verzerrung wurde dadurch verringert, daß in der kortikalen Fläche einige ausgesuchte Schnitte vorgenommen wurden; einer darunter isoliert das Areal V1 beinahe, das links an der Figur herausragt. Diese Abbildung sollte man mit der nächsten (Abb. 48) vergleichen, in der die Markierungen für die kortikalen Falten weggelassen und stattdessen die vielen kortikalen Areale eingezeichnet wurden. Die visuellen (und teilweise visuellen) sind schattiert. Beim Makaken machen sie zusammen ein wenig mehr als die Hälfte des gesamten Cortexgebiets aus (man erinnere sich daran, daß Affen sehr visuelle Tiere sind).

Diese Karte ist keinesfalls endgültig. Beispielsweise könnte es sein, daß das Areal 46 (rechts oben) noch einmal unterteilt werden muß. Vielen Arealen hat man Namen gegeben, die ziemlich geschwollen klingen, normalerweise benutzt man jedoch die Initialen (MT steht für »medial temporal«; VIP für »ventral intraparietal«, und so weiter. Andere haben Nummern (die hier nicht angegeben werden), die im allgemeinen dem System von Brodmann entspre-

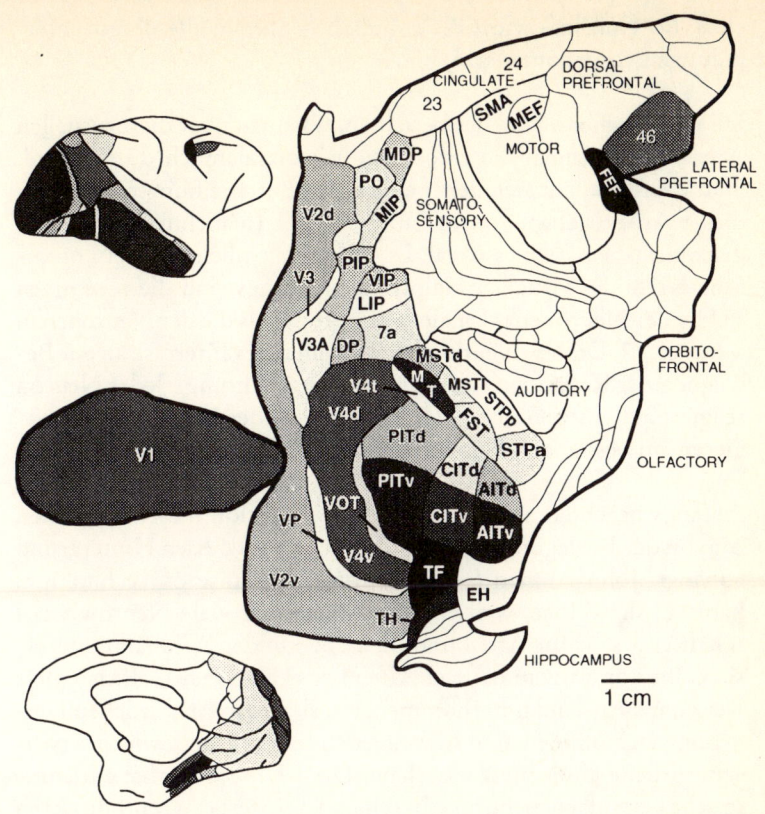

Abb. 48: *Die große Darstellung zeigt die vielen verschiedenen kortikalen Areale auf einer Seite (hier ist es die rechte) des Makakenhirns. Die beiden kleineren Abbildungen (mit kleinerem Maßstab) links zeigen die Ansicht von außen (oben) und von innen (unten), als ob das Hirn in Hälften gespalten worden wäre. Die kortikale Oberfläche wurde entfaltet (wie in Abb. 47 beschrieben).*

Die vielen Areale, die es mit visueller Wahrnehmung zu tun haben, sind schattiert. Die Initialen stehen für die englischen Fachbezeichnungen des jeweiligen Areals. Ihre wechselseitigen Verbindungen sind in Abb. 52 zu sehen. Der Hauptinformationsfluß verläuft von V1 (links) zu den Arealen auf der rechten Seite, insbesondere zu denen unten rechts.

chen; bei einigen – wie z.B. 7a und 7b – wurden allerdings Unterteilungen vorgenommen.

Ich möchte hier nicht alles berichten, was man über diese visuellen Areale weiß, zumal die Informationen oft ziemlich dürftig sind. Statt dessen möchte ich lieber eine kurze Beschreibung von zweien dieser Areale geben: von MT und V4. MT (manchmal auch »V5« genannt) ist ein kleines Areal. Es hat eine ziemlich gute retinotopische Karte des visuellen Halbfelds, allerdings sind die rezeptiven Felder der Neuronen normalerweise größer als die der Neuronen in V1 oder V2. Die V5-Neuronen haben ein reges Interesse an der Bewegung der Reize (auch an der Bewegungsrichtung). Jedes Neuron reagiert auf einen Geschwindigkeitsbereich des Reizes. Einige reagieren am besten auf schnelle, andere auf langsamere Bewegungen.

Anfangs beachtete man nicht, daß die Reaktion dieser Neuronen oft von der Bewegung eines Objekts relativ zu dessen Hintergrund abhängt. John Allman (vom California Institute of Technology) kam auf diese Idee, weil er sich – anders als viele Neurowissenschaftler – sehr für Affen und ihr Leben in der Wildbahn interessiert. Bis vor kurzem hatte er Affen bei sich zu Hause. Er hat viele Reisen ins Ausland unternommen, um sie in ihrer natürlichen Umgebung zu studieren, und so weiß er aus erster Hand, wie ihre typische visuelle Umgebung ausschaut. Diese Umgebung hat er dann – in sehr vereinfachter Form – in seinen Labortests zu reproduzieren versucht. Als Reiz verwendeten er und seine Kollegen einen Balken auf einem Fernsehbildschirm, der eine zufällige Verteilung von Punkten aufwies [6]. Ein Neuron mag gut auf einen Balken aus gesprenkelten Punkten reagieren, der sich in seinem rezeptiven Feld z.B. zum oberen rechten Rand des visuellen Felds (senkrecht zur Längsachse) bewegt. Wenn jedoch in derselben Richtung auch eine Bewegung der Hintergrund-Punkte stattfindet, dann – so fand Allman heraus – ist das Feuern der Neuronen schwächer. Wenn der Hintergrund sich in die entgegengesetzte Richtung bewegt, kann das Feuern des auf den sich bewegenden Balken reagierenden Neurons stärker werden. Woran das Neuron also hauptsächlich interessiert ist, das ist die Bewegung, die sein lokales Merkmal *relativ* zu ähnlichen Merkmalen des umgebenden Hintergrunds hat. Dies ist

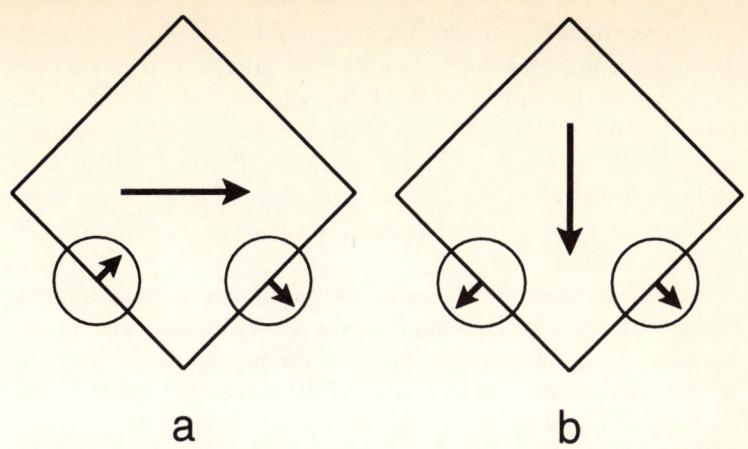

a   **b**

Abb. 49: *Das Öffnungsproblem. Betrachten wir vier Linien – Kanten einer Raute –, die sich in fester Formation entweder (wie in* **a***) nach rechts oder (wie in* **b***) nach unten bewegen, was jeweils durch den großen Pfeil angezeigt wird. Jeder Kreis stellt eine kleine Öffnung dar, durch den ein Neuron auf das visuelle Feld »blickt«. Auf diese Weise kann ein einzelnes Neuron in den Anfangsstadien des visuellen Systems nicht sehen, in welche Richtung sich die Raute bewegt. Es nimmt nur die Bewegung wahr, die senkrecht zu der kleinen geraden Linie in seinem visuellen Feld verläuft, wie das durch die kleinen Pfeile in den Kreisen angezeigt wird. Wie die Raute sich bewegt, das läßt sich nur unter Verwendung der Informationen von mehr als einem einzelnen Neuron herausbekommen – man vergleiche Richtung der kleinen Pfeile in* **a** *und* **b***.*

der einfachste Fall des nicht-klassischen rezeptiven Felds, das ich schon erwähnt habe. Auch wenn das nicht immer so einfach funktioniert,[9] sieht es dennoch so aus, als könnte ein Ensemble solcher Neuronen lernen, nicht nur auf einen bestimmten Aspekt eines Objekts zu reagieren, sondern auch auf gewisse Aspekte des Objekt-Kontexts.

Einige Neuronen im Areal MT reagieren in einer komplizierten Weise auf Bewegung. Ihr Verhalten steht im Zusammenhang mit dem sog. *Öffnungsproblem.* Betrachten wir Abb. 49. Stellen Sie sich ein kleines rundes Loch (die Öffnung) in einer Leinwand vor, durch das man auf eine gerade Linie ohne besondere Merkmale blickt. Sie ist Teil einer längeren geraden Linie, die größtenteils durch die Leinwand mit dem Loch verdeckt ist. Wenn sich diese starre Linie in irgendeine beliebige Richtung bewegt, wird man durch die Öffnung nur Folgendes sehen: wie sich ein kleiner Teil der Linie *senkrecht zu ihrer Längsachse* bewegt. (Das wird genauer im Text zu Abb. 49 erläutert.)

Ein Neuron im Areal V1, das auf die Bewegungsrichtung reagiert, verhält sich genauso. Es nimmt nur die Bewegungskomponente einer Linie wahr, die senkrecht zur Linie verläuft; sie nimmt nicht die wirkliche Bewegung des gesamten Objekts wahr. Einige Neurone im Areal MT hingegen reagieren auf die wirkliche Bewegung, und zwar insbesondere dann, wenn das Signal aus mehreren verschiedenen Linien besteht. Es wäre hübsch, wenn man berichten könnte, daß die Neuronen in MT sich säuberlich in zwei Klassen einteilen lassen: in solche, die das Öffnungsproblem lösen, und solche (wie die in V1), die dies nicht tun. Die Wahrheit ist viel weniger ordentlich. Die Neuronen weisen ein breitgefächertes Spektrum von Verhaltensweisen auf, die zwischen diesen beiden liegen [8,9]. Dennoch liefern sie ein gutes Beispiel dafür, wie die Reaktionen der Neuronen auf den höheren Ebenen des visuellen Systems immer raffinierter werden.

Wenn die ankommende Information irreführend ist, kann das Hirn zur falschen Interpretation gelangen. Ein geläufiges Beispiel ist die Sinnestäuschung mit der Friseurstange – in Wirklichkeit dreht sich die Stange um ihre Längsachse, aber es kommt uns so vor, als bewegten sich die Streifen auf der Längsachse nach oben.[10] Jeder beliebige Punkt auf den Grenzen zwischen den roten und den blauen Streifen bewegt sich in Wirklichkeit auf einer Senkrechten zur Längsachse der Stange. Trotzdem sieht das Hirn die Streifen so, als bewegten sie sich in Richtung der Stangenlängsachse. Dies wird in Abb. 50 veranschaulicht.

Die Neuronen im kortikalen Areal MT haben an Farbe als solcher wenig Interesse, obwohl einige von ihnen auf die Bewegung von Grenzen reagieren können, die nur durch Farbunterschiede (ohne jederlei Helligkeitsunterschied zwischen den Farben) hervorge-

Abb. 50: *Der springende Punkt der Friseurstangen-Sinnestäuschung. In der Abbildung wird nur eine einzige Grenze auf der Stange gezeigt. Der mit **W** gekennzeichnete Pfeil zeigt die wirkliche Bewegung an einem bestimmten Punkt, denn die Stange dreht sich um ihre eigene Achse. Die Bewegung, die man an diesem Punkt sehen würde, wenn man auf ihn durch eine sehr kleine Öffnung schaute, ist durch den als **Ö** markierten Pfeil dargestellt. Das Hirn nimmt eine inkorrekte Synthese all der Ö-artigen Informationen vor und sieht Bewegung in Richtung des als **S** markierten Pfeils. Genau zu erklären, wie es diesen Fehler im einzelnen macht, das ist eine der Aufgaben, vor denen der Theoretiker steht.*

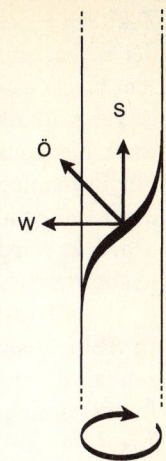

bracht werden. In dieser Hinsicht unterscheiden sie sich deutlich von den Neuronen des Areals V4, die komplizierte Reaktionen auf Wellenlänge aufweisen, gegenüber Bewegung aber ziemlich gleichgültig sind.[11] Die rezeptiven Felder sind typischerweise groß. Dennoch kann ein Neuron in manchen Fällen auf ein kleines Objekt mit den passenden visuellen Eigenschaften reagieren, gleichgültig an welcher Stelle des Feldes es sich befindet. Die Abbildung hat einige komplexe retinotopische Aspekte, aber das Areal hat keine einfache retinotopische Karte wie V1.

Viele Farbreaktionen sind – wie aufgrund der Theorien über die Farbwahrnehmung zu erwarten ist – »Gegenfarb-Reaktionen«. Bedeutsamer ist, daß das Verhalten dieser Neuronen (wie der Neurophysiologe Semir Zeki vom University College in London gezeigt hat [10]) den Land-Effekt aufweist, der im 4. Kapitel beschrieben wurde. Sie reagieren nicht einfach auf die Wellenlängen des Lichts im Zentrum und der Umgebung des rezeptiven Felds; die Reaktion ist auch stark von solchen Wellenlängen beeinflußt, die von nahe gelegenen Oberflächen ins Auge gelangen. Grob gesagt reagieren sie nicht einfach auf Wellenlänge; sie reagieren auf wahrgenommene Farbe. Bei seinen Untersuchungen am Makaken stieß Zeki auf ein Neuron im Areal V4, das folgende Eigenschaft hat: es reagierte immer dann auf einen roten Flecken, der sich in einem Muster rechteckiger Flecken unterschiedlicher Farbe befand, wenn auch

Zeki den Flecken als rot sah – sogar dann, wenn die Wellenlängen der Beleuchtung und dadurch auch die Wellenlängen, die von diesem Flecken auf die Netzhaut kamen, stark verändert wurden. Das ist ganz offenkundig ein weiteres Beispiel dafür, wie das Verhalten eines Neurons durch den einschlägigen Kontext beeinflußt wird. Für Psychologen ist es wichtig zu erkennen, daß die Reaktion auf den Kontext in einem gewissen Maße von einzelnen Neuronen ausgedrückt werden kann und daß dies in ihren theoretischen Modellen berücksichtigt werden sollte.

In Abb. 48 sind die gegenwärtig bekannten visuellen Areale skizzenhaft dargestellt, nicht aber, wie sie miteinander verbunden sind. Im wesentlichen beginnt der Hauptinformationsfluß im kortikalen Areal V1 (links) und verläuft (nach rechts, d.h. näher an die Vorderseite des Hirns) zu den Arealen, die an die nicht-visuellen Teile des Cortex angrenzen. Bei diesen Projektionen handelt es sich oft um ungefähre Abbildungen, d. h.: Axonen-Enden, die im Empfänger-Areal nahe beieinander liegen, kommen gewöhnlich von Neuronen, die im Sender-Areal nicht allzu weit auseinanderliegen. Dies kann auch dann so sein, wenn sich in diesem Areal keine retinotopische Abbildung oder Karte befindet, wie das ja bei den höheren Arealen in der Hierarchie der Fall ist.

Van Essen und seine Kollegen haben unter Rückgriff auf eine ursprünglich von den Neuroanatomen Kathleen Rockland und Deepak Pandya entwickelte Idee versucht, die Gesamtheit der visuellen Areale in einer vereinfachten Hierarchie anzuordnen. Rockland und Pandya hatten folgendes bemerkt: Wenn die Projektion vom Areal A zum Areal B vornehmlich in die Schicht 4 hinein verlief, wurde bei der umgekehrten Projektion (von B zurück zu A) die Schicht 4 weitgehend vermieden und statt dessen gewöhnlich eine starke Verbindung zur Schicht 1 hergestellt. Wir haben bereits gesehen, daß es sich bei den Verbindungen zwischen V1 und V2 so verhält. Diese Verallgemeinerung läßt sich sehr einfach symbolisch wiedergeben, wie die Darstellungen in Abb. 51 zeigen. Die Projektionen in der Richtung vom Auge zum Hirn – die vornehmlich in die Schicht 4 hinein verlaufen – werden »Vorwärtsprojektionen« genannt, die in der umgekehrten Richtung »Rückprojektionen«.

Wird die Regel bezüglich der Schicht 4-Verbindungen immer ein-

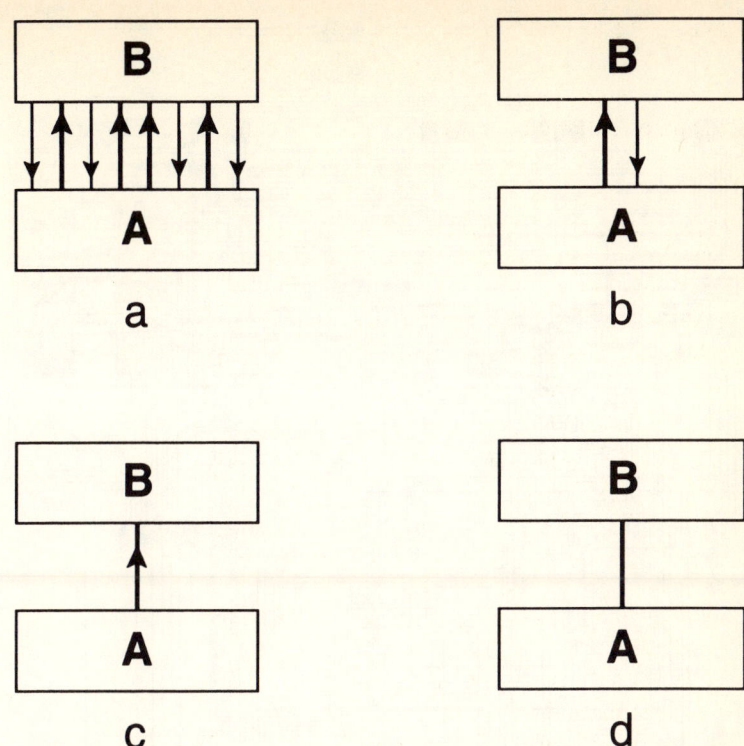

Abb. 51: *Hier wird die Konvention veranschaulicht, die in Abb. 52 verwendet wird.* A *und* B *seien zwei kortikale Areale. Zwischen ihnen gibt es viele Verbindungen in beiden Richtungen; siehe* a. *Diesen Umstand kann man auch einfach durch zwei Linien symbolisieren, wobei die eine von* A *nach* B *und die andere in der umgekehrten Richtung verläuft; siehe* b. *Um es noch einfacher zu machen, kann man die zweite Linie weglassen, wie dies in* c *zu sehen ist. Die verbleibende Linie repräsentiert die Richtung des primären Informationsflusses. (Der Fluß in der anderen Richtung wird von der verbleibenden Linie impliziert.) Noch einfacher geht es so: Der Pfeil in* c *kann weggelassen werden, wie dies in* d *der Fall ist. Damit ist impliziert, daß der Hauptinformationsfluß (die sog. Vorwärtsrichtung) in der diagrammatischen Abbildung immer nach oben verläuft; deshalb muß* B *jetzt über* A *geschrieben werden, die umgekehrte Anordnung wäre falsch.*

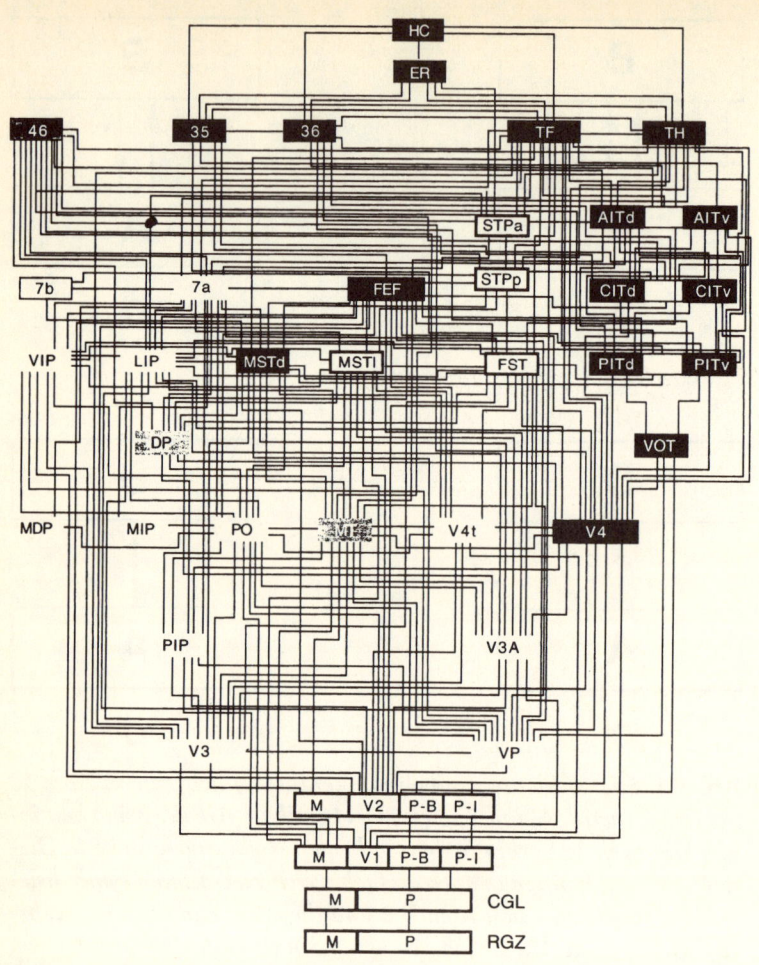

Abb. 52: *Hier werden die vielen Verbindungen zwischen den verschiedenen visuellen Arealen gezeigt. In der Darstellung ist die in Abb. 51 erläuterte Konvention angewandt, wonach jede Linie viele Axonen in beiden Richtungen repräsentiert. Ganz unten in der Abbildung findet man (mit der Bezeichnung RGZ versehen) die retinalen Ganglienzellen dargestellt. Das CGL gehört zum Thalamus; es projiziert zum ersten visuellen Areal V1, das hier in vier Teile zerfallend dargestellt ist. Darüber befindet sich das zweite visuelle*

gehalten? Zwar gibt es tatsächlich Komplikationen, aber es konnte gezeigt werden, daß die meisten bekannten Verbindungen (unter Verwendung der in Abb. 51 geschilderten Konvention) sich in einer einzigen hierarchischen Karte darstellen lassen. (Man vergesse nicht, daß jede Linie in diesem Diagramm sehr viele Axone in beiden Richtungen symbolisiert.) Der Leser möge sich von all den komplizierten Details dieser Skizze der Verbindungen nicht erschrecken lassen, sondern nur zur Kenntnis nehmen, daß das Diagramm jedenfalls die Komplexität des visuellen Prozesses bezeugt. Sehr wenige Menschen hätten wohl gedacht, daß die Verbindungen in ihrem Hirn so aussehen.

Zu der oben erwähnten Regel mit der Schicht 4 gibt es einige wichtige Ausnahmen. Beispielsweise gibt es zwischen kortikalen Arealen viele Querverbindungen auf *derselben* Ebene. Die einfache Schicht 4-Regel erfaßt diese Verbindungen nicht, und somit bedarf es ausgeklügelter Regeln, um das Diagramm anzufertigen. Es ist noch nicht bekannt, ob die wirkliche Anordnung nicht eigentlich nur quasi-hierarchisch ist, oder ob die Abweichungen von jenen komplizierteren Regeln weitgehend auf Fehler bei der Durchführung der Experimente zurückzuführen sind. Dennoch besteht kein Zweifel, daß die verschiedenen Areale sich ganz grob in einer hierarchischen bzw. hierarchieartigen Struktur anordnen lassen. Haben die Ausnahmen, falls es sie wirklich gibt, irgendeine besondere Bedeutung? Darauf kann nur die weitere Arbeit eine Antwort geben.

Die meisten Verbindungen zu einem anderen Areal verlaufen entweder auf derselben oder auf der nächsthöheren bzw. der nächst-

---

Areal, V2 (das ebenfalls aus vier Teilen besteht). Die Bezeichnungen für die vier Areale sind ziemlich willkürlich; darum braucht der Leser sich nicht zu kümmern. Ganz oben steht HC für den Hippocampus und ER für den entorhinalen Cortex, der in den Hippocampus hineinführt. Die Anordnung ist, wie im Text erläutert, semihierarchisch. Viele andere (nicht-visuelle) kortikale Areale, die in Abb. 48 zu sehen sind, werden in dieser Abbildung nicht gezeigt. (Aus Felleman/Van Essen, mit Änderungen von Suzuki und Amaral.)

niedrigeren Ebene; man beachte allerdings, daß es wohlbekannte Ausnahmen gibt – anders gesagt: eine Verbindung kann Ebenen überspringen. Ein Beispiel ist etwa die direkte Verbindung zwischen V1 und dem vier Ebenen höher gelegenen Areal MT. Daß alle Verbindungen reziprok seien, ist eine Regel, die zwar fast immer zutrifft, aber auch zu ihr gibt es wiederum Ausnahmen.[12] Übrigens wird in Abb. 52 nicht versucht, die Stärke der Verbindungen kenntlich zu machen; es bleibt z.B. offen, wieviele Axone jede Linie repräsentiert. Das liegt hauptsächlich daran, daß wir gegenwärtig zu dieser Frage zu wenig Informationen haben. Einige Linien in Abb. 52 repräsentieren Millionen von Axonen, andere nur 100000 oder noch weniger.

Sind nebeneinander gelegene Areale *im Cortex* immer miteinander verbunden? Wie man inzwischen vielleicht schon erwartet, verhält es sich so: Gewöhnlich sind sie miteinander verbunden, aber es gibt einige wenige Ausnahmen.

Die hierarchische Anordnung wird durch Anhaltspunkte ein wenig anderer Art gestützt – und zwar durch die allgemeine Beschaffenheit der neuronalen Reaktionen in den verschiedenen Arealen. Wenn wir in der Hierarchie hinaufsteigen, dann beachtet das Reaktionsverhalten der Neuronen die beiden folgenden grob formulierten Regeln: Erstens nimmt die Größe der rezeptiven Felder zu; bei den höchstgelegenen Arealen ist das rezeptive Feld oft das gesamte visuelle Halbfeld und auch noch (dank der Verbindung über das Corpus callosum) die andere Hälfte des visuellen Felds oder wenigstens Teile davon. Zweitens werden die Merkmale, auf die Neuronen reagieren, komplexer. Einige Neuronen im Areal V2 reagieren auf bestimmte subjektive Konturen, während einige im Areal MT in weniger einfacher Weise auf Bewegungsmuster reagieren (sie lösen – jedenfalls teilweise – das Öffnungsproblem, wie wir gesehen haben). Einige Neuronen im Areal MST reagieren auf Bewegungen im visuellen Feld, die dem Licht entsprechen, das von einem sich nähernden Objekt kommt; andere reagieren auf Licht von einem sich entfernenden Objekt. Es gibt Neuronen in V4, die auf wahrgenommene Farbe reagieren und nicht nur auf die Wellenlänge des Lichts.

In den Arealen der höheren Ebenen finden wir Neuronen, die auf die Vorderansicht eines Gesichts reagieren, sich allerdings nicht sonderlich dafür interessieren, wo es sich relativ zur Blickrichtung befindet oder ob es ein bißchen zur Seite geneigt ist. Auf ein Bild, das eine durcheinandergebrachte Anordnung von Augen, Nase, Mund usw. zeigt, reagiert ein derartiges Neuron so gut wie gar nicht. Andere Neuronen reagieren am besten auf ein Gesicht im Profil. Neuronen im Areal 7a hingegen sind hauptsächlich daran interessiert, *wo* ein Objekt sich relativ zum Kopf oder zum Körper befindet, und viel weniger daran, *was* es ist. Das wiederum ist das Hauptanliegen der sog. inferotemporalen Areale (ihre Bezeichnungen haben ein *IT* in der Mitte, wie z.B. *CITd*), wie ich das gerade am Beispiel der Gesichtserkennung beschrieben habe. Es ist beinahe gewiß, daß viele Reaktionen, die noch komplexer sind, noch gar nicht entdeckt sind.

Das allgemeine Muster sieht demnach so aus: Jedes Areal empfängt mehrere Inputs von Arealen, die weiter unten liegen. (Diese niedrigeren Areale haben der Information schon komplexere Merkmale entnommen als jene einfachen Merkmale, auf die das Areal V1 reagiert.) Dann bearbeitet es diese Input-Kombination und erzeugt noch komplexere Merkmale. Diese reicht sie dann weiter nach oben in der Hierarchie. Die Information fließt in ziemlich separaten, aber miteinander in Wechselwirkung befindlichen Strömen gleichzeitig in der Hierarchie nach oben. Beispiele dafür haben wir schon kennengelernt: die partielle Aufsplitterung der M- und der P-Signale, die von der Netzhaut kommen; die drei Ströme von V1 zu V2; und, weiter oben in der Hierarchie, die »Was«- und die »Wo«-Ströme. Es muß jedoch betont werden, daß es zwischen solchen Strömen immer irgendeinen Hin-und-Her-Austausch gibt.

Was ist zu den Rückverbindungen zu sagen? Sie müssen dringend genauer erforscht werden. Man kann sich allerlei als ihre Funktion ausmalen. Sie könnten bei der Erzeugung der nicht-klassischen rezeptiven Felder beteiligt sein, die ich bereits erwähnt habe, und es auf diese Weise einer Aktivität auf höherer Stufe gestatten, Reaktionen auf niedrigerer Stufe zu beeinflussen. Sie könnten zu Systemen gehören, die einem niedriger gelegenen Areal signalisieren, daß seine Tätigkeiten auf einer ein wenig umfassenderen Ebene gerade erfolgreich waren und deshalb nicht vergessen werden sollten – d.h.

die Synapsen sollten so verändert werden, daß das betreffende Merkmal künftig leichter erkannt wird. Sie könnten eine wichtige Rolle im Aufmerksamkeitsmechanismus sowie in den Mechanismen spielen, die für visuelles Vorstellen benötigt werden. Sie könnten etwas zu der Synchronisierung neuronaler Oszillationen (vgl. 17. Kapitel) beitragen. Das sind einige der offensichtlicheren Möglichkeiten. Welche von ihnen – oder ob auch nur überhaupt eine darunter – zutrifft, ist derzeit noch offen.

Zudem sieht das gesamte System nicht wie ein statischer Reaktionsmechanismus für den einmaligen Gebrauch aus. Vermutlich spielen bei seiner Arbeitsweise viele kurzlebige, dynamische Interaktionen, die bei beachtlicher Geschwindigkeit stattfinden, eine wichtige Rolle. Und schließlich dürfen wir auch nicht vergessen, daß alles, was ich hier ausgeführt habe, den Makakenaffen betrifft und nicht den Menschen. Wir können vernünftigerweise annehmen, daß unser visuelles System dem des Makaken gleicht, aber das ist eben nur eine Annahme. Nach allem, was wir wissen, könnte es Unterschiede geben, die nicht nur die Einzelheiten, sondern auch die Komplexität betreffen.

Das Geheimnis des Neocortex, wenn er eines hat, liegt vermutlich in seiner *Fähigkeit, seinen Verarbeitungshierarchien auf evolutionärem Weg zusätzliche Schichten hinzuzufügen*, insbesondere auf den höheren Ebenen dieser Hierarchien. Wahrscheinlich sind es diese Zusatzschichten der Verarbeitung, durch die sich höhere Säugetiere wie der Mensch von niedrigeren wie dem Igel unterscheiden. Ich vermute, daß der Neocortex besondere Lernalgorithmen verwendet, die es jedem kortikalen Areal gestatten, der Erfahrung neue Kategorien zu entnehmen, obwohl jedes einzelne Areal in eine komplexe Verarbeitungshierarchie fest eingefügt ist. Diese Fähigkeit unterscheidet den Neocortex vermutlich von anderen Formen der Nervenarchitektur, so z.B. vom Kleinhirn und vom Streifenkörper, wo keine derartig komplexe Hierarchie vorliegt.

Diese Ideen sind Spekulationen, doch eines ist ziemlich klar: Auch wenn es viele verschiedene visuelle Bereiche gibt, von denen jedes visuelle Inputs in unterschiedlicher und komplexer Weise analysiert, so können wir bisher keinen einzelnen Bereich ausmachen, dessen neurale Aktivität exakt dem lebhaften Bild der Welt entspricht, das wir vor unseren Augen sehen. Wenn man Abb. 52 betrachtet, könnte man auf den Gedanken kommen, dies geschehe in irgendeiner der komplexeren Strukturen wie dem Hippocampus und den zu ihm gehörigen kortikalen Strukturen (in der Abbildung als *HC* und *ER* gekennzeichnet), die in der Hierarchie ganz oben sind. Doch ein Mensch kann, wie wir im 12. Kapitel erfahren werden, alle diese Bereiche (auf beiden Seiten des Hirns) verlieren und uns dennoch berichten, daß er ziemlich gut sieht; und er kann sich auch tatsächlich entsprechend verhalten. Kurz, *auch wenn uns klar ist, wie das Hirn das Bild zerlegt, so verstehen wir trotzdem noch nicht, wie es das Bild zusammensetzt.* Wie bildet es das wohlorganisierte und detaillierte visuelle Bewußtsein der Objekte im visuellen Feld und ihres Verhaltens?

12 HIRNSCHÄDIGUNGEN

»Das verwüstete Babylon ist weniger schrecklich anzuschauen als die
Ruinen des menschlichen Geistes.«   *Scrope Davies*

Neurologen haben seit geraumer Zeit Menschen untersucht, deren
Hirn auf verschiedene Weisen beschädigt wurde – durch einen
Schlaganfall, Schläge auf den Kopf, eine Pistolenkugel oder eine Infektion. Sehr viele dieser Schädigungen bewirken Veränderungen
bei gewissen Aspekten des visuellen Bewußtseins, auch wenn andere Fähigkeiten wie z.B. Sprache und Bewegung mehr oder weniger
intakt bleiben. Das Belegmaterial weist darauf hin, daß es im Cortex ein bemerkenswertes Maß an funktionaler Spezialisierung gibt,
und oftmals in recht überraschender Form.

In vielen Fällen ist die Hirnschädigung nicht sehr »sauber« bzw.
spezifisch. Eine eindringende Kugel beachtet keine Grenzen zwischen kortikalen Arealen. (Der lebende Cortex hat die Ober-
flächenbeschaffenheit eines ziemlich weichen Gelees. Man kann
leicht etwas davon wegnehmen, indem man an einer Pipette saugt.)
Normalerweise sind mehrere kortikale Areale von einer Hirnschädigung betroffen. Die dramatischsten Effekte entstehen durch
Schäden entsprechender Bereiche auf beiden Seiten des Hirns, doch
solche Fälle sind sehr selten.

Viele Neurologen haben nur für eine kurze Untersuchung des
verletzten Patienten Zeit – sie untersuchen ihn, bis sie eine plausible
Vermutung darüber haben, wo der Schaden wohl sein wird. Neuer-
dings ist auch diese Art detektivischer Betätigung weitgehend durch
Hirn-Scans ersetzt worden. Früher war es üblich, über etwa ein
Dutzend ähnlicher Fälle in einem zu berichten, denn man hatte das
Gefühl, es wäre unwissenschaftlich, einen einzelnen, isolierten Ver-
letzungsfall zu beschreiben. Das führte leider häufig dazu, daß
Schäden, die in Wirklichkeit unterschiedlicher Art waren, in einen
Topf geworfen wurden.

Neuere Trends haben hier eine gewisse Verbesserung gebracht.

Man schenkt nun oft den wenigen Fällen besondere Aufmerksamkeit, in denen ein bestimmter Aspekt der Wahrnehmung oder des Verhaltens verändert ist, während die meisten anderen Aspekte gleich bleiben. Diese Patienten erlitten zumeist eine begrenztere und mithin spezifischere Schädigung. Man bemüht sich auch darum, die Schädigung[1] mit Hilfe von Hirn-Scans zu lokalisieren. Wenn der Patient kooperativ ist, kann man mit ihm eine ganze Reihe von psychologischen und anderen Tests machen, um herauszubekommen, was genau er sehen bzw. tun kann und was nicht. In manchen Fällen erstreckten sich solche Tests über mehrere Jahre hinweg. Da die Ideen zur visuellen Informationsverarbeitung differenzierter geworden sind, sind auch die Experimente, mit denen man diese Ideen überprüft, subtiler und umfassender geworden. Man kann nun Hirn-Scans hinzunehmen, die die *Aktivität* erfassen, die im Hirn bei der Bewältigung der verschiedenen Aufgaben stattfindet. Mit Hilfe solcher Resultate lassen sich dann Patienten miteinander vergleichen und kontrastieren, die entweder ähnliche Schädigungen oder ähnliche Symptome oder beides aufweisen.

Es bietet sich naheliegenderweise an, Schäden an V1– dem Streifenkörper – als erstes Beispiel zu nehmen. Wenn V1 auf der einen Seite des Hirns völlig zerstört ist, scheint der Patient im gegenüberliegenden Halbfeld blind zu sein. Gegen Ende dieses Kapitels werden wir jedoch ein seltsames Phänomen, das als »Blindsehen« (»blindsight«) bekannt ist, im Detail erörtern. An dieser Stelle wollen wir statt dessen nur die Auswirkungen betrachten, die solche Schädigungen haben, die einen der höchsten Teile der visuellen Hierarchie betreffen und zwar nur auf der rechten Hirnseite. Man bezeichnet sie als »unilateralen Neglect« oder auch »Hemineglect«. Das beschädigte Areal entspricht ungefähr dem Areal 7a im Hirn des Makaken (vgl. Abb. 48). Gewöhnlich werden diese Schädigungen durch Gefäßschädigungen in einer der Hirnarterien verursacht, die allgemein als Schlaganfall bekannt sind.

In den Anfangsstadien können extreme Symptome auftreten: die Augen und der Kopf des Patienten können nach rechts gedreht sein. In schweren Fällen, in denen die Schädigung so weitreichend ist, daß der Patient auf der linken Seite kein Gefühl und keine Kontrolle mehr hat, kommt es sogar vor, daß er behauptet, sein linkes Bein gehöre nicht ihm. Ein Mann war so wütend darüber, daß das Bein einer anderen Person neben ihm im Bett lag, daß er es hinauswarf – erstaunt stellte er fest, daß er dann selbst auf dem Boden lag.

Die extremen Symptome werden nach einigen Tagen gewöhnlich schwächer oder verschwinden ganz. Beispielsweise kann es sein, daß der Patient kein Essen von der linken Seite seines Tellers nimmt. Wenn man ihn bittet, eine Uhr oder ein Gesicht zu malen, wird er typischerweise nur die rechte Seite malen. Nach einigen Wochen, wenn sich das Hirn teilweise erholt hat, läßt die Stärke dieses Hemineglects zwar weiter nach, der Patient scheint der linken Seite aber immer noch weniger Aufmerksamkeit zu schenken als der rechten. Bittet man ihn, eine Linie zu halbieren, dann wird er den Mittelpunkt zu weit rechts einzeichnen. Er ist allerdings nicht wirklich blind auf der linken Seite. Er kann ein Objekt sehen, wenn es allein steht; wenn jedoch auch irgend etwas Bemerkenswertes auf seiner rechten Seite vorhanden ist, dann kann es sein, daß er das Objekt auf der linken Seite nicht bemerkt. Ein solcher Patient wird oft bestreiten, daß irgend etwas nicht in Ordnung ist, und er berichtet auch nicht, daß er auf der linken Seite seines visuellen Felds nur leeren Raum sehe.

Hemineglect gibt es nicht nur bei der visuellen Wahrnehmung, er kann auch bei der visuellen Vorstellung auftreten. Das klassische Beispiel stammt aus einem Bericht des Italieners Edoardo Bisiach und seiner Kollegen [1]. Sie baten ihre Patienten, sich vorzustellen, sie stünden dem Dom zugewandt ganz am Ende der Piazza del Duomo in Mailand; sie sollten erzählen, woran sie sich erinnern konnten. Sie beschrieben hauptsächlich Einzelheiten von Gebäuden, die von diesem Standpunkt aus auf ihrer rechten Seite lagen. Dann bat man sie, noch einmal dasselbe zu tun, sich diesmal aber vorzustellen, sie stünden am entgegengesetzten Ende des Platzes, mit dem Dom im Rücken. Nun berichteten sie vornehmlich von Einzelheiten, die in ihrer jetzigen visuellen Vorstellung auf der rechten Seite angesiedelt waren und die sie vorher nicht erwähnt hatten.

Eine andere bemerkenswerte Art von Hirnschädigung bewirkt einen teilweisen oder vollständigen Verlust der Farbwahrnehmung. Der Patient sieht alles in Grauschattierungen. Der Fachterminus dafür ist »Achromatopsie« – schon im Jahre 1688 berichtete Robert

Boyle (der »Vater der Chemie«) von einem solchen Fall. Oliver Sacks und Robert Wasserman haben 1987 in *The New York Review of Books* eine Beschreibung eines derartigen Falls vorgelegt [2]. Der Patient war ein abstrakter Maler aus New York, Jonathan I., der ein so tiefgehendes Interesse an Farbe hatte, daß er einen »bunten Tumult innerer Farben« erlebte, wenn er konzentriert Musik hörte. (So etwas nennt man Synästhesie.) Nach dem Unfall verlor er diese Fähigkeit und auch weitgehend das Interesse an der Musik.

Die Schädigung kam durch einen eher kleinen Autounfall zustande. Jonathan I. zog sich vermutlich eine Gehirnerschütterung zu, schien aber ansonsten unverletzt. Er konnte der Polizei eine klare Darstellung vom Unfallhergang geben, bekam später jedoch starke Kopfschmerzen und verlor seine Erinnerungen an den Unfall. Am nächsten Tag, als er nach einem stuporartigen Schlaf erwachte, stellte er fest, daß er nicht lesen konnte; diese Unfähigkeit verschwand allerdings fünf Tage später. Er hatte Schwierigkeiten bei der Unterscheidung von Farben, seinem subjektiven Eindruck nach hatte sich an seiner Farbwahrnehmung nichts verändert.

Am nächsten Tag, als er in sein Studio fuhr, wußte er, daß es ein Morgen mit strahlendem Sonnenschein war. Ihm hingegen kam die Welt so vor, als habe sich eine Art Nebel über sie gelegt. Das ganze Ausmaß seines Verlusts wurde ihm erst klar, als er im Studio angekommen war und sich seine Bilder anschaute, die in leuchtenden Farben gemalt waren. Sie erschienen ihm jetzt »restlos grau und ohne Farbe«.

Sacks und Wasserman beschreiben sehr eindringlich und detailliert die psychischen Auswirkungen dieses grausamen Verlusts. Man könnte vielleicht denken, Herrn I.s Lage sei nicht schlimmer als die eines Menschen, der einen Schwarzweißfilm anschaut; für ihn war es jedoch ganz anders. Vor den meisten Speisen und Nahrungsmitteln empfand er Ekel – Tomaten sahen z.B. schwarz für ihn aus. Die Haut seiner Frau schien ihm die Farbe einer Ratte zu haben; er konnte es nicht ertragen, mit ihr zu schlafen. Es half ihm auch nichts, die Augen zu schließen. Sein hochentwickeltes visuelles Vorstellungsvermögen war ebenfalls farbenblind geworden. Sogar seine Träume hatten die lebhaften Farben von früher verloren.

Seine Grauskala war reduziert, insbesondere bei starker Sonneneinstrahlung; feine Farbtonabstufungen konnte er nicht sehen.

Zwar war seine Reaktion auf die Wellenlängen des Lichts insgesamt normal, aber er hatte einen zusätzlichen Empfindlichkeitpeak im (»blauen«) Kurzwellenbereich des Spektrums. Daraus könnte sich erklären, weshalb er weiße Wolken vor dem Hintergrund eines blauen Himmels nicht sehen konnte. Es fiel ihm schwer, Gesichter zu erkennen, wenn sie nicht ganz nah waren. Ihm selbst kam es so vor, als könne er schärfer sehen, denn Objekte hoben sich ihm nun mit merklichem Kontrast und großer Klarheit, fast wie Silhouetten, vor dem Hintergrund ab. Er hatte eine abnorme Empfindlichkeit für Bewegung und berichtete: »Ich kann einen Regenwurm sehen, der sich an der übernächsten Straßenkreuzung entlangschlängelt.« Nachts, so behauptete er, könne er noch vier Straßen weiter ein Autokennzeichen erkennen. Deshalb wurde er, wie er sich selbst ausdrückte, ein »Nachtmensch«. Wenn er nachts herumzog, war seine Gesichtswahrnehmung nicht schlechter als die der anderen Menschen.

Der Verlust des Farbbewußtseins hat andere Aspekte seiner visuellen Wahrnehmung sehr wenig beeinträchtigt; nur seine Empfindlichkeit für Grautöne war dadurch verändert, und eine außergewöhnliche Empfindlichkeit für Bewegung hatte sich eingestellt. Die Schädigung war offenkundig beidseitig, denn sie betraf beide Hälften des visuellen Felds (es gibt Fälle von Achromatopsie, die nur eine Hälfte betreffen) und trat mit Verspätung ein, da ja der vollständige Verlust des Farbbewußtseins erst nach zwei Tagen zustande gekommen war. Wenn man die gesteigerte Reaktion auf den (»blauen«) Kurzwellenbereich des Lichts außer Betracht läßt, dann könnte man das Ganze für einen Defekt im P-System (das sich mehr für Form und Farbe interessiert) halten, durch den der Hauptteil der Seharbeit dem unbeschädigten M-System (das sich mehr für Bewegung interessiert – vgl. Kapitel 10) zugemutet wurde.

Man machte vom Hirn des Herrn I. sowohl ein Kernspintomogramm als auch ein (sei's auch wenig genaues) PET-Scan, man entdeckte aber keine Schädigung; und deshalb steht immer noch nicht fest, daß es sich wirklich um einen Cortex-Schaden handelt. Frühere Fälle haben jedoch ergeben, daß bei der Achromatopsie des Menschen gewöhnlich ein Cortex-Schaden auf einer ziemlich hohen Ebene des visuellen Systems im Spiel ist (und zwar im ventromedialen Sektor des Occipitallappens).

Ein weiteres sehr auffälliges Defizit, das durch Hirnschädigung hervorgerufen wird, ist die Unfähigkeit zum Erkennen von Gesichtern, die sog. »Prosopagnosie«. Ein englischer Premierminister des vorigen Jahrhunderts hatte dieses Leiden. Er erkannte nicht einmal das Gesicht seines ältesten Sohns. Die Prosopagnosie kennt viele Spielarten, und das liegt vermutlich daran, daß die exakte Beschaffenheit des Hirnschadens von Patient zu Patient verschieden ist. Das Problem besteht gewöhnlich nicht darin, ein Gesicht als Gesicht zu erkennen, sondern darin, zu erkennen, um wessen Gesicht es sich handelt: um das der Ehefrau, eines eigenen Kindes oder eines guten Freundes. Die von diesem Leiden befallene Person kann oftmals ihr eigenes Gesicht nicht auf einem Foto wiedererkennen und auch nicht einmal im Spiegel, obwohl sie weiß, daß es ihr eigenes Gesicht sein muß, weil es zwinkert, wenn sie zwinkert. Sie kann ihren Ehegatten gewöhnlich an der Stimme oder am Gang erkennen, nicht aber am Gesicht.

Wenn der Schaden nicht extrem ist, kann der Patient ein Gesicht beschreiben: Augen, Nase, Mund usw., und auch, in welcher Beziehung all dies zueinander steht. Zudem ist der Mechanismus des visuellen Abtastens bei ihm normal. Manchmal kann ein Patient Gesichter zwar dann unterscheiden, wenn er Zuordnungen zwischen Fotos machen soll, auf denen unbekannte Gesichter in unterschiedlicher Beleuchtung zu sehen sind. Er kann aber nicht sagen, wessen Gesicht auf den Fotos zu sehen ist, selbst dann nicht, wenn die betreffenden Personen ihm zuvor vertraut waren.

Prosopagnosie tritt oft zur Achromatopsie hinzu, wenn diese beidseitig ist. Man sollte allerdings im Auge behalten, daß es keinen Grund dafür gibt, daß die (oft durch einen Schlaganfall hervorgerufene) Schädigung nur ein einziges kortikales Areal betreffen sollte. Die Prosopagnosie kann in der Tat in Verbindung mit anderen spezifischen Defekten auftreten.

Der Neurologe Antonio Damasio hat mehrere wichtige Beiträge zur Erforschung der Prosopagnosie geliefert [3]. Dieses Leiden ist nicht unbedingt auf Schwierigkeiten bei der Erkennung von Gesichtern beschränkt. Man wußte schon von dem Fall eines Bauern, der seine Kühe nicht mehr erkannte, obwohl er vorher jede von ihnen mit Namen kannte. Doch Damasio ging weiter. Er und seine Kollegen zeigten, daß die Patienten in vielen Fällen die einzelnen

Elemente einer Klasse ziemlich ähnlicher Objekte nicht erkennen konnten. Ein Patient konnte zum Beispiel ein Auto als ein Auto erkennen, konnte aber nicht sagen, ob es ein Ford oder ein Rolls Royce war, obwohl er einen Krankenwagen oder ein Feuerwehrauto erkennen konnte, vermutlich weil sie einem typischen Auto hinreichend unähnlich sind. Ein Hemd konnte als Hemd erkannt werden, aber nicht als ein Frackhemd.

Damasio und seine Kollegen haben auch herausgefunden, daß einige Patienten die Bedeutung eines Gesichtsausdrucks sowie Alter und Geschlecht erkennen können, auch wenn sie ein Gesicht nicht als dasselbe wiedererkennen können [4]. Andere Prosopagnosie-Patienten haben diese Fähigkeiten nicht. Diese Ergebnisse lassen vermuten, daß verschiedene Aspekte der Gesichter-Erkennung in verschiedenen Teilen des Hirns lokalisiert sind.

Es gibt unterschiedliche Auffassungen zu der Frage, auf welche Weise die Prosopagnosie und die ihr zugrundeliegenden Mechanismen beschrieben werden sollten. Damasio betont, daß es sich nicht um eine allgemeine Funktionsstörung des Gedächtnisses handelt, denn über andere Sinneskanäle (z.B. über den auditorischen) können Erinnerungen ja ausgelöst werden. Um welche Mechanismen es sich im einzelnen Fall handelt, muß noch herausgefunden werden.

Ein bemerkenswerter Fall einer Patientin mit fehlendem Bewußtsein für die meisten Bewegungsarten wird von dem Psychologen Joseph Zihl und seinen Kollegen berichtet [5]. Der Schaden war beidseitig und betraf mehrere Bereiche auf beiden Seiten des Cortex. Bei ihrer ersten Untersuchung befand sich die Patientin in einem Zustand großer Angst. Das ist insofern nicht überraschend, als die Objekte und Personen, die sie an einer Stelle sah, plötzlich an einer anderen Stelle auftauchten, ohne daß ihr bewußt gewesen wäre, daß sie sich bewegt hatten. Beim Überqueren einer Straße war dies besonders erschreckend, denn ein Auto, das zunächst sehr weit entfernt zu sein schien, war plötzlich ganz nah. Wenn sie versuchte, Tee in eine Tasse zu gießen, sah sie nur einen glitzernden, erstarrten Flüssigkeitsbogen. Da sie nicht bemerkte, wie der Tee in der Tasse anstieg, kam es oft zum Überlaufen. Sie erlebte die Welt etwa so, wie man in einer Diskothek das Geschehen auf der Tanzfläche in stroboskopischer Beleuchtung sieht.

Auf einer anderen Ebene der zeitlichen Auflösung haben wir alle dieses Problem. Der Stundenzeiger einer Uhr scheint sich nicht zu bewegen, dennoch befindet er sich – wenn wir später hinschauen – an einer anderen Stelle. Uns ist somit die Idee vertraut, daß Dinge sich bewegen können, auch wenn wir uns ihrer Bewegung selbst nicht direkt bewußt sind; aber normalerweise haben wir dieses Problem nicht auf den üblichen zeitlichen Auflösungsebenen des Alltagslebens. Offenkundig müssen wir ein spezielles System für das Erkennen von Bewegung an sich haben, ohne dabei immer einen logischen Schluß aus zwei zeitlich auseinanderliegenden Beobachtungen ziehen zu müssen.

Detaillierte Untersuchungen haben ergeben, daß die Patientin zwar gewisse Formen von Bewegung erkennen konnte, aber der Mechanismus, der die eher globalen Bewegungszusammenhänge herstellte, war unterbrochen. Ihre visuelle Wahrnehmung wies noch einige andere Defekte auf, die zumeist mit Bewegung zusammenhingen, doch sie konnte z.B. Farben wahrnehmen und Gesichter wiedererkennen, und sie zeigte keinerlei Zeichen des Typs von Neglect, der in diesem Kapitel schon beschrieben wurde.

Es gibt viele weitere Arten visueller Defekte, die durch Hirnschädigungen hervorgerufen wurden. In der Literatur finden sich zwei Fälle, in denen der Patient die Tiefenwahrnehmung verloren hatte und die Menschen und andere Objekte in der Welt als völlig flach wahrnahm, so daß »selbst der dickste Mensch eine in Bewegung befindliche Pappfigur sein könnte, denn sein Körper wird nur durch einen Umriß repräsentiert«. Andere Patienten können ein Objekt erkennen, wenn sie es von einem normalen, simplen Standpunkt aus sehen, nicht aber von einem ungewöhnlichen Standpunkt aus (z.B. ein Kochtopf genau von oben gesehen).

Die britischen Psychologen Glyn Humphreys und Jane Riddoch untersuchten über fünf Jahre hinweg einen Patienten, der eine Reihe visueller Defekte aufwies – beispielsweise hatte er seine Farbwahrnehmung verloren und konnte keine Gesichter wiedererkennen [7]. Sie wiesen nach, daß sein visuelles Hauptproblem darin bestand, daß er zwar die *lokalen* Merkmale eines Objekts sehen, sie aber nicht miteinander verbinden konnte. Daher konnte er nicht erkennen, um welches Objekt es sich handelt, obwohl er eine Zeichnung gut nachmachen konnte, sich gut ausdrückte und ohne

Stocken Dinge beschreiben konnte, die ihm vor seinem Schlaganfall geläufig waren. Derartige Fälle sind wichtig, weil sie zeigen, daß jemand, der einen Teil seiner visuellen Wahrnehmung auf höherer Ebene verloren hat, auf einer niedrigeren Ebene immer noch visuelles Bewußtsein besitzen kann. Dadurch wird die Behauptung gestützt, daß es kein einzelnes kortikales Areal gibt, das alles registriert, was wir sehen können.

Es gibt eine Art von visuellem Defekt, die so überraschend ist, daß manchmal bezweifelt wurde, daß es so etwas überhaupt geben könnte. Es handelt sich um das sog. Antonsche Syndrom oder auch »Leugnung des Blindseins«. Der Patient kann offenkundig nicht sehen, ist sich dessen aber nicht bewußt [8]. Wenn man ihn fragt, welche Farbe die Krawatte des Arztes hat, dann sagt er vielleicht, sie sei blau und habe rote Tupfer – aber der Arzt trägt überhaupt keine Krawatte. Wenn man das nicht akzeptiert, dann rückt er vielleicht mit der Information heraus, daß es im Zimmer nicht hell genug sei. Zunächst kommt uns so etwas unmöglich vor. Die andere mögliche Diagnose wäre Hysterie, und das würde uns nicht sonderlich weiterhelfen. Nun erwäge man einmal folgende Möglichkeit: Ich habe oft festgestellt, daß ich mir öfters, wenn ich mit jemandem telefoniere, den ich noch nie gesehen habe, spontan ein grobes visuelles Bild von dessen Aussehen mache. Ich hatte mehrere ausführliche Telefongespräche mit einem Mann, den ich mir als einen sehr dünnen Herrn über fünfzig, mit einer randlosen Brille, ausgemalt hatte. Als er mich schließlich aufsuchte, stellte ich fest, daß er etwa dreißig Jahre alt und ausgesprochen dick war. Nur aufgrund meiner Überraschung über sein Aussehen fiel mir auf, daß ich ihn mir vorher ganz anders vorgestellt hatte.

Ich mutmaße, daß jemand, der an einer Leugnung des Blindseins leidet, solche Vorstellungsbilder erzeugt, und vermutlich ist die Hirnschädigung von solcher Art, daß diese Bilder nicht mit dem normalen visuellen Input, der aus den Augen kommt, konkurrieren müssen. Außerdem mag der Betreffende aufgrund einer anderweitigen Schädigung das Kritikvermögen verloren haben, das ihn normalerweise darauf aufmerksam machen würde, daß irgend etwas nicht stimmt. Diese Erklärung läßt zumindest dieses Leiden als nicht völlig unbegreiflich erscheinen.

Gibt es hinsichtlich der Art, wie kortikale Areale auf Schäden reagieren, irgendwelche Tendenzen? Damasio hat dargelegt, daß beim Menschen ein Schaden im Temporalbereich (seitlich am Kopf) weiter hinten andersartige Auswirkungen hat als weiter vorne [9]. Ein Schaden eher hinten im Temporalbereich (oder im dahinter befindlichen Occipitalbereich – vgl. Abb. 27) betrifft sehr allgemeine (»kategorische«) Dinge. Weiter nach vorne hin nimmt die Allgemeinheit der Auswirkungen einer Schädigung immer mehr ab; in der Nähe des Hippocampus schließlich betrifft die Schädigung dann sehr individuelle (»episodische«) Ereignisse. Mithin könnte sich die Unterscheidung zwischen dem kategorischen und dem episodischen Gedächtnis als überscharf erweisen.[2] Vielleicht gibt es einen allmählichen Übergang von den Arealen, die von allgemeinen Objekten und Ereignissen handeln, zu solchen, die es mit dem Einzelnen zu tun haben.

Dieser Vorschlag von Damasio paßt trefflich mit der Beschreibung von der Funktionsweise eines kortikalen Areals zusammen, die ich (auf S. 199) gegeben habe. Jedes Areal konstruiert neue Merkmale aus der Kombination von Merkmalen, die von anderen Arealen (gewöhnlich weiter unten in der Hierarchie) gewonnen wurden, die in die mittleren Schichten des betreffenden Areals hineinsenden.

Wenn man in der visuellen Hierarchie hinaufsteigt – z.B. vom kortikalen Areal V1 aus, das sich mit ziemlich einfachen visuellen Merkmalen (wie Linien und ihre Ausrichtung) beschäftigt, die beständig auftreten –, dann gelangt man zu Arealen, die sich mit Objekten (wie z.B. Gesichtern) beschäftigen, die viel seltener auftreten, und schließlich gelangt man zu dem Teil des Cortex, der mit dem Hippocampus verbunden ist (in Abb. 52 ganz oben), wo die (nicht rein visuelle) Signalkombination, auf die reagiert wird, weitgehend Einzelereignissen entspricht.

Was wir bis hierher behandelt haben, reicht aus, um zweierlei festzuhalten: Das visuelle System funktioniert auf seltsame und geheimnisvolle Weise, und sein Verhalten ist nicht unverträglich mit den Erkenntnissen, die Wissenschaftler über das visuelle System des Makaken (und damit indirekt über unser eigenes) gewonnen haben.

Doch unsere Aufgabe ist es, visuelles Bewußtsein zu verstehen. Bewußtsein ist das Resultat der vielen verwickelten Vorgänge, deren es bedarf, um das visuelle Bild zu konstruieren. Gibt es Formen der Schädigung des Hirns, die eine direktere Auswirkung auf das Bewußtsein selbst haben? Es gibt sogar mehrere.

Die erste wird oft als »Split-Brains«[3] bezeichnet. In ihrer deutlichsten Form kommt sie zustande, wenn das Corpus callosum – die große Nervenfaserverbindung, durch die der Cortex auf der einen Seite des Kopfes mit dem auf der anderen Seite verbunden ist – vollständig durchtrennt ist und auch eine kleine Faserverbindung, die als »anteriore Kommissur« bezeichnet wird. Dieser operative Eingriff wird vorgenommen, um in gewissen Fällen von Epilepsie Linderung zu schaffen, die sich anderen Behandlungen widersetzten. Das Corpus callosum kann auch durch andere Formen der Hirnschädigung verloren werden, doch dann gibt es gewöhnlich auch noch weitere Schäden im Hirn, so daß die Interpretation der Resultate nicht so ganz einfach und eindeutig ist. Auch gibt es Menschen, die ohne das Corpus callosum geboren wurden, doch in solchen Fällen entwickelt sich das Hirn gewöhnlich so, daß die anfänglichen Defizite in einem gewissen Maße wiedergutgemacht werden; auch hier sind die Resultate nicht so dramatisch wie in den Fällen, wo eine Operation stattfand.

Die Geschichte der Split-Brains ist so merkwürdig, daß es lohnt, kurz darauf einzugehen [10]. Ein bedeutender amerikanischer Neurochirurg berichtete 1936, daß sich nach einer Durchtrennung des Corpus callosum keinerlei Symptome einstellten. Ein weiterer Experte, der in der Mitte der fünfziger Jahre einen Überblick über die experimentellen Ergebnisse gab, schrieb: »Das Corpus callosum steht in fast gar keinem Zusammenhang mit psychischen Funktionen.« Karl Lashley (ein cleverer und einflußreicher amerikanischer Neurowissenschaftler, der seltsamerweise fast immer unrecht hatte) ging so weit, die wohl eher scherzhaft gemeinte Vermutung zu äußern, die einzige Funktion des Corpus callosum bestehe darin, die beiden Hemisphären daran zu hindern, sich ineinander zu schieben. (Das Corpus callosum wirkt ein wenig hart, deshalb die Bezeichnung »callosum«.) Heute wissen wir, daß diese Meinungen irrig und teilweise dadurch entstanden waren, daß die Verbindungen nicht vollständig durchtrennt worden waren, hauptsächlich aber dadurch, daß die verwendeten Tests entweder zu ungenau oder ganz unangemessen waren.

Die Situation änderte sich einschneidend durch die Arbeit von Roger Sperry und seinen Kollegen in den fünfziger und sechziger Jahren. 1981 erhielt Sperry dafür einen Nobelpreis. Mit seinen Mitarbeitern hatte er mit großer Sorgfalt Experimente entwickelt, durch die gezeigt werden konnte, daß Katzen oder Affen mit Split-Brain so trainiert werden konnten, daß die eine Hemisphäre eine Reaktion erlernte und die andere eine andere – ja sogar so, daß widersprüchliche Reaktionen auf dieselbe Situation erlernt wurden [11]. Mit einer Formulierung Sperrys: »Es ist, als hätte das Tier zwei separate Hirne.«[4]

Woher kommt das? Bei den meisten rechtshändigen Menschen kann sich nur die linke Hemisphäre mündlich oder schriftlich mitteilen. Sie beherbergt außerdem einen Großteil des Vermögens, Sprache zu verstehen, auch wenn die rechte Hemisphäre gesprochene Wörter in einem beschränkten Ausmaß verstehen kann und sich vermutlich um Betonung und Satzmelodie kümmert. Wenn das Callosum durchtrennt ist, sieht die linke Hemisphäre nur die rechte Hälfte des visuellen Felds und die rechte die linke. Jede Hand wird hauptsächlich von der gegenüberliegenden Hemisphäre gesteuert, obwohl die andere Hirnhälfte ein paar weniger differenzierte Hand- und Armbewegungen auslösen kann. Beide Hemisphären können, von besonderen Umständen abgesehen, hören, was gesagt wird.

Manchmal hat der Patient unmittelbar nach der Operation unter einigen vorübergehenden Nachwirkungen zu leiden. Beispielsweise kann es sein, daß seine Hände gegeneinander arbeiten; die eine Hand knöpft das Hemd auf und die andere zu. Derartiges Verhalten legt sich gewöhnlich, und der Patient wirkt vergleichsweise normal. Doch sorgfältige Untersuchungen enthüllen mehr.

Man bittet den Patienten, seinen Blick fest auf einen Bildschirm zu richten, auf dem ein Bild auf der einen oder der anderen Seite seines Blickfixationspunkts erscheint. Damit ist sichergestellt, daß die visuelle Information nur die eine der beiden Hemisphären erreicht (inzwischen gibt es dafür ausgeklügeltere Methoden).

Wenn der linken (sprechenden) Hemisphäre des Patienten ein Bild dargeboten wird, dann kann er es beschreiben wie ein normaler Mensch. Diese Fähigkeit ist nicht auf das Sprechen beschränkt. Der Patient kann auf Bitten hin mit seiner rechten (weitgehend von der linken Hemisphäre gesteuerten) Hand auf Objekte hindeuten, ohne dabei zu sprechen. Seine rechte Hand kann auch durch Tasten Objekte identifizieren, selbst wenn der Patient sie nicht sehen kann.

Wird jedoch der *rechten* (nicht-sprechenden) Hemisphäre ein Bild dargeboten, kommen ganz andere Ergebnisse zustande. Die linke Hand, die weitgehend von der rechten, nicht-sprechenden Hemisphäre gesteuert wird, kann zwar – wie zuvor die rechte Hand auch – auf Objekte hindeuten und sie durch Tasten identifizieren, auch wenn sie nicht gesehen werden. Aber wenn man den Patienten fragt, weshalb sich seine linke Hand in dieser besonderen Weise verhält, dann wird er Erklärungen erfinden, die darauf beruhen, was seine linke (sprechende) Hemisphäre gesehen hat, und nicht darauf, was seine rechte Hemisphäre wußte. Der Experimentator kann sehen, daß diese Erklärungen falsch sind, denn er weiß ja, was der nicht-sprechenden Hemisphäre in Wirklichkeit dargeboten worden war, um das Verhalten hervorzurufen. Das ist ein gutes Beispiel dafür, was man als »Konfabulieren« bezeichnet.

Kurz, die eine Hälfte des Hirns scheint fast überhaupt kein Wissen darüber zu besitzen, was die andere Hälfte gesehen hat. Ein wenig Information kann manchmal zur anderen Seite hin durchsickern. Als Michael Gazzaniga einmal der rechten Hemisphäre einer Frau eine Reihe von Bildern präsentierte, schmuggelte er dabei eine Aktaufnahme ein. Die Patientin wurde rot. Die linke Hemisphäre hatte überhaupt kein Bewußtsein davon, was es mit dem Bild auf sich hatte, wußte aber, daß es ein Rotwerden bewirkt hatte; und so sagte sie: »Sie zeigen schon ziemlich seltsame Bilder, Herr Doktor, nicht wahr?« Nach einer Weile mag ein solcher Mensch lernen, wie die eine Seite der anderen Hinweise geben kann, indem er beispielsweise mit der linken Hand irgendein Signal gibt, das die sprechende Hemisphäre aufgreifen kann. Bei einem normalen Menschen kann das detaillierte visuelle Bewußtsein ohne weiteres der linken Hemisphäre übermittelt werden, so daß die betreffende Person es sprachlich beschreiben kann. Wenn das Corpus callosum vollständig durchtrennt ist, kann diese Information nicht zur sprechenden Hemisphäre hinübergeleitet werden. *Die Information kann über die verschiedenen Verbindungen, die es weiter unten im Hirn gibt, nicht übermittelt werden.*

Man beachte, daß es mir hier nicht um die Unterschiede zwischen den beiden Hirnhälften geht; wichtig ist hier nur, daß die Sprache normalerweise links ist. Es tut hier nichts zur Sache, ob die rechte Seite besondere Eigenschaften hat (z.B. beim Gesichter-Erkennen besser ist). Auch werde ich mich jetzt nicht mit der extremen Auffassung auseinandersetzen, die manchmal vertreten wird: die linke Hirnhälfte sei eine »Person«, die rechte nur ein »Automat«. Offenkundig fehlt der rechten Seite ein gut entwickeltes Sprachsystem, und sie ist daher in gewissem Sinn weniger »menschlich«, da die Sprachfähigkeit einzig dem Menschen zukommt. Später werden wir die Frage beantworten müssen, ob die rechte Seite mehr als nur ein Automat ist, doch es hat Zeit, bis wir die neurale Basis des Bewußtseins besser verstehen (das Problem der Willensfreiheit einmal ganz ausgeklammert). Die überwiegende Mehrzahl der Fachleute neigt zu der Auffassung, daß (von der Sprache abgesehen) die Erkenntnis- und Bewegungsfähigkeiten der beiden Hirnhälften, wenn auch nicht exakt identisch, so doch in ihrem allgemeinen Charakter gleich sind.

Die meisten Split-Brain-Operationen lassen die (im 10. Kapitel erwähnten) intertektale Kommissur unbeschädigt, die das vordere Vierhügelpaar der einen Seite mit dem der anderen Seite verbindet. Das Hirn kann diesen intakten Pfad nicht benutzen, um die visuelle Bewußtseinsinformation von der einen auf die andere Seite zu übermitteln. Aus diesem Grund ist es unwahrscheinlich, daß das vordere Vierhügelpaar der Sitz des visuellen Bewußtseins ist, auch wenn es bei der visuellen Aufmerksamkeit eine Rolle spielt.

Ein weiteres faszinierendes Phänomen ist das sog. »Blindsehen«, das von dem Oxforder Psychologen Larry Weiskrantz ausführlich erforscht worden ist [12]. Blindsichtige Patienten können auf Objekte deuten und gewisse einfache Objekte voneinander unterscheiden, obwohl sie zugleich bestreiten, daß sie sie sehen.[5]

Blindsehen kommt gewöhnlich durch einen ziemlich weitreichenden Schaden am primären visuellen Cortex V1 (dem Streifencortex) zustande, der in vielen Fällen nur eine Seite des Kopfes betrifft. Beim Test wird eine waagerechte Reihe kleiner Lichter so zusammengestellt, daß sie alle im blinden Bereich seines visuellen Felds zu liegen kommen, wenn er seinen Blick auf einen Punkt fixiert, der seitlich von der Lichterreihe liegt. Ein Warnton erklingt, und dann wird eines der Lichter für kurze Zeit angemacht. Man bittet den Patienten, in die Richtung des Lichts zu deuten, ohne seine Augen oder seinen Kopf zu bewegen, solange das Licht an ist. Der Patient erhebt normalerweise Einspruch gegen das ganze Unternehmen: da er ohnehin blind sei, sei dieser Test doch sinnlos. Mit ein wenig Überredungskunst gelingt es vielleicht, ihn dazu zu bewegen, daß er es trotzdem einmal versucht und wenigstens »rät«, wo das Licht ist. Der Test wird dann viele Male wiederholt, manchmal geht das eine Licht, manchmal ein anderes. Zu seiner eigenen Überraschung deutet der Patient, der bestreitet, irgend etwas sehen zu können, ziemlich genau in die Richtung des Lichts, das gerade an ist (die Abweichung liegt gewöhnlich zwischen 5 und 10 Grad).[6]

Einige Patienten können einfache Formen unterscheiden (z.B. ein X von einem O), wenn sie groß genug sind; einige können außerdem noch die Ausrichtung einer Linie und Flimmern erkennen. Es wird behauptet, daß zwei Patienten ihren Griff der Form und Größe des Objekts angepaßt haben, nach dem sie griffen, obgleich sie zugleich bestritten, das Objekt zu sehen. In manchen Fällen können die Augen eines Patienten der Bewegung von Streifen folgen, aber es kann sein, daß diese Aufgabe von irgendeinem anderen Teil seines Hirns (z.B. dem vorderen Vierhügelpaar) übernommen wird. Die Pupillen des Patienten können auf Lichtveränderungen reagieren, weil die Veränderungen der Pupillengröße unwillkürlich sind und von einer anderen kleinen Hirnregion gesteuert werden.

Mithin kann das Hirn selbst dann einige ziemlich einfache visuelle Reize erkennen und ihnen entsprechend reagieren, wenn das Areal V1 sehr schwer beschädigt ist und der Patient jedes Bewußtsein von diesen Reizen nachdrücklich bestreitet.

Welche neuralen Verbindungen dabei im Spiel sind, ist immer noch unklar. Ursprünglich vermutete man, die Information fließe durch das vordere Vierhügelpaar, das ein Teil des »alten Hirns« ist. Derzeit scheint es unwahrscheinlich, daß dies schon alles sein kann, denn Experimente aus der jüngsten Zeit haben gezeigt, daß bei den Blindsichtreaktionen auf Wellenlängen die Zäpfchen des Auges eine Rolle spielen. Die Reaktion auf unterschiedliche Wellenlängen ähnelt der normaler Menschen, allerdings ist helleres Licht nötig [13]. Deshalb ist es unwahrscheinlich, daß das Vierhügelpaar die einzige Verbindung ist, denn dort wurden bisher keine farbempfindlichen Neuronen entdeckt.

Das Problem ist insofern kompliziert, als der Schaden im kortikalen Areal V1 im Laufe der Zeit ein weitreichendes Zellsterben in den entsprechenden Teilen des CGL bewirkt, und das wiederum läßt viele Ganglienzellen des P-Typs in der Netzhaut absterben, weil sie niemanden mehr haben, mit dem sie reden könnten.[7] Einige P-Neuronen bleiben allerdings übrig, und auch einige Neuronen in den einschlägigen Bereichen des CGL; der Grund ist vermutlich, daß sie zu einigen unzerstörten Stellen projizieren. Es gibt einige wenn auch schwache Verbindungen, die vom CGL direkt in den Cortex oberhalb von V1 (z.B. nach V4) führen. Diese Verbindungen sind vielleicht noch hinreichend intakt, um einen motorischen Output (ein Hindeuten z.B.) zu ermöglichen, aber nicht intakt genug für visuelles Bewußtsein. (Vgl. dazu die Erörterung der Arbeit von Libet in Kapitel 15.) Es gibt verläßliche Hinweise darauf, daß es in manchen Fällen innerhalb des beschädigten Bereichs von V1 kleinere Inseln intakten Gewebes gibt, so daß dieses Areal auf diesen Inseln immer noch einige Wirkungen hervorbringen kann, auch wenn sie sehr klein sein mögen [14]. Oder es könnte sich einfach herausstellen, daß ein intaktes Areal V1 für Bewußtsein aus einem anderen Grund wesentlich ist, und nicht nur deshalb, weil es normalerweise einen starken Input für die höheren visuellen Ebenen erzeugt. Was auch immer der Grund sein mag, der Patient kann von einigen visuellen Informationen Gebrauch machen und zugleich abstreiten, daß er irgend etwas sieht.

Ein weiteres interessantes Verhalten hat man bei Patienten entdeckt, die unter Prosopagnosie leiden. Wenn sie an einen Lügendetektor angeschlossen waren und ihnen sowohl vertraute als auch unbekannte Gesichter gezeigt wurden, waren sie nicht in der Lage zu sagen, welche Gesichter vertraut waren; der Lügendetektor zeigte aber ganz deutlich, daß das Hirn eine solche Unterscheidung vornahm, obwohl sich die Patienten dessen nicht bewußt waren [15]. Wiederum haben wir es hier mit einem Fall zu tun, in dem das Hirn ohne Bewußtsein auf ein visuelles Merkmal reagieren kann.

Der Hippocampus ist ein Teil des Hirns, der nicht auf visuelle Wahrnehmung beschränkt ist, sondern auch mit einem Typus von Gedächtnis zu tun hat. Er ist ganz oben in Abb. 52 als *HC* gekennzeichnet; dort ist auch zu sehen, daß er mit einem Teil des Cortex verbunden ist, der als »entorhinaler Cortex« (in der Abb. als *ER*) bezeichnet wird. Der Hippocampus hat weniger Schichten als die meisten Bereiche der Großhirnrinde. Aufgrund seiner Lage sehr weit oben in der Hierarchie der Sinnesinformationsverarbeitung ist man vielleicht geneigt zu vermuten, daß hier endlich der wirkliche Sitz des visuellen (und anderweitigen) Bewußtseins sei. Er empfängt Inputs von vielen höheren kortikalen Arealen und projiziert zu ihnen zurück. Bei dieser hochentwickelten Verbindung ist ein sog. Wiedereintritt [reentrance] gegeben, d. h. sie gelangt wieder sehr nahe bei der Stelle an, an der sie begonnen hat, und das könnte wiederum den Gedanken nahelegen, daß gerade hier das Bewußtsein tatsächlich sitzt, denn das Hirn könnte diese Verbindung verwenden, um über sich selbst zu reflektieren.

Die experimentellen Befunde sprechen sehr klar gegen diese ansonsten attraktive Hypothese. Schäden am Hippocampus können durch eine Infektion mit dem Virus Herpes encephalitis hervorgerufen werden; manchmal entsteht dadurch ein sehr schwerer, wenn auch eher begrenzter Schaden. Das Virus scheint vorzugsweise den Hippocampus und den mit ihm verbundenen Cortex anzugreifen. Die Grenzen des Schadens können völlig scharf sein. Weil dieser Schaden sich mit einem Computertomogramm lokalisieren läßt und nicht fortschreitet, kann man verfolgen, was sich bei einem Patienten über die Jahre nach der akuten Infektion hinweg ergibt.

Wenn Sie jemanden kennenlernten, der seinen Hippocampus auf beiden Seiten verloren hat und dazu noch die unmittelbar angrenzenden kortikalen Areale, dann würde Ihnen anfangs vielleicht gar nicht auffallen, daß an ihm etwas nicht normal ist. Es ist verblüffend, wenn man in einem Video sieht, wie ein solcher Mensch spricht, lächelt, Kaffee trinkt, Dame spielt und so weiter. Sein beinahe einziges Problem ist, daß er sich an keinen Vorfall erinnern kann, der sich vor mehr als einer Minute ereignet hat. Wenn Sie ihm vorgestellt werden, wird er Ihre Hand schütteln, Ihren Namen wiederholen und sich mit Ihnen unterhalten. Wenn Sie dann aber aus dem Zimmer gehen und ein paar Minuten später zurückkommen, wird er behaupten, er habe Sie nie zuvor gesehen. Seine motorischen Fähigkeiten hat er nicht verloren, und er kann neue hinzulernen, die gewöhnlich wenigstens mehrere Jahre – ja manchmal sogar unbestimmt lange – erhalten bleiben; er kann sich aber nicht daran erinnern, bei welchen Gelegenheiten er sie erworben hat. Sein Gedächtnis für Kategorien ist intakt, doch seine Erinnerungen an neue Ereignisse bleiben nur sehr kurz erhalten und gehen dann vollständig verloren. Auch seine Erinnerungen an Ereignisse vor seiner Erkrankung können beeinträchtigt sein. Er kennt die Bedeutung des Wortes »Frühstück« und weiß, wie man frühstückt, er hat aber nicht die blasseste Idee davon, was es heute zum Frühstück gab. Wenn Sie ihn fragen, wird er Ihnen entweder sagen, daß er es nicht mehr wisse, oder er wird konfabulieren und Dinge nennen, von denen er sich vorstellen kann, daß er sie zum Frühstück gegessen hat.

Auch wenn er in einem gewissen Sinn nicht mehr über das vollständige menschliche »Bewußtsein« verfügt, so ist sein visuelles Kurzzeit-Bewußtsein doch offenbar unverändert. Falls es doch beeinträchtigt sein sollte, dann nur in sehr subtiler Weise, die von den Tests noch nicht ermittelt worden ist. Der Hippocampus und die eng mit ihm verbundenen kortikalen Areale sind also für visuelles Bewußtsein nicht notwendig. Dennoch ist es möglich, daß die Informationen, die in den Hippocampus hinein- und aus ihm herausfließen, normalerweise zum Bewußtsein gelangen; deshalb ist es vernünftig, die betreffenden Areale und Verbindungen nicht ganz aus dem Blick zu verlieren, denn sie könnten ja dazu beitragen, den Sitz des Bewußtseins im Hirn zu lokalisieren.[8]

Die Erforschung von Hirnschädigungen gibt uns Resultate, die wir auf keinem anderen Weg erhalten können. Leider ist dieses Wissen oft von verführerischer Mehrdeutigkeit, weil die Schädigung in den meisten Fällen so wenig übersichtlich ist. Trotz dieser Einschränkung können die Informationen in günstigen Fällen eindeutig sein. Zumindest legen die Resultate von Hirnschädigungen Ideen über die Funktionsweisen des Hirns nahe, die dann mit Hilfe anderer Methoden überprüft werden können (entweder am Menschen oder an Tieren). Manchmal wird auf diese Weise etwas im Hinblick auf den Menschen bestätigt, das wir bereits aus Experimenten mit Affen wußten.

13 NEURONALE NETZE

Ich halte es für die beste Kontrolle eines Modells, wie gut man damit die Fragen beantworten kann: »Was weißt Du jetzt, was Du vorher nicht wußtest?« und »Wie kann man feststellen, ob es wahr ist?«.

James M. Bower

Neuronale Netze sind Konstruktionen aus Einheiten, die auf verschiedene Weise miteinander verbunden sind. Jede Einheit hat die Eigenschaften eines stark vereinfachten Neurons. Neuronale Netze werden verwendet, um zu simulieren, was in Teilen des Nervensystems geschieht; damit kann man einerseits nützliche kommerzielle Geräte herstellen und andererseits allgemeine Theorien der Hirnarbeitsweise prüfen.

Warum brauchen Neurowissenschaftler überhaupt die Theorie? Wenn sie verstehen, wie sich einzelne Neuronen verhalten, sollte es doch sicherlich möglich sein, die Arbeitsweise einer Gruppe von wechselwirkenden Neuronen vorherzusagen. Leider ist das nicht so leicht, wie es scheinen könnte. Abgesehen davon, daß das Verhalten eines Neurons alles andere als einfach ist, sind Neuronen fast immer miteinander in komplizierter Weise verbunden. Darüber hinaus ist das gesamte System für gewöhnlich stark nichtlinear. Ein lineares System erzeugt, einfach gesagt, bei doppeltem Input genau den doppelten Output – der Output ist proportional zum Input.[1] Wenn sich zum Beispiel auf einer Teichoberfläche zwei kleine Wasserwellen treffen, durchdringen sie einander ohne Interferenz. Um die gemeinsame Wirkung der beiden Wellen zu berechnen, addiert man einfach an jedem Punkt in Raum und Zeit die Wirkung der ersten Welle mit derjenigen der zweiten. Das Verhalten der einen Welle ist somit unabhängig vom Verhalten der anderen. Das gilt normalerweise nicht bei Wellen mit großer Amplitude. Die Gesetze der Physik zeigen, daß die Proportionalität bei großen Amplituden nicht mehr gilt. Das Brechen einer Welle ist ein ausgesprochen nichtlinearer Prozeß. Überschreitet die Amplitude einen gewissen

Schwellenwert, verhält sich die Welle völlig anders. Es ist nicht einfach »mehr vom Selben«, sondern etwas Neues. Nichtlineares Verhalten ist im wirklichen Leben weit verbreitet, besonders in der Liebe und im Krieg. Wie es so schön heißt: »*Ein* Kuß von ihr ist nicht halb so schön wie zwei.«

Wenn ein System nichtlinear ist, ist es gewöhnlich weitaus schwieriger mathematisch zu verstehen, als wenn es linear wäre. Es kann sich auch in komplizierterer Weise verhalten. Dies alles macht die Vorhersage einer Ansammlung wechselwirkender Neuronen schwierig, gerade auch deswegen, weil sich die Ergebnisse häufig als kontraintuitiv herausstellen.

Eine der wichtigsten technischen Entwicklungen der letzten fünfzig Jahre ist der schnelle Digitalcomputer, der manchmal auch als von-Neumann-Computer bezeichnet wird (so benannt nach dem herausragenden Mathematiker, der wichtige Beiträge zu dieser Entwicklung beigesteuert hat). Weil Computer, so wie das Hirn, mit Symbolen und Zahlen umgehen können, ist es natürlich, sich das Hirn als einen recht komplizierten von-Neumann-Computer vorzustellen. Treibt man diese Parallele zu weit, gelangt man jedoch zu unrealistischen Theorien.

Ein Computer besteht aus an sich schnellen Komponenten. Selbst in einem PC beträgt die Taktfrequenz mehr als 10 Millionen Operationen in der Sekunde. Für ein Neuron dagegen liegen typische Feuerraten im Bereich von einigen *hundert* Impulsen pro Sekunde. Der Computer kommt eine Million Mal schneller voran. Ein moderner Supercomputer wie die Cray ist noch schneller. Im großen und ganzen sind die Operationen im Computer seriell – das heißt, eine nach der anderen. Die Anordnungen im Hirn sind dagegen enorm parallel. So führen etwa eine Million Axone von jedem Auge zum Hirn, *und alle arbeiten gleichzeitig*. Dieser hohe Parallelisierungsgrad wiederholt sich auf fast jeder Systemebene. Diese Verdrahtungsart gleicht ein wenig die recht langsame Arbeitsweise der Neuronen aus. Das bedeutet auch, daß der Verlust einiger weniger verstreuter Neuronen das Verhalten des Hirns kaum nennenswert ändert. Im technischen Jargon spricht man deswegen von »graceful degradation«, damit ist gemeint, daß es sich um eine sanfte Leistungsabnahme handelt. Ein Computer ist empfindlich. Schon eine leichte Beschädigung oder ein kleiner Fehler im Programm kann verheerende Auswirkungen haben. Die Leistungsabnahme beim Computer hat den Charakter einer Katastrophe.

Wenn ein Computer funktioniert, dann ist er äußerst zuverlässig. Derselbe Input ergibt stets genau denselben Output, weil die einzelnen Komponenten des Computers sehr verläßlich sind. Einzelne Neuronen andererseits sind viel unbeständiger. Sie sind Signalen ausgesetzt, die ihr Verhalten beeinflussen können, und während ihrer »Berechnungen« ändern sich einige ihrer Eigenschaften.

Ein typisches Neuron kann wenige hundert oder auch viele zehntausend Inputs haben, und sein Axon gibt Signale an zahlreiche andere Neuronen weiter. Der Transistor, eine Grundeinheit in einem Computer, hat nur wenige Inputs und Outputs.

Ein Computer wird von einem sehr schnellen Taktgeber kontrolliert und kann äußerst genaue Nachrichten von einem Ort zum anderen schicken. Jede Nachricht wird gewöhnlich parallel auf einigen wenigen Verbindungen verschickt. Die Nachricht auf jeder dieser Verbindungen ist binär, d.h. entweder 0 oder 1. In den meisten Fällen kodieren einige Verbindungen die Adresse, andere den Inhalt der Nachricht. Somit kann eine Information an einem bestimmten Ort im Speicher abgelegt werden, der von anderen Orten ganz und gar verschieden ist; und zu einem späteren Zeitpunkt kann auf diese Information zur weiteren Verwendung zurückgegriffen werden. Im Hirn passiert nichts derart Präzises, jedenfalls nicht im kleinen Maßstab.[2] Somit ist es fast unvermeidlich, daß eine Erinnerung im Hirn anders »gespeichert« werden muß.

Das Hirn sieht nicht einmal annähernd so aus wie ein Allzweckcomputer. Einzelne Teile des Hirns, sogar einzelne Teile der Großhirnrinde, entwickeln sich zumindest teilweise verschiedenartig und bearbeiten verschiedene Arten von Informationen. Der Großteil der Erinnerungen scheint dort gespeichert zu sein, wo auch die laufenden Operationen durchgeführt werden. Das alles unterscheidet sich sehr stark vom klassischen von-Neumann-Computer, da dort die grundlegenden Rechenoperationen (Addition, Multiplikation usw.) an einem Ort oder an wenigen Orten stattfinden, während seine »Erinnerungen« an vielen, recht verschiedenen Stellen gespeichert sind.

Ein letzter Punkt. Ein Computer wird von Ingenieuren zu einem bestimmten Zweck konstruiert, während das Hirn im Verlauf vieler, vieler Generationen von Tieren unter dem Druck der natürlichen Selektion entstanden ist. So kann, wie im 1. Kapitel dargelegt, eine völlig andere Konstruktionsart entstehen.

Es ist üblich, bei Computern von Hardware und Software zu sprechen. Da die Leute, die die Software – das Computerprogramm – schreiben, nur sehr wenig von den genauen Hardwaredetails (Verschaltungen usw.) wissen müssen, wurde insbesondere von Psychologen behauptet, es sei unnötig, irgend etwas über die »Hardware« des Hirns zu wissen.

Es gibt im Hirn keine klare Unterscheidung zwischen Hardware und Software, und Versuche, diese Unterscheidung sozusagen mit Gewalt auf das Hirn anzuwenden, waren erfolglos. Man könnte einen solchen Ansatz damit rechtfertigen, daß das Hirn, obwohl es hochgradig parallel aufgebaut ist, eine Art (aufmerksamkeitsgesteuerten) seriellen Mechanismus hat, der von oben auf die Gesamtheit der parallelen Operationen zugreift, so daß es auf diesen höheren Verarbeitungsebenen – solchen, die weit von den sensorischen Inputs entfernt sind – bei oberflächlicher Betrachtung ein wenig wie ein Computer erscheinen mag.

Einen theoretischen Ansatz kann man nach seinen Früchten beurteilen. Computer werden so programmiert, daß sie sehr gut bestimmte Probleme lösen können, beispielsweise langwieriges Rechnen, starre Logik oder Schachspielen. In solchen Dingen sind die meisten Menschen nicht so gut und so schnell. Aber wenn Computer Aufgaben lösen sollen, die normale Menschen schnell und mühelos erledigen, beispielsweise Objekte sehen und deren Bedeutung erkennen, dann kapitulieren selbst die modernsten Maschinen.

In den letzten Jahren wurden beträchtliche Anstrengungen unternommen, eine neue Generation von Computern zu konstruieren, die in höherem Maße parallel arbeiten. Bei den meisten Konstruktionen verwendet man viele kleine Computer und verbindet sie so, daß alle gleichzeitig tätig sind. Ziemlich komplizierte Vorrichtungen sorgen einerseits dafür, daß der Informationsaustausch zwischen den Subcomputern klappt, und führen andererseits die Gesamtkontrolle der Berechnung durch. Solche Supercomputer sind erwiesenermaßen bei solchen Berechnungen besonders nützlich, wo dasselbe Teilproblem mehrmals auftritt, zum Beispiel bei der Wettervorhersage.

Auch von seiten der Künstlichen Intelligenz (KI) wurden Schritte unternommen, hirnähnliche Programme zu entwerfen. Sie ersetzen die starre Logik, die gewöhnlich bei Berechnungen verwendet wird, durch eine Art verschwommener Logik (»fuzzy logic«). Aussagen müssen nicht mehr entweder wahr oder falsch sein, sondern lediglich mehr oder weniger wahrscheinlich. Das Programm versucht, diejenige Kombination von Aussagen zu finden, welche das höchste Maß an Wahrscheinlichkeit besitzt, und es gibt sich mit dieser Lösung zufrieden, wenn es die anderen Lösungsvorschläge als weniger wahrscheinlich einschätzt [2].

Dieser Ansatz ist in seinem begrifflichen Zuschnitt sicherlich hirnähnlicher als frühere KI-Ansätze, aber in anderer Beziehung hat es wenig Ähnlichkeit mit dem Hirn, insbesondere bei der Art der Speicherung. Deshalb dürfte es schwierig sein, die Übereinstimmung des KI-Ansatzes mit dem Verhalten echter Hirne auf allen Ebenen zu überprüfen.

Ein stärker am Hirn orientierter Ansatz wurde von einer zuvor unbekannten Gruppe von Theoretikern verfolgt. Ihr Ansatz wird nun als PDP-Ansatz (»Parallel Distributed Processing«, verteilte Parallelverarbeitung) bezeichnet. Ich werde über die lange Geschichte dieses Gebietes nur einen knappen Überblick geben. Einer der frühesten Versuche stammt von Warren McCulloch und Walter Pitts, die 1943 zeigten, daß »Netze«, die aus sehr einfachen miteinander verbundenen Einheiten bestehen, im Prinzip jede logische oder arithmetische Funktion berechnen können [3]. Diese Netze werden heute oft als »neuronale Netze« bezeichnet, weil die Einheiten stark vereinfachten Neuronen ähneln.

Dieses Ergebnis war derart eindrucksvoll, daß viele daraufhin fälschlich glaubten, das Hirn arbeite genauso. Wenn es auch bei der Konstruktion moderner Computer hilfreich war, so war doch die aufregende Folgerung, die man über das Hirn ziehen wollte, äußerst irreführend.

Der nächste wichtige Schritt wurde von Frank Rosenblatt unternommen, der ein sehr einfaches Modell mit einer einzigen Schicht von Einheiten einführte und es *Perzeptron* nannte. Das Bemerkenswerte an diesem Modell ist, daß man die anfänglich zufällig gewählten Verbindungen (nach einer recht einfachen und klaren Regel) ändern und man ihm einfache Dinge beibringen kann, beispielweise das Erkennen von Druckbuchstaben in fester Position. Dies funktioniert folgendermaßen. Ein Perzeptron kennt nur zwei Antworten: wahr oder falsch. Man muß ihm nun mitteilen, ob seine (vorläufige) Antwort richtig war oder nicht. Es ändert dann seine Verbindungen gemäß einer bestimmten Regel, der Perzeptron-Lernregel. Rosenblatt bewies, daß das Perzeptron eine bestimmte Klasse einfacher Probleme, die »linear separabel« genannt werden, in einer endlichen Zahl von Lernschritten richtig lösen kann [4].

Dieses Ergebnis zog aufgrund seiner mathematischen Eleganz viel Aufmerksamkeit auf sich. Leider wurde dessen Einfluß durch Marvin Minsky und Seymour Papert gedämpft; sie bewiesen, daß mit der Perzeptronarchitektur nicht das ausschließende ODER (Äpfel *oder* Orangen, nicht beides) ausgeführt werden konnte und es somit auch nicht mit der Perzeptron-Lernregel erlernt werden konnte. Sie widmeten den Beschränkungen des Perzeptrons ein ganzes Buch [5]. Diese Publikation tötete das Interesse an Perzeptronen für viele Jahre ab (Minsky gab später zu, daß dies zuviel des Guten war), und der Großteil der theoretischen Arbeit konzentrierte sich auf KI-Ansätze.[3]

Man kann ein Netz aus mehreren Schichten einfacher Einheiten bauen, das leicht das ausschließende ODER (und ähnliche Funktionen) ausführt, was mit einem einfachen Perzeptron mit nur einer Schicht ja nicht möglich ist. Solche Netze müssen viele Verbindungen zwischen verschiedenen Schichten haben. Das Problem dabei ist herauszubekommen, welche der ursprünglich zufälligen Verbindungen man ändern muß, so daß das Netz die geforderten Operationen durchführt. Minsky und Papert hätten mehr zur Sache beigetragen, wenn sie für dieses Problem eine Lösung geliefert hätten, statt das Perzeptron niederzuknüppeln.

Die nächste Entwicklung, die breite Aufmerksamkeit erregte, kam von John Hopfield, einem Physiker vom Caltech, der über die Molekularbiologie zur Hirnforschung kam. 1982 schlug er das heute als Hopfield-Netz bekannte Modell vor [6]. Dies ist ein einfaches

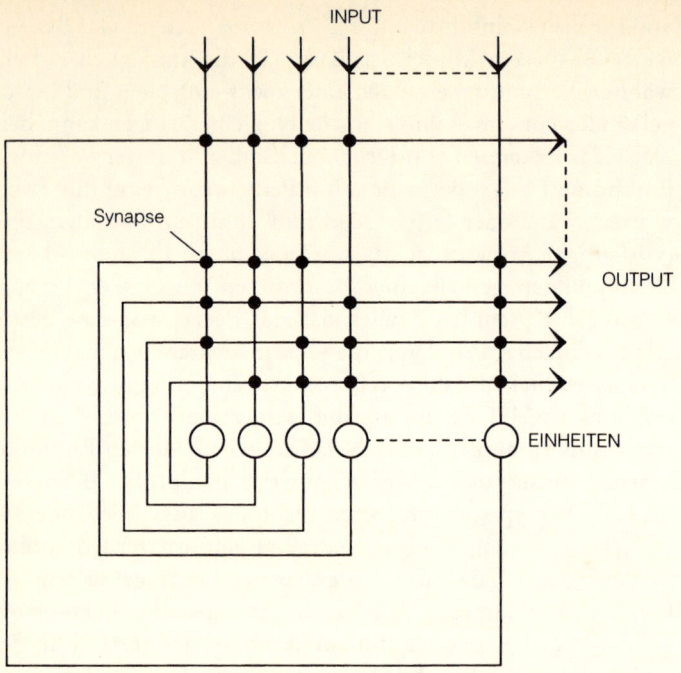

INPUT

Synapse

OUTPUT

EINHEITEN

Abb. 53: *Verknüpfungsdiagramm eines Hopfield-Netzes. Jeder kleine Kreis stellt eine »Einheit« dar, die übermäßig vereinfachte Version eines Neurons. Die Verbindungen sind als »Synapsen« gekennzeichnet. Die Stärke dieser Verbindungen wird so eingestellt, daß das Netz etwas speichert.*

Netz, das auf sich selbst zurückkoppelt (siehe Abb. 53). Jede Einheit kann nur zwei Outputs besitzen: -1 (Hemmung) oder +1 (Erregung). Aber jede Einheit hat zahlreiche Inputs. Jede dieser Verbindungen hat eine bestimmte Stärke. Die Einheit addiert alle effektiven Inputs zusammen, die ihr zu einem bestimmten Zeitpunkt von den Verbindungen zufließen.[4] Die Einheit geht in den Outputzustand +1 über, wenn die Summe größer als Null ist (sie sendet also ein erregendes Signal, wenn sie selbst stärker erregt als gehemmt wurde), andernfalls ist der Output -1. Manchmal bedeutet dies, daß die Einheit ihren Output ändert, weil ihr einige der anderen Einheiten veränderte Inputs liefern.

Diese Berechnungen werden ständig wiederholt, bis der Output aller Einheiten stabil ist.[5] In Hopfields Netz geschieht die Einstellung der Einheiten nicht gleichzeitig, sondern Einheit für Einheit, vorzugsweise in zufälliger Reihenfolge. Hopfield konnte theoretisch zeigen, daß das Netz bei gegebenen Gewichten (d.h. Verbindungsstärken) und beliebigem Input weder unbestimmt umherwandern noch oszillieren, sondern rasch einen stabilen Zustand erreichen würde.[6]

Hopfields Argumente waren überzeugend, außerdem eindringlich und klar geschrieben. Sein Netz übte einen enormen Reiz auf Mathematiker und Physiker aus, die dachten, daß hier endlich jemandem etwas zum Hirn eingefallen war, womit sie etwas anfangen konnten. Daß das Netz in vielen Details biologisch ausgesprochen unplausibel war, bereitete ihnen überhaupt kein Kopfzerbrechen.

Wie stellt man die Stärke der Verbindungen ein? 1949 veröffentlichte der kanadische Psychologe Donald Hebb ein Buch mit dem Titel *The Organization of Behavior* [7]. Damals herrschte (wie heute) die Ansicht vor, daß die Änderung der Synapsenstärken (der Stärke der neuronalen Verbindungen) ein Schlüsselfaktor im Lernprozeß ist. Hebb sah, daß es nicht ausreichte, daß eine Synapse stärker werden sollte, bloß weil sie aktiv war. Er suchte nach einem Mechanismus, der von *zwei* beteiligten Aktivitäten abhängt. An einer vielzitierten Stelle schreibt er: »Wenn das Axon einer Zelle A nahe genug bei einer Zelle B ist, um diese zu erregen, und wenn das Axon regelmäßig über einige Zeit hinweg am Feuern auf B teilnimmt, dann setzt ein Wachstumsprozeß oder eine Stoffwechselveränderung in einer Zelle oder in beiden Zellen ein, so daß die Wirksamkeit des Feuerns von A auf B erhöht wird.« Solche und verwandte Mechanismen werden heute »Hebbsche Mechanismen« genannt.

Hopfield verwendete eine Variante der Hebbschen Regel, um die Verbindungsstärken in seinen Netzen einzustellen. Wenn bei dem fraglichen Muster zwei Einheiten denselben Output haben, werden die Gewichte der beiden reziproken Verbindungen zwischen ihnen auf +1 gesetzt. Wenn sie entgegengesetzten Output haben, setzt man beide Gewichte auf -1. Grob gesagt: Eine Einheit unterstützt die »Freunde« und versucht, die »Feinde« zu entmutigen.

Wie arbeitet ein Hopfield-Netz? Wenn man dem Netz das richtige Aktivitätsmuster vorgibt, bleibt es in diesem Zustand. Das ist nicht weiter bemerkenswert, weil man so die Antwort bereits vorgegeben hat. Bemerkenswert ist, daß das Netz nach nur wenigen Berechnungsdurchläufen bei dem richtigen Output, also beim vollständigen Muster, auch dann ankommt, wenn man nur einen kleinen Teil des Musters als »Tip« vorgegeben hat. Das Netz entdeckt eine stabile Kombination der Einheitenaktivitäten, indem es fortwährend die Outputs der Einheiten anpaßt. Man muß dann dem Gedächtnis des Netzes nur ein bißchen auf die Sprünge helfen, um die in ihm gespeicherte »Erinnerung« hervorzubringen. Der Speicher ist »inhaltsadressierbar« – es gibt nicht, wie im normalen Computer, getrennte und eindeutige Signale, die als »Adressen« dienen. Vielmehr wirkt jeder Teil des Inputmusters als Adresse. Das kommt dem menschlichen Gedächtnis schon etwas näher.

Man beachte, daß das »Gedächtnis« des Netzes nicht in den aktiven Zuständen gespeichert sein muß, sondern völlig passiv sein kann, weil es in der Verteilung der Gewichte, also den Verbindungsstärken zwischen all den verschiedenen Einheiten, enthalten ist. Das Netz kann vollständig inaktiv sein (alle Outputs werden auf Null gestellt), doch wenn ein Signal eingespeist wird, wird das Netz aktiv, und es erreicht in recht kurzer Zeit einen stabilen Aktivitätszustand, der dem zu erinnernden Muster entspricht. Mit gutem Grund wurde vermutet, daß der Abruf von Inhalten des Langzeitgedächtnisses beim Menschen so ähnlich funktioniert (obwohl das stabile Aktivitätsmuster dort nicht ewig anhält). Auch Sie können sich an eine enorme Zahl von Dingen erinnern, an die Sie sich in diesem Moment nicht erinnern.

Neuronale Netze (und insbesondere Hopfield-Netze) können sich an *ein* Muster erinnern, aber können sich diese Netze darüber hinaus auch ein zweites Muster merken? Wenn die Muster nicht allzu ähnlich sind, kann sich das Netz mehrere Muster merken; das Netz wird dann, wenn es einen ausreichenden Teil eines dieser Muster vorgegeben bekommt, ein paar Berechnungszyklen durchlaufen und dann das jeweilige Muster als Output erzeugen. In diesen Systemen ist das Gedächtnis insofern verteilt, als jede Erinnerung über viele Verbindungen verteilt ist. Die Erinnerungen sind überlagert, weil jede einzelne Verbindung an mehreren Erinnerungen beteiligt sein kann. Zudem ist das Gedächtnis insofern robust, als die Änderung weniger Verbindungen das Verhalten des Netzes nicht besonders stark beeinflußt.

Es wird kaum überraschen, daß man für solche Eigenschaften einen Preis zahlen muß. Wenn man zu viele Erinnerungen zusammennimmt, kann das Netz leicht durcheinanderkommen. Es kann einen unsinnigen Output produzieren, wenn man ein Muster teilweise oder sogar ganz vorgibt.[7] Es wurde die These aufgestellt [8,9], daß so etwas in unseren Träumen geschieht (ein Vorgang, den Freud »Verdichtung« nannte), aber das ist eine andere Geschichte. Man beachte, daß alle diese Eigenschaften »emergent« sind: Sie wurden vom Konstrukteur nicht eingeplant, sondern ergeben sich aus der Beschaffenheit der Einheiten, der Verteilung der Gewichte und den Einstellregeln für die Gewichte.

Eine weitere Eigenschaft der Hopfield-Netze besteht darin, daß sie sich, wenn ihre Verbindungsgewichte als für einige weitgehend ähnliche Inputs geeignet berechnet wurden, an eine Art Mittelung der Muster »erinnern«, an denen sie trainiert wurden. Auch das ist eine hirnähnliche Eigenschaft: Wir hören einen bestimmten Vokal als gleich, auch wenn der betreffende Laut in gewissen Grenzen variiert. Die Inputs sind verschieden, aber ähnlich. Der Output – was wir hören – ist der gleiche.

Diese einfachen Netze sind weit von der Komplexität des Hirns entfernt, aber dank ihrer Einfachheit können wir ihr Verhalten verstehen. Die Eigenschaften, die sich schon in einfachen Netzen ergeben, können auch bei komplexen Netzen derselben allgemeinen Art auftauchen. Außerdem bekommen wir durch diese Modelle eine gewisse Vorstellung davon, was bestimmte Schaltungen im Hirn tun. Beispielsweise ähneln die Verbindungen der Region CA3 im Hippocampus tatsächlich einem inhaltsadressierbaren Netz. Ob das tatsächlich so ist, kann freilich nur das Experiment erweisen.

Interessanterweise besitzen diese einfachen Netze einige Eigenschaften eines Hologramms. In einem Hologramm können mehrere Bilder in Überlagerung gespeichert werden. Jeder beliebige Teil des Hologramms kann nun verwendet werden, um ein ganzes Bild, wenn auch mit verminderter Deutlichkeit, abzurufen; dieses Bild ist unempfindlich gegenüber kleinen Mängeln. Diese Analogie zwischen Hirn und Hologramm wurde oft von jenen begeistert aufgenommen, die von beidem nur wenig Ahnung haben. Aus zwei

Gründen ist diese Analogie mit an Sicherheit grenzender Wahrscheinlichkeit falsch: Eine eingehende mathematische Analyse zeigte, daß neuronale Netze und Hologramme mathematisch verschieden sind [10]. Und was hier wichtiger ist: Während neuronale Netze aus Einheiten aufgebaut sind, die gewisse Ähnlichkeit zu echten Neuronen aufweisen, gibt es im Hirn keine Spur eines Mechanismus oder eines Vorgangs, wie er für ein Hologramm notwendig wäre.[8]

✳   ✳   ✳

Eine Veröffentlichung neueren Datums, die eine dramatische Wirkung hatte, war das Buch *Parallel Distributed Processing* (»Verteilte Parallelverarbeitung«), ein dickes, zweibändiges Werk von David Rumelhart, James McClelland und der PDP-Gruppe [11]. Es erschien 1986 und wurde rasch, zumindest in akademischen Kreisen, ein Bestseller. Ich bin nominell Mitglied der PDP-Gruppe und steuerte mit Chiko Asanuma dem Buch ein Kapitel bei, aber meine Rolle wäre besser als die eines Grenzgängers oder vielleicht eines Störenfrieds beschrieben. Mein einziger Beitrag in der PDP-Gruppe war eigentlich der, darauf zu bestehen, daß sie aufhören sollten, für die Einheiten ihrer Netze das Wort *Neuron* zu verwenden.

Das Psychologie-Department der University of California in San Diego ist nur eine Meile vom Salk Institute entfernt. In den späten siebziger und frühen achtziger Jahren ging ich zu Fuß zu den kleinen, informellen Treffen der Diskussionsgruppe. Inzwischen wurde das Stück Land, über das mich dieser Spaziergang führte, in einen riesigen Parkplatz verwandelt. Das Tempo des Lebens hat sich so verschärft, daß ich nun mit meinem Wagen hin- und zurücksause.

Zu dieser Zeit wurde die Gruppe von David Rumelhart und Jay McClelland geleitet; Jay zog allerdings bald darauf an die Ostküste. Beide waren ursprünglich in der Hauptsache Psychologen, aber sie waren mit den symbolverarbeitenden Maschinen unzufrieden und entwickelten gemeinsam ein Textverarbeitungsmodell mit dem Beinamen »interactive activator«. Ermutigt durch Geoffrey Hinton, einen anderen Studenten von Christopher Longuet-Higgins, begannen sie mit einem ehrgeizigeren »konnektionistischen« Programm. Der Begriff »verteilte Parallelverarbeitung« wurde gewählt, weil er einen weiteren Bereich abdeckte als der frühere Begriff »assoziativer Speicher«.[9]

Als die ersten Netze erfunden wurden, löteten einige Theoretiker heldenhaft kleine, doch plumpe elektrische Schaltungen zusammen, die oft altmodische Relais enthielten, um das Verhalten ihrer einfachen Netze zu simulieren. Für die jüngste Entwicklung neuronaler Netze waren die stark gestiegene Geschwindigkeit und die billigeren Preise der modernen Digitalcomputer sehr hilfreich. Neue Ideen zu den Netzen können nun durch Simulation in einem (häufig digital arbeitenden) Computer geprüft werden; man benötigt nicht mehr die groben Analogmodelle oder schwierige mathematische Überlegungen wie damals.

Das PDP-Buch von 1986 war seit Ende 1981 herangereift. Diese Zögerlichkeit war ein Glücksfall, denn nur dadurch, daß zur vorhergegangenen Arbeit ganz am Schluß auch noch die Entwicklung eines besonderen Algorithmus (besser gesagt, dessen Wiederentdeckung und Nutzung) hinzukam, konnte das Buch eine derart prompte Wirkung erreichen. Es wurde nicht nur von Hirntheoretikern und Psychologen eifrig gelesen, sondern auch von Mathematikern, Physikern, Ingenieuren und sogar KI-Forschern, wenn auch im letzten Fall die Reaktionen anfangs recht ablehnend waren. Die Neuigkeiten erreichten schließlich auch Neurowissenschaftler und Molekularbiologen.

Das Buch hat den Untertitel »Erkundungen zur Mikrostruktur der Kognition« und ist zwar eine ziemlich bunte Mischung, aber ein spezieller Algorithmus, der sich darin findet, ergab verblüffende Ergebnisse. Dieser Algorithmus ist unter dem Namen »Backpropagation« (oder kürzer »Backprop«) bekannt, weil Fehler gewissermaßen in einem »Rückwärtsverfahren« korrigiert werden. Um den Algorithmus zu verstehen, müssen wir ein klein wenig davon wissen, was es ganz allgemein mit Lernalgorithmen auf sich hat.

Einige Lernarten in neuronalen Netzen werden als »unüberwacht« bezeichnet. Das heißt, daß von außen keine Lerninformation eingegeben wird. Die Änderungen an jeder einzelnen Verbindung ergeben sich ausschließlich aus örtlich begrenzten Vorgängen im System. Eine einfache Hebbsche Regel ist von dieser Art. Bei überwachtem Lernen hingegen wird die Lerninformation (also Information darüber, was das Netz tun soll) von außen zugeführt.

Unüberwachtes Lernen hat einen gewaltigen Reiz, da sich das Netz gewissermaßen selbst etwas beibringt. Theoretiker haben sich zwar noch wirkungsvollere Lernregeln ausgedacht, aber diese benötigen einen »Lehrer«, der dem Netz sagt, ob es auf einen bestimmten Input gut, weniger gut oder schlecht geantwortet hat. Eine solche Regel ist die »Delta-Regel«.

Um ein Netz zu trainieren, benötigt man eine Menge von Inputs, auf die man es trainiert. (Wir werden das gleich am Beispiel NETtalk sehen.) Das ist die sog. Trainingsmenge. Sinnvollerweise sollte es sich dabei um eine vernünftige Auswahl von solchen Inputs handeln, mit denen das Netz nach dem Training konfrontiert werden wird. Normalerweise müssen die Signale der Trainingsmenge mehrmals eingegeben werden, und deshalb ist oft viel Training erforderlich, bis das Netz gelernt hat, in der gewünschten Weise zu arbeiten. Das liegt zum Teil daran, daß solche Netze vor dem Training oft zufällig gewählte Verbindungen haben. Die Anfangsverbindungen im Hirn sind dagegen nicht vollkommen zufällig, sondern werden in gewissem Ausmaß durch genetische Mechanismen festgelegt.

Wie wird das Netz trainiert? Ein Signal aus der Trainingsmenge wird dem Netz eingegeben, und daraufhin erzeugt das Netz einen Output. Damit befinden sich die Outputneuronen in einem bestimmten Aktivitätszustand. Der Lehrer teilt dann jeder Outputeinheit ihren Fehler mit - also den Unterschied zwischen korrekter und tatsächlicher Aktivität. Diese Differenz zwischen der erwünschten und der tatsächlichen Aktivität ist übrigens der Ursprung des Begriffs *Delta*, der in der Mathematik häufig für kleine, aber endliche Differenzen verwendet wird. Der Algorithmus (die Lernregel des Netzes) berechnet mit Hilfe dieser Information, wie die Gewichte zu ändern sind, damit die Netzleistung verbessert wird.

Eine der älteren Lernregeln wurde 1960 für das Netz »Adaline« von Bernard Widrow und M. E. Hoff gefunden, deshalb heißt die Deltaregel auch Widrow-Hoff-Regel. Die Regel ist so angelegt, daß bei jedem Lernschritt der Gesamtfehler verkleinert wird.[10] Damit kommt das Netz im Verlauf des Trainierens auf jeden Fall bei einem

Fehlerminimum an. Soviel ist sicher. Unsicher ist, ob es sich dabei um das echte globale Minimum oder bloß um ein lokales handelt. Das Problem läßt sich so veranschaulichen: Haben wir einen See in einem erloschenen Vulkan erreicht, einen tiefergelegenen Teich, den Ozean oder ein tiefliegendes Meer wie das Tote Meer?

Man kann den Trainingsalgorithmus so einstellen, daß die Schritte in Richtung eines lokalen Minimums groß oder klein sind. Bei großen Schritten kann das Netz um ein lokales Minimum herumspringen (es bewegt sich zuerst bergabwärts, geht jedoch zu weit und steigt deshalb wieder hoch). Verwendet man kleine Schritte, kann es ewig dauern, bis das Netz am Grund des Minimums ankommt. Man kann auch ausgeklügeltere Anpassungsmethoden verwenden.

Backprop ist ein spezielles Beispiel für einen Lernalgorithmus, der einen Lehrer benötigt. Die Einheiten des Netzes müssen eine besondere Eigenschaft haben, damit Backprop funktioniert. Anstelle eines binären Outputs (0 oder 1; bzw. +1 oder -1) müssen sie einen kontinuierlichen haben. Dieser liegt normalerweise *zwischen* 0 und 1. Theoretiker meinen meistens, daß dies der mittleren Feuerrate eines Neurons entspricht (die maximale Feuerrate sei 1), aber es ist gewöhnlich unklar, über welche Zeit gemittelt werden soll.

Wie soll dieser »kontinuierliche« Output aussehen? Jede Einheit berechnet, wie oben erläutert, die gewünschte Summe der Inputs, aber jetzt gibt es keinen echten Schwellenwert. Wenn die Summe sehr klein ist, ist der Output fast Null. Ist sie etwas größer, wächst der Output, und wenn die Summe sehr groß ist, erreicht der Output seinen größtmöglichen Wert. Die typische Beziehung zwischen summiertem Input und Output ist eine sigmoide Kurve, wie sie in Abb. 54 dargestellt ist. Betrachtet man als Output die durchschnittliche Feuerrate, unterscheidet sich dieses Verhalten nicht allzu sehr von demjenigen echter Neuronen.

Diese harmlos aussehende Kurve hat zwei wichtige Eigenschaften. Sie ist, mathematisch gesprochen, »differenzierbar«, hat also überall eine endliche Steigung; der Backprop-Algorithmus benötigt diese Eigenschaft. Noch wichtiger ist aber, daß die Kurve, wie bei richtigen Neuronen, nichtlinear ist. Verdoppelt man den Input, so wird der Output nicht unbedingt auch verdoppelt. Diese Nichtli-

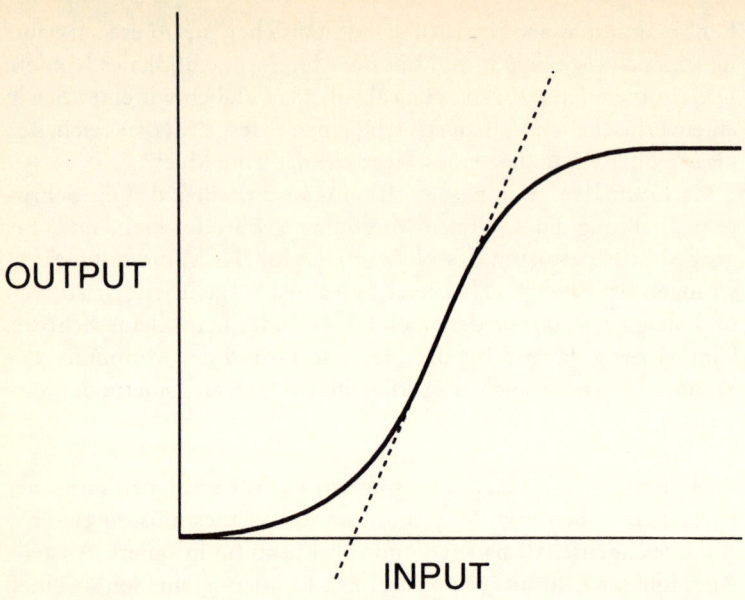

OUTPUT

INPUT

Abb. 54: *Eine typische Input-Output-Kurve für eine Einheit in einem neuronalen Netz. Die Kurve ist nichtlinear. (Die gestrichelte Linie zeigt eine lineare Kurve.)*

nearität ermöglicht es dem Backprop-Netz, mit einem viel größeren Bereich von Problemen umzugehen, als das mit einem streng linearen System möglich wäre.

Werfen wir nun einen Blick auf ein typisches Backprop-Netz. Üblicherweise hat es drei getrennte Schichten von Einheiten (vgl. Abb. 55). Die unterste Schicht ist die Input-Schicht. Die nächste Schicht enthält die »versteckten Einheiten« (»versteckt« deshalb, weil sie nicht in direkter Verbindung mit der Außenwelt des Netzes stehen). Die oberste Schicht ist die Outputschicht. Jede Einheit der untersten Schicht hat Verbindungen zu allen Einheiten der nachfolgenden Schicht. Dasselbe gilt für die mittlere Schicht. Das Netz besitzt ausschließlich vorwärtsgerichtete Verbindungen (d.h. es ist ein sog. Feedforward-Netz). Es gibt keine seitlichen Verbindungen innerhalb einer Schicht und keine rückwärtigen Verbindungen von oben nach unten. Die Konstruktion könnte kaum einfacher sein.

Zu Beginn des Trainings erhalten sämtliche Gewichte einfach zufällige Werte, so daß die anfängliche Netzantwort auf irgendwelche Signale weitgehend unsinnig ist. Dann speist man auf der untersten Lage einen Trainingsinput ein, berechnet den Output und stellt die Gewichte nach dem Backprop-Trainingsalgorithmus ein. Das geschieht folgendermaßen: Jeder Einheit in der oberen Schicht wird (nachdem das Netz den Output zum Trainingsinput berechnet hat) mitgeteilt, wie stark sich dieser Output vom »richtigen« unterscheidet. Mit dieser Information führt die Einheit kleine Veränderungen der Synapsengewichte aus, die sich zwischen ihr und den Einheiten der unteren Lage befinden. Diese Information gibt sie an jede Einheit in der versteckten Lage zurück. Jede einzelne versteckte Einheit sammelt dann die Fehlerinformation, die sie von allen Einheiten der oberen Lage erhält, und setzt wiederum diese Information ein, um alle Synapsen, die von der untersten Schicht zu ihr kommen, einzustellen.

Abb. 55: *Ein einfaches Netz mit drei Schichten. Jede Einheit ist mit allen anderen Einheiten der Schicht darüber verbunden. Es gibt keine Verbindungen zur Seite oder rückwärts. Die inneren Repräsentationseinheiten werden oft als »versteckte Einheiten« bezeichnet.*

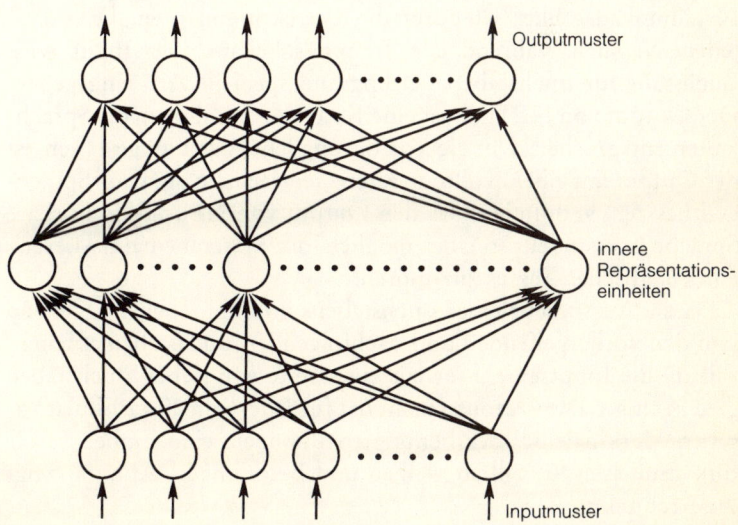

Der Algorithmus arbeitet so, daß das Netz als ganzes stets so verändert wird, daß die Fehler kleiner werden. Dieser Vorgang wird mehrmals wiederholt. (Der Algorithmus ist allgemein genug, um auch bei Feedforward-Netzen mit mehr als nur drei Schichten eingesetzt werden zu können.)

Nach ausreichendem Training kann man das Netz benutzen. Man kann es mit einer »Testmenge« von Inputs kontrollieren, die in den allgemeinen (statistischen) Eigenschaften der Trainingsmenge ähnlich sind, sonst aber verschieden. (Nun werden die Gewichte nicht mehr verändert, um zu sehen, wie gut das trainierte Netz seine Leistung erbringt.) Arbeitet das Netz noch nicht in der gewünschten Weise, beginnt der Konstrukteur gewöhnlich wieder ganz von vorne, d. h. er verändert die Architektur, die Codierung von Input und Output, die Parameter der Trainingsregel oder die Trainingsdauer.

Das klingt alles recht abstrakt, aber ein Beispiel wird einiges verdeutlichen. Eine der eindrucksvollsten Anwendungen stammt von Terry Sejnowski und Charles Rosenberg aus dem Jahr 1987 [12]. Ihr Netz, das sie NETtalk nannten, wandelt geschriebenen englischen Text in gesprochenes Englisch um. Das ist nicht unproblematisch, weil Englisch wegen der unregelmäßigen Schreibweise besonders schwierig auszusprechen ist. Selbstverständlich stellt man dem Netz keine einzige Aussprachregel explizit zur Verfügung. Das Netz muß ausschließlich durch die Korrekturen lernen, die es nach jedem Versuch während des Trainings bekam. Der Input wird Buchstabe für Buchstabe, allerdings auf spezielle Art, eingegeben. Der Output von NETtalk ist eine Kette von Symbolen, die Sprachlauten entsprechen. Um die Vorführung lebendiger zu gestalten, ist der Output mit einem völlig anderen Gerät (einem digitalen Sprachsynthesizer) verbunden, das den Output von NETtalk in hörbare Sprache umwandelt; so ist es möglich, der Maschine beim »Lesen« eines englischen Textes zuzuhören.

Da die Aussprache eines Buchstabens im Englischen weitgehend von den vorhergehenden und nachfolgenden Buchstaben abhängt, »sieht« die Inputschicht jeweils eine Kette von sieben Buchstaben gleichzeitig.[11] Die Outputschicht hat für jedes von 29 »artikulatorischen Merkmalen«[12] der benötigten Phoneme eine Einheit sowie fünf Einheiten für Silbengrenzen und Betonungen. Abb. 56 zeigt die Architektur.[13]

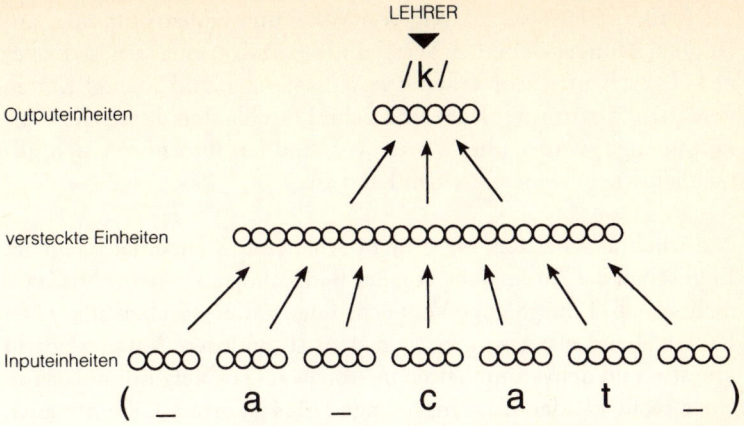

LEHRER

/k/

Outputeinheiten

versteckte Einheiten

Inputeinheiten

(_ a _ c a t _)

Abb. 56: Eine schematische Zeichnung der NETtalk-Netzarchitektur, die ein Beispiel für das allgemeine Schema aus Abb. 55 ist. Ein Fenster von sieben »Buchstaben« eines englischen Textes (hier: »a cat«) wird einer Anordnung von 203 Inputeinheiten zugeführt. In einer Zwischenschicht von 80 »versteckten« Einheiten werden Informationen aus der Inputschicht umgewandelt, so daß sich ein Aktivitätsmuster auf der Outputschicht mit ihren 26 Einheiten ergibt.

Sie trainierten das Netz mit Auszügen aus zwei Texten, wobei beide Texte auch die phonetische Transkription enthielten, die man für das Training benötigte. Der erste Text war ein Ausschnitt aus dem Taschenwörterbuch von Merriam-Webster. Der andere Text war überraschenderweise das fortlaufende Sprechen eines Kindes. Die Gewichte hatten zu Beginn kleine zufällige Werte und wurden nach jedem Wort während der Trainingsphase verändert. Das Programm war so geschrieben, daß der Computer dies, bei gegebenem Input und Information über den richtigen Output, automatisch tat. Bei der Beurteilung des tatsächlichen Outputs sah das Programm dasjenige Phonem, das dem tatsächlichen am nächsten kam, als die beste Schätzung an. Dazu gab es oft einen Beitrag von mehreren »artikulatorischen« Outputeinheiten.

Es ist faszinierend, der Maschine zuzuhören, wie sie lernt, Englisch zu »lesen«.[14] Zuerst hört man wegen der anfänglich zufälligen Verbindungen nur eine wirre Kette von Geräuschen. Bald lernt

NETtalk die Unterscheidung von Vokal und Konsonant, aber anfänglich kennt es nur einen Vokal und einen Konsonanten, so daß es zu lallen scheint. Dann erkennt es Wortgrenzen und erzeugt Ketten von Pseudowörtern. Nach rund zehn Durchläufen durch die Trainingsmenge werden die Wörter verständlich und hören sich allmählich wie bei einem kleinen Kind an.

Natürlich arbeitet das Netz nicht fehlerfrei. Manchmal hängt im Englischen die Aussprache von der Bedeutung ab, wovon NETtalk nichts weiß. Eine gängige Verwechslung ist die zwischen ähnlichen Lauten, beispielsweise zwischen dem stimmlosen Anfangslaut in »thesis« und dem stimmhaften in »throw«. Das Netz konnte das an einer recht kleinen Trainingsmenge (1024 Wörter) Gelernte auch auf neue Wörter anwenden, wie ein Test mit weiteren Wörtern desselben Kindes zeigte.[15] Das nennt man »Generalisierung«.

Das Netz ist eindeutig nicht einfach eine Tabelle, in der jedes trainierte Wort mit seiner Zuordnung steht. Seine Fähigkeit zur Generalisierung hängt von der Redundanz der englischen Aussprache ab. Es ist ja nicht so, daß jedes englische Wort eine ganz eigene und einzigartige Aussprache hat, auch wenn viele, die Englisch als Fremdsprache lernen, dies erst einmal glauben mögen. (Dieses Problem ergibt sich aus dem Umstand, daß Englisch sowohl in romanischen als auch in germanischen Sprachen seinen Ursprung hat; daher rührt auch der reiche Wortschatz des Englischen.)

Ein Vorteil, den neuronale Netze gegenüber den meisten Ansammlungen von echten Neuronen haben, besteht darin, daß es nach dem Training leicht ist, jede versteckte Einheit daraufhin zu untersuchen, welches rezeptive Feld sie hat. Aktiviert ein Buchstabe nur wenige versteckte Einheiten, oder ist die Aktivität eher holographisch über mehrere versteckte Einheiten verteilt? Ersteres kommt der Wahrheit näher. Es gibt bei NETtalk zwar keine besonderen versteckten Einheiten für jede Buchstabe-Laut-Zuordnung, aber dennoch ist jede einzelne Zuordnung dieser Art nicht weit über alle versteckten Neuronen verstreut.

Deshalb konnten sie testen, wie sich das Verhalten der versteckten Einheiten ähnelte (also, welche Eigenschaften sie gemeinsam hatten). Sejnowski und Rosenberg fanden, daß »die wichtigste Unterscheidung die vollständige Trennung von Konsonanten und Vokalen war. Innerhalb dieser beiden Gruppen wies die Gruppenbildung [der versteckten Einheiten] jedoch unterschiedliche Muster auf. Bei den Vokalen war die nächst wichtige Variable der Buchstabe selbst, während es bei den Konsonanten eine gemischte Strategie der Gruppenbildung gab, die eher auf der Ähnlichkeit der Laute beruhte«.

Die Bedeutung dieser recht unordentlichen Anordnung, die typisch für neuronale Netze ist, liegt darin, daß die Einheiten sich bestechend ähnlich wie kortikale Neuronen (des visuellen Systems) verhalten und sich ganz und gar von dem ordentlichen Design unterscheiden, das ein Ingenieur dem System vermutlich aufzwingen würde. – Sie schließen:

NETtalk veranschaulicht im Kleinformat viele Aspekte des Lernens. Erstens fängt das Netz mit beträchtlichem »angeborenen« Wissen in Form der vom Experimentator vorgegebenen Input- und Outputrepräsentation an, jedoch ohne spezifisches Wissen von der englischen Sprache – das Netz hätte mit jeder Sprache trainiert werden können, und zwar mit denselben Buchstaben und Phonemen. Zweitens erlangte das Netz seine Fähigkeiten durch Übung, durchlief bestimmte Lernphasen und erreichte schließlich eine beachtliche Leistungsstufe. Schließlich war die Information über das Netz verteilt, so daß keine einzelne Einheit oder Verbindung unbedingt erforderlich war. Darum war das Netz fehlertolerant und hatte bei zunehmender Schädigung eine sanfte Leistungsabnahme. Darüber hinaus erholte sich das Netz von einem Schaden weitaus rascher, als das anfängliche Lernen dauerte.

Trotz dieser Ähnlichkeiten mit menschlichem Lernen und Gedächtnis ist NETtalk zu einfach, um als gutes Modell für den Erwerb der Lesefähigkeit beim Menschen zu dienen. Das Netz versucht in *einem* Schritt etwas, was bei der menschlichen Entwicklung in *zwei* Schritten geschieht. Kinder lernen zunächst sprechen, und erst wenn ihre Repräsentationen für Wörter und deren Bedeutung gut entwickelt sind, lernen sie lesen. Es ist auch möglich, daß wir – neben unserer Fähigkeit, Buchstabe-Laut-Zuordnungen anzuwenden – artikulatorische Repräsentationen für ganze Wörter haben; dagegen gibt es in NETtalk keine Repräsentationen auf der Ebene der Wörter.

Man beachte, daß im Netz nirgendwo Regeln der englischen Sprache explizit eingebaut sind, so wie es in einem gewöhnlichen Computerprogramm der Fall wäre. Sie sind *implizit* im erlernten Muster der Gewichte enthalten. Genau so lernt ein Kind Sprache. Es lernt, richtig zu sprechen, hat aber keine Vorstellung von den stillschweigenden Regeln, von denen sein Hirn Gebrauch macht.[16]

Einige Merkmale von NETtalk sind völlig unbiologisch. Die Einheiten verletzen die Regel, daß ein Neuron entweder nur erregende oder nur hemmende Signale erzeugt, aber nicht beides. Wichtiger ist, daß der Backprop-Algorithmus, wenn man ihn genau nimmt, erfordert, daß die Lerninformation rasch an genau den Axonen zurückgeschickt wird, die die vorwärtsgerichtete operationale Information übermittelten. Das passiert im Hirn höchstwahrscheinlich nicht. Es gab Versuche, getrennte Schaltungen für so etwas einzurichten, aber mir erscheinen sie sehr gezwungen und unbiologisch.

Trotz all dieser Beschränkungen zeigt NETtalk sehr eindrucksvoll, was ein relativ einfaches neuronales Netz machen kann. Man bedenke, daß es weniger als 500 Einheiten und 20 000 Verbindungen besitzt. Würde man einige Beschränkungen und Auslassungen (die in Anmerkung 16 genannt werden) beseitigen, bräuchte man mehr Neuronen, doch das würde deren Zahl nicht um mehr als einen Faktor von vielleicht zehn vergrößern. Unter einem Stück Großhirnrindenoberfläche von einem viertel Millimeter Kantenlänge (weniger als die Größe eines Stecknadelkopfes) befinden sich rund 5000 Neuronen, so daß NETtalk im Vergleich mit dem ganzen menschlichen Gehirn winzig ist.[17] Um so eindrucksvoller, daß NETtalk lernen kann, eine solche doch ziemlich komplexe Leistung zu erbringen.

Ein anderes neuronales Netz stammt von Sidney Lehky und Terry Sejnowski [13]. Sie stellten ihrem Netz die Aufgabe, die dreidimensionale Form bestimmter Objekte aus deren Schattierungen zu rekonstruieren (das ist das im 4. Kapitel beschriebene Problem, wie sich Tiefeninformation aus der Schattierung gewinnen läßt), ohne daß dem Netz dabei die Richtung, aus der das Licht kommt, mitgeteilt wird. Die Überraschung trat auf, als die rezeptiven Felder der versteckten Einheiten untersucht wurden. Einige ähnelten sehr stark Neuronen, die man experimentell im ersten visuellen Areal des Hirns (V1) gefunden hat. Man hielt sie immer für Kanten- oder Streifendetektoren, aber dem Netz wurden während des Trainings weder Kanten noch Streifen gezeigt. Die Konstrukteure des Netzes hatten die rezeptiven Felder auch nicht erzwungen. Sie ergaben sich während des Trainings gewissermaßen von selbst. Außerdem antworteten die Ausgabeeinheiten auf einen Strich wie die komplexen Zellen mit Endbegrenzung in V1 (siehe S. 181).

Sowohl das Netz als auch der Backprop-Algorithmus sind in mancherlei Hinsicht unbiologisch, doch dieses Beispiel verdeutlicht einen Punkt, der im nachhinein hätte offensichtlich sein müssen: *Man kann die Funktion eines Neurons im Hirn nicht allein durch die Betrachtung seines rezeptiven Feldes erschließen.* Wie im 11. Kapitel erwähnt, muß man darüber hinaus sein projektives Feld kennen, d.h. man muß wissen, zu welchen Neuronen es sein Axon schickt.

Wir haben uns bisher auf zwei Extremformen des »Lernens« in neuronalen Netzen konzentriert: auf unüberwachtes Lernen (wie es durch die Hebbsche Regel exemplifiziert wird) und überwachtes Lernen (wie beim sog. Backprop); es gibt überdies noch einige weitere Varianten. Eine wichtige Variante ist als »kompetitives Lernen« bekannt.[18] Die grundlegende Idee ist, daß den Vorgängen im Netz ein »Gewinner-nimmt-alles«-Mechanismus zugrunde liegt, so daß eine Einheit (oder realistischer: eine kleine Gruppe von Einheiten) alle anderen unterdrückt, weil sie der Bedeutung des Inputs am besten gerecht wird. Statt alle Verbindungen des Systems während des Lernens zu ändern, werden im jeweiligen Schritt nur diejenigen verändert, die eng mit dem Sieger verknüpft sind. Man modelliert dies üblicherweise mit einem Drei-Schichten-Netz (ähnlich dem gewöhnlichen Backprop-Netz), wobei jedoch die Einheiten der mittleren Schicht über starke Verbindungen miteinander verknüpft sind. Die Stärke dieser Verbindungen ist gewöhnlich nicht veränderbar, sondern fest. Oft sind sie über kurze Entfernungen erregend und über lange hemmend; eine Einheit freundet sich leicht mit den unmittelbaren Nachbarn an und wirkt den weiter entfernten Einheiten entgegen. Das bedeutet, daß Einheiten der mittleren Schicht um die Aktivität des gesamten Netzes konkurrieren. In einem sorgfältig konstruierten Netz gibt es bei jedem Lauf genau einen Sieger.

Ein solches Netz hat überhaupt keinen äußeren Lehrer. Es findet die beste Antwort ganz allein. Der Lernalgorithmus funktioniert so, daß nur die Siegereinheit und die Nachbarn ihre einlaufenden Gewichte verändern. Das geschieht so, daß genau diese Antwort in Zukunft noch wahrscheinlicher wird. Jede versteckte Einheit lernt, sich immer stärker mit einer bestimmten Inputart zu verbinden, da der Lernalgorithmus die Gewichte automatisch in die erforderliche Richtung drängt.[19]

Alle Netze, die wir bis jetzt behandelt haben, arbeiten mit einem statischen Input, der – nach einer gewissen Zeit – einen statischen Output ergibt. Sicherlich gibt es Hirnvorgänge, die zeitliche Abfolgen beinhalten, beispielsweise das Pfeifen einer Melodie oder Sprechen und Verstehen von Sprache. Es wurden Netze konstruiert, die solche Probleme recht primitiv angehen, doch sie sind noch nicht weit entwickelt. (NETtalk erzeugt zwar eine zeitliche Sequenz, aber das ist keine Eigenschaft des Netzes, sondern ergibt sich daraus, wie die Daten eingegeben und entnommen werden.)

Linguisten haben betont, daß sprachliche Operationen (wie etwa die Regeln der Syntax) gegenwärtig besser von KI-Programmen nachgebildet werden. Das ist letztlich deshalb so, weil Netze dort am besten sind, wo es um starke Parallelverarbeitung geht, wogegen die sprachbezogenen Aufgaben einen gewissen Grad an serieller Verarbeitung erfordern. Das Hirn besitzt Aufmerksamkeitssysteme, die von eher serieller Art sind, denen aber Parallelverarbeitung zugrunde liegt. Bis jetzt haben neuronale Netze den Komplexitätsgrad, der solche seriellen Prozesse erforderlich macht, nicht erreicht, aber das ist nur eine Frage der Zeit.

Echte Neuronen (deren Axonen, Synapsen und Dendriten) sind nicht zu vermeidenden Zeitverzögerungen unterworfen und verändern sich während der Verarbeitungszeit. Die Konstrukteure der meisten neuronalen Netze sehen diese Eigenschaften als lästige und vermeidenswerte Nebenerscheinungen an. Das ist wahrscheinlich die falsche Einstellung. Die Evolution hat fast mit Sicherheit Kapital aus diesen Veränderungen und Verzögerungen geschlagen.

Eine denkbare Kritik an diesen neuronalen Netzen ist, daß sie eigentlich nicht viel über das Hirn sagen, weil sie einen derart extrem unrealistischen Lernalgorithmus verwenden. Darauf gibt es zwei Erwiderungen. Man kann Algorithmen ausprobieren, die biologisch annehmbar sind. Die andere Erwiderung ist allgemeiner und wirkungsvoller. David Zipser, ein zur Hirntheorie übergewechselter Molekularbiologe (jetzt an der University of California, San Diego) hat betont, daß Backprop wirklich ein sehr guter Weg ist, die Natur des untersuchten Systems herauszufinden [14]. Das nennt er »Neural System Identification«. Die Behauptung ist, daß Backprop als Fehlerminimierungsmethode normalerweise zu einer Lösung gelangt, die *in ihren allgemeinen Charakteristika* der tatsächlichen biologischen Lösung zumindest nahekommt, jedenfalls dann, wenn die Netzarchitektur der Architektur des biologischen Netzes ähnelt und wenn hinreichend viele Einschränkungen für das System bekannt sind. Damit stellt es einen ersten Schritt in die richtige Richtung dar, das Verhalten der biologischen Systeme zu verstehen.

Wenn die Neuronen und die Architektur hinreichend realistisch und dem System genug Einschränkungen auferlegt worden sind, kann dieses Modell der Sache selbst so weit ähneln, daß es nützlich wird. Damit könnte man das Verhalten der Modellbestandteile im Detail untersuchen. Das geht beim Modell rascher und vollständiger als in einem vergleichbaren Tierexperiment.

Es ist wichtig zu sehen, daß die wissenschaftlichen Fragen hier nicht enden. Das Modell könnte zum Beispiel zeigen, daß dort eine bestimmte Klasse von Synapsen auf eine bestimmte Art veränderbar sein muß. Im Modell geht das nur mit Backprop, aber Backprop gibt es in biologischen Netzen nicht. Der Netzmodellierer muß die geeignete *realistische* Lernregel für diese Synapsenklasse finden. Manchmal reicht z.B. schon eine Variante der Hebbschen Regel für solche bestimmten Synapsen. Man muß das Modell dann noch einmal mit diesen realistischen (lokalen) Lernregeln, die in verschiedenen Teilen des Modells auch verschieden sein können, und globalen Signalen, wenn solche anscheinend beteiligt sind, ablaufen lassen.

Funktioniert das Modell dann noch, muß der Experimentator zeigen, daß solche Lernarten tatsächlich an den vorausgesagten

Stellen stattfinden; er muß dies durch Aufdecken der zellulären und molekularen Mechanismen belegen, die an solchen Lernvorgängen beteiligt sind. Nur so können wir vom Spielen mit »interessanten« Demonstrationen zu wirklich wissenschaftlichen Ergebnissen gelangen.

Dies alles bedeutet, daß viele Modelle (bzw. Modellvarianten) geprüft werden müssen. Glücklicherweise erlaubt heute die Entwicklung extrem schneller und billiger Computer die Simulation vieler Modelle, so daß man prüfen kann, ob sich eine bestimmte Anordnung von Neuronen tatsächlich so verhält, wie man hofft. Aber auch mit den neuesten Computern ist es schwierig, so große und komplizierte Modelle zu testen, wie man sich das wünschen würde. Wird darauf gedrängt, alle Modelle durch Simulation zu prüfen, so hat dies zwei unselige Nebenwirkungen. Wenn ein vorgeschlagenes Modell erfolgreich ist, kann dessen Erfinder oft kaum glauben, daß es nicht der Realität entspricht. Doch die Erfahrung zeigt, daß ganz verschiedene Modelle dasselbe Verhalten erzeugen können. Will man entscheiden, welches Modell der Wahrheit am nächsten kommt, können andere Belege nötig sein, beispielsweise die genauen Eigenschaften der wirklichen Neuronen und Moleküle im entsprechenden Hirnteil.

Die andere Gefahr besteht darin, daß eine Überbetonung erfolgreicher Simulationen das anderweitige Nachdenken über das Problem hemmen und damit die theoretische Kreativität unterdrücken kann. Die Natur hat ihren ganz eigentümlichen Arbeitsstil. Ein zu eingeengter Problemlösungsansatz kann aufgrund einer einzelnen Schwierigkeit zur Aufgabe einer potentiell fruchtbaren Idee führen. Doch die Evolution mag durch einen kleinen Trick gerade diese Schwierigkeit umgangen haben. Trotz dieser Vorbehalte ist es vernünftig, durch Simulation eine Theorie zu prüfen, wenn auch nur, um ein gewisses Gefühl dafür zu bekommen, wie gut sie wirklich ist.

Was können wir abschließend zu neuronalen Netzen sagen? Ihre Grundkonstruktion ist hirnähnlicher als die Architektur eines Standardcomputers. Trotzdem sind ihre Einheiten nicht so kompliziert wie echte Neuronen, und die Architektur der meisten Netzwerke ist, im Vergleich mit der Verschaltung der Großhirnrinde, kraß übervereinfacht. Gegenwärtig müssen Netze noch sehr klein sein, damit sie in akzeptabler Zeit auf Standardcomputern simuliert werden können. Das wird sich ändern, wenn Computer schneller werden, und wenn hochgradig parallele (netzartige) Computer kommerziell hergestellt werden, aber dieser schwerwiegende Nachteil wird wohl immer bleiben.

Trotz all dieser Beschränkungen weisen neuronale Netze heutzutage eine erstaunliche Breite der Leistungsfähigkeit auf. Der ganze Bereich brodelt vor neuen Ideen. Wenn auch wohl viele in Vergessenheit geraten werden, wird man sie immer besser verstehen; man wird ihre Grenzen erkennen und neue Tricks finden, um sie zu verbessern. Daß solche Netze auch kommerzielle Anwendungen haben können, wenn dadurch Theoretiker auch manchmal zu weit von der biologischen Realität weggeführt werden, wird auf lange Sicht sowohl zu brauchbaren Ideen als auch zu nützlichen Geräten führen. Es mag sich herausstellen, daß das wichtigste Ergebnis der ganzen Arbeit an neuronalen Netzen darin besteht, daß sie uns auf neue Ideen zur Arbeitsweise des Hirns bringt.

Früher schienen viele Aspekte des Hirns völlig unbegreiflich. Dank all diesen neuen Konzepten kann man heute zumindest die Möglichkeit ins Auge fassen, daß man eines Tages so weit sein wird, das Hirn in biologisch realistischer Weise zu modellieren, also nicht nur biologisch unplausible Modelle zu bauen, die lediglich einige begrenzte Aspekte des Hirnverhaltens erfassen. Schon jetzt haben diese neuen Ideen dazu geführt, daß wir gezielter an Experimente herangehen. Jetzt wissen wir mehr, als wir zum Verständnis einzelner Neuronen benötigen. Wir können uns auf Aspekte der Verschaltungen konzentrieren, die wir noch nicht gut genug erfassen (beispielsweise die hinteren Bahnen der Großhirnrinde). Wir sehen das Verhalten des einzelnen Neurons in neuem Licht und erkennen, daß das Verhalten ganzer Neuronengruppen der nächste wichtige Punkt auf der experimentellen Tagesordnung ist. Neuronale Netze haben noch einen weiten Weg vor sich, aber nun hatten sie endlich einen guten Start.

Dritter Teil

14 VISUELLES BEWUSSTSEIN

»Die Philosophie steht in diesem riesigen Buch geschrieben, das uns ständig offen vor Augen liegt – ich meine das Universum –, das man aber nicht verstehen kann, wenn man nicht zuvor die Sprache lernt und die Schriftzeichen kennt, in denen es geschrieben ist.«   *Galilei*

Schauen wir uns einmal an, was wir bisher erreicht haben. Das Hauptthema dieses Buchs ist die Erstaunliche Hypothese: daß jeder von uns das Verhalten einer ungeheuren Menge in Wechselwirkung stehender Neuronen ist. Christof Koch und ich sind der Meinung, daß die beste Methode, an das Problem des Bewußtseins heranzugehen, darin besteht, das visuelle Bewußtsein zu erforschen, wie es beim Menschen und seinen Artverwandten gegeben ist. Die Art und Weise, wie Menschen Dinge sehen, ist allerdings nicht einfach. Das Sehen ist sowohl ein konstruktiver als auch komplizierter Vorgang. Psychologische Tests legen nahe, daß dieser Prozeß hochgradig parallel ist und daß oberhalb dieses parallelen Geschehens noch ein serieller »Aufmerksamkeits«-Mechanismus stattfindet. Die Psychologen haben verschiedene Theorien entwickelt, mit denen die allgemeine Beschaffenheit des visuellen Prozesses erklärt werden soll, doch keine dieser Theorien schert sich sonderlich darum, wie sich die Neuronen in unserem Hirn verhalten.

Das Hirn selbst besteht aus Neuronen (und verschiedenen unterstützenden Zellen). Jedes Neuron ist, molekular gesehen, ein komplexes Objekt, das oft eine ziemlich bizarre, unregelmäßige Gestalt hat. Neuronen sind elektrische Nachrichtenübermittler. Sie reagieren rasch auf ankommende elektrische und chemische Signale und senden schnelle elektrochemische Impulse auf ihren Axonen weiter, häufig über Entfernungen, die um ein Vielfaches größer sind als der Durchmesser ihrer Zellkörper. Es gibt ungeheuer viele Neuronen (und viele verschiedene Typen davon); sie wirken in komplizierter Weise aufeinander ein.

Das Hirn ist, anders als die meisten modernen Computer, keine Allzweckmaschine. Jeder vollständig entwickelte Teil verrichtet seine eigene Arbeit, die sich zumindest ein wenig von der jedes anderen Teils unterscheidet; doch am Zustandekommen einer Reaktion sind fast immer viele Teile gemeinsam beteiligt. Dieses allgemeine Bild wird durch viele Untersuchungen von Menschen mit Hirnschädigungen sowie durch Untersuchungen mit den modernen Scanning-Methoden gestützt, die einen Zugang zum menschlichen Hirn von außerhalb des Kopfes ermöglichen.

Das visuelle System hat weitaus mehr verschiedene kortikale Areale, als man erwarten würde. Diese Areale sind in einer Semihierarchie miteinander verbunden. Ein Neuron eines niedrigeren kortikalen Areals (d. h. eines Areals, das enger mit den Augen verbunden ist) ist hauptsächlich an relativ einfachen Aspekten eines kleinen Ausschnitts der visuellen Szenerie interessiert, obgleich auch ein solches Neuron von der visuellen Umgebung des betreffenden Fragments mit beeinflußt wird. Neuronen auf den höheren kortikalen Ebenen reagieren am besten auf komplexere visuelle Objekte (wie z. B. Gesichter oder Hände), unabhängig davon, an welcher Stelle der visuellen Szenerie sich diese Objekte befinden. Anscheinend gibt es kein einzelnes kortikales Areal, dessen Aktivität dem Gesamtinhalt unseres visuellen Bewußtseins entspricht.

Um zu verstehen, wie das Hirn funktioniert, müssen wir theoretische Modelle entwickeln, in denen beschrieben wird, wie Neuronenklassen miteinander interagieren. Derzeit werden die Neuronen in solchen Modellen noch übermäßig vereinfacht dargestellt. Die Computer sind heute zwar sehr viel schneller als vor dreißig Jahren, aber man kann auch mit ihnen nur eine relativ kleine Anzahl von Neuronen und ihren wechselseitigen Verbindungen simulieren. Dennoch weisen diese (zum Teil ganz verschiedenartigen) primitiven Modelle oft ein überraschendes Verhalten auf, das manchen Verhaltensweisen des Hirns gleicht. Sie bringen uns auf neue Ideen darüber, wie das Hirn funktionieren könnte.

Das also ist der Hintergrund, den wir bei unserem Zugang zum Problem des visuellen Bewußtseins berücksichtigen müssen: Wie läßt sich das, was wir sehen, durch neuronale Aktivität erklären? Oder anders gesagt: Was ist das »neurale Korrelat« des visuellen Bewußtseins? Wo sind diese »Bewußtseinsneuronen« – befinden sie sich an einigen speziellen Stellen, oder sind sie über das ganze Hirn verteilt; weisen sie irgendein besonderes Verhalten auf?

Betrachten wir zunächst noch einmal die Ideen, die im 2. Kapitel kurz umrissen wurden. Welche psychischen Prozesse genau sind bei visuellem Bewußtsein im Spiel? Wenn wir herausfinden können, wo diese verschiedenen Prozesse im Hirn angesiedelt sind, dann hilft uns dies vielleicht, die gesuchten Bewußtseinsneuronen zu orten.

Philip Johnson-Laird hat die Hypothese vertreten, das Hirn habe (wie ein moderner Computer) ein Betriebssystem, und dessen Aktivitäten entsprechen dem Bewußtsein. In seinem Buch *Mental Models* hat er diese Idee in einen größeren Zusammenhang gestellt. Er nimmt an, daß die Aufteilung zwischen bewußten und unbewußten Prozessen von dem hohen Maß an Parallelität im Hirn herrührt. Eine derartige parallele Verarbeitung gestattet es dem Organismus, spezielle Sinnes-, Erkenntnis- und Bewegungssysteme zu entwickeln, die sich deshalb durch ihr schnelles Funktionieren auszeichnen können, weil viele ihrer Neuronen gleichzeitig (und nicht nur nacheinander) arbeiten, wie ich das ja schon im Hinblick auf das visuelle System beschrieben habe. Das stärker serielle Betriebssystem hat die Gesamtsteuerung all dieser Aktivitäten inne; dadurch werden schnelle und flexible Entscheidungen ermöglicht. Ein sehr grober Vergleich bietet sich an: Der Dirigent (das Betriebssystem) steuert die parallelen Aktivitäten aller Orchestermitglieder.

Dieses Betriebssystem kann zwar den Output des gesteuerten neuralen Systems überwachen, es hat aber – laut Johnson-Laird – keinen Zugang zu den Einzelheiten der Vorgänge in den Systemen, sondern nur zu den Ergebnissen, die sie jeweils liefern. Durch Introspektion haben wir nur einen beschränkten Zugang zu dem, was sich in unserem Hirn abspielt. Wir haben keinen Zugang zu den vielen Abläufen, die überhaupt erst die Information zustande bringen, die dann dem Betriebssystem übermittelt wird. Bei der Introspektion neigen wir seiner Ansicht nach dazu, »Begriffe, die an sich parallel sind, in eine serielle Zwangsjacke zu stecken«, denn das Betriebssystem arbeitet ihm zufolge weitgehend seriell. Deshalb könne die Introspektion so irreführend sein.

Johnson-Laird hat seine Ideen klar und eindringlich formuliert, doch wenn wir das Hirn neural verstehen wollen, müssen wir den Ort und die Beschaffenheit dieses Betriebssystems herausfinden. Es muß nicht unbedingt genau dieselben Eigenschaften haben wie das eines modernen Computers. Das Betriebssystem des Hirns ist vermutlich nicht so säuberlich an einer ganz bestimmten Stelle angesiedelt. Wahrscheinlicher ist, daß es in zweierlei Sinn verteilt ist: Es könnte getrennte Teile des Hirns umfassen, die miteinander interagieren, wobei die aktive Information in jedem solchen Teil über viele Neuronen hinweg verteilt sein könnte. Die Beschreibung, die Johnson-Laird von dem Betriebssystem des Hirns gibt, erinnert ein wenig an den Thalamus, doch der Thalamus hat wohl nicht genug Neuronen, um alle Inhalte des visuellen Bewußtseins zu repräsentieren; das ließe sich jedoch durch Tests überprüfen. Es scheint wahrscheinlicher, daß einige (aber nicht alle) Neuronen der Großhirnrinde beteiligt sind, vermutlich unter dem Einfluß des Thalamus.

Auf welchen Stufen der verschiedenen funktionalen Hierarchien sollen wir nach den neuralen Korrelaten des Bewußtseins Ausschau halten? Johnson-Laird glaubt, daß das Betriebssystem sich auf der höchsten Ebene der Verarbeitungshierarchien befindet; Ray Jackendoff hingegen denkt, wie wir gesehen haben, daß das Bewußtsein enger mit den Zwischenebenen zusammenhängt. Welche dieser beiden Ideen ist plausibler?

Jackendoffs Auffassung[1] über visuelles Bewußtsein geht von David Marrs Idee mit der $2\frac{1}{2}$ D-Skizze aus (also von der betrachterzentrierten Repräsentation sichtbarer Oberflächen, wie das in Kapitel 6 beschrieben wurde) und nicht von Marrs (dreidimensionalem) 3D-Modell. Und zwar aus folgendem Grund: Direkt erleben Menschen von Objekten im visuellen Feld nur die präsentierte Seite; das Vorhandensein der nicht sichtbaren Rückseite eines Objekts wird nur erschlossen. Andererseits glaubt Jackendoff, daß visuelles Verstehen – das, wovon man Bewußtsein hat – bestimmt wird vom 3D-Modell im Verbund mit »begrifflichen Strukturen« (ein ausgefallener Ausdruck für Gedanken). Das also meint er, wenn er von einer Zwischenebenen-Theorie des Bewußtseins spricht.

Ein Beispiel macht dies vielleicht deutlicher. Wenn Sie einen Menschen anschauen, der Ihnen den Rücken zugewandt hat, können Sie den Hinterkopf sehen, nicht aber sein Gesicht. Dennoch zieht Ihr

Hirn den Schluß, daß er ein Gesicht hat. Denn wenn er sich umdrehte und vorne kein Gesicht hätte, dann wären Sie sehr überrascht. Die betrachterzentrierte Repräsentation entspricht dem, was Sie vom Hinterkopf gesehen haben. *Es ist das, dessen Sie sich lebhaft bewußt sind.* Was Ihr Hirn über die Vorderseite erschließt, käme von irgendeiner Art von 3D-Modell-Repräsentation. Jackendoff meint, daß Sie sich dieses 3D-Modells (und übrigens auch Ihrer Gedanken) nicht direkt bewußt sind. Man denke an den alten Spruch: »Woher soll ich wissen, was ich denke, bevor ich gehört habe, was ich sage?«

Ich habe Jackendoffs vorletzte Fassung seiner Theorie in den Anmerkungen untergebracht,[2] denn der Wortlaut seiner Formulierungen ist auf Anhieb nicht leicht zu verstehen.[3] Auf die visuelle Wahrnehmung angewandt, meint er (wenn ich ihn richtig verstehe), daß die »Formunterschiede« – d. h. die Lage, Gestalt, Farbe, Bewegung usw. eines visuellen Objekts – zu einer Kurzzeitgedächtnisrepräsentation, die sich aus Gewinner-nimmt-alles-Mechanismen (die »Auslesefunktion«) ergibt, in Beziehung stehen (von ihr verursacht/unterstützt/projiziert werden), und daß diese Repräsentation durch attentionale Verarbeitung »angereichert« wird.

Der Wert des Ansatzes von Jackendoff liegt darin, daß er uns davor warnt anzunehmen, es müßten unbedingt ausschließlich die obersten Ebenen des Hirns sein, die bei visuellem Bewußtsein im Spiel sind. Wenn in unserem Hirn eine lebhafte Repräsentation der direkt vor uns befindlichen Szenerie ist, dann mag es sein, daß an dieser Repräsentation verschiedene Zwischenebenen beteiligt sind. Andere Ebenen können weniger lebhaft sein; es mag sogar sein, wie Jackendoff nahelegt, daß wir uns ihrer überhaupt nicht bewußt sind.

Das heißt nicht, daß die Information von der Oberflächenrepräsentation zur 3D-Repräsentation fließt; es ist fast gewiß, daß der Informationsfluß in beide Richtungen geht. Wenn Sie sich im obigen Beispiel das Gesicht auf der Vorderseite des Kopfes vorstellen, dann ist das, dessen Sie sich nun bewußt sind, eine bewußte Oberflächenrepräsentation, die von dem unbewußten 3D-Modell erzeugt wurde. Diese Unterscheidung zwischen den beiden Repräsentationstypen muß im Laufe der weiteren Entwicklungen vermutlich noch verfeinert werden, aber sie gibt uns immerhin eine ungefähre Vorstellung davon, was wir eigentlich zu erklären versuchen.

Wo genau diese Ebenen im Cortex angesiedelt sind, ist nicht so klar. Was die visuelle Wahrnehmung angeht, könnten sie eher den mittleren als den vorderen Teilen des Hirns entsprechen (also eher den inferotemporalen und einigen parietalen Bereichen); doch auf welche Teile der (in Abb. 52 dargestellten) visuellen Hierarchie Jackendoff sich bezieht, muß erst noch herausgefunden werden. (Dies wird ausführlicher im 16. Kapitel erörtert.)

Nachdem wir nun die Sicht einiger Psychologen wiedergegeben haben, wollen wir das Problem vom Standpunkt eines Neurowissenschaftlers betrachten, der sich mit Neuronen, ihren Verbindungen und der Art ihres Feuerns auskennt. Was ist das allgemeine Verhaltenscharakteristikum derjenigen Neuronen, die mit dem Bewußtsein zusammenhängen (bzw. gerade nicht damit zusammenhängen)? Mit anderen Worten: Was ist das »neurale Korrelat« des Bewußtseins? Es ist plausibel, daß Bewußtsein in irgendeinem Sinne der Aktivität von Neuronen bedarf. Es kann sein, daß es mit einem speziellen Aktivitätstyp einiger Neuronen im kortikalen System in Korrelation steht. Das Bewußtsein kann zweifelsohne unterschiedliche Formen annehmen, je nachdem, welche Teile des Cortex im Spiel sind. Koch und ich haben die Hypothese aufgestellt, daß all diesen Formen nur ein einziger Grundmechanismus zugrunde liegt (oder zumindest nur sehr wenige). Wir vermuten, daß dem Bewußtsein zu jedem einzelnen Zeitpunkt immer ein besonderer Aktivitätstyp in einer vorübergehend als Einheit operierenden Menge von Neuronen entspricht, die einen Bruchteil einer viel größeren Menge potentieller Kandidaten darstellen. Auf der Ebene der Nervenzellen stellen sich also folgende Fragen:

- Wo sind diese Neuronen im Hirn?
- Sind sie von einem besonderen neuronalen Typ?
- Haben ihre Verbindungen irgendwelche Besonderheiten – und falls ja: welche?
- Hat die Art ihres Feuerns irgendwelche Besonderheiten – und falls ja: welche?

Wie könnten wir vorgehen, um herauszufinden, welche Neuronen beim visuellen Bewußtsein beteiligt sind? Gibt es irgendwelche Hinweise, aus denen wir etwas über die Art des Feuerns der Neuronen entnehmen können, die solchem Bewußtsein entsprechen?

Wie wir gesehen haben, geben uns psychologische Theorien einige Hinweise. Zum Bewußtsein wird vermutlich irgendeine Form von Aufmerksamkeit gehören; deshalb sollten wir den Mechanismus erforschen, den das Hirn anwendet, wenn es auf ein bestimmtes visuelles Objekt achtet. Zum Bewußtsein wird vermutlich irgendeine Form von Ultrakurzzeitgedächtnis gehören; deshalb sollten wir versuchen herauszubekommen, wie Neuronen sich verhalten, wenn sie solche Erinnerungen speichern und verwenden. Und schließlich scheinen wir die Fähigkeit zu besitzen, gleichzeitig auf mehr als ein Objekt zu achten. Weil sich daraus für einige neuronale Theorien des Bewußtseins Probleme ergeben, wollen wir uns als erstes damit beschäftigen.

Was geschieht im Hirn, wenn wir ein Objekt sehen? Es gibt beinahe unendlich viele mögliche verschiedene Objekte, die zu sehen wir in der Lage sind. Es kann nicht für jedes dieser Objekte ein eigenes Neuron (oft als »Großmutterzelle« bezeichnet) geben. Die kombinatorischen Möglichkeiten im Hinblick auf die Repräsentation so vieler Objekte bei verschiedenen Werten für Tiefe, Bewegung, Farbe, Orientierung und räumliche Lage sind einfach zu gewaltig. Deswegen ist nicht ausgeschlossen, daß es Ansammlungen von Neuronen gibt, die eine gewisse Spezialisierung für sehr spezifische und ökologisch hochgradig bedeutsame Objekte wie das Aussehen eines Gesichts haben.

Es erscheint als wahrscheinlich, daß jedes bestimmte Objekt im visuellen Feld immer durch das Feuern einer *Menge* von Neuronen repräsentiert wird.[4] Da ein Objekt verschiedene Merkmale (Form, Farbe, Bewegung usw.) hat, deren Verarbeitung in mehreren verschiedenen visuellen Arealen stattfindet, ist es vernünftig anzunehmen, daß beim Sehen eines einzelnen Objekts Neuronen vieler verschiedener visueller Areale beteiligt sind. Das Problem, wie diese Neuronen zeitweilig als eine Einheit aktiv werden, wird oft als das »Bindungsproblem« bezeichnet. Da ein Objekt, das gesehen wird, oft auch gehört, gerochen oder gefühlt wird, muß diese Bindung auch über verschiedene Sinnesmodalitäten hinweg hergestellt werden.[5]

Unser Erleben einer Einheit in der Wahrnehmung legt somit nahe, daß das Hirn auf irgendeine Weise all diejenigen Neuronen in einer wechselseitig kohärenten Weise zusammenbindet, die aktiv auf verschiedene Aspekte eines wahrgenommenen Objekts reagieren. Mit anderen Worten: Wenn Sie jetzt einem Freund Aufmerksamkeit schenken, der irgend etwas mit Ihnen diskutiert, dann müssen Neuronen, die auf seine Gesichtsbewegungen reagieren, Neuronen, die auf die Färbung des Gesichts reagieren, Neuronen in Ihrem auditorischen Cortex, die auf die Wörter reagieren, die aus seinem Mund kommen, und möglicherweise noch diejenigen Erinnerungsspuren, die mit der Kenntnis, um wessen Gesicht es sich handelt, zusammenhängen – sie alle müssen miteinander »in Bindung gebracht« werden, damit man sie als Neuronen klassifizieren kann, die gemeinsam die Wahrnehmung jenes bestimmten Gesichts erzeugen. (Das Hirn läßt sich manchmal durch Tricks dazu verführen, eine inkorrekte Bindung herzustellen, z. B. dann, wenn Sie die Stimme aus der Puppe hören und nicht als die des Bauchredners.)

Es gibt verschiedene Arten von Bindung. Ein Neuron, das auf eine kurze Linie reagiert, kann man so betrachten, daß es diejenigen Punkte aneinander bindet, aus denen diese Linie besteht. Die Inputs und das Verhalten eines solchen Neurons sind vermutlich ursprünglich durch unsere Gene (und durch Entwicklungsvorgänge) bestimmt, die sich aus den Erfahrungen unserer entfernten Vorläufer entwickelt haben. Andere Formen der Bindung können durch häufig wiederholte Erfahrung (d. h. durch übermäßiges Lernen*) erworben werden; das trifft auf die Wiedererkennung vertrauter Objekte, wie z. B. die Buchstaben eines wohlbekannten Alphabets, zu. Vermutlich impliziert dies, daß viele der daran beteiligten Neuronen dadurch sehr eng miteinander verknüpft worden sind.[6] Diese beiden Formen ziemlich permanenter Bindung könnten Neuronen hervorbringen, die (zusammengenommen) auf viele Objekte –

---

* Im Original: »overlearning«; damit sind Lernvorgänge gemeint, die über den Punkt des Lernerfolgs hinaus weitergeführt werden, wie dies z. B. beim Erwerb vieler Geschicklichkeiten der Fall ist. – H.P.G.

wie z. B. Buchstaben, Zahlen und andere vertraute Symbole – reagieren könnten, aber es gibt einfach nicht genug Neuronen im Hirn, um die beinahe unendlich vielen möglichen *vorstellbaren* Objekte zu kodieren. Dasselbe gilt für die Sprache. Jede Sprache hat viele, aber immer nur endlich viele Wörter; hingegen hat sie beinahe unendlich viele mögliche wohlgeformte Sätze.

Die Bindung, um die es uns hier vornehmlich geht, ist von einer dritten Art; sie ist weder durch die frühe Entwicklung festgelegt, noch entsteht sie durch übermäßiges Lernen. Sie liegt insbesondere bei Objekten vor, deren genaue Merkmalskombination uns ganz neu ist, wie das z. B. geschehen kann, wenn wir im Zoo ein neues Tier sehen. Es ist zumindest in den meisten Fällen unwahrscheinlich, daß alle aktiv beteiligten Neuronen schon vorab in einer starken Verbindung zueinander stehen. Die Bindung muß rasch zustande kommen. Es gehört zum Wesen dieser dritten Art von Bindung, daß sie eher kurzlebig ist und in der Lage sein muß, visuelle Merkmale zu einer beinahe unendlichen Vielfalt möglicher Kombinationen zusammenzufügen, auch wenn sie zu jedem gegebenen Zeitpunkt immer nur ein paar Kombinationen herstellen kann. Wenn ein bestimmter Reiz oft wiederholt wird, dann kann es sein, daß diese dritte Art vorübergehender Bindung schließlich die zweite Art von Bindung (durch übermäßiges Lernen) aufbauen kann.

Leider wissen wir noch nicht, wie das Hirn diesen dritten Bindungstyp ausdrückt. Besonders unklar ist, ob wir bei zentriertem Bewußtsein uns immer nur jeweils *eines* Objekts bewußt sind oder ob unser Hirn sich mit mehreren Objekten zugleich beschäftigen kann. Gewiß kommt es uns so vor, als seien wir uns zugleich mehr als eines Objekts bewußt; doch könnten wir uns darin nicht täuschen? Vielleicht beschäftigt sich das Hirn in Wirklichkeit sukzessive mit den verschiedenen Objekten – aber so schnell, daß der Eindruck der Gleichzeitigkeit entsteht. Vielleicht können wir immer nur auf jeweils ein Objekt *aufmerksam* sein, aber anschließend (nachdem wir aufmerksam waren) können wir uns für kurze Zeit an mehrere Objekte »erinnern«? Da wir es nicht genau wissen, müssen wir alle diese Möglichkeiten erwägen. Nehmen wir zunächst einmal an, daß das Hirn sich immer nur mit jeweils einem Objekt beschäftigt.

Welche Art neuraler Aktivität könnte der Bindung entsprechen? Natürlich könnte es sein, daß zu dem neuralen Korrelat des Bewußtseins nur ein einziger Typ von Neuron gehört: z. B. eine Sorte von Pyramidenzelle in einer bestimmten Schicht des Cortex. Die einfachste Idee wäre die, daß Bewußtsein entsteht, wenn irgendwelche Elemente dieser speziellen Neuronenklasse mit einer sehr hohen Rate feuern (z. B. mit ca. 400 oder 500 Hz) oder wenn das Feuern eine gewisse vertretbare Zeit lang durchgehalten wird. Die »Bindung« würde dann einem relativ kleinen Bruchteil von Neuronen in verschiedenen kortikalen Arealen entsprechen, die zugleich sehr schnell feuern (oder die über eine längere Zeit hinweg feuern). Daraus ergeben sich wahrscheinlich zwei Konsequenzen: Die Geschwindigkeit bzw. Dauer des Feuerns würde die Wirkung vergrößern, die bei den Neuronen erreicht wird, zu denen diese aktiven Neuronen projizieren – und das sind Neuronen, die den *Implikationen* (oder der »Bedeutung«) des Objekts entsprechen, dessen man sich in diesem Moment bewußt ist. Außerdem könnte das schnelle (oder länger durchgehaltene) Feuern irgendeine Form von Ultrakurzzeitgedächtnis aktivieren.

Diese einfache Idee funktioniert nicht, wenn das Hirn sich zum selben Zeitpunkt mehr als eines Objekts bewußt sein muß. Aber selbst bei einem einzigen Objekt muß das Hirn zwischen Figur und Grund unterscheiden. Um diesen Punkt besser zu verstehen, nehmen wir einmal an, daß sich im visuellen Feld, in der Nähe des Zentrums, einfach ein roter Kreis und ein blaues Quadrat befinden. Dann würden einige dem Bewußtsein entsprechende Neuronen schnell (oder länger anhaltend) feuern; einige signalisieren »rot«, einige »blau«, andere »Kreis« und noch andere »Quadrat«. Woher könnte das Hirn wissen, welche Farbe es welcher Form zuordnen soll? Mit anderen Worten: Wenn Bewußtsein einfach nur einem schnellen (oder anhaltenden) Feuern entspräche, dann könnte das Hirn leicht die Eigenschaften verschiedener Objekte durcheinanderbringen.

Es gibt verschiedene Arten, auf die man diese Schwierigkeit umgehen kann. Ein Objekt, so könnte man sagen, erreicht nur dann lebhaftes Bewußtsein, wenn das Hirn auf es »aufmerksam« ist. Der Aufmerksamkeitsmechanismus kann vielleicht das Feuern derjenigen Neuronen verstärken, die auf das eine Objekt reagieren, und zugleich die Aktivität der auf die anderen Objekte reagierenden Neuronen schwächen. Träfe das zu, dann wäre das Hirn in der Lage, sich mit einem Objekt nach dem andern zu beschäftigen, indem der Aufmerksamkeitsmechanismus von einem Objekt zum nächsten springt. Schließlich tun wir ja genau das, wenn wir unsere Augen bewegen. Zunächst richten wir unsere Aufmerksamkeit auf einen Teil des visuellen Felds, dann auf einen andern, und so weiter. Der Aufmerksamkeitsmechanismus, den wir brauchen, müßte noch schneller sein und *zwischen* Augenbewegungen zur Anwendung kommen, wenn unsere Augen stillstehen; denn wir können ja mehrere Objekte sehen, ohne unsere Augen zu bewegen.

Abb. 57: *Jede kurze senkrechte Linie stellt ein Neuronenfeuern dar. Die erste waagerechte Linie zeigt das Feuern eines Neurons, das »rot« signalisiert; die Linie darunter eines, das »einen Kreis« signalisiert, und so weiter. Das Hirn kann folgern, daß der Kreis rot (und nicht blau) ist, weil das »Rot«-Neuron etwa gleichzeitig mit dem »Kreis«-Neuron feuert, während das »Blau«-Neuron zu ganz anderen Zeitpunkten feuert. Man sagt dann, daß das Feuern des »Rot«- und des »Kreis«-Neurons korreliert sind (wie auch das Feuern der beiden anderen Neuronen), während die Kreuzkorrelation zwischen beispielsweise »Rot« und »Quadrat« Null ist. (Das Beispiel ist aus didaktischen Gründen kraß vereinfacht.)*

Eine zweite Möglichkeit ist, daß der Aufmerksamkeitsmechanismus auf irgendeine Weise verschiedene Neuronen jeweils ein wenig unterschiedlich feuern läßt. Die Schlüsselidee hierbei ist das *korrelierte* Feuern.[7] Zugrunde liegt der Gedanke, daß es nicht einfach auf die Durchschnittsfeuerrate eines Neurons ankommt, sondern auf die *exakten Zeitpunkte*, zu denen jedes Neuron feuert. Die Neuronen, die mit den Eigenschaften des ersten Objekts zusammenhängen, werden allesamt in irgendeinem Muster zum selben Zeitpunkt feuern. Die Neuronen, die mit dem zweiten Objekt zusammenhängen, werden ebenfalls alle zusammen feuern, aber zu anderen Zeitpunkten als die erste Neuronengruppe.

Ein idealisiertes Beispiel verdeutlicht dies vielleicht. Nehmen wir an, daß die Neuronen der ersten Gruppe sehr schnell feuern. Vielleicht feuert diese Gruppe nach, sagen wir mal, 100 Millisekunden noch einmal und dann wieder 100 Millisekunden nach der zweiten Salve und so weiter. Nehmen wir nun an, die zweite Gruppe erzeugt ebenfalls etwa alle 100 Millisekunden eine Serie von schnellen Impulsen, *aber zu Zeitpunkten, an denen die erste Gruppe sich ruhig verhält*. Die übrigen Teile des Hirns werden die Neuronen der beiden Gruppen nicht miteinander verwechseln, weil die beiden Gruppen nie zugleich feuern.[8] Siehe dazu Abb. 57.

Die Grundidee ist hier, daß Impulse, die bei einem Neuron zum selben Zeitpunkt ankommen, eine größere Wirkung erzielen, als wenn sie dort (in gleicher Anzahl) zu verschiedenen Zeitpunkten ankommen.[9] Die Theorie verlangt, daß innerhalb jeder Gruppe das Feuern der Neuronen untereinander stark korreliert ist, während das Feuern von Neuronen, die verschiedenen Gruppen angehören, schwach oder überhaupt nicht korreliert ist.[10]

*   *   *

Wenden wir uns nun wieder unserem Hauptproblem zu. Wir wollen wissen, wo die »Bewußtseins«-Neuronen angesiedelt sind und wodurch ihr Feuern eine Symbolisierung dessen wird, was wir sehen. Wir wissen etwas über das Opfer (was Bewußtsein ist), und wir kennen eine buntgemischte Reihe von Tatsachen, die etwas mit dem Verbrechen zu tun haben könnten. Welche Ansätze sehen am verheißungsvollsten aus, und wie sollen wir sie verfolgen?

Die direktesten Hinweise wären alle Beweismittel, durch die der Verdächtige in flagranti ertappt wird. Lassen sich Neuronen finden, deren Verhalten immer in Korrelation mit dem entsprechenden visuellen Perzept steht? Zu diesem Zweck könnte man Situationen (wie z. B. die Betrachtung eines Necker-Würfels im 3. Kapitel) herbeiführen, in denen die visuelle Information, die in die Augen gelangt, gleichbleibt, obwohl das Perzept sich ändert. Welche Neuronen verändern ihr Feuern (oder den Stil ihres Feuerns), wenn das Perzept sich ändert, und welche tun das nicht? Falls ein bestimmtes Neuron sich nicht nach dem Perzept richtet, dann hat es ein Alibi. Wenn hingegen sein Feuern tatsächlich in Korrelation mit dem Perzept steht, dann müssen wir immer noch herausbekommen, ob es sich bei ihm um den Mörder handelt oder nur um einen Komplizen.

Versuchen wir es anders. Können wir den Tatort auf eine bestimmte Stadt, ein bestimmtes Viertel oder gar ein bestimmtes Gebäude eingrenzen? Dadurch würde unsere Suche effizienter werden. Können wir ungefähr sagen, an welcher Stelle im Hirn sich die Bewußtseinsneuronen für die visuelle Wahrnehmung wahrscheinlich befinden? Natürlich werden wir auf die Großhirnrinde tippen, aber wir können ihre unmittelbare Nachbarschaft (den Thalamus und das Claustrum) nicht ganz außer acht lassen und auch nicht jenes ältere visuelle System (das vordere Vierhügelpaar), vom Corpus striatum und dem Kleinhirn ganz zu schweigen. Es ist unwahrscheinlich, daß das visuelle Bewußtsein in Arealen wie dem auditorischen Cortex sitzt; somit können wir unsere Aufmerksamkeit weitgehend auf die vielen visuellen Areale des Cortex beschränken, die in Abb. 48 zu sehen sind. Vielleicht lassen sich ja Hinweise darauf finden, daß gewisse Areale stärker beteiligt sind als andere.

Dadurch werden wir nicht den Mörder entdecken, aber es mag uns in die richtige Richtung führen. Hat der Täter aller Wahrscheinlichkeit nach bestimmte Persönlichkeitsmerkmale, d. h., ist es z. B. ein einflußreicher Mann, ein verwirrter Teenager oder eine Bande? Auf unseren Fall übertragen: Welche Neuronen sind aller Wahrscheinlichkeit nach beteiligt? Reizende? Oder hemmende? Sternenzellen, oder Pyramidenzellen? Falls sie im Cortex liegen: in welchen Schichten findet man sie?

Ein anderer Ansatzpunkt wäre, danach Ausschau zu halten, ob es vielleicht irgendwelche Verständigungsformen gibt, die den Täter verraten. Wenn eine Bande die Tat begangen hat, hat sie ein Funktelefon in einem Auto benutzt? Auf das Nervengeschehen übertragen: Hängt Bewußtsein von irgendeiner bestimmten Form der Nervenverschaltung ab, die im Hirn nur an besonderen Stellen vorkommt?

Vielleicht sollte man auch nach einem Motiv für das Verbrechen suchen. Welchen Vorteil brachte der Mord dem Mörder? Profitierte er finanziell? Falls ja, an wen ging das Geld? Wenn wir beim Geldempfänger nachforschen, können wir vielleicht von dort aus den Weg zum Mörder zurückverfolgen. Auf das Nervengeschehen übertragen: An welche Teile des Hirns wird die visuelle Information übermittelt? Und wie sind diese Teile mit den visuellen Arealen des Cortex verbunden?

Andererseits könnten wir auch fragen, ob es irgendein besonderes Verhalten gibt, das uns zum Verdächtigen führen könnte. Das könnte z. B. korreliertes Feuern von Neuronengruppen sein oder vielleicht ein Feuern mit irgendeiner Art von rhythmischem oder sonstigem Muster. Wenn es sich vermutlich um eine Bande handelt, wer ist dann wohl der Anführer, wer entscheidet, was die Bande macht? Wir glauben, daß es zum Bewußtsein häufig dazugehört, daß das Hirn Entscheidungen darüber trifft, welche Interpretation die plausibelste ist. Es könnte einen »Gewinner-nimmt-alles«-Mechanismus geben, an dem bestimmte Neuronengruppen beteiligt sind. Wenn wir einen derartigen Mechanismus entdecken könnten, würde die neuronale Beschaffenheit der Gewinner uns vielleicht auf die Bewußtseinsneuronen hinweisen. Wurde eine bestimmte Waffe verwendet? Wie bereits erwähnt, haben wir den Verdacht, daß das Ultrakurzzeitgedächtnis ein wesentliches Merkmal von Bewußtsein sein könnte und daß irgendeine Form von Aufmerksamkeitsmechanismus einen Beitrag zum Zustandekommen lebhaften Bewußtseins leistet. Alles, was wir über deren neuronales Funktionieren herausfinden, könnte uns in die richtige Richtung führen.
Es gibt eine Vielzahl experimenteller Ansätze, die uns möglicherweise zu den Neuronen und den Verhaltensweisen führen, die wir suchen. Beim derzeitigen Stand können wir es uns nicht leisten, ir-

gendeinen Anhaltspunkt zu übergehen, der auch nur annähernd verheißungsvoll ist, denn wir müssen ein schwieriges Problem lösen. Untersuchen wir nun diese einzelnen Ansätze ein wenig genauer.

15 EINIGE EXPERIMENTE

»Durch rein logisches Denken können wir keinerlei Wissen über die
Erfahrungswelt erlangen.«   *Albert Einstein*

Ein bestimmtes Neuron im Hirn eines Affen kann auf die Farbe
eines bestimmten Ausschnitts des visuellen Felds reagieren. Doch
wie können wir sicher sein, daß es direkt an der Farbwahrnehmung
beteiligt ist? Es könnte ja auch z. B. zu einem System gehören, das
nur die Aufmerksamkeit des Hirns auf den betreffenden Teil des visuellen Felds lenkt. Falls es sich so verhielte, dann könnte jemand,
der durch eine Hirnschädigung die wirklichen Farbneuronen verloren hat, zwar nur in Schwarzweiß sehen, seine Aufmerksamkeit
könnte aber dennoch auf einen Farbflecken gezogen werden.

Das ist nicht bloß eine abstrakte Möglichkeit. Alan Cowey und
seine Oxforder Kollegen haben sehr detailliert eine Person untersucht [1], die aufgrund eines Hirnschadens das Farbperzept verloren hat (mit anderen Worten: Diese Person kann keine Farben sehen, sondern nimmt alles in Schwarz, Weiß und Grautönen wahr).
Sie haben gezeigt, daß der Patient sagen kann, ob auf zwei kleinen
(gleich hellen) Quadraten, die einander berühren, dieselbe Farbe zu
sehen ist oder ob es sich um verschiedene Farben handelt. Und zwar
kann der Patient das, obwohl er nachdrücklich bestreitet, daß er die
Farben wahrnehmen kann. Wenn die Quadrate einander nicht
berühren, hat er diese Fähigkeit nicht, und seine Angaben sacken
auf Zufallsniveau ab. Dies zeigt recht deutlich, daß dem Hirn irgendeine Farbinformation zur Verfügung steht, obwohl die betreffende Person kein Farbbewußtsein besitzt.

*   *   *

William Newsome von der Stanford University hat eine Reihe bril-
lanter Experimente gemacht, mit denen er herauszufinden versuchte, ob die Reaktion gewisser Neuronen damit im Zusammenhang

steht, was ein Affe sieht. Das kortikale Areal, das er auswählte, war MT (manchmal auch »V5« genannt); es ist das Areal, dessen Neuronen gut auf Bewegung, aber nur indirekt oder gar nicht auf Farbe reagieren (vgl. 11. Kapitel). Es war vorher schon nachgewiesen worden, daß ein Schaden an diesem Areal es für den Affen sehr schwierig macht, auf visuelle Bewegung zu reagieren, auch wenn sich diese Beeinträchtigung oft nach ein paar Wochen wieder verliert (vermutlich lernt das Hirn, andere Verbindungen zu benutzen).

Auf den Arbeiten anderer Forscher aufbauend untersuchten Newsome und seine Kollegen zunächst, wie einzelne Neuronen in MT auf eigens ausgesuchte Bewegungssignale reagieren [2]. Diese Signale bestanden aus einem Muster sich schnell verändernder Zufallspunkte auf einem Fernsehbildschirm. In dem einen Extremfall bewegten sich alle kurzlebigen Punkte in dieselbe Richtung. Der andere Extremfall bestand darin, daß die Durchschnittsbewegung der Punkte Null war, wie das manchmal als Bildrauschen zu sehen ist, wenn der Fernsehapparat nicht richtig eingestellt ist. Der Beobachter mußte signalisieren, ob die Bewegung in der ausgesuchten oder in der entgegengesetzten Richtung verlief. Wenn die Durchschnittsbewegung Null war, war seine Leistung auf Zufallsniveau.

Newsome und seine Kollegen verwendeten unterschiedliche Mischungen dieser flimmernden Muster. Wenn die gesamte Bewegung in dieselbe Richtung ging, dann konnte der Affe (bzw. der Mensch) immer korrekt signalisieren, um welche Richtung es sich handelte. Wenn sich nur einige Punkte in dieselbe Richtung und die übrigen zufällig bewegten, machten die Beobachter manchmal Fehler. Je geringer der Anteil an »gerichteten« Punkten war, desto mehr Fehler wurden gemacht. Man probierte verschiedene Aufteilungen aus und konnte daraufhin mit einer Kurve wiedergeben, wie die Zuverlässigkeit des Beobachters von dem Prozentsatz der gerichteten Punkte abhing.[1] Im Hinblick auf jedes Neuron, dessen elektrische Aktivität untersucht wurde, tat man so (indem man eine besondere mathematische Methode verwendete), als ob es das Neuron wäre, das die Entscheidung über die Richtung in der effizientesten Weise trifft.

Insgesamt wurden mehr als zweihundert verschiedene Neuronen untersucht. Etwa ein Drittel davon schnitt so gut ab wie der Affe selbst. Einige waren deutlich schlechter, aber andere wiederum erkannten Bewegung viel besser als der Affe. Warum also reagierte der Affe nicht erfolgreicher, wo er doch in seinem Hirn (im kortikalen Areal MT) Neuronen hatte, die eine bessere Leistung erbrachten? Die wahrscheinlichste Antwort ist: Der Affe kann sich kein einzelnes Neuron (das mit der besten Diskriminationsleistung) zur Reaktionssteuerung aussuchen. Sein Hirn muß eine Gruppe von Neuronen verwenden. Wie das im einzelnen abläuft, weiß man noch nicht.

Das Experiment zeigt allerdings, daß die zur Entscheidung erforderliche visuelle Information im Verhalten der MT-Neuronen vorgegeben ist; man kann also nicht sagen, daß diese Neuronen die Diskriminationsleistung nicht erbringen könnten. Leider beweist das aber nicht, daß sie diese in der Tat erbringen.

Newsomes nächstes Experiment führt uns einen Schritt weiter [3]. Mit seinen Kollegen stellte er sich folgende Frage: Wenn wir geeignete MT-Neuronen so stimulieren würden, daß wir sie bei einer schwierigen Diskrimination zum Feuern bringen, würde sich dann die Leistung des Affen verbessern?

Es ist technisch nicht einfach, ein einziges Neuron allein zu stimulieren. Glücklicherweise liegen diejenigen Neuronen im kortikalen Areal MT, die ähnlich – d. h. auf eine bestimmte Bewegungsrichtung in einem bestimmten Teil des visuellen Felds – reagieren, vorzugsweise nebeneinander. Wenn man einen kleinen Bereich des Cortex in der Umgebung des untersuchten Neurons stimuliert, bestehen gute Chancen, daß alle diese einigermaßen ähnlichen Neuronen zusammen stimuliert werden.

Zweiundsechzig Experimente wurden insgesamt durchgeführt. In etwa der Hälfte dieser Experimente war die Bewegungsdiskrimination durch die elektrische Stimulation beträchtlich verbessert. Das ist ein bemerkenswertes Ergebnis. Es bedeutet, daß wir die Reaktionsweise eines Affen auf einen bestimmten visuellen Reiz dadurch verbessern können, daß wir Neuronen an der geeigneten Stelle im visuellen Cortex erregen. Und zwar mußte es ganz genau diese eine Stelle sein, denn wenn die elektrische Stimulation an anderen Stellen im kortikalen Areal MT vorgenommen wurde, dann hatte dies nur wenig oder gar keinen Einfluß auf die Leistung des Affen bei dieser speziellen Aufgabe.

Ergibt sich daraus, daß ein kleiner Flecken des MT das neurale Korrelat des Diese-Art-von-Bewegung-*Sehens* enthält? Das ist gewiß plausibel, mit Gewißheit jedoch läßt sich dieser Schluß nicht ohne weiteres ziehen.

Ein möglicher Einwand ist, daß der Affe, obwohl er das passende Verhalten an den Tag legte, in Wirklichkeit nichts gesehen hat. Er hat einfach reagiert wie ein Automat, ohne jedwedes visuelles Bewußtsein. Diesen Einwand kann man nur dann endgültig zurückweisen, wenn man das visuelle System beim Affen und beim Menschen vollständig versteht; zur Zeit müssen wir – solange die empirischen Befunde nicht dagegen sprechen – annehmen, daß ein Affe visuelles Bewußtsein hat.

Jemand könnte einwenden, daß ein Affe zwar visuelles Bewußtsein hat, aber nicht bei der Bewältigung dieser besonderen Aufgabe. Das ist unwahrscheinlich, denn bei dieser Aufgabe stellt sich dem Menschen und dem Affen ein ähnliches Problem, d. h., die psychometrischen Kurven sind weitgehend gleich. Es ist nicht so, daß die Leistung des Affen viel schlechter wäre als die des Menschen. Demnach ist es plausibel, daß in beiderlei Hirn ein ähnlicher Mechanismus zur Anwendung kommt. Aber es gibt noch eine weitere Schwierigkeit.

Wenn ein Mensch eine derartige Aufgabe wiederholt ausführt, dann wird sein Verhalten oft beinahe automatisch. Er berichtet dann vielleicht, daß er die Bewegung kaum oder gar nicht bemerkt hat; dennoch kann seine Leistung weit besser als eine Zufallsreaktion sein. Es ist viel schwieriger, den Affen für diese Leistung zu trainieren als einen Menschen, denn dem Affen kann man nicht sprachlich erläutern, was er tun soll. Newsomes Affen waren vermutlich übertrainiert, und das mag der Grund sein, daß ihr Verhalten ein wenig automatisch geworden war, so daß bei ihnen das visuelle Bewußtsein vielleicht nur einen kleinen oder sogar überhaupt keinen Beitrag leistete.

Ich persönlich bezweifle, daß dies ein ernsthafter Einwand ist, denn wenn die meisten flimmernden Punkte sich in dieselbe Richtung bewegen, sehen wir das ganz deutlich, und dies gilt höchstwahrscheinlich auch für den Affen. Leider macht die elektrische Stimulation in solchen Fällen gewöhnlich nicht viel aus, denn die Leistung ist schon fast perfekt. Vielleicht könnte man den Affen so trainieren, daß er die Bewegungsrichtung eines anderen sich bewegenden Reizes (z. B. eines Balkens mit einer gewissen Ausrichtung) erkennt, und dann den Test mit den sich bewegenden Punkten mit ihm machen, bevor er übertrainiert ist. Ein derartiges Experiment ist nicht leicht, denn es gibt eine Reihe von Risiken; aber es könnte einen Versuch wert sein.

Ein ernsthafterer Einwand ist der folgende: Zwar scheint das Verhalten der Neuronen im kortikalen Areal MT mit der Diskrimination des Affen – und mithin auch mit seinem visuellen Bewußtsein – korreliert zu sein, aber daraus folgt nicht, daß diese speziellen Neuronen der wirkliche Sitz des Bewußtseins sind. Es könnte ja sein, daß sie durch ihr Feuern andere Neuronen beeinflussen, die vielleicht ganz woanders in der visuellen Hierarchie angesiedelt und die wahren Korrelate des Bewußtseins sind.

Die einzige Antwort darauf ist, andere kortikale Areale zu erforschen. Falls wir anderswo keine Neuronen mit ähnlichem Diskriminationsvermögen finden können, wäre die These (daß die MT-Neuronen das Korrelat des visuellen Bewußtseins sind) untermauert. Auf lange Sicht können wir nicht hoffen, visuelles Bewußtsein dingfest zu machen, solange wir nicht sehr viel mehr über all die anderen visuellen Areale und insbesondere auch darüber wissen, wie sie interagieren. Doch wie dem auch sei, Newsomes Experimente sind ein sehr wichtiger Schritt in diese Richtung.

Wenn ein Neuron auf irgendeinen Reiz im visuellen Feld mit Feuern reagiert, neigen wir zu der Vermutung, daß es sich bei ihm um das neurale Korrelat unseres Perzepts von diesem Reiz handelt, auch wenn dies – wie gerade erläutert – gewiß kein zwingender Schluß ist. Gibt es bessere Methoden, mit denen wir die Suche nach den Bewußtseinsneuronen einengen könnten? Lassen sich Situationen finden, in denen der visuelle Input gleich bleibt, obwohl das Perzept sich verändert? Dann könnten wir nämlich herauszufinden versuchen, welche Neuronen im Hirn des Affen dem Input und – was noch wichtiger ist – welche dem sich verändernden Perzept folgen.

Der Necker-Würfel (Abb. 4, Seite 50) liefert offensichtlich einen solchen Fall. Die Figur bleibt hier dieselbe, doch wir sehen sie einmal auf die eine Weise dreidimensional und ein andermal auf eine

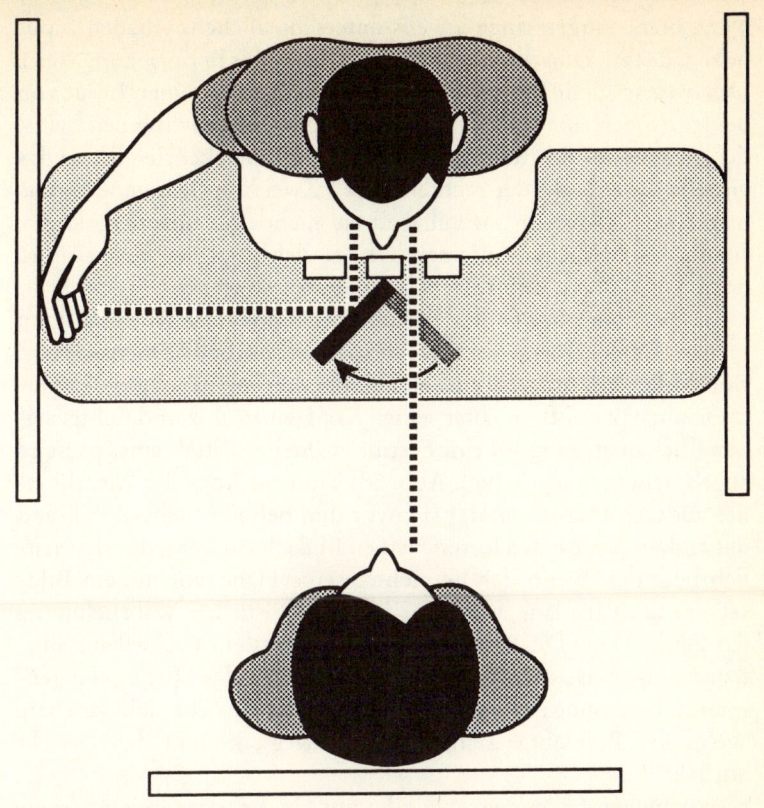

Abb. 58: *Eine Skizze des Cheshirekatzen-Geräts, das der Besucher des Exploratoriums benutzen kann. Ein zweiseitiger Spiegel ist so angebracht, daß der Betrachter den Effekt bequem mit jedem Auge hervorbringen kann. Die Anordnung ermöglicht es ihm, für das Wegwischen seine eigenen Hände zu verwenden.*

andere Weise. Zur Zeit ist nicht klar, wo wir im Hirn nach dem Perzept eines 3D-Würfels Ausschau halten sollten. Wir müssen etwas erforschen, das sich leichter im visuellen System des Affen lokalisieren läßt.

Eine sehr attraktive Möglichkeit beruht auf einem Phänomen, das als binokulare Rivalität bekannt ist. Dieses Phänomen tritt auf, wenn beide Augen einen jeweils unterschiedlichen visuellen Input haben, der zu demselben Teil des visuellen Felds in Beziehung steht. Das frühe visuelle System links im Kopf empfängt einen Input von beiden Augen, aber es sieht nur denjenigen Teil des visuellen Felds, der rechts vom Fixationspunkt liegt. (Das Umgekehrte gilt für das visuelle System auf der rechten Seite.) Zwei konfligierende Inputs nennt man »Rivalen«, wenn man sie nicht übereinandergelagert, sondern in zeitlicher Aufeinanderfolge sieht: erst den einen Input, dann den anderen und abwechselnd immer so weiter.

Ein sehr eindrucksvolles Beispiel für binokuläre Rivalität kann man im Exploratorium in San Francisco sehen; Sally Duensing und Bob Miller haben es entwickelt [4]. Bei der Vorführung im Exploratorium hält der Betrachter seinen Kopf ganz ruhig und richtet seinen Blick unablässig auf eine bestimmte Stelle. Mittels eines passend angebrachten Spiegels (vgl. Abb. 58) kann ein Auge das Gesicht eines anderen Menschen, der sich vor ihm befindet, sehen, während das andere Auge einen leeren weißen Bildschirm sieht, der sich seitlich befindet. Wenn der Betrachter seine Hand vor diesem Bildschirm bewegt, dann wischt er in seiner visuellen Wahrnehmung das Gesicht aus! Die Bewegung der Hand ist derart visuell auffällig, daß sie in gewissem Sinn die Aufmerksamkeit des Hirns gefangennimmt. Und ohne Aufmerksamkeit wird das Gesicht nicht gesehen. Wenn der Betrachter seine Augen bewegt, kommt das Gesicht zurück.

In manchen Fällen verschwindet nur ein Teil des Gesichts (siehe Abb. 59). Manchmal bleibt z. B. ein Auge (oder beide) zurück. Wenn der Betrachter sich auf das Lächeln im Gesicht der Person konzentriert, mag es vorkommen, daß das Gesicht verschwindet und nur das Lächeln zurückbleibt. Dies hat man als den »Cheshirekatzen-Effekt« bezeichnet, nach der Cheshirekatze aus *Alice im*

Abb. 59: *Der Betrachter sitzt in dem in Abb. 58 gezeigten Gerät und hält seine Augen ruhig. Wenn er seine rechte Hand so bewegt, daß ihr Bild im Spiegel über einen Teil des Bilds der betrachteten Person hinweggeht, dann verschwindet der betreffende Teil des Gesichts. Wenn er seine Augen bewegt, taucht das Bild wieder auf. (Man beachte, daß der Spiegel die rechte Hand wie eine linke aussehen läßt.)*

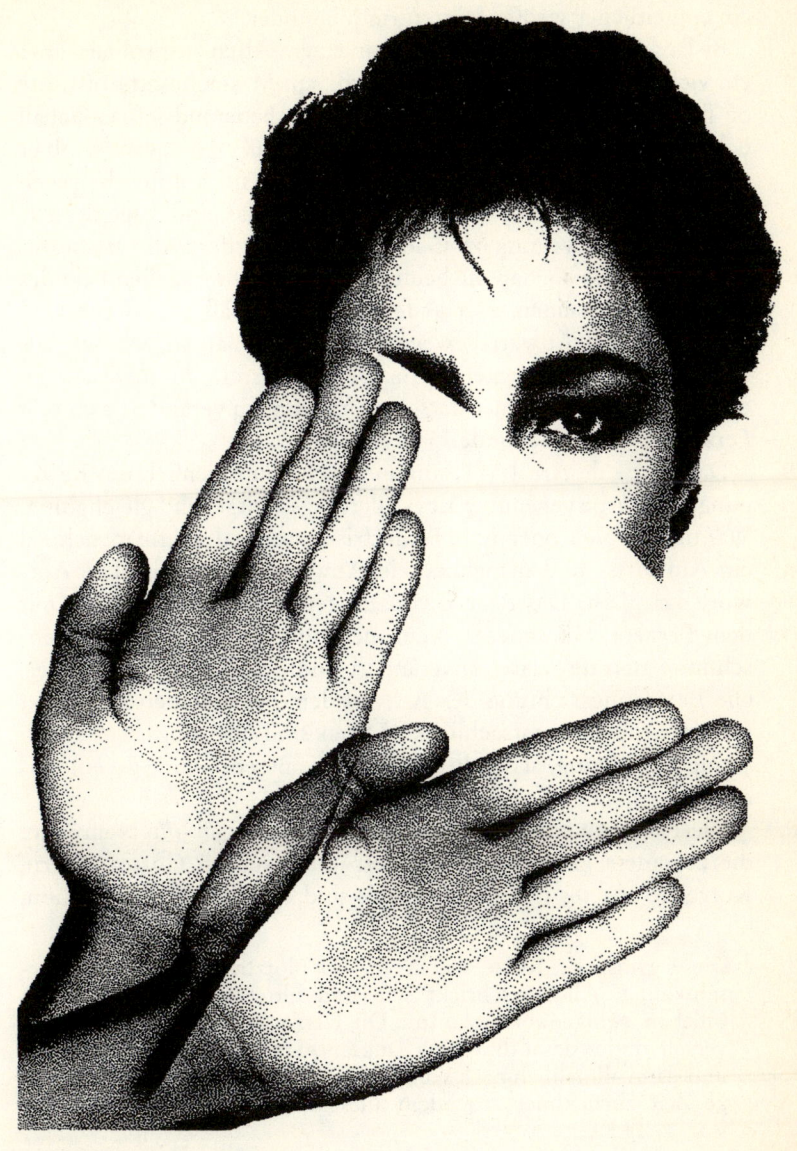

Wunderland *. Sie können das mit einem einfachen Taschenspiegel selbst ausprobieren. Das Experiment funktioniert am besten, wenn sich hinter der betrachteten Person und der Hand des Betrachters ein einheitlicher weißer Hintergrund befindet.

Bislang hat man dies noch nicht an einem Affen ausprobiert, aber ein viel einfacheres Experiment wurde am Massachusetts Institute of Technology durchgeführt. Nikos Logothetis und Jeffrey Schall haben einen Makakenaffen so abgerichtet, daß er signalisiert, ob er ein horizontales Gitter sich nach oben oder nach unten bewegen sieht [5]. Um Rivalität zu erzeugen, wird in das eine Auge des Affen Aufwärtsbewegung projiziert und in das andere Abwärtsbewegung, und zwar so, daß die beiden Bilder sich im visuellen Feld des Affen überschneiden. Der Affe signalisiert, daß er abwechselnd Aufwärts- und Abwärtsbewegungen sieht, genau so, wie wir das tun würden. Man beachte, daß der Bewegungsreiz, der in die Augen des Affen gelangt, immer derselbe ist; dennoch verändert sich sein *Perzept* etwa jede Sekunde.

Das kortikale Areal MT kümmert sich hauptsächlich um Bewegung; der Farbe gegenüber ist es allerdings weitgehend gleichgültig. Was tun die Neuronen in MT kurzfristig, wenn der Affe manchmal ein Aufwärts- und manchmal ein Abwärtsperzept hat? Die Antwort darauf ist: Das Feuern von einigen Neuronen korreliert mit dem Perzept, bei anderen Neuronen hingegen bleibt die Durchschnittsfeuerrate relativ unverändert und unabhängig davon, welche Bewegungsrichtung der Affe zu dem betreffenden Zeitpunkt gerade sieht. (Die tatsächlichen Daten sind allerdings wesentlich weniger eindeutig, als es dieser einfachen Beschreibung zu entnehmen ist.)

Dieses Resultat macht es unwahrscheinlich, daß *alle* Neuronen, die zu einem gegebenen Zeitpunkt im visuellen Cortex feuern, Korrelate unseres visuellen Perzepts sind; es wäre allerdings schön,

---

* Diese grinsende Katze taucht ebenso plötzlich auf, wie sie verschwindet. Alice erschrickt sich und bittet die Katze, dies ein bißchen weniger abrupt zu tun. Die Katze tut ihr den Gefallen und verschwindet daraufhin ganz langsam, erst an der Schwanzspitze und dann allmählich nach vorn »bis zu dem Grinsen, das noch einige Zeit zurückblieb, nachdem alles andere schon verschwunden war«. – H.P.G.

wenn wir ein paar weitere Belege dafür hätten. Leider werden die Bewußtseinsneurone durch dieses Ergebnis nicht präzis identifiziert. Wie schon im Zusammenhang mit Newsomes Resultaten erläutert wurde, könnte das wirkliche Korrelat im Feuern von Neuronen bestehen, die anderswo in der visuellen Hierarchie angesiedelt sind und deren Aktivität zumindest teilweise durch das Feuern der MT-Neuronen beeinflußt wird. Ramachandran hat auf die Möglichkeit hingewiesen [6], daß diese Rivalität keine echte Bewegungsrivalität, sondern in Wirklichkeit eine Formrivalität ist und daß ihr eigentlicher Ort weiter unten in der visuellen Hierarchie ist – vielleicht im kortikalen Areal V1 oder V2. Und weiterhin: Selbst für den Fall, daß einige Bewußtseinsneuronen tatsächlich in MT angesiedelt sind, zeigen die vorliegenden Resultate nicht, welche Neuronen das im einzelnen sind. In welchen kortikalen Schichten liegen sie? Welche Neuronensorten haben die Neigung, lieber mit dem Perzept als mit dem visuellen Input zu gehen? Dieselbe Möglichkeit des Übertrainiertseins, die im Hinblick auf Newsomes Resultate erörtert wurde, muß uns auch hier Sorgen machen, obwohl sie weniger wahrscheinlich ist, weil Rivalität durch Training offenbar wenig beeinflußt wird. Doch trotz all dieser Vorbehalte gilt wiederum, daß dies sehr wichtige Experimente sind. Wenn man sie weiter verfolgt, dann werden sie uns wohl zu einer neuralen Erklärung des visuellen Bewußtseins führen.

Gibt es weitere Fälle, in denen der visuelle Input gleich bleibt, obwohl sich das Perzept aus irgendeinem Grund verändert? Natürlich gibt es Fälle, in denen der Betrachter plötzlich ein Objekt »sieht«, das sein Hirn bis dahin noch nicht entdeckt hatte, wie bei dem Dalmatiner, der in Abb. 9 versteckt ist; doch so etwas wäre am Affen nicht leicht zu erforschen. Ein Mensch kann sagen: »Jetzt sehe ich einen Hund, aber vorher habe ich ihn nicht gesehen.« Einem Affen fiele es schwerer, uns dies mitzuteilen. Außerdem wird der Hund, wenn er einmal entdeckt worden ist, in anschließenden Tests gewöhnlich unmittelbar erkannt, so daß es schwierig wäre, dasselbe Experiment mehrfach zu wiederholen; aber Wiederholungen sind üblicherweise unumgänglich, wenn man zu einem wissenschaftlich gesicherten Ergebnis gelangen möchte.

Eine Möglichkeit besteht darin, die Auswirkungen zu untersuchen, die Bilder im Hirn hervorrufen, die aus dem Bewußtsein schwinden, weil sie auf der Netzhaut stabilisiert wurden. (Man erinnere sich daran, daß das Auge normalerweise viele kleine Bewegungen macht, die ein derartiges Schwinden verhindern.) Retinale Stabilisierung wurde ursprünglich dadurch herbeigeführt, daß am Augapfel ein kleines, unangenehmes Gerät angebracht wurde, das ausgesuchte Lichtmuster auf die Netzhaut projizierte. Wenn das Auge sich bewegte, blieb das Muster auf derselben Stelle der Netzhaut und schwand trotz der Augenbewegung dahin. In den fünfziger Jahren wurde eine Reihe derartiger Experimente durchgeführt, doch seitdem offenbar kaum noch, obgleich es inzwischen ein ausgeklügelteres (und weniger unangenehmes) Verfahren zur Hervorbringung stabilisierter Netzhautbilder gibt [7].

Man könnte meinen, dieser Prozeß des Schwindens finde hauptsächlich auf der Netzhaut statt und wäre demnach für uns kaum von Interesse; doch wahrscheinlich verhält es sich anders. Ältere Untersuchungen haben gezeigt, daß ein komplexes Muster nicht immer als ein Ganzes hinwegschwindet [8]. Eine gerade Linie nimmt sich zwar gerne wie eine Einheit aus, aber die verschiedenen Linien eines Quadrats oder Dreiecks können unabhängig voneinander schwinden. Figuren mit Zacken sind weniger stabil als runde. Eine Figur, die die Gestaltpsychologen als eine »gute Figur« bezeichnet hätten, verhält sich eher wie eine Einheit als eine schlechte Figur. Wenn es sich bei der Figur um ein großes B handelt, das mit einem Schnörkel überschmiert ist, dann wird wahrscheinlich erst einmal der Schnörkel schwinden und danach das B. Das legt die Vermutung nahe, daß dieses Schwinden hauptsächlich im Hirn und nicht im Auge stattfindet. Vielleicht lohnt sich der Versuch, verschiedene Muster auf der Netzhaut eines wachen Makakenaffen zu stabilisieren, der zuvor dazu abgerichtet wurde, einiges von dem zu signalisieren, was er sieht; dann müßte man beobachten, welche Neuronen dadurch beeinflußt werden, daß der betreffende Teil des Netzhautbildes aus dem Bewußtsein schwindet.

Eine weitere Möglichkeit besteht darin, das dramatische Experiment zu untersuchen, über das Ramachandran berichtet hat (vgl. dazu Abb. 19). Darin spielte die scheinbare Bewegung zweier stationärer paralleler Linien eine Rolle, die seitlich gegeneinander versetzt waren und das blinde Gebiet berührten, das in den Patienten durch eine begrenzte Hirnschädigung (»Skotom« genannt) im kortikalen Areal V1 blind geworden war. Es ist möglich, daß man dies bei einem Affen erforschen könnte, wenn man ihn dazu abrichten könnte, folgende Unterschiede zu signalisieren: »bewegt sich«/»ist stationär«, »in einer Linie«/»gegeneinander versetzt« und »unterbrochen«/»durchgehend«. Soweit ich weiß, hat niemand das bisher versucht.

Ein einfacheres Experiment, in dem der blinde Fleck beim Affen eine Rolle spielte, wurde bereits gemacht. (Zur Psychologie des blinden Flecks beim Menschen siehe Kapitel 3.) Im ersten visuellen Areal gibt es ein Gebiet, das dem blinden Fleck entspricht; dort empfängt der Cortex nur von einem Auge einen direkten Input, denn das andere Auge hat für den betreffenden Ausschnitt des visuellen Felds keine Photorezeptoren. (Man rufe sich ins Gedächtnis zurück: Der Hauptteil von V1 – gleichgültig auf welcher Seite des Hirns – empfängt Input von beiden Augen, obwohl sich V1 immer nur mit der gegenüberliegenden [»contralateralen«] Hälfte des visuellen Felds beschäftigt.) Man denkt vielleicht, die Neuronen in dem Gebiet, das dem blinden Fleck entspricht, reagierten nur auf die Signale, die von dem einen Auge kommen. Überraschenderweise ist dies jedoch nicht der Fall. Ricardo Gattass und seine Kollegen von der Universidade Federal in Rio de Janeiro haben gezeigt, daß einige dieser Neuronen beim Makakenaffen auf Input von beiden Augen reagieren [9]. Dieser unverhoffte Input vom lokal »blinden« Auge kommt vermutlich direkt oder indirekt von angrenzendem kortikalen Gewebe, das Inputs von beiden Augen empfängt. Doch woher auch der Input kommt, diese Ergebnisse zeigen, daß die Neuronen in dem Gebiet von V1, das dem blinden Fleck entspricht, auf Signale des Typs reagieren, den wir im 3. Kapitel beschrieben haben: sie bewirken das Ausfüllen. Und damit ist nun übrigens Dennetts (im 4. Kapitel beschriebenes) Argument endgültig vom Tisch. Dies ist ein hübsches Beispiel für das allgemeine Prinzip: Wenn irgendein Aspekt der visuellen Szenerie lebhaft gesehen wird, dann *muß es feuernde Neuronen geben, deren Aktivität dieses Merkmal explizit symbolisiert.* (Ein anderes Beispiel für dieses Prinzip ist die neurale Reaktion auf subjektive Konturen, wie im 11. Kapitel beschrieben.)

Dieses spezielle Blinder-Fleck-Phänomen besagt nicht viel mehr über den Sitz der Bewußtseinsneuronen als ein gewöhnlicher Fall, in dem Neuronen in Reaktion auf einen visuellen Input feuern. Könnte man dies – wie oben angedeutet – auf Fälle ausdehnen, in denen das Perzept sich bei gleichbleibendem visuellem Input verändert (wie in Abb. 19), dann könnte es uns bei der Suche helfen.

Ein weiterer Ansatz besteht darin, Fälle zu untersuchen, in denen mehrere wohlunterschiedene visuelle Inputs dasselbe Perzept (oder wenigstens Bestandteile ein und desselben Perzepts) hervorrufen. Ein Beispiel dafür sind die Experimente zum kortikalen Areal MT des Makaken, die von Tom Albright und seinen Mitarbeitern am Salk-Institut durchgeführt worden sind (vgl. dazu auch S. 190-192). Sie haben gezeigt, daß die Reaktionen mancher MT-Neuronen auf Bewegung weitgehend gleichartig sind, auch wenn die jeweils sich bewegenden Objekte sehr verschieden sind. Beispielsweise reagieren einige MT-Neuronen in sehr ähnlicher Weise auf die Bewegung kleinerer Wellen im visuellen Feld, in der sie auch auf einen starren Balken reagieren würden, der sich an derselben Stelle in derselben Richtung bewegen würde. Zwar sind die Muster verschieden, aber ihre Bewegung ist weitgehend die gleiche.

Bis jetzt haben diese Forschungen nicht gezeigt, daß an der Art, dem Ort und Feuerverhalten derartiger Neuronen tatsächlich etwas Besonderes ist. Falls es sich bei ihnen um Bewußtseinsneuronen handelt, könnten wir hoffen, daß ihr Feuern (oder irgendein Aspekt ihres Feuerns) immer mit dem visuellen Perzept korreliert wäre, unabhängig vom empfangenen Signal.

Die experimentellen Beweise sind bislang derart schwach, daß man sich vernünftigerweise fragen sollte: Kann man eigentlich ein und dasselbe Neuron zweimal untersuchen, und zwar wenn das Lebewesen wach ist, und dann noch einmal, wenn es ohne Bewußtsein ist? Rein technisch gesehen ist eine derartige vergleichende Untersuchung schwierig, wenn ein Betäubungsmittel eingesetzt wird, um die Bewußtlosigkeit herbeizuführen. Man hat einen solchen Vergleich allerdings an einer wachen Katze und an derselben Katze im S-Schlaf angestellt.[2]

Die Neurowissenschaftler Margaret Livingstone und David Hubel haben in einer Veröffentlichung aus dem Jahre 1981 über ein derartiges Experiment berichtet [10]. Die meisten der von ihnen untersuchten Neuronen lagen im kortikalen Areal V1.[3] Die Augen des Tiers waren geöffnet, so daß die Neuronen in V1 sogar im S-Schlaf auf visuelle Signale reagierten, die von einem Computer auf einem Bildschirm erzeugt wurden. Als die Reaktionen eines bestimmten Neurons aufgezeichnet waren, wurde das Tier geweckt, und der Versuch wurde noch einmal mit exakt denselben Reizen wie zuvor durchgeführt.

Wenn das Tier wach war, reagierte jedes untersuchte Neuron in ähnlicher Weise, wie wenn das Tier schlief – d. h., das Neuron reagierte vorzugsweise auf eine Linie mit einer bestimmten Orientierung, die an einer bestimmten Stelle im visuellen Feld lag, und das war im Wachen fast identisch wie beim Schlafen, auch wenn das Signal/Rausch-Verhältnis im Wachzustand gewöhnlich besser war.[4] Viele Zellen hatten allerdings beim Wachzustand des Tiers eine höhere Feuerrate als beim Schlaf. Das ist vielleicht nicht allzu überraschend, aber interessant ist folgendes Resultat: In den niedrigeren Schichten des Cortex (Schicht 5 und 6) waren die Veränderungen auffälliger als in den oberen Schichten.

Livingston und Hubel untermauerten dieses allgemeine Resultat, indem sie eine chemische Substanz (radioaktive 2-Deoxyglucose) verwendeten, durch welche sichtbar wurde, welche Durchschnittsaktivität (über die Dauer einer halben Stunde) in jeder dieser Schichten von den visuellen Reizen ausgelöst wurde – und zwar einmal im Fall des Wachzustands und dann (unter Verwendung eines anderen radioaktiven Isotops) in einem Vergleichsfall, wenn das Tier schlief. Das Ergebnis war so gut wie das gleiche. In den niedrigeren kortikalen Schichten gab es deutlich mehr Aktivität, wenn das Tier bei Bewußtsein war; in den oberen Schichten hingegen gab es nur wenig Veränderung.

Man ist verlockt, eine weitreichende Verallgemeinerung zu wagen, die durch die gegenwärtigen Belege bei weitem nicht gedeckt ist. Sie lautet: Die Aktivitäten in den höheren kortikalen Schichten sind weitgehend unbewußt, während zumindest einige der Aktivitäten in den unteren Schichten dem Bewußtsein entsprechen. Ich muß gestehen, daß mir diese Hypothese ausnehmend gut gefällt – es wäre so hübsch, wenn sie tatsächlich wahr wäre –, ich kann mich aber derzeit noch nicht dazu durchringen, vorbehaltlos an sie zu glauben. Es könnte andere Gründe dafür geben, weshalb die unteren Schichten im S-Schlaf weniger aktiv sind.

Können wir dadurch etwas über Bewußtsein in Erfahrung bringen, daß wir den Aufmerksamkeitsmechanismus erforschen? Seit einiger Zeit gibt es experimentelle Arbeiten zur neuralen Basis der Aufmerksamkeit. Einige Experimente wurden mit wachen Affen durchgeführt; man zeichnete das neuronale Feuern in verschiedenen Teilen des Hirns auf, während der Affe bestimmte visuelle Leistungen vollbringt. Auch an Menschen wurden Experimente durchgeführt, wobei die im 9. Kapitel erwähnte Methode des PET-Scanning angewandt wurde. Ich werde nicht alle diese Experimente im einzelnen wiedergeben, sondern nur eines von ihnen und die daraus gewonnenen Resultate beschreiben.

Robert Desimone hat mit seinen Kollegen am National Institute of Mental Health in Bethesda (Maryland, USA) einen Affen dazu abgerichtet, einen Punkt neben dem Bildschirm zu fixieren und (ohne die Augen zu bewegen) seine Aufmerksamkeit auf ein bestimmtes Merkmal dessen zu richten, was auf dem Bildschirm zu sehen ist [11, 12]. Dann werden verschiedene Signale dargeboten, und man untersucht das Feuern eines bestimmten Neurons im kortikalen Areal V4, das auf einen Reiz an der betreffenden Stelle reagiert. Neuronen in V4 reagieren auf Farbe. Nehmen wir an, das Neuron, das gerade untersucht wird, reagiert auf einen roten Balken (mit einer bestimmten Ausrichtung), nicht aber auf einen grünen. (Natürlich wird für andere Neuronen von V4, die zum gleichen Zeitpunkt nicht untersucht werden, das Umgekehrte gelten: Sie werden auf einen grünen Balken reagieren, nicht aber auf einen roten.) Auf dem Bildschirm werden jedesmal zwei farbige Balken dargeboten, die beide innerhalb des rezeptiven Felds des Neurons liegen: der eine Balken ist rot (das ist der für das Neuron wirksame Reiz), der andere grün (der unwirksame Reiz). Wenn der Affe seine Aufmerksamkeit auf eine Position richtete, die der rote Balken einnahm, dann feuerte das Neuron wenigstens genausogut (d. h. gleich gut oder besser) wie dann, wenn er nicht aufmerksam war.[5] Wenn der Affe allerdings seine Aufmerksamkeit auf den grünen Balken richtete, *feuerte das rot-empfindliche Neuron schwächer.* Aufmerksamkeit ist mithin kein ausschließlich psychologischer Begriff. *Die Auswirkungen der Aufmerksamkeit sind auf der neuronalen Ebene sichtbar.* Die Aufmerksamkeit des Affen kann bewirken, daß Neuronen, die auf den beachteten Reiz reagieren, stärker feuern, wenn sie auf ihn gerichtet ist, als wenn sie auf etwas anderes gerichtet ist, obwohl die Augenstellung und die empfangene visuelle Information *in beiden Fällen genau dieselbe* ist. – Desimone und seine Kollegen beschreiben ihre Resultate folgendermaßen:

Die rezeptiven Felder der Neuronen im Areal V4 sind so groß, daß in ihnen häufig viele Reize enthalten sind. Man würde vielleicht erwarten, daß sich in den Reaktionen einer solchen Zelle die Eigenschaften *aller* Reize widerspiegeln, die sich in seinem rezeptiven Feld befinden. Es hat sich allerdings herausgestellt, daß wenn ein Affe seine Aufmerksamkeit nur auf *eine* Stelle im rezeptiven Feld einer V4-Zelle richtet, die Reaktion der Zelle dann vornehmlich von dem Reiz bestimmt wird, der sich an der beachteten Stelle befindet – *fast so, als »schrumpfte« das rezeptive Feld um den beachteten Reiz herum.* [Im Original keine Hervorhebung]

Ich werde die feineren Details dieser Resultate nicht darstellen, denn sie sind nicht leicht zu verstehen. Sie zeigen, daß eine einfache Scheinwerfer-Theorie der Aufmerksamkeit wahrscheinlich nicht korrekt ist. Welcher kompliziertere Mechanismus nötig ist, um diese Details zu erklären, steht noch nicht fest.

Spielt der Thalamus bei der Aufmerksamkeit eine Rolle? Im Thalamus (»dem Tor zum Cortex«) gibt es viele ziemlich verschiedene Gebiete, von denen sich einige für visuelle Wahrnehmung interessieren. Die Hauptverbindung von den Augen zum Cortex führt durch das CGL (das Corpus geniculatum laterale), das ja – wie im 10. Kapitel beschrieben – ein Teil des Thalamus ist. Die anderen visuellen Areale des Thalamus befinden sich in einem Gebiet, das (bei den Primaten) als »das Pulvinar« bezeichnet wird;[6] dies ist ein großer thalamischer Kern, der deutlich größer ist als das CGL.

David Lee Robinson und seine Kollegen vom National Eye Institute in Bethesda haben eine Reihe von Experimenten ausgeführt, in denen es um Teile des Pulvinars beim Affen ging. Auf welche Merkmale die (retinotopischen) Neuronen des Pulvinars reagieren, hängt anscheinend von denjenigen Inputs ab, die vom visuellen Cortex kommen, und nicht von denen, die vom vorderen Vierhügelpaar kommen.[7]

Wird die Hemmung in einem kleinen Gebiet des Pulvinars mit chemischen Mitteln erhöht, dann hat der Affe größere Schwierigkeiten, seine Aufmerksamkeit auf etwas anderes zu richten; verringert man die Hemmung, dann fällt ihm dies leichter. Experimente anderer Forscher zeigen, daß das Pulvinar dazu dient, die Inputs irrelevanter Ereignisse zu unterdrücken. Untersuchungen an drei Menschen mit Thalamus-Schaden haben Hinweise darauf geliefert, daß es ihnen schwerfällt, aufmerksam zu sein. PET-Scans normaler Menschen haben ergeben, daß es im Pulvinar zu erhöhter Aktivität kam, wenn eine visuelle Aufgabe Distraktoren enthielt. Dieser Distraktoren wegen mußte die Versuchsperson mehr Aufmerksamkeit aufbringen, um die Aufgabe zu bewältigen. Aufgrund dieser Resultate (ein kritischer Überblick findet sich in [13]) liegt es sehr nahe, daß diese Teile des Thalamus mit verschiedenen Aspekten der visuellen Aufmerksamkeit in engem Zusammenhang stehen.[8]

Ganz offensichtlich gibt es hier noch viel zu tun. Die genauen Verbindungen der einzelnen Areale des Pulvinars (auf die ich oben nicht eingegangen bin) müssen detailliert erforscht werden – wir wollen z. B. auch wissen, wie die verschiedenen retinotopen Areale sich hinsichtlich ihrer Verbindungen voneinander unterscheiden. Läßt sich präziser sagen, wie jeder einzelne Teil des Pulvinars die Aufmerksamkeit beeinflußt und wie er mit den Neuronen in den verschiedenen kortikalen Arealen interagiert, mit denen er in Verbindung steht? Künftige Experimente sollten diese Fragen beantworten. (Einige spekulative Ideen über die verschiedenen Teile des Pulvinars erörtere ich im 17. Kapitel.)

Was werden wir aus der Erforschung des Thalamus über die neurale Grundlage des visuellen Bewußtseins lernen? Aufmerksamkeit ist wichtig für Bewußtsein; es wäre also töricht, sie einfach zu übergehen. Um herauszubekommen, wie wir Dinge sehen, müssen wir nicht nur die Funktionsweisen der Großhirnrinde verstehen, sondern auch die des CGL und des Pulvinars.

Gibt es irgendwelche einschlägigen Experimente, die man am Menschen (statt am Affen) durchführen könnte? Das hätte den Vorteil, daß die Versuchsperson – im Gegensatz zum Affen – sprachliche Mitteilungen darüber machen könnte, was sie gerade erlebt hat. Aus Gründen der Ethik verbietet es sich zumeist, Elektroden in das Hirn eines Menschen einzusetzen, aber manchmal ist dies aus medizinischen Gründen erforderlich. Zudem ist es möglich, von außerhalb des Schädels Hirnströme zu messen, auch wenn sie gewöhnlich schwerer zu deuten sind.

Benjamin Libet von der University of California in San Francisco hat als erster diesen Ansatz verfolgt. Er arbeitet vorzugsweise an Menschen, weil er sich recht sicher ist, daß sie Bewußtsein haben. (Im Fall der Affen ist er sich dessen nicht ganz sicher.) Alle experimentelle Arbeit zum Thema Bewußtsein wurde in der Vergangenheit nicht nur von Psychologen und Neurowissenschaftlern, sondern auch von den Medizinern mit Argwohn betrachtet. Chirurgen und Anästhesisten waren an diesem Thema beinahe nur unter folgendem Aspekt interessiert: Welche Narkose gibt man einem Patienten vor der Operation, so daß er kein Bewußtsein von dem hat, was mit ihm geschieht – teils um ihm Schmerz zu ersparen, teils um zu verhindern, daß er einen verklagt. (Libet hat mir einmal erzählt, daß er klug genug war, erst dann mit seinen Bewußtseinsexperimenten an wachen Menschen zu beginnen, als er schon die Sicherheit einer Lebenszeitstelle genoß.)

Libet hat sich in seiner Arbeit hauptsächlich mit Hirnströmen beschäftigt, die einer willentlichen Bewegung vorausgehen, und darum, wie diese Ereignisse im Hirn mit der Zeitdauer zusammenhängen, während der sich die betreffende Person ihrer Absicht oder ihres Wunsches, die Bewegung auszuführen, anscheinend bewußt ist.[9] Seine Resultate legen nahe, daß es für diese Art von Bewußtsein eine Hirnaktivität geben muß, die eine gewisse Mindestdauer (vielleicht hundert Millisekunden) hat. Der exakte Wert hängt vermutlich von der Stärke des Signals und den jeweiligen Umständen ab.

In seinem anderen Arbeitsschwerpunkt (den er erst seit kurzem verfolgt) geht es um die Auswirkungen, die die Erregung eines bestimmten Teils des Thalamus (des ventrobasalen Komplexes), der mit Schmerz und taktilen Empfindungen zu tun hat, verursacht. Diese Experimente wurden mit Menschen durchgeführt, denen zur

Linderung ihrer unbeseitigbaren Schmerzen Elektroden implantiert worden sind. Ich werde diese Experimente [15] beschreiben, obwohl sie nicht die visuelle Wahrnehmung betreffen; sie sind aber vielleicht relevant für die Interpretation des Blindsehens (das im 12. Kapitel erörtert wurde).

Der Thalamus des Patienten wurde gereizt, und der Patient mußte dann entscheiden (gegebenenfalls raten), wann der Reiz auftrat. Genauer gesagt, die Frage lautete: Trat der Reiz auf, wenn ein bestimmtes Licht eine Sekunde lang brannte, oder dann, wenn ein anderes Licht in der nächsten Sekunde an war? Der Patient gab seine Entscheidung durch Knopfdruck bekannt (für jede Wahlmöglichkeit stand ein Knopf zur Verfügung). Wenn das Hirn nicht wußte, wann der Reiz auftrat, mußte der Patient raten und hätte somit durchschnittlich in der Hälfte aller Fälle recht. Wenn Reiz und Reaktion vorüber waren, mußte er einen von drei Knöpfen drücken, um kundzutun, ob er den Reiz bemerkt hatte. Knopf 1 war zu drücken, wenn er die Empfindung (an der üblichen Stelle) spürte, auch wenn sie sehr kurz gewesen war. Wenn der Patient sich nicht sicher war oder meinte, er habe vielleicht etwas gespürt, dann sollte er Knopf 2 drücken. Für den Fall, daß er einfach gar nichts gespürt hatte, sollte er Knopf 3 drücken.

Die von Libet und seinen Kollegen durchgeführten Experimente waren kompliziert; deshalb beschreibe ich nur in groben Zügen das Resultat. Der Reiz bestand aus 72 elektrischen Impulsen pro Sekunde; bei anderen Gelegenheiten wählte man eine andere Impulsrate, die Amplitude war immer dieselbe. Die Resultate zeigten, daß die Patienten selbst dann, wenn die Impulsfolge zu kurz war, um ins Bewußtsein zu dringen, eine überzufällig gute Leistung erbrachten. Es bedurfte einer deutlich längeren Impulsfolge, damit die betreffende Person Bewußtsein vom Reiz hatte (und sei's auch nur ein ziemlich ungewisses Bewußtsein).

Libet und seine Kollegen deuteten dies als einen Hinweis darauf, daß für Bewußtsein eine gewisse Dauer der Impulsfolge nötig ist. Leider haben sie in ihren Experimenten die Intensität des Reizes nicht systematisch variiert; aber es gab auch (durch frühere Studien) Grund zu der Annahme, daß eine nicht-bewußte Reaktion eines Patienten sich durch Steigerung der Intensität einer Impulsfolge mit fester Dauer in eine bewußte Reaktion verwandeln kann. Kurz, im somatosensorischen System kann ein Signal, das schwach oder kurz ist, einen Einfluß auf das Verhalten haben, ohne Bewußtsein hervorzurufen, während ein stärkeres oder längeres Signal derselben Art Bewußtsein zustande kommen lassen kann. Man weiß noch nicht, welches neurale Verhalten im einzelnen von stärkeren oder längeren Reizen ausgelöst wird.

Dieses Resultat bedeutet, daß wir bei dem Versuch, das Blindsehen zu erklären, einen ähnlichen Erklärungstyp nicht außer acht lassen dürfen – und zwar den, daß die Verbindung vom CGL zu Arealen wie V4 zwar zu schwach sein mag, um visuelles Bewußtsein zu erzeugen, aber dennoch stark genug, um einen gewissen Einfluß auf das Verhalten der Person zu haben.

Obwohl die in diesem Kapitel beschriebenen Experimente noch nicht zu starken Schlußfolgerungen über die präzisen neuralen Korrelate des visuellen Bewußtseins geführt haben, zeigen sie doch, daß es zu wenigstens einem Aspekt des Bewußtseins einen experimentellen Zugang geben kann. Wenn dieser Ansatz mit Entschiedenheit weiter verfolgt wird, dann werden uns solche Experimente am Ende vielleicht zu einer Lösung des Problems führen.

Parallel dazu gibt es einen weiteren Ansatz: Man versucht zu erraten, wie die Antwort in ihren allgemeinen Grundzügen lautet – und sei's auch nur, um einen Leitfaden für weitere Experimente zu haben, die sonst gar nicht gemacht würden. Einige dieser spekulativen Ideen werden im nächsten Kapitel skizziert. Sie bilden derzeit noch kein zusammenhängendes Ideengefüge; vielmehr handelt es sich um einen Mischmasch von ziemlich vorläufigen Anregungen, auch wenn einige sich – wie wir sehen werden – in plausibler Weise miteinander verknüpfen lassen.

16 VORNEHMLICH SPEKULATION

»Gib mir lieber einen fruchtbaren Fehler – voller Samen,
zum Bersten gefüllt mit seinen eigenen Berichtigungen.
Deine sterilen Wahrheiten kannst du für dich selbst behalten.«

Vilfredo Pareto

Die bisher skizzierten Experimente sollten helfen, diejenigen Neuronen zu identifizieren, deren Feuern zu einem gegebenen Zeitpunkt mit irgendeinem Aspekt des visuellen Perzepts korreliert. In den kortikalen Arealen im Kopf eines Affen gibt es auf jeder Seite ungefähr eine halbe Milliarde Neuronen. Haben wir irgendwelche Hinweise, die uns einen Weg zu den Neuronen zeigen könnten, nach denen wir suchen?

Eine Möglichkeit besteht darin, daß all diese Neuronen potentielle Bewußtseinsneuronen sind, obwohl zu jedem bestimmten Zeitpunkt nur eine kleine Teilmenge von ihnen diese Rolle übernimmt. Dies scheint allerdings unwahrscheinlich, angesichts des Verhaltens der Neuronen bei der binokularen Rivalität (im letzten Kapitel besprochen). Es bleibt jedoch immer noch die Möglichkeit, daß diejenigen Neuronen, die keine Bewußtseinsneuronen waren, diese Rolle vielleicht bei anderer Gelegenheit spielen. Wahrscheinlicher ist, daß es einige ziemlich unterschiedliche Formen des visuellen Bewußtseins gibt, ein vielleicht sehr flüchtiges Bewußtsein für einfache Merkmale, eine etwas dauerhaftere Form für lebhaftes visuelles Bewußtsein und vielleicht noch eine weitere Form, die zwar tatsächlich visuell ist, die aber nicht dem visuellen »Bild« entspricht, das wir, wie es scheint, in unserem Kopf haben. Ich habe darüber bereits kurz gesprochen, als ich die Ideen David Marrs (im 6. Kap.) und Jackendoffs (im 14. Kap.) umrissen habe.

Um die Dinge etwas einfacher zu machen, wollen wir uns für den Augenblick auf das lebhafte visuelle Bewußtsein konzentrieren, das Jackendoff in etwa mit Marrs 2-$\frac{1}{2}$D-Entwurf gleichsetzt.

Ein auffallendes Merkmal unseres inneren Bildes der visuellen Welt ist dessen gute Organisation. Psychologen mögen ihre Freude daran haben, uns zu zeigen, daß es nicht so »metrisch« ist, wie wir oft glauben – d. h., daß unser Urteil von relativen Größen und Entfernungen nicht immer so genau ist, wie die Zeichnung eines Ingenieurs, aber wir bringen selten die Dinge im Raum durcheinander, wenn wir sie unter normalen Bedingungen sehen. Die reale Außenwelt ist zwar ständig da, das Hirn kann sich also auf sie beziehen und alle provisorischen Urteile überprüfen, die es vielleicht schon getroffen hat. Dennoch ist die symbolische Repräsentation der vor uns liegenden visuellen Welt, die das Hirn bildet, räumlich sehr gut organisiert.

Dies wäre nicht besonders überraschend, wenn die Neuronen in allen Schichten der visuellen Hierarchie sehr pingelig wären, was die genaue Lage des Merkmals im visuellen Feld angeht, auf das sie antworten. Wie wir aber gesehen haben, ist dies nicht der Fall. Ein Neuron, das besonders gut auf ein komplexes Objekt wie ein Gesicht reagiert, antwortet fast genausogut, ob das Gesicht nun direkt im Zentrum des Blickfelds des Lebewesens oder mehr an der Seite liegt oder gar aus der normalen aufrechten Position gekippt ist. Dies ist sehr sinnvoll. Es könnte kaum ein separates Neuron für jedes höherstufige Merkmal in jeder möglichen Position geben. Dazu gäbe es einfach nicht genug Neuronen.

Die Neuronen des ersten visuellen Areals V1 sind andererseits tatsächlich pingelig, was die exakte Position des relevanten Merkmals (wie z. B. Orientierung, Bewegung, Farbe, Querdisparation usw.) im visuellen Feld angeht. Sie können sich das leisten, da diese Merkmale relativ einfach und stereotyp sind und da V1 ein großes kortikales Areal ist. Hilfreich ist dabei auch, daß viele Neuronen in V1 mit Merkmalen nahe dem Blickzentrum beschäftigt sind.

Der Psychologe Peter Milner veröffentlichte 1974 einen sehr scharfsinnigen Aufsatz[1], in dem er dafür eintrat, daß aus den eben genannten Gründen frühe kortikale Areale (wie z. B. V1) am visuellen Bewußtsein genauso maßgeblich beteiligt sind wie die höheren kortikalen Areale. Er deutete darauf hin, daß dies durch einen Mechanismus implementiert werden könnte, der von den zahlreichen Rückprojektionen Gebrauch macht, die von höheren Neuronen in der visuellen Hierarchie zu niedrigeren laufen [1].

Die genaue Funktion dieser Rückprojektionen ist noch nicht bekannt. Da sie Verbindungen zwischen kortikalen Arealen darstellen, kommen sie alle von Neuronen, die Erregung übertragen. Eine Schlüsselfrage ist: Wie stark sind diese Verbindungen? Hier gibt es unterschiedliche Ansichten, aber es ist durchaus möglich, daß sie normalerweise nicht stark genug sind, um die Neuronen rasch feuern zu lassen, aber andererseits doch stark genug, ein Feuern, das durch andere Inputs hervorgerufen wurde, zu modulieren. Dies könnte zur Folge haben, daß ihre Wirkung zu schwach ist, um mehrere aufeinanderfolgende Stufen zu beeinflussen. Wenn die Region C in die Region B zurückprojiziert und die Region B wiederum in die Region A, dann stellt sich die Frage, ob das, was in C geschieht, großen Einfluß auf A haben würde, solange es nicht eine direkte Bahn von C zurück nach A gibt anstelle der indirekten, die über B führt. Im Diagramm haben wir

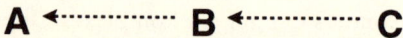

(nur die rückwärtsgerichteten Bahnen sind gezeigt). Kann A durch C beeinflußt werden? Oder benötigen wir dafür eine zusätzliche Bahn (oberhalb der anderen beiden gezeichnet)?

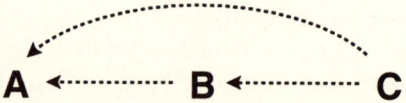

Wir können also fragen: Welche kortikalen Areale projizieren (beim Affen) direkt zurück nach V1?

Ziehen wir das Verbindungsdiagramm (Abb. 52) zu Rate, so sehen wir, daß in der Tat (fast) alle visuellen Areale bis hinauf zu der Ebene, die V4 und MT enthält, eine direkte Verbindung zurück zu V1 haben, wohingegen eine solche Verbindung bei den meisten oberen Arealen in der Hierarchie fehlt. Folgt daraus, daß nur die Neuronen im unteren Teil von Abb. 52 direkt am lebhaften visuellen Bewußtsein beteiligt sind?

Da auch das kortikale Areal V2 ziemlich groß und genügend retinotopisch ist, könnte eine Alternative darin bestehen, daß wir nur die Areale zu betrachten brauchen, die zurück nach V1 oder V2 projizieren. Dies bringt weitere kortikale Areale ins Spiel, nicht aber die inferotemporalen Areale (in deren abkürzenden Bezeichnungen ein IT vorkommt).

Ich glaube, daß an diesen Ideen vielleicht etwas Wahres ist. Allerdings ist diese Überlegung zu schwach, um einen brauchbaren Hinweis darauf abzugeben, wo man zu suchen hat. Sie deutet zwar in eine gewisse Richtung, sie kann aber nicht überzeugen. Darüber hinaus zeigen neuere Arbeiten, daß mehr kortikale Bereiche nach V1 zurückprojizieren, als man ursprünglich dachte [2]. Unter diesen Umständen empfiehlt es sich wohl, diese These im Kopf zu behalten, während sich das Feld weiterentwickelt, aber nicht allzugroße Hoffnung in sie zu setzen. Zu diesem Zeitpunkt ist es wichtig, mehr über die Anatomie und das Verhalten der vielen Rückprojektionen im Cortex herauszufinden.

Ein anderer möglicher Weg besteht darin zu fragen, ob Bewußtsein etwas damit zu tun hat, daß das Gehirn in irgendeinem Sinn mit sich selbst spricht. In neurologischer Terminologie könnte dies darauf hindeuten, daß Verbindungen mit Wiedereintritt (oder kürzer: rückleitige Verbindungen) – d. h. solche Bahnen, die nach einem oder mehreren Zwischenschritten wieder am Ausgangspunkt ankommen – wesentlich sind, wie es Gerald Edelman vorgeschlagen hat [3]. Das Problem hierbei ist, daß es schwierig ist, eine Bahn zu finden, die keinen Wiedereintritt hat. Wir haben gesehen, daß dieses Kriterium darauf hinzudeuten scheint, daß der Hippocampus der eigentliche Sitz des Bewußtseins ist (er bildet eine rückleitige Verbindung, da er den größten Teil seines Inputs vom entorhinalen Cortex erhält und den größten Teil seines Outputs wieder dorthin zurücksendet). Das ist jedoch nicht der Fall. Dieses negative Ergebnis bedeutet, daß wir das Kriterium der rückleitigen Verbindung mit Vorsicht gebrauchen müssen.

Die einfachste Form einer Verbindung mit Wiedereintritt wäre die zwischen zwei kortikalen Arealen, beispielsweise wenn das Areal A ins Areal B und das Areal B auch ins Areal A projizierte. Aber dies ist fast immer der Fall, so daß das nicht sehr hilfreich für uns ist. Können wir die Idee des Wiedereintritts präziser fassen und damit nützlicher machen?

Man erinnere sich, daß für viele kortikale Areale gilt: Wenn A in die Schicht 4 von B projiziert, dann projiziert B nicht in Schicht 4 von A. Die Rückprojektion vermeidet diese Schicht. Wir können dies so symbolisieren

$$A \overset{\longleftarrow}{\longrightarrow} B$$

wobei der durchgezogene Pfeil bedeutet »in Schicht 4«. Dies deutet darauf hin, daß wir nach den viel selteneren Fällen suchen sollten, wo zwei kortikale Areale gegenseitig in Schicht 4 projizieren – also (unter Verwendung obiger Konvention):

$$A \overset{\longleftarrow}{\longrightarrow} B$$

Solche Verbindungen finden sich (nicht immer) zwischen kortikalen Bereichen, die in Abb. 52 auf derselben Hierarchieebene liegen. Ein offensichtliches Beispiel sind MT, V4 und V4t.

Diese Idee erscheint mir sehr attraktiv. Es wäre leicht, theoretische Argumente zu liefern, die ihr einen Anstrich von intellektueller Respektabilität geben würden. Unglücklicherweise sind aber die genauen neurologischen Details dieser vermeintlichen wechselseitigen Schicht-4-Verbindungen noch nicht sorgfältig genug untersucht worden. Dies ist jedoch sicherlich eine Idee, die man im Auge behalten muß.

Wir wollen nun einen ganz anderen Ansatz betrachten. Bisher habe ich hauptsächlich über kortikale Areale gesprochen. Kann man einen Schritt weitergehen und versuchen zu erraten, welche kortikalen Schichten bei der Symbolisierung von Bewußtsein eine Rolle spielen könnten? Oder gar welcher Neuronentyp in einer oder mehreren dieser Schichten daran beteiligt sein könnte? Hier haben wir tatsächlich ein paar Anhaltspunkte.

Es gibt einen Typ kortikaler Neuronen, der die Aufmerksamkeit auf sich lenkt, und zwar sind das einige der Pyramidenzellen in Schicht 5. Es sind dies die einzigen Neuronen, die geradewegs aus dem kortikalen System hinaus projizieren. (Mit »kortikalem System« meine ich den zerebralen Cortex und solche Regionen, die sehr eng mit ihm assoziiert sind, wie der Thalamus und das Claustrum.) Man kann den Standpunkt vertreten, daß nur die Ergebnisse der neuronalen Berechnungen an andere Teile des Hirns gesendet werden sollen. Ich halte es für plausibel, daß das visuelle Bewußtsein einer Teilmenge dieser Ergebnisse entspricht. Das läßt einen nach diesen speziellen Pyramidenzellen fragen. Haben sie irgendwelche anderen ungewöhnlichen Eigenschaften? (Auf lange Sicht gesehen kommt das, was Wissenschaftler einen »Beweis« nennen, gerade dadurch zustande, daß viele verschiedene Aspekte eines Gegenstands oder eines Begriffs in Übereinstimmung gebracht werden.) In der Tat können einige dieser Neuronen in besonderer Weise feuern. Einige Neurowissenschaftler haben herausgefunden, daß derartige Neuronen[2] dazu neigen, »salvenartig« zu feuern. Sie injizierten eine Stromspannung in viele verschiedene einzelne Neuronen in kortikalen Schnitten. Dabei zeigte sich, daß sich deren Muster des Feuerns in drei Klassen einteilen läßt [4]. Die erste entspricht dem Muster der hemmenden Neuronen. Die zweite dem der meisten Pyramidenzellen. Die Neuronen der dritten Klasse neigen dazu, unter den genannten Bedingungen in Salven zu feuern; bei ihnen scheint es sich hauptsächlich um die größeren Pyramidenzellen in Schicht 5 zu handeln. Die apikalen Dendriten dieser großen Neuronen reichen bis in die oberste Schicht des Cortex (Schicht 1), wo sie wahrscheinlich Inputs (unter anderem) von den oben erwähnten Rückprojektionen erhalten.

All diese ziemlich bruchstückhaften Anhaltspunkte veranlassen zu der Frage, ob diese Pyramidenzellen der Schicht 5 zum Bewußtsein in einer engen Beziehung stehen. Jedoch selbst wenn die Pyramidenzellen der Schicht 5 die »Ergebnisse« der kortikalen Berechnung ausdrücken, folgt daraus nicht, daß sie alle in allen Arealen irgendeine Form von Bewußtsein erzeugen, wann immer sie feuern. Dazu könnte etwas mehr vonnöten sein, zum Beispiel eine besondere Form des Kurzzeitgedächtnisses, wie die Neuronenschaltungen mit kreisender Erregung, die später in diesem Kapitel erörtert werden.

Diese Ideen sind zwar spekulativ, sie unterstreichen jedoch, wie wichtig es zu wissen ist , von welcher Schicht und, wenn möglich, welchen Typ von Neuron ein Neurowissenschaftler aufgezeichnet hat, wenn er experimentelle Ergebnisse mitteilt. Dies stößt oft auf technische Schwierigkeiten, wenn wache Tiere untersucht werden; aber neue, verfeinerte Methoden machen dies leichter.

Es gibt einen allgemeineren Gedankengang, der darauf hindeutet, daß wir den kortikalen Schichten größere Aufmerksamkeit widmen sollten. Obwohl die Dendriten und das Axon eines Neurons sich oft über mehrere Schichten erstrecken, ist die Schicht, in der sein Soma (der Zellkörper) liegt, bei der normalen embryonalen Entwicklung wahrscheinlich genetisch determiniert. (Die *Details* der Verbindungen eines Neurons werden dagegen stark durch dessen Erfahrungen beeinflußt.) Wenn es tatsächlich kortikale Neuronen gibt, deren Feuern mit dem korrelieren, was wir sehen, dürfen wir erwarten, daß das Soma dieser Neuronen nur in einer Schicht oder in wenigen Schichten bzw. Unterschichten liegt.

Der Inhalt des visuellen Bewußtseins ist das Ergebnis des Versuchs des Gehirns, der Information, die durch die Augen aufgenommen wird, Sinn zu geben und sie in einer kompakten und gut organisierten Weise auszudrücken. Das wäre ziemlich witzlos, wenn die Information für den Organismus nicht von echtem Nutzen wäre. Möglicherweise wird sie an mehreren unterschiedlichen Orten benötigt. An welche Teile des Gehirns sollte diese Information geschickt werden? Zwei offensichtliche Stellen sind der Hippocampus (der an der kurzzeitigen Speicherung oder Kodierung im episodischen Gedächtnis beteiligt ist) und das motorische System, besonders dessen höhere, planende Ebenen. Können wir den Ort des visuellen Bewußtseins im Cortex bestimmen, indem wir die Verbindungen von diesen beiden Bestimmungsorten zurückverfolgen?

Unglücklicherweise wirft dieser Ansatz im Augenblick mehr Schwierigkeiten auf, als er solche löst. Es ist anzunehmen, daß das visuelle Bewußtsein auf einer bestimmten Stufe mit Informationen aus anderen Sinneskanälen (Gehör- und Tastsinn z. B.) verknüpft ist. Wenn Sie eine Tasse Kaffee trinken, sind Sie sich sowohl des Aussehens der Tasse bewußt als auch dessen, wie sich die Tasse anfühlt und wie der Kaffee riecht und schmeckt. Die höheren visuellen Areale projizieren auch tatsächlich in polysensorische Areale des Cortex. Nicht so klar ist allerdings, ob der Typ des visuellen Bewußtseins, der zum Hippocampus und zum motorischen System gesendet wird, mehr mit dem lebhaften Oberflächenbewußtsein der $2\frac{1}{2}$D-Skizze oder mehr mit der weniger bildlichen Information des 3D-Modells zu tun hat. Wahrscheinlich werden aber beide benötigt.

Die anatomischen Verbindungen zwischen den visuellen und polysensorischen Regionen des Cortex und des Hippocampus sind inzwischen ziemlich gut bekannt (siehe Abb. 52). Dabei zeigt sich deutlich, daß visuelle Areale wie V4 und MT nicht direkt dorthin projizieren, genausowenig wie die inferotemporalen Regionen. Die visuelle Information muß daher durch andere kortikale Regionen kommen, um zum Hippocampus zu gelangen. Unglücklicherweise ist unser gegenwärtiges Wissen über die neuronalen Reaktionen in diesen Regionen nur sehr bruchstückhaft und bedarf weiterer Untersuchungen.

Die Verbindungen zu den motorischen Arealen des Cortex sind in einem gewissen Maß erforscht, aber auch hier ist noch viel mehr Arbeit nötig. Darüber hinaus gibt es andere, indirektere Routen zum motorischen Cortex. So gibt es eine massive Verbindung von allen Bereichen des Cortex zum Streifencortex. (Interessanterweise kommt diese von einigen Pyramidenzellen in Schicht 5.) Von da aus gelangt die Information zu Teilen des Thalamus und von da aus zu den verschiedenen motorischen und prämotorischen Arealen des Cortex. Es gibt auch eine Verbindung vom Cortex zum Cerebellum und wieder zurück zum Thalamus und damit zum Cortex. Einige dieser Verbindungen sind möglicherweise an »unbewußten«, weitgehend automatischen Handlungen beteiligt. Zu diesen Teilen des Gehirns sind noch viel mehr Experimente nötig, wenn wir die verschiedenen Arten des visuellen (und anderen) Bewußtseins verstehen wollen.

Ein Charakteristikum eines Bewußtseinsneurons ist es, daß sein Feuern wahrscheinlich oft das Resultat einer Entscheidung des beteiligten neuronalen Netzes ist. Die Herbeiführung eines gerechten Kompromisses kann ein linearer Prozeß sein, aber die Herbeiführung einer eindeutigen Entscheidung ist ein weitgehend nicht-linearer Prozeß. Die Wahl des Präsidenten der Vereinigten Staaten ist ein nicht-linearer Prozeß, während eine Verhältniswahl schon eher ein linearer Prozeß ist, zumindest nach der Abgabe aller Stimmen. Neuronen, und in einem weiteren Sinne auch neuronale Netze, können sich in ausgesprochen nicht-linearer Weise verhalten, so daß es hier keine grundsätzlichen Schwierigkeit gibt.

Was die Neuronen anbelangt, ist der Mechanismus wahrscheinlich ein »Gewinner-nimmt-alles«-Vorgang (wie bei einer Präsidentenwahl) – d. h. einer, bei dem viele Neuronen miteinander wetteifern, aber nur eines (oder nur wenige) gewinnt. Das bedeutet, daß es heftiger oder in irgendeiner besonderen Weise feuert, während die anderen gezwungen werden, langsamer oder gar nicht zu feuern.

Dies kann relativ leicht in künstlichen neuronalen Netzen dargestellt werden, indem man jedes Neuron Erregung aussenden und zur selben Zeit alle anderen wetteifernden Neuronen hemmen läßt. Das aktivste dabei wird wahrscheinlich alle seine Rivalen unterdrücken (wie bei einer Wahl). Für echte Neuronen ist dies nicht so einfach, da in den meisten Fällen jedes einzelne Neuron nur Erregung oder nur Hemmung aussenden kann, aber nicht beides. Es gibt verschiedene Tricks zur Vermeidung dieser Schwierigkeit, beispielsweise indem alle erregenden Neuronen ein hemmendes Neuron stimulieren, das seinerseits wiederum alle erregenden Neuronen hemmt. Das Neuron, das den größten Triumph über diese allgemeine Hemmung erzielen kann, wird dann wahrscheinlich als der Gewinner hervorgehen. Es erfordert eine gewisse Fertigkeit, ein neuronales Netz zu entwerfen, das eine »Gewinner-nimmt-alles«-Operation in zufriedenstellender Weise durchführt – aber es ist machbar, besonders wenn mehrere Mitgewinner (anstelle eines einzigen Neurons) zugelassen werden.

Es gibt keinen Grund dafür, warum die Natur diese Art von Mechanismus nicht zustande gebracht haben sollte. Daß Problem liegt darin, genau festzumachen, wo im Gehirn derartige Operationen stattfinden. Bisher wissen wir jedoch nicht genug über die sehr komplexen lokalen Verschaltungen im Cortex (oder in seiner Umgebung), als daß uns dies eine große Hilfe wäre; mit zunehmendem Wissen kann sich das aber ändern. Es könnte sich herausstellen, daß die neuronalen Interaktionen im Cortex so kompliziert sind, daß kein einfacher Mechanismus beteiligt ist, aber es besteht immer die Möglichkeit, daß ein Vorgang von derart zentraler Bedeutung irgendeine spezielle neuronale Vorrichtung benutzt. Wir können nicht mehr tun, als unsere Augen für verheißungsvolle Anhaltspunkte offenzuhalten. Eine zusätzliche Komplikation des Problems besteht darin, daß das Bewußtsein nicht immer eine Entscheidung zwischen zwei oder mehreren Möglichkeiten erforderlich macht (wie bei der Betrachtung eines Necker-Würfels). In anderen Fällen mag es erfolgversprechender sein, einen Kompromiß zwischen zwei verschiedenen Informationsquellen zu erzielen, wie bei der Verwendung unterschiedlicher Tiefenmerkmale bei der Beurteilung der Entfernung eines Objekts im Blickfeld. Auf der anderen Seite verlangt die Frage, ob ein Objekt vor einem anderen liegt und es dadurch teilweise verdeckt, tatsächlich eine Entscheidung.

Unsere Suche nach den Bewußtseinsneuronen hat bisher relativ wenig Anhaltspunkte zutage gefördert, auf die wir uns verlassen können, auch wenn sie einige verheißungsvolle Hinweise darauf geben, in welcher Richtung die Forschung vorangehen könnte. Gibt es irgendwelche anderen Ansätze, denen wir folgen könnten? Können wir etwas Nützliches über das visuelle Bewußtsein erfahren, wenn wir die neuronale Basis des Kurzzeitgedächtnisses untersuchen? Es ist praktisch sicher, daß wir ohne irgendeine Form eines Ultrakurzzeitgedächtnisses kein Bewußtsein haben könnten, aber wie kurz muß es sein, und welche neuronalen Mechanismen sind beteiligt?

Erinnern wir uns daran, daß es zwei allgemeine Typen des Gedächtnisses gibt. Wenn Sie sich aktiv an etwas erinnern, müssen irgendwo in Ihrem Kopf Neuronen feuern, die das Erinnerte repräsentieren. Andererseits gibt es viele Dinge, an die Sie sich zwar erinnern können – wie die Freiheitsstatue oder Ihren Geburtstag –, an die Sie sich aber nicht zu jedem einzelnen Zeitpunkt aktiv erinnern. Solche latenten Erinnerungen erfordern im allgemeinen nicht, daß die relevanten Neuronen gerade feuern. Die Erinnerung ist dennoch in Ihrem Gehirn gespeichert, da zu dem Zeitpunkt, als die Erinnerung abgelegt wurde, die Stärke vieler synaptischer Verbindungen (und anderer Parameter) so verändert wurde, daß nun ein entsprechender Anhaltspunkt genügt, um die erforderliche neuronale Aktivität wiederherzustellen.

Welche dieser beiden Formen des Gedächtnisses, das aktive oder das latente, ist an der uns interessierenden Form des Ultrakurzzeitgedächtnisses beteiligt? Es scheint sehr wahrscheinlich, daß es oft die aktive Form ist – das heißt, daß Ihre unmittelbare Erinnerung an einen Gegenstand oder ein Ereignis wahrscheinlich darauf basiert, daß Neuronen aktiv feuern. Wie mag das funktionieren? Ich kann mir mindestens zwei mögliche Antworten denken.

Ist ein Neuron erst einmal aktiviert, könnte es aufgrund irgendeiner intrinsischen Eigenschaft – wie beispielsweise der Beschaffenheit seiner vielen Ionenkanäle – weiterfeuern. Dieses Feuern könnte für eine bestimmte Zeit anhalten und dann abklingen, oder es könnte auch anhalten, bis das Neuron irgendein Signal von außen bekommt, das es dazu bringt, sein Feuern einzustellen. Bei dem zweiten, davon vollkommen verschiedenen Mechanismus könnte nicht nur das Neuron selbst beteiligt sein, sondern auch die Art und Weise, auf die es mit anderen Neuronen verbunden ist. Es könnte »Schaltungen mit kreisender Erregung« geben, in denen jedes Neuron in einem geschlossenen Ring von Neuronen durch das jeweils nächste im Ring erregt wird und so die Aktivität ständig im Kreis herumfließt. Beide dieser möglichen Mechanismen könnten auftreten – sie schließen einander nicht aus.

Könnten wir aber zusätzlich noch irgendeine latente Form des Kurzzeitgedächtnisses haben? Dies würde bedeuten, daß die beteiligten Neuronen erst stimuliert werden müßten, bevor sie feuern. Sie würden dann zwar schnell aufhören zu feuern, dieses Feuern könnte aber auch schnell wieder aufgenommen werden, wenn ein ausreichend starker Hinweisreiz vorhanden ist, der das latente Gedächtnis aktiv werden läßt. Aber wie ist das möglich, solange nicht die erste Runde des Feuerns irgendwelche Spuren im System hinterlassen hat? Gibt es vielleicht kurzfristige Veränderungen in den relevanten synaptischen Stärken (oder anderen neuronalen Parametern), die dieses kurze latente Gedächtnis für eine kurze Dauer verkörpern? Gibt es irgendwelche experimentellen Belege für kurzfristige Veränderungen an Synapsen? Deren Existenz wurde übrigens von Christoph von der Malsburg in dem ziemlich obskuren theoretischen Artikel postuliert, den ich bereits erwähnt habe.

Ohne daß Christoph davon wußte, gab es tatsächlich bereits einige experimentelle Belege für kurzfristige Synapsenveränderungen. Sie waren ursprünglich in den fünfziger Jahren entdeckt worden, jedoch an sehr weit vom Gehirn entfernten Stellen, nämlich an neuromuskulären Verbindungen, wo ein Nerv, der einen Muskel aktiviert, diesen Muskel berührt [5]. Etwas später wurden ähnliche kurzfristige Synapsenveränderungen im Hippocampus entdeckt (einen Überblick bietet [6]). Wenn ein axonaler Impuls an einer Synapse ankommt, dann steigt ihre synaptische Stärke nahezu unmittelbar daraufhin an. Eine schnelle Folge von Impulsen kann dabei einen größeren Anstieg erzeugen. Der Anstieg der synaptischen Stärke nimmt dann in komplizierter Weise wieder ab, zum Teil bereits innerhalb von 50 Millisekunden, zum Teil auch langsamer. Die Zeiten reichen dabei von Sekundenbruchteilen bis zu ungefähr einer Minute. Das sind die Zeiten, die beim Kurzzeitgedächtnis eine Rolle spielen. Es gibt auch deutliche Hinweise, daß sie an Synapsen im Neocortex auftreten. Sie scheinen vornehmlich auf Veränderungen an der Inputseite einer Synapse (der präsynaptischen Seite) zurückzuführen sein, an denen Kalziumionen, die dort anhängen, beteiligt sein könnten und vielleicht auch die Bewegung synaptischer Vesikel in der Nähe der synaptischen Verbindung.[3] Was auch immer ihre Ursache sein mag – es ist jedenfalls ziemlich sicher, daß sie existieren. Ihr Ausmaß kann dabei ziemlich beträchtlich sein.

Unglücklicherweise wird an diesen kurzfristigen Veränderungen gegenwärtig wenig gearbeitet, in erster Linie wohl deshalb, weil Langzeitveränderungen der synaptischen Stärke – im Augenblick ein sehr brisantes Thema – leichter zu untersuchen sind. Auch in den meisten theoretischen Studien über neuronale Netze wurden sie nicht berücksichtigt. Wir sind daher in der seltsamen Situation, daß ein Phänomen, das für das Bewußtsein (insbesondere für das visuelle Bewußtsein) vielleicht von entscheidender Bedeutung ist, sowohl von Experimentatoren als auch von Theoretikern vernachlässigt wird.

Die kurzfristigen Veränderungen in den synaptischen Gewichten könnte auch für die vorübergehende zeitweilige Aufrechterhaltung der Schaltungen mit kreisender Erregung wichtig sein. Die Erhöhung der relevanten synaptischen Stärke könnte der Schaltung helfen, ihr kreisendes Feuern aufrechtzuerhalten.

Ein schwierigeres Problem besteht vielleicht darin, wie ein derartiges anhaltendes Feuern daran gehindert wird, sich zu weit auszubreiten und andere Schaltungen zu beeinflussen. Es gibt so viele komplexe Verbindungen im Gehirn, daß es sich als nahezu unmöglich herausstellen könnte, die exakte Position von Schaltungen mit kreisender Erregung zu bestimmen, auch wenn sie tatsächlich existieren. Ist es möglich, daß diese Art der kreisenden Erregung – und zwar diejenige, die mit dem aktiven Kurzzeitgedächtnis im Zusammenhang steht – nur an einem oder an wenigen bestimmten Orten stattfindet? Gibt es irgendwelche Hinweise darauf, daß eine derartige Schaltung in gewisser Weise von Nachbarschaltungen derselben Art isoliert ist, so daß sich das Gedächtnis nicht in unkontrollierter Weise ausbreitet?

Sonderbar ist, daß es eine einzige mögliche Verschaltung gibt, von der man sich vorstellen kann, daß sie am Ultrakurzzeitgedächtnis beteiligt ist. Es ist die Verbindung vom Thalamus zu den Pyramidenzellen in der kortikalen Schicht 6, die ihrerseits Signale in denselben Teil des Thalamus zurückschicken. Sowohl diese thalamischen als auch die kortikalen Neuronen haben sehr wenige Axonkollaterale, die sich seitwärts ausbreiten, so daß sie wahrscheinlich ziemlich wenig mit ihren Nachbarn interagieren. Dies könnte ihnen zu der teilweisen Isolierung verhelfen, auf die eben hingewiesen wurde.

Diese Bahnen sind in erster Linie im Cortexareal V1 und dessen Verbindung zum CGL untersucht worden. Die vorwärtsgerichtete Bahn vom CGL zu den Pyramidenzellen in Schicht 6 scheint ziemlich schwach zu sein. Die rückwärtsgerichtete Bahn von Schicht 6 zum CGL hat dagegen sehr viele Axone, vielleicht fünf oder zehnmal so viele wie die Hauptbahn der Verbindung vom CGL zu Schicht 4. Dies ist an sich schon überraschend, besonders da es schwierig war, deren Funktion zu entdecken. Die meisten Experimente zu diesen Bahnen wurden jedoch an betäubten Tieren durchgeführt, so daß hier der Mechanismus für das Ultrakurzzeitgedächtnis schwach war oder ganz fehlte und das Tier daher ohne Bewußtsein war. Livingstone und Hubel fanden (in dem einige Seiten vorher erwähnten Artikel) heraus, daß die Aktivität der CGL-Neuronen während des S-Schlafs reduziert war. Dies könnte durchaus den Effekt haben, daß diese Signale, obwohl sie das Cortexareal V1 vom CGL her erreichen können (wie Livingstone und Hubel herausgefunden haben), möglicherweise nicht stark genug sind, um eine reflektorische Aktivität aufrechtzuerhalten. Es sind auch neuronale Bahnen vom Hirnstamm her bekannt, die die Aktivität des CGL (und damit auch die von anderen Teilen des Thalamus) während des S-Schlafs ändern können.

Die Hypothese ist also, daß die Neuronen der Schicht 6 an einem zentralen Aspekt des Bewußtseins eng beteiligt sind, und zwar an der Aufrechterhaltung von Schaltungen mit kreisender Erregung, die das Ultrakurzzeitgedächtnis verkörpern. Das ist mit der bereits oben angedeuteten allgemeinen Idee vereinbar, daß es in erster Linie die unteren kortikalen Schichten sind, deren Aktivität mit dem Bewußtsein im allgemeinen und mit dem visuellen Bewußtsein im besonderen korreliert.

Könnte es solche Schaltungen in Verbindung mit allen kortikalen Arealen geben? Mit anderen Worten, haben alle kortikalen Areale Pyramidenzellen in Schicht 6, die in irgendeinen Teil des Thalamus projizieren, der selbst wiederum zu denselben Pyramidenzellen der Schicht 6 zurückprojiziert? Unglücklicherweise sind die Ergebnisse hier nicht völlig eindeutig. Vielleicht haben nur die unteren und mittleren Ebenen der sensorischen Verarbeitung (die, wie sich herausstellt, ihrerseits eine nennenswerte Schicht 4 haben) die notwendigen Verschaltungen dieses Typs in der Schicht 6, die für diese Form des Kurzzeitgedächtnisses benötigt werden – und mithin auch für die von Jackendoff vorgeschlagene Art von Bewußtsein. Ein starker Input in Schicht 4 könnte möglicherweise bestimmten Schaltungen mit kreisender Erregung in der Schicht 6 mehr Durchschlagskraft verleihen. Wenn sich das alles als richtig herausstellt, würde dies ein bedeutendes Bindeglied zwischen der Struktur des Gehirns und Jackendoffs Hypothese darstellen – eine aufregende Möglichkeit.

Lassen wir aber die Spekulationen beiseite: Gibt es Belege dafür, daß ein beständiges Feuern von Neuronen mit irgendeiner Form des Kurzzeitgedächtnisses in Zusammenhang steht? Experimente dazu wurden von Patricia Goldman-Rakic und ihren Kollegen in Yale unternommen [8], wobei sie sich auf die Pionierarbeit anderer stützten [9]. Ein Affe wurde dazu abgerichtet, einen Punkt in der Mitte eines Bildschirms zu fixieren, während gleichzeitig ein Zielreiz an einer anderen, zufällig ausgewählten Stelle des Bildschirms dargeboten wurde. Der Zielreiz wurde ausgeschaltet, und nach einer gewissen Verzögerung mußte der Affe seine Augen dorthin richten, wo das Ziel vorher war. Die Experimentatoren untersuchten dabei die Antwort von visuellen Neuronen im präfrontalen Bereich im Gehirn des Tieres. Ein bestimmtes Neuron antwortete immer dann, wenn das Ziel sich an einer bestimmten Stelle des Bildschirms befand – andere Neuronen antworteten auf andere Stellen. Bemerkenswert war dabei, daß diese Neuronen weiterfeuerten, bis der Affe reagierte – oftmals bis zu mehreren Sekunden, *nachdem der Zielreiz ausgeschaltet worden war*. Wenn die Aktivität, was gelegentlich vorkam, nicht aufrechterhalten wurde, war es darüber hinaus sehr wahrscheinlich, daß der Affe einen Fehler machen würde. Kurz gesagt, diese Neuronen schienen Teil eines Arbeitsgedächtnissystems zur visuellen Ortslokalisierung zu sein.[4] An anderer Stelle im Gehirn gibt es wahrscheinlich andere derartige Systeme für andere Arten des Arbeitsgedächtnisses. Wir haben jedoch zumindest ein Beispiel, bei dem das Kurzzeitgedächtnis das kontinuierliche Feuern von Neuronen erfordert, wenn auch in anderen Fällen die Ergebnisse Anlaß zum Zweifel geben.[5]

Man beachte, daß es sich dabei um eine einzige Aufgabe handelt und daß der Affe vielleicht während der Verzögerung im Geiste probt. Was passieren würde, wenn der Affe zwei verschiedene Aufgaben auszuführen hätte, weiß man nicht. Genausowenig weiß man, welcher neurale Mechanismus diese Neuronen am Feuern hält. Wie bei der Erforschung der Aufmerksamkeit kann man auch hier wiederum sagen: Ein Anfang ist gemacht, es bedarf jedoch noch einer Menge experimenteller Arbeit, um die neurale Basis des Kurzzeitgedächtnisses freizulegen.

17 OSZILLATIONEN UND VERARBEITUNGS-EINHEITEN

»Vorhersagen sind schwierig, besonders wenn sie die Zukunft betreffen.«

Bisher habe ich sehr wenig über die möglichen Lösungen des Bindungsproblems gesagt – wie die Neuronen miteinander verbunden werden, die aufgrund unterschiedlicher Merkmale des gleichen Gegenstands (oder Ereignisses) feuern. Besonders vordringlich ist dies dann, wenn in einem bestimmten Moment mehr als ein Objekt wahrgenommen wird. Bindung ist wichtig, da sie zumindest für einige Arten des Bewußtseins notwendig zu sein scheint. Im 14. Kapitel wurde angedeutet, daß Bindung durch das gemeinsame Feuern der betreffenden Neuronen erreicht werden könnte. Ein relativ einfaches Beispiel gemeinsamen Feuerns besteht darin, daß die beteiligten Neuronen gemeinsam in einer Art Rhythmus feuern (obwohl Rhythmen natürlich nicht wesentlich für Gemeinsamkeit sind). Das idealisierte Beispiel in Abb. 57 zeigt Neuronen, die salvenartig alle 100 Millisekunden feuern – d. h. mit einer Frequenz von ungefähr 10 Hertz. Rhythmen mit dieser oder ähnlicher Frequenz werden als »α-Rhythmen« bezeichnet. Solche und andere Rhythmen können in dem Wirrwarr von Signalen entdeckt werden, die wir sehen, wenn wir Hirnströme mit einem EEG aufzeichnen. Gibt es aber experimentelle Belege für das gemeinsame Feuern von Gruppen einzelner Neuronen?

Es ist seit geraumer Zeit bekannt, daß gemeinsames Feuern – in Form von Oszillationen – im olfaktorischen System auftritt [1], aber erst kürzlich wurden Oszillationen im visuellen Cortex deutlich beobachtet. Die bemerkenswertesten Ergebnisse kamen von zwei deutschen Forscherteams. Die Gruppe von Wolf Singer und Charles Gray in Frankfurt beobachtete Oszillationen im visuellen Cortex der Katze [2]. Die Oszillationen lagen im Bereich von 35 bis 75 Hertz; diese werden oft als »Gamma-Oszillationen« oder etwas ungenau auch als »40-Hertz-Oszillationen« bezeichnet. Reinhard

Eckhorn beobachtete mit seinen Kollegen in Marburg unabhängig davon auch derartige Oszillationen [3]. Besonders deutlich können sie mit einer Elektrode beobachtet werden, die dazu dient, die »Feldpotentiale« aufzuzeichnen. Grob gesagt zeigt dies die sich ständig verändernde durchschnittliche Aktivität in den Neuronen, die sich in der Nähe der Elektrode befinden, vergleichbar der Aufnahme des Stimmengewirrs einer größeren Menschengruppe bei einer Cocktailparty.

Diese Experimente sind relativ neu, und weitere neue Ergebnisse sind zu erwarten. Ich werde daher hier dieses Phänomen nur in groben Zügen darstellen.

Wie bereits beschrieben, feuern einige Neuronen im visuellen Cortex in annähernd rhythmischer Weise, wenn sie durch einen passenden Reiz im visuellen Feld aktiviert werden. Die durchschnittliche lokale Aktivität (das Feldpotential) in ihrer Umgebung zeigt dabei oft Oszillationen im 40-Hertz-Bereich. Die Spikes, die von einem derartigen Neuron ausgesandt werden, ereignen sich nicht an zufälligen Zeitpunkten, sondern »im Takt« der lokalen Oszillationen (siehe Abb. 60). Ein Neuron gibt dabei vielleicht eine kurze Salve von zwei oder drei Spikes zum Takt ab. Manchmal feuert es auch gar nicht. Wenn es aber feuert, dann geschieht das oft annähernd synchron mit einigen seiner Nachbarneuronen. Diese Oszillationen sind nicht besonders regelmäßig. Ihre Kurve stellt sich eher wie die grobe Freihandzeichnung einer Welle dar, als wie eine sehr regelmäßige mathematische Kurve mit konstanter Frequenz.

Wenn Singer und seine Kollegen zwei nicht allzuweit voneinander entfernte Elektroden benutzten, zeigte sich oft, daß die Neuronen nahe der einen Elektrode dazu tendierten, synchron mit den Neuronen nahe der anderen Elektrode zu feuern – sofern sie überhaupt feuerten. Selbst wenn die Elektroden bis zu sieben Millimeter auseinanderlagen, oszillierten die Feldpotentiale manchmal phasengleich — gewöhnlich aber nur dann, wenn der sich bewegende Reiz, der zu ihrer Erregung benutzt wurde, zu einem statt zu zwei Objekten gehörte [4]. Allerdings sind die experimentellen Belege, die diese letzte Aussage belegen, im Moment noch ziemlich schwach. Zusätzliche Experimente haben gezeigt, daß Neuronen im ersten visuellen Areal auf einen sich bewegenden Balken ant-

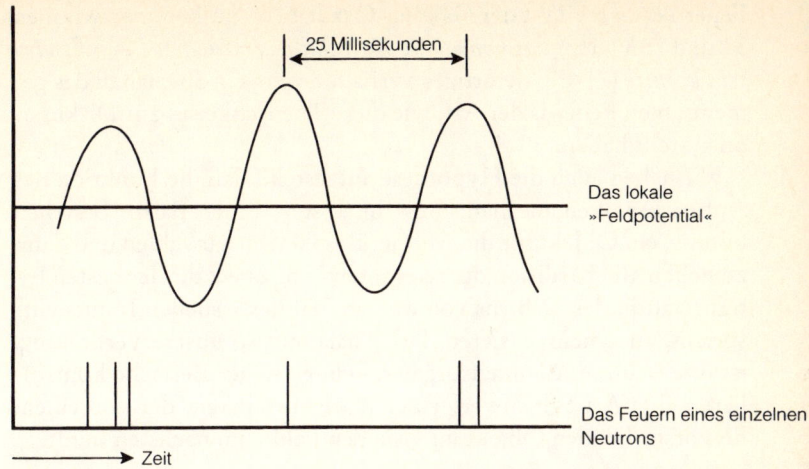

Abb. 60: *Eine einfache Darstellung, um zu illustrieren, wie einige Neuronen in einem 40-Hertz-Rhythmus feuern. (Eine 40-Hertz-Oszillation wiederholt sich alle 25 Millisekunden.) Die Kurve repräsentiert das lokale Feldpotential. Sie ist ein Maß der durchschnittlichen »Aktivität« vieler Neuronen in der Umgebung der Elektrode. Die kurzen vertikalen Linien zeigen das Feuern genau eines Neurons. Man beachte, wie das Neuron, wenn es feuert, mit seinen Nachbarn genau »im Takt« feuert, der durch das lokale Feldpotential repräsentiert wird. (Ich habe die gebräuchliche Zeichenkonvention für die Darstellung der Feldpotentiale vertauscht.)*

worten können, indem sie phasengleich im Rhythmus mit jenen in der korrespondierenden Region im zweiten visuellen Areal feuern. Das zeigt, daß es eine solche Gleichzeitigkeit auch zwischen Neuronen in verschiedenen kortikalen Arealen [5] und auch – bei anderen Experimenten – zwischen beiden Cortexhälften gibt [6].

Beide deutsche Gruppen vermuteten, daß diese 40-Hertz-Oszillationen die Lösung des Hirns für das Bindungsproblem sein könnten. Sie sind der Meinung, daß die Neuronen, die all die verschiedenen Eigenschaften eines einzigen Objekts (Form, Farbe, Bewegung usw.) symbolisieren, diese Eigenschaften untereinander verbinden, indem sie synchron feuern. Koch und ich gingen mit dieser Idee einen Schritt weiter, indem wir vermuteten, daß dieses synchrone

Feuern etwa im Takt der Gamma-Oszillation (im Bereich zwischen 35 und 75 Hertz) *das neuronale Korrelat des visuellen Bewußtseins sein könnte* [7]. Ein derartiges Verhalten wäre ein Spezialfall des gemeinsamen Feuerns der Art, wie diese Theoretiker es zur Diskussion gestellt haben.

Wir haben auch die Hypothese aufgestellt, daß die Funktion des Aufmerksamkeitsmechanismus in erster Linie darin bestehen könnte, ein Objekt für die Aufmerksamkeit auszuwählen und dann zu helfen, die Koalition der relevanten Neuronen, die der besten Interpretation des Gehirns von diesem Teil des visuellen Inputs entspricht, zu synchronisieren. Der Thalamus, so unsere Vermutung, ist das »Aufmerksamkeitsorgan« – einige seiner Bereiche kontrollieren eine Art Scheinwerfer der Aufmerksamkeit, der von einem hervorstechenden Objekt im visuellen Feld zum nächsten hüpft.

Diese ursprünglichen Experimente wurden an Katzen durchgeführt, die unter einer leichten Betäubung standen. Unter einer sehr tiefen Betäubung (mittels eines Barbiturats), konnten keine Oszillationen beobachtet werden. Allerdings ist die Aktivität der Neuronen unter diesen Bedingungen im allgemeinen stark reduziert, so daß dieses Ergebnis für sich genommen nicht besonders informativ ist. Jüngste Experimente wurden an wachen Katzen durchgeführt (wie mir Charles Gray in einem Gespräch mitteilte). Auch bei diesen zeigten sich 40-Hertz-Oszillationen, so daß die Oszillationen also nicht ein Artefakt der Narkose darstellen. Einige kürzlich durchgeführte Experimente [8] am kortikalen Areal V1 bei Affen unter leichter Narkose zeigen auch Oszillationen. Sie werden auch im Cortexareal MT wacher Affen beobachtet, wenn sich bewegende Balken den visuellen Input bilden [9], aber nicht, wenn ein Muster aus sich zufällig bewegenden Punkten gezeigt wird [10]. Dieser Unterschied im Verhalten wurde bisher noch nicht erklärt. Er verträgt sich besser damit, daß die Oszillationen einer Figur-Grund-Unterscheidung dienen, als damit, daß sie beim visuellem Bewußtsein eine Rolle spielen. Deutlich wurden sie auch von Eberhard Fetz und seinen Kollegen [11] im motorischen bzw. somatosensorischen Cortex eines wachen Affen beobachtet, besonders dann, wenn dieser mit einer schwierigen manuellen Tätigkeit beschäftigt war, die seine Aufmerksamkeit erforderte.

Wenn diese Oszillationen beobachtet werden, sind sie gewöhnlich sehr kurzlebig [12]. Wie lange sie anhalten, hängt oft von der Dauer des visuellen Signals ab, das jeweils benutzt wird. Das korrelierte Oszillieren von Neuronengruppen an unterschiedlichen Stellen dauert vielleicht nur einige hundert Millisekunden an, wie manche Theorien das anscheinend vorhersagen. Bei näherer Überlegung ist schwer zu glauben, daß unser lebhaftes Bild von der Welt wirklich vollständig von den Aktivitäten von Neuronen abhängen soll, die so »verrauscht« und so schwierig zu beobachten sind.

Jetzt sind Sie wahrscheinlich genauso verwirrt wie die Polizei zu Beginn eines schwierigen Mordfalls. Es gibt viele mögliche Ermittlungsstränge, aber bisher konnte keiner davon in überzeugender Weise zu der Lösung des Geheimnisses führen. Das ist die Art von Polizeiarbeit, die die Öffentlichkeit im allgemeinen am wenigsten zu schätzen weiß – die systematische und penible Verfolgung vieler, oft nur schwacher Hinweise. Dasselbe gilt für den wissenschaftlichen Angriff auf das visuelle Bewußtsein. Wir alle möchten die Antwort kennen, aber es ist unwahrscheinlich, daß wir sie ohne sorgfältiges Überprüfen verschiedener Wege erhalten – wobei sich viele dieser Wege wahrscheinlich als irreführend oder gar als völlig falsch herausstellen werden.

Ein Punkt, der sich aus all diesen Überlegungen ergeben hat, ist, daß es möglicherweise mehrere Formen des visuellen Bewußtseins gibt und konsequenterweise noch mehr Formen des allgemeinen Bewußtseins. Können wir diese verschiedenen Formen des visuellen Bewußtseins auf die Struktur und das Verhalten des visuellen Systems des Primaten übertragen?

Man erinnere sich, daß ich drei mögliche Stufen der visuellen Verarbeitung beschrieben habe: eine sehr kurzlebige, die grob mit Marrs Primärskizze übereinstimmt; eine eher dauerhaftere und lebhaftere, die vielleicht zu seiner 2½D-Skizze und zu Jackendoffs Zwischenebene in Beziehung steht; eine objektzentrierte 3D-Stufe, die nicht mit dem übereinstimmt, was wir tatsächlich sehen, sondern vielmehr mit den Schlußfolgerungen, die wir daraus ziehen. Ich sehe deutlich die Umrisse und sichtbaren Oberflächen eines bestimmten Objekts, und das impliziert, daß dies eine Tasse mit einer erschlossenen 3D-Form ist. In der Umgangssprache benutzen wir in beiden Fällen das Wort »*sehen*«. Wenn ich frage: »Siehst du die Tasse dort?«, gebrauche ich das Wort »sehen« in beiden Bedeutungen. Ich könnte einfach nur die sichtbaren Oberflächen meinen, die die Tasse mir zeigt, ich könnte aber auch die erschlossene dreidimensionale Gestalt der ganzen Tasse meinen. Man beachte, daß die $2\frac{1}{2}$D-Skizze und das 3D-Modell beides in gewisser Weise Schlußfolgerungen sind, insofern sie beide Interpretationen des visuellen Inputs darstellen und auch beide falsch sein können. Der gewöhnliche Gebrauch unserer Worte beschreibt möglicherweise nicht genau die tatsächlichen Vorgänge in unserem Gehirn.

Eine Idee, die ich als das Verarbeitungspostulat bezeichne, besagt, daß *jede Ebene der visuellen Verarbeitung durch eine einzige thalamische Region koordiniert wird.*[1] Eine zentrale, wenn auch wenig gestellte Frage lautet: Was haben die kortikalen Areale gemeinsam, die von *einem* thalamischen Kern bedient werden?

Wir wissen, daß beim visuellen System des Primaten das CGL (ein Teil des Thalamus) in erster Linie mit dem ersten visuellen Areal V1 in Beziehung steht. Die anderen visuellen Bereiche im Thalamus des Primaten liegen alle in einem großen Teil, der das »Pulvinar« genannt wird (siehe 15. Kapitel). Dieses hat eine Anzahl verschiedener Unterabschnitte, einige davon können wieder aus mehreren Unter-Unterabschnitten bestehen. Ist jede dieser Regionen mit einer *einzigen* Stufe der visuellen Verarbeitung assoziiert? Die Unterabschnitte – die drei hauptsächlichen sind: das untere, das laterale und das mediale Pulvinar – könnten jeweils eng mit einer von David Marrs Stufen verknüpft sein: mit der Primärskizze, mit der $2\frac{1}{2}$D-Skizze und mit dem 3D-Modell – oder etwas ähnlichem. Eine andere Möglichkeit besteht darin, daß jede der kleineren und zahlreichen Unter-Unterabschnitte jeweils eng mit genau einer der Ebenen in Van Essens visueller Hierarchie (Abb. 52) verknüpft ist. Natürlich kann auch in beiden Möglichkeiten ein Körnchen Wahrheit stecken.

Was meine ich mit »eng verknüpft«? Der Thalamus schickt zwei Arten der Verbindung zum Cortex: die eine zu Schicht 4 (oder Schicht 3), die andere umgeht diese mittleren Schichten und projiziert gewöhnlich stark in Schicht 1. Der erste Typ könnte treibende Verbindungen darstellen, während der zweite wahrscheinlich mehr dazu dient, das, was ohnehin eingeht, zu modulieren. Mit »eng verknüpft« meine ich diese treibenden Verbindungen in die mittleren Schichten. In dieser kurzen Darstellung werde ich den anderen Typ nicht berücksichtigen.

Das Verarbeitungspostulat besagt in seiner einfachsten Form, daß jedes einzelne kortikale Areal nur mit einem Teil des Thalamus eng verknüpft ist. Diese Idee ist nicht vollständig unplausibel. Das kortikale Areal V1 ist nur mit dem CGL eng verknüpft und sonst mit keinem anderen Teil des Thalamus. Die Merkmale, die benötigt werden, um Marrs Primärskizze oder etwas Ähnliches zu bilden, scheinen sich in V1 finden zu lassen. Die dort symbolisierte Information entspricht relativ einfachen lokalen Merkmalen wie der Orientierung in einem kleinen Ausschnitt des visuellen Feldes. V1 könnte der Sitz der flüchtigen Form des visuellen Bewußtseins sein, die Koch und ich postulierten [7]. Wir haben die weitere Hypothese aufgestellt, daß diese Form keines Aufmerksamkeits-Mechanismus bedürfe. Gestützt wird diese Annahme von Experimenten, die gezeigt haben [13], daß die Aufmerksamkeit beim Affen das Feuern der Neuronen in V1 nicht zu betreffen scheint.

Bisher ist noch nicht genug über die Details der anderen thalamischen Verbindungen bekannt, um zu entscheiden, ob das Verarbeitungspostulat wahr ist oder nicht. Ist tatsächlich jedes kortikale Areal (über V1 hinaus) nur mit einem einzigen Teil des Pulvinars eng verknüpft? Wenn nicht, wie sehen die Verbindungen dann aus? Weitere Experimente werden benötigt, um diese Fragen zu beantworten. Es besteht auch immer noch die Möglichkeit, daß einige thalamische Regionen genau mit jenen kortikalen Arealen eng verknüpft sind, die am lebhaften visuellen Bewußtsein beteiligt sind.

Wie steht es mit der postulierten 3D-Modellstufe? In diesem Fall wissen wir kaum, wonach wir eigentlich suchen sollen. Der Psychologe Irving Biederman glaubt, daß eine derartige Repräsentation auf bestimmten primitiven 3D-Formen basiert, die er »Geone« nennt. Einige Theoretiker (u.a. Tomaso Poggio) glauben, daß das, was in unserem Gehirn vor sich geht, eine Serie von 2D-»Ansichten« eines Objekts ist, die durch die Fähigkeit ergänzt wird, zwischen ihnen zu interpolieren [15]. Es ist sogar möglich, daß beide Vorstellungen korrekt sind. Wo im Gehirn eines Affen sich alle diese Dinge ereignen – wenn es sie überhaupt gibt –, muß allerdings noch festgestellt werden. Dieser Mangel an Wissen macht es schwierig, das Verarbeitungspostulat zu bewerten. Was zunächst wie eine schöne Hypothese aussah, scheint sich in experimenteller Unsicherheit festgefahren zu haben.

Dennoch hat das Verarbeitungspostulat eine gewisse Anziehungskraft. Es legt nahe, daß wir die Worte »bewußt« und »unbewußt« für zu viele ein wenig unterschiedliche Aktivitäten gebrauchen. Sie müßten möglicherweise ersetzt werden durch Ausdrücke wie »Verarbeitungseinheit« oder, in manchen Fällen, »Bewußtseinseinheit«. Jede dieser Einheiten hätte ihre eigene semiglobale Repräsentation, die gewöhnlich mehrere kortikale Areale abdeckt. Jede hätte möglicherweise ihre eigene charakteristische Verarbeitungsgeschwindigkeit, ihre eigenen charakteristischen Zeiten für das Ultrakurzzeitgedächtnis (z. B. sehr kurz in V1, länger in den höheren visuellen Arealen), und – besonders wichtig – *ihre eigene Sonderform der Repräsentation* – einfache Merkmale in V1, 2 $\frac{1}{2}$ D-Objekte in den nächst höheren kortikalen Arealen und so weiter. *Der Charakter jedes Typs von Verarbeitungseinheit würde vom Inhalt und der Organisation der jeweiligen Repräsentation abhängen.* Jede einzelne Thalamusregion könnte ihre eigene Form der Aufmerksamkeit bereitstellen, möglicherweise indem sie den Neuronen in den zugehörigen kortikalen Arealen erlaubt, mit Neuronen im Thalamus zu sprechen, die dann wiederum auf die ersteren zurückwirken, so daß deren Feuern in irgendeiner Weise koordiniert wird. Daneben gibt es noch die spekulative Idee (beschrieben im 16. Kapitel): daß die thalamo-kortiko-thalamische Bahn möglicherweise als Schaltung mit kreisender Erregung eine große Rolle für das Ultrakurzzeitgedächtnis spielen könnte.

Natürlich gibt es viele komplexe Interaktionen zwischen verschiedenen kortikalen Arealen, die direkt verlaufen (d. h. nicht über den Thalamus), wie dies in Abb. 52 dargestellt ist. Das Verarbeitungspostulat impliziert auch nicht, daß die neuronale Aktivität nur in eine Richtung – von einer niedrigeren zu einer höheren Verarbeitungseinheit – fließt. Sie wird vielmehr mit ziemlicher Sicherheit in beide Richtungen fließen.

Das bedeutet nicht, daß der Thalamus *selbst* all die verschiedenen Formen des Bewußtseins erzeugen kann. Bewußtsein erfordert in gleicher Weise die Aktivität der verschiedenen kortikalen Areale wie die des Thalamus – genau wie ein Dirigent ein Orchester braucht, um Musik zu machen.[2] Zumindest kann folgendes gesagt werden: Wer am visuellen Bewußtsein oder auch an anderen Formen des Bewußtseins interessiert ist, der sollte den Thalamus nicht vernachlässigen. Man kann das arme CGL zur Seite schieben und sagen, daß es nur ein Relais sei. Wer das visuelle System erforschen will, sollte aber fragen: »Wozu ist das Pulvinar überhaupt da?« Es ist keine unbedeutend kleine Region des Gehirns und ist während der Evolution der Primaten in der Tat größer geworden. Es ist anzunehmen, daß es *irgendeine* wichtige Funktion hat, aber welche? Das Verarbeitungspostulat, wenn auch vage in seinen Details, weist zumindest auf eine der Möglichkeiten hin.

Die Idee, daß der Thalamus eine Schlüsselfigur beim Bewußtsein darstellt, ist nicht neu. Sie wurde bereits viel früher von Wilder Penfield [16] angeregt.[3] In einer neueren Veröffentlichung [18] haben James Newman und Bernard Baars dessen Ideen (im 2. Kapitel kurz erörtert) erweitert und sind nun der Ansicht, daß die Information, die zu dem von ihnen postulierten globalen Werkraum übertragen wird, aus einer bestimmten Gruppe von thalamischen Bereichen stammt, die »intralaminare Kerne« genannt werden. Einer dieser Kerne – der Nucleus centralis – ist eng mit dem visuellen System verknüpft. Diese Kerne projizieren in erster Linie zu einem wichtigem Teil des Hirns, dem Corpus striatum, und nur in geringerem Maß auch zu anderen kortikalen Regionen. Das Striatum steht in enger Verbindung mit dem motorischen System, aber einige seiner Teile könnten auch mit eher kognitiven Dingen beschäftigt sein. Es ist einer der Teile des Hirns, die bei der Parkinson-Krankheit betroffen sind.

Welche Information jeder der intralaminaren Kerne genau aussendet, bleibt noch zu erforschen.[4] Newman und Baars betonen auch besonders den retikulären Kern des Thalamus (im 10. Kapitel beschrieben). Sie glauben, daß er bei der Steuerung der Aufmerksamkeit beteiligt sein könnte – wie ich selbst einmal spekulativ annahm [19]. Gegenwärtig ist es unklar, ob der retikuläre Kern den erforderlichen Grad an Selektivität über den Thalamus aufbieten kann. Vielleicht ist seine einzige Funktion die eines übergeordneten Reglers für die thalamische und kortikale Aktivität bei Hirnzuständen wie dem Schlafen und dem Wachen. Wenn der Thalamus der

Schlüssel zum Bewußtsein ist, dann spielt der retikuläre Kern wahrscheinlich irgendeine Rolle bei der Kontrolle des Bewußtseins.

Es gibt noch eine andere Hirnregion, die kurz erwähnt werden muß – das Claustrum. Es besteht aus einer dünnen Schicht von Neuronen, die an die unteren kortikalen Schichten nahe einem Teil des Cortex anschließt, der »Insula« genannt wird. Es scheint eine Art Satellit des Cortex zu sein, da es seinen Input in erster Linie aus dem Cortex erhält und der größte Teil seines Outputs zum Cortex zurückgeht. Es erhält einen Input aus vielen kortikalen Arealen und schickt möglicherweise Verbindungen überall dorthin zurück. Einige, aber nicht alle visuellen Bereiche des Cortex projizieren zu einem Teil von ihm und bilden dort (bei der Katze) eine retinotopische Abbildung. Es könnte dabei eine gewisse Überlappung dieses visuellen Inputs mit anderen claustralen Inputs geben. In den letzten paar Jahren wurde sehr wenig über das Claustrum beim Affen geforscht, einige dieser Aussagen könnten daher etwas ungenau sein. (Zum Beispiel ist es möglich, daß es *zwei* visuelle Abbildungen dort gibt.)

Die Funktion des Claustrums ist unbekannt. Warum sollte all diese Information in einer dünnen Schicht zusammengebracht werden? Man würde vermuten, daß das Claustrum eine Art globaler Funktion hat, aber niemand weiß, welche dies sein könnte. Auch wenn es nur eine ziemlich kleine Region des Hirns ist, sollte es jedoch nicht vollständig übersehen werden.

Es ist auch gut möglich, daß es eine Hierarchie der Verarbeitungseinheiten gibt, in dem Sinne, daß einige eine Art globaler Kontrolle über andere ausüben. Neuronengruppen, die in viele Teile des Cortex projizieren, wie das Claustrum oder die intralaminaren Kerne des Thalamus, könnten gut eine derartige Rolle spielen.

Überblickt man die beiden letzten Kapitel, sieht man, daß kein Mangel an plausiblen Ideen und durchführbaren Experimenten herrscht. Enttäuschend dabei ist, daß es – zum Zeitpunkt meiner Niederschrift – keine Ideen zu geben scheint, die in überzeugender Weise zueinander passen und so eine detaillierte neurologische Hypothese bilden, die den Eindruck erweckt, korrekt zu sein. Wenn Sie der Meinung sind, ich bahne mir meinen Weg durch den

Dschungel, dann haben Sie recht. Die Arbeit an der Forschungsfront ist tatsächlich oft so. Ich habe allerdings das Gefühl, daß ich nun ein besseres Verständnis für die zentralen Probleme habe als vor zehn Jahren. Manchmal bilde ich mir sogar ein, ich könnte eine der Antworten erhaschen, aber das ist eine verbreitete Illusion, die jemand erlebt, wenn er sich zu lange mit einem einzigen Problem herumschlägt. Wir müssen noch den Überblick gewinnen, um sehen zu können – auch wenn der Weg lang und schwierig ist –, in welcher Richtung wir weiterforschen sollen.

Ist es trotz all dieser Unsicherheiten möglich, nachdem die unterschiedlichsten Fakten und Spekulationen in Erwägung gezogen wurden, ein allgemeines Schema zu skizzieren, das, wenn auch nur vorläufig, als grober Führer durch den Dschungel dienen könnte, der vor uns liegt? Ich werde meine Vorsicht über Bord werfen und ein mögliches Modell umreißen. Die Realität mag dabei viel komplexer sein als dieses Modell – unwahrscheinlich aber ist, daß sie viel einfacher ist.

Das Bewußtsein steht im Zusammenhang mit bestimmten neuronalen Aktivitäten. Ein plausibles Modell könnte mit der Idee beginnen, daß diese Aktivität weitgehend in den unteren kortikalen Schichten (Schicht 5 und 6) liegt. Diese Aktivität drückt dabei die lokalen (kurzlebigen) Ergebnisse der »Berechnungen« aus, die hauptsächlich in anderen kortikalen Schichten stattfinden.

Nicht alle Neuronen in den unteren kortikalen Schichten können Bewußtsein ausdrücken. Am wahrscheinlichsten tun dies einige der »salvenartigen« Pyramidenzellen in Schicht 5, wie diejenigen, die geradewegs aus dem kortikalen System hinaus projizieren.

Diese spezielle Aktivität in den unteren Schichten erlangt kein Bewußtsein, solange sie nicht von irgendeiner Form des Ultrakurzzeitgedächtnisses aufrechterhalten wird. Es scheint plausibel, daß dazu eine effektive Bahn mit kreisender Erregung von der kortikalen Schicht 6 zum Thalamus und wieder zurück zur Schicht 4 und 6 erforderlich ist. Wenn diese nicht vorhanden ist, oder wenn Schicht 4 zu klein ist, ist es vielleicht nicht möglich, diese kreisende Erregung aufrechtzuerhalten. Aus diesem Grund können nur einige kortikale Areale Bewußtsein ausdrücken.

Eine Verarbeitungseinheit (nicht jede derartige Einheit steht im Zusammenhang mit dem Bewußtsein) ist eine Gruppe von kortikalen Arealen,[5] die auf derselben Ebene in der visuellen Hierarchie stehen, wobei jedes dieser Areale in die Schicht 4 der anderen projiziert. Jede Gruppe dieser kortikalen Areale ist mit einer kleinen Region des Thalamus eng verknüpft. Eine derartige Region koordiniert die Aktivitäten der mit ihr verknüpften kortikalen Areale, indem sie deren Feuern synchronisiert.

Der Thalamus ist eng an Aufmerksamkeitsmechanismen beteiligt. Eine spezielle Bindung – wo sie für solche Operationen wie die Auszeichnung eines Objekts (besonders bei Figur-Grund-Unterscheidungen) benötigt wird – hat die Form eines koordinierten Feuerns, oft mit Rhythmen im 40-Hertz-Bereich.

Die Regionen, die am Bewußtsein beteiligt sind, können – wenn auch nicht notwendigerweise direkt – Teile des willkürlichen motorischen Systems beeinflussen. (Es gibt vielleicht auch *un*bewußte Operationen – »Gedanken« –, die dazwischen liegen.)

Ich wiederhole: Das Bewußtsein hängt entscheidend von den thalamischen Verbindungen mit dem Cortex ab. Es existiert nur, wenn bestimmte kortikale Areale (unter Beteiligung der kortikalen Schichten 4 und 6) Bahnen mit kreisender Erregung haben, die stark genug projizieren, um in ausreichendem Maß kreisende Erregung zu erzeugen.

Soviel zu einem plausiblen Modell. Ich hoffe, niemand nennt es Cricks Theorie (oder die Crick-Koch-Theorie) des Bewußtseins. Während ich das niederschrieb, wurde mein Geist ständig mit Vorbehalten und Einschränkungen bombardiert. Hätte jemand anders dies entwickelt, würde ich es ohne zu zögern als Kartenhaus abkanzeln. Bei der geringsten Berührung bricht es zusammen. Das liegt daran, daß es zusammengezimmert wurde, obwohl entscheidende experimentelle Belege fehlen, die seine verschiedenen Teile stützen könnten. Sein einziger Vorzug liegt darin, daß es vielleicht Wissenschaftler und Philosophen anspornt, über diese Probleme aus einem neuronalen Blickwinkel nachzudenken und auf diese Weise den experimentellen Angriff auf das Bewußtsein voranzutreiben.

Wie steht es mit den eher philosophischen Fragen? Ich glaube, wenn die neuronale Basis des Bewußtseins vollständig verstanden ist, wird dieses Wissen Antworten auf zwei große Fragen nahelegen: Was ist die *allgemeine* Natur des Bewußtseins? Nach der Beantwortung dieser Frage können wir vernünftig darüber reden, von welcher Beschaffenheit das Bewußtsein bei anderen Lebewesen und auch bei künstlichen Maschinen wie Computern sein mag. Welchen Vorteil liefert das Bewußtsein einem Lebewesen? Eine Antwort auf diese Frage könnte uns zeigen, warum es sich überhaupt entwickelt hat. Es könnte sich herausstellen, daß das visuelle Bewußtsein deshalb entstanden ist, weil die in ihm enthaltene detaillierte Information zu verschiedenen anderen Stellen im Hirn geschickt werden muß. Es könnte effizienter sein, diese Information ein für allemal explizit zu machen, anstatt sie in einer impliziten Form auf vielen verschiedenen parallelen Bahnen zu übertragen. Das Vorliegen einer einzigen expliziten Repräsentation würde auch verhindern, daß ein Teil des Gehirns eine andere Interpretation der visuellen Szenerie benutzt als ein anderer Teil. Wenn die Erfahrung dann zeigt, daß die Information nur zu einem Ort gesendet werden muß, könnte sie ohne die Beteiligung des Bewußtseins dorthin dirigiert werden.

Als schwierig oder gar unmöglich könnte sich herausstellen, die subjektive Natur des Bewußtseins in ihren Einzelheiten nachzuweisen, da dies möglicherweise von dem genauen Symbolismus abhängt, den ein bewußter Organismus jeweils verwendet. Es könnte unmöglich sein, diesen Symbolismus in direkter Weise einem anderen Organismus zu vermitteln, solange wir nicht zwei Gehirne in hinreichend präziser und detaillierter Weise aneinanderkoppeln können – und selbst wenn wir das könnten, würde es wahrscheinlich seine eigenen Probleme mit sich bringen. Aber ohne ein Verständnis des neuronalen Korrelats von Bewußtsein kann, so glaube ich, keine dieser Fragen so beantwortet werden, daß jeder sorgfältig denkende Mensch die Antwort akzeptieren würde.

Was den experimentellen Vorstoß verzögern könnte, ist die ziemlich konservative Haltung vieler Wissenschaftler, die aktiv über das Hirn und insbesondere über das Sehen arbeiten. Ihnen möchte ich folgendes sagen:

Diese Wissenschaftler werden nur zu deutlich die vielen komplexen Themen sehen, über die ich hastig hinweggegangen bin oder die ich ganz übergangen habe. Sie sollten diese Fehler und Auslassungen aber nicht als Entschuldigung dafür benutzen, der allgemeinen Aussage dieses Buchs auszuweichen. Es geht nicht länger an, im Detail einzelne Aspekte des Sehens zu untersuchen und zugleich die übergreifende Frage zu ignorieren: Dank welcher Vorgänge im Hirn können wir sehen? Ein Laie würde eine derartige Einstellung für ausgesprochen engstirnig halten, und er hätte recht. Wie ich versucht habe zu zeigen, kann das Problem des visuellen Bewußtseins jetzt angegangen werden – sowohl experimentell als auch theoretisch. Und was noch wichtiger ist: Indem man das Problem aktiv in Angriff nimmt, beginnt man in neuen Bahnen zu denken – man fragt nach Informationen (z. B. zu den dynamischen Parametern des Kurzzeitgedächtnisses), die vorher irrelevant oder uninteressant schienen. Ich hoffe, daß in jedem Labor, in dem über das visuelle System des Menschen und anderer Wirbeltiere geforscht wird, demnächst ein großes Schild mit der folgenden Inschrift an der Wand hängen wird:

CONSCIOUSNESS NOW

18 DR. CRICKS WORT ZUM SONNTAG

»Was für uns als Menschen wirklich zählt, das ist unser subjektives inneres Leben – unsere Sinneserfahrungen, Gefühle, Gedanken und Willensentscheidungen.«
Benjamin Libet

Es ist Zeit für eine Bestandsaufnahme. Wo stehen wir mit unseren Problemen? Wir haben gesehen, wie komplex das visuelle System ist und wie die visuelle Information in einer semihierarchischen Weise, die wir bislang nur teilweise verstehen, verarbeitet wird. Ich habe einige Ideen zur neuralen Basis des visuellen Bewußtseins vorgestellt und ein paar Experimente skizziert, die dazu beitragen könnten, die Mechanismen dieser neuralen Basis freizulegen.

Christof Koch und ich versuchen, unsere Mitmenschen – insbesondere diejenigen Wissenschaftler, die sich intensiv mit dem Hirn beschäftigen – davon zu überzeugen, daß jetzt die Zeit gekommen ist, das Problem des Bewußtseins ernst zu nehmen. Wir vermuten, daß eher unser allgemeiner Ansatz als nützlich erachtet werden wird als unsere Vorschläge zur Beantwortung von Einzelproblemen. Die in diesem Buch erörterten Spekulationen sind keine vollständig ausgearbeiteten und stimmigen Ideen. Meines Erachtens ist die richtige Art der Konzeptualisierung von Bewußtsein noch nicht entdeckt, und bislang tun wir noch nichts anderes, als uns in diese Richtung vorzutasten. Das ist einer der Gründe, weshalb experimentelle Belege wichtig sind. Neue Resultate können uns nicht nur auf neue Ideen bringen, sondern auch auf Irrtümer in unseren alten Konzeptionen aufmerksam machen.

Die Philosophen haben recht, wenn sie versuchen, bessere Betrachtungsweisen des Problems zu entwickeln und Fehlschlüsse in unserem gegenwärtigen Denken herauszuarbeiten. Daß es in der Philosophie so wenig echten Fortschritt gegeben hat, liegt daran, daß man sich das System von außen angeschaut hat. Daher verwenden Philosophen die falsche Sprechweise. Es ist entscheidend, daß man beim Nachdenken über diese Fragen von den Neuronen ausgeht, und zwar sowohl davon, wie sie intern zusammengesetzt sind, als auch davon, auf welche verwickelten und unerwarteten Weisen sie interagieren. Wenn wir schließlich einmal die Funktionsweise des Hirns wirklich verstanden haben werden, dann werden wir vielleicht in der Lage sein, ungefähre theoretische Darstellungen und Erklärungen höherer Stufe für unser Wahrnehmen, Denken und Verhalten zu entwickeln. Dies wird dazu beitragen, daß wir zu einem zutreffenderen und kompakteren Verständnis der Leistung des menschlichen Hirns insgesamt gelangen und die verschwommenen Alltagsvorstellungen aufgeben, die wir heutzutage haben.

Viele Philosophen und Psychologen sind der Ansicht, es sei noch zu früh, um jetzt schon von den Neuronen auszugehen. Doch genau das Gegenteil trifft zu. Es ist noch zu früh für den Versuch, die tatsächliche Funktionsweise des Hirns einfach mit Hilfe eines »Black Box«-Ansatzes zu beschreiben, insbesondere wenn dabei nur die gewöhnliche Sprache oder die Sprache des Digitalcomputers verwendet wird. *Die Sprache des Hirns basiert auf Neuronen.* Wenn man das Hirn verstehen will, muß man Neuronen verstehen – insbesondere muß man verstehen, auf welche Weise ungeheure Mengen von Neuronen parallel zusammenarbeiten.

Auch wenn der Leser mir in allem zustimmte, könnte er mir dennoch sehr wohl vorhalten, daß ich (unter Aufbietung von mehr Spekulationen als harten Fakten) um das Thema Bewußtsein herumgeredet und das auf lange Sicht rätselhafteste Problem vermieden habe. Über Qualia – über das Rotsein von Rot – habe ich fast nichts gesagt; ich habe dieses Problem einfach beiseite geschoben und mich optimistisch gegeben. Warum ist die Erstaunliche Hypothese so erstaunlich? Gibt es irgendeinen Aspekt der Struktur des Hirns und seiner Aktivität, der erklären könnte, warum es den Menschen so schwerfällt, das Bewußtsein als etwas Neuronales zu begreifen?

Ich denke, so etwas gibt es tatsächlich. Ich habe die allgemeinen Arbeitsweisen einer komplizierten Maschine – des Hirns – beschrieben, die in einem einzigen Wahrnehmungsmoment mit einer ungeheuren Menge an Information umgeht. Ein großer Teil dieser vielfältigen, kohärenten Information verändert sich ständig, dennoch schafft es die Maschine, sich in mehreren Hinsichten darüber auf dem laufenden zu halten, was sie gerade getan hat. Wir haben (von der sehr begrenzten Sicht, die uns unsere Introspektion vermittelt, einmal abgesehen) keine Erfahrung mit einer Maschine, die all diese Eigenschaften hat, und so ist es nicht überraschend, daß die Ergebnisse dieser Introspektion so seltsam erscheinen. Johnson-Laird hat eine ähnliche Feststellung gemacht (sie ist im 14. Kapitel zitiert). Könnten wir Maschinen mit diesen erstaunlichen Merkmalen bauen und exakt nachverfolgen, wie sie funktionieren, dann würde es uns wohl leichter fallen, die Funktionsweisen des menschlichen Hirns zu verstehen. Der mysteriöse Aspekt des Bewußtseins würde vielleicht verschwinden, wie ja auch die mysteriösen Aspekte der Embryologie weitgehend verschwunden sind, seit wir darüber Bescheid wissen, was DNA, RNA und Protein bewirken können.

Das führt zu der naheliegenden Frage: Werden wir in Zukunft solche Maschinen bauen können, und würden sie auf uns den Eindruck machen, Bewußtsein zu besitzen? Meiner Meinung nach ist das auf lange Sicht vielleicht möglich, obwohl sich technische Schwierigkeiten herausstellen können, deren Überwindung fast unmöglich sein mag. In der näheren Zukunft werden, so vermute ich, die Maschinen, die wir bauen können, Fähigkeiten haben, die im Vergleich zu denen des menschlichen Hirns sehr schlicht sind. Deshalb werden sie vermutlich nur den Eindruck erwecken, eine sehr begrenzte Form von Bewußtsein zu besitzen. Vermutlich werden sie eher dem Hirn eines Froschs oder gar nur dem einer einfachen Fruchtfliege ähnlich sein. Solange wir nicht verstehen, was uns zu Lebewesen mit Bewußtsein macht, werden wir wahrscheinlich nicht dazu in der Lage sein, eine künstliche Maschine der richtigen Art zu entwerfen oder zu sicheren Schlußfolgerungen über das Bewußtsein niederer Lebewesen zu gelangen.

Es ist wichtig zu betonen, daß die Erstaunliche Hypothese eine Hypothese ist. Unser derzeitiges Wissen reicht sicher aus, um sie plausibel zu machen; es reicht aber nicht aus, um sie als so gewiß zu erweisen, wie der Wissenschaft dies im Hinblick auf viele neue Ideen über die Beschaffenheit der Welt (insbesondere in der Physik und Chemie) gelungen ist. Das, was für andere Hypothesen über die Natur des Menschen – insbesondere solche, die auf religiösen Überzeugungen beruhen – spricht, ist zwar noch weniger stichhaltig, aber dies allein ist noch kein schlagendes Argument gegen derartige

Hypothesen. Nur wissenschaftliche Gewißheit (mit all ihren Begrenzungen) kann uns auf lange Sicht von den abergläubischen Auffassungen unserer Vorfahren befreien.

Ein Kritiker könnte entgegnen, daß die Wissenschaftler– was auch immer sie uns erzählen – in Wirklichkeit an die Erstaunliche Hypothese glauben. In einem gewissen Sinn stimmt das auch. Man kann ein schwieriges wissenschaftliches Forschungsprogramm nicht erfolgreich angehen, ohne daß man einige vorgefaßte Meinungen hat, an denen man sich orientiert. In diesem zwanglosen Sinn »glaubt« man dann an diese Dinge. Für einen Wissenschaftler sind das allerdings nur vorläufige Überzeugungen. Er vertraut diesen Ideen nicht blind. Im Gegenteil, er weiß, daß er gegebenenfalls gerade dadurch zu einem wirklichen Fortschritt kommen kann, daß er eine seiner Lieblingsideen widerlegt. Daß Wissenschaftler für wissenschaftliche Erklärungen voreingenommen sind, möchte ich nicht bestreiten. Diese Voreingenommenheit ist gerechtfertigt, und zwar nicht nur, weil sie die Moral in der Wissenschaftsgemeinde stärkt, sondern hauptsächlich deshalb, weil die Wissenschaft in den letzten Jahrhunderten derartig spektakuläre Erfolge hatte.

Als nächstes muß betont werden, daß die Erforschung des Bewußtseins ein wissenschaftliches Problem ist. Zwischen der Wissenschaft und dem Bewußtsein gibt es keine unüberwindliche Barriere. Wenn man aus diesem Buch irgendeine Lehre ziehen kann, dann diese: Es ist jetzt erkennbar, wie man dieses Problem experimentell angehen kann. Die Ansicht, nur Philosophen könnten dieses Problem behandeln, ist völlig haltlos.[1] Die Bilanz der Philosophen in den letzten zweitausend Jahren ist derart armselig, daß ihnen eine gewisse Bescheidenheit besser anstünde als die hochtrabende Überheblichkeit, die sie gewöhnlich an den Tag legen. Unsere vorläufigen Ideen zur Funktionsweise des Hirns bedürfen ziemlich sicher der Klärung und Erweiterung. Ich hoffe, daß mehr Philosophen soviel über das Hirn lernen werden, daß auch sie Ideen zu diesem Thema beitragen können. Sie müssen jedoch lernen, daß man die eigenen Lieblingstheorien aufgeben muß, wenn die wissenschaftlichen Belege dagegen sprechen; andernfalls machen sie sich nur lächerlich.

Die Bilanz der Erfolge religiöser Überzeugungen bei der Erklärung wissenschaftlicher Phänomene war in der Vergangenheit derart armselig, daß es wenig Grund zu der Annahme gibt, die konventionellen Religionen würden künftig viel besser abschneiden. Gewiß kann es sein, daß es Aspekte des Bewußtseins gibt (z. B. die Qualia), die von der Wissenschaft nicht erklärt werden können. Wir haben in der Vergangenheit gelernt, mit solchen Beschränkungen (z. B. denen der Quantenmechanik) zu leben, und vielleicht müssen wir wiederum damit leben. Doch das bedeutet nicht unbedingt, daß wir zu den traditionellen religiösen Überzeugungen getrieben werden. Es ist ja nicht nur so, daß die Lehren der meisten populären Religionen einander widersprechen, vielmehr beruhen sie auf Belegen, die nach wissenschaftlichen Standards derart wenig stichhaltig sind, daß sie nur durch einen Akt des blinden Vertrauens annehmbar werden können. Wenn die Mitglieder einer religiösen Gemeinschaft tatsächlich an ein Leben nach dem Tod glauben, warum stellen sie dann keine ordentlichen Experimente an, um den Nachweis dafür zu erbringen? Auch wenn es ihnen nicht gelingt, sie könnten es doch zumindest einmal versuchen. Die Geschichte hat gezeigt, daß diejenigen Geheimnisse (z. B. das Alter der Erde), von denen die Religionen meinten, nur sie könnten eine Antwort darauf geben, einem geballten wissenschaftlichen Angriff nicht widerstehen konnten. Zudem sind die richtigen Antworten zumeist weit entfernt von denen der konventionellen Religionen. Wenn Religionen mit einer Offenbarung jemals etwas offenbart haben, dann den Umstand, daß sie gewöhnlich unrecht haben. Für eine wissenschaftliche Attacke auf das Problem des Bewußtseins spricht außerordentlich viel. Die einzigen Zweifel betreffen die Frage, wie man vorgehen soll – und wann. Ich dränge darauf, daß wir die Sache jetzt in Angriff nehmen.

Natürlich gibt es gebildete Menschen, nach deren Meinung die Erstaunliche Hypothese derart plausibel ist, daß man sie nicht erstaunlich nennen sollte. Darauf bin ich im 1. Kapitel kurz eingegangen. Ich vermute, daß viele gar nicht bemerkt haben, was aus der Hypothese alles folgt. Ich selbst finde es manchmal schwierig, die Vorstellung eines Homunculus zu vermeiden. Man verfällt so leicht in diesen Fehler. Die Erstaunliche Hypothese besagt, daß *alle* Aspekte des Verhaltens des Hirns auf die Aktivitäten der Neuronen zurückzuführen sind. Man kann nicht die verschiedenen komplexen Stadien der visuellen Informationsverarbeitung mit Hilfe der

Neuronen erklären und dann einfach annehmen, daß irgendein Aspekt des Sehens keiner Erklärung bedürfe, weil es sich dabei um etwas handle, das »ich« von Natur aus tue. Beispielsweise kann man sich eines Defekts im eigenen Hirn nur dadurch bewußt werden, daß es Neuronen gibt, deren Feuern diesen Defekt symbolisiert. Es gibt kein separates »Ich«, das den Defekt unabhängig vom Feuern der Neuronen erkennen könnte. Und aus diesem Grund wissen wir normalerweise nicht, wo ein bestimmtes Ereignis in unserem Hirn stattfindet, denn wir haben keine Neuronen, deren Feuern symbolisiert, an welcher Stelle des Hirns sie selbst (oder andere Neuronen) sich befinden.

Mit Recht könnten viele meiner Leser mir vorhalten, daß das, was in diesem Buch erörtert wurde, sehr wenig damit zu tun hat, was sie unter der menschlichen Seele verstehen. Über das menschlichste aller Vermögen – die Sprache – ist hier gar nichts gesagt worden und auch nichts dazu, wie wir Mathematik treiben oder überhaupt Probleme lösen. Selbst im Hinblick auf das visuelle System wurde vieles nicht behandelt oder nur gestreift: zum Beispiel das visuelle Vorstellungsvermögen oder unsere ästhetischen Reaktionen auf Bilder, Skulpturen, Architektur und so weiter. Es findet sich kein einziges Wort über die echte Freude, die uns der Austausch mit der Natur vermittelt. Themen wie Selbst-Bewußtsein, religiöse Erfahrungen (die sehr real sein können, auch wenn die üblichen Erklärungen dieser Erfahrungen falsch sind) und das Sich-Verlieben wurde vollständig außer acht gelassen. Ein religiöser Mensch wird vielleicht mit großem Nachdruck darauf bestehen, daß seine Beziehung zu Gott ihm am wichtigsten ist. Was kann die Wissenschaft dazu sagen?

Eine derartige Kritik ist im Augenblick völlig berechtigt, doch wollte man sie in dem hier gegebenen Zusammenhang vorbringen, bezeugte dies einen Mangel an Wertschätzung gegenüber den Methoden der Wissenschaft. Koch und ich haben uns dazu entschlossen, das visuelle System zu betrachten, weil es sich unter allem, was in Frage kommt, am besten für einen experimentellen Zugang eignet. Das Buch zeigt deutlich, daß ein derartiger Zugang zwar nicht leicht sein wird, offenbar aber doch einige Aussicht auf Erfolg hat.

Außerdem nahmen wir an, daß die faszinierenderen Aspekte der »Seele« viel leichter zu erforschen sein werden, wenn erst einmal das visuelle System vollständig verstanden worden ist. Ob diese Annahmen richtig sind, kann nur die Zukunft zeigen. Durch neue Methoden und neue Ideen werden vielleicht andere Ansätze attraktiver. Das Ziel der Wissenschaft ist es, *alle* Aspekte des Verhaltens des menschlichen Hirns zu erklären – und dazu gehört eben auch das Hirn eines Musikers, eines Mystikers und eines Mathematikers. Ich behaupte nicht, daß das sehr schnell gelingen wird. Ich glaube allerdings, daß wir – wenn wir dies energisch angehen – vermutlich eines Tages zu diesem Verständnis gelangen werden, vielleicht im 21. Jahrhundert. Je früher wir damit anfangen, desto eher werden wir zu einem klaren Verständnis unserer wahren Natur gelangen.

*   *   *

Natürlich gibt es Menschen, die sagen, sie wollten gar nicht wissen, wie ihr Geist funktioniert. Sie glauben, daß unser Verständnis die Natur herabsetze, denn das Geheimnisvolle werde dadurch zum Verschwinden gebracht und auch die ehrfürchtige Scheu, die wir verspüren, wenn wir mit eindrucksvollen Dingen konfrontiert werden, über die wir sehr wenig wissen. Diesen Menschen sind die Märchen der Vergangenheit lieber – auch dann, wenn sie in klarem Widerspruch zur heutigen Wissenschaft stehen. Diese Sichtweise teile ich nicht. In meinen Augen erweist sich unser früheres Weltbild als viel zu anheimelnd und provinziell, wenn wir es im Licht unseres modernen Weltbilds betrachten, wonach das Universum sehr viel älter ist, als unsere Vorfahren dachten, und voll von wunderbaren und unerwarteten Dingen, wie z. B. Neutronensternen, die sich mit riesiger Geschwindigkeit um die eigene Achse drehen. Die neuen Kenntnisse waren unserer Ehrfurcht nicht abträglich, vielmehr haben sie unsere Ehrfurcht unermeßlich vergrößert. Das gilt auch für unser detailliertes biologisches Wissen über die Struktur der Pflanzen, Lebewesen und insbesondere des menschlichen Körpers. In den Psalmen heißt es: »Ich danke dir dafür, daß ich wunderbar gemacht bin; wunderbar sind deine Werke; das erkennt meine Seele«, doch der Psalmist hatte nur einen sehr indirekten und flüchtigen Eindruck von der feinen und sinnreichen Beschaffenheit unserer molekularen Konstruktion. Der Mechanismus des DNA-Kopierprozesses ist im Grunde unglaublich einfach und elegant, er wurde aber von der Evolution zu großer Komplexität und Präzision weiterentwickelt. Wer darüber liest und nicht spürt, wie wunderbar das ist, der muß wirklich gefühllos sein. Die Feststellung, daß unser Verhalten auf einer riesigen, interagierenden Ansammlung von Neuronen beruht, sollte unser Selbstbild nicht abwerten, sondern gewaltig verbessern.

Man berichtet, daß ein religiöser Führer angesichts einer großen Darstellung eines einzelnen Neurons ausgerufen habe: »So also ist das Hirn beschaffen.« Doch es ist nicht das einzelne Neuron – wie wundervoll es auch immer als eine hochentwickelte und wohlorganisierte molekulare Maschinerie sein mag –, das nach unserem Bild geschaffen ist. Erst mit dem komplexen, ständig sich verändernden Interaktionsmuster von Milliarden von Neuronen, die miteinander auf Weisen verbunden sind, die von Mensch zu Mensch verschieden sind – erst damit werden wir richtig beschrieben. Die verkürzte und ungefähre Stenographie, in der wir das menschliche Verhalten tagaus, tagein beschreiben, ist eine verschmierte Karikatur unseres wahren Selbst. »Welch ein Meisterwerk ist der Mensch!« schrieb Shakespeare. Würde er heute leben, dann schriebe er vielleicht die dichterischen Zeilen, die wir so sehr brauchten, um all diese bemerkenswerten Entdeckungen zu feiern.

Wenn die Erstaunliche Hypothese sich als wahr herausstellt, so wird sie wahrscheinlich doch erst dann allgemein akzeptiert werden, wenn sie in einer Weise präsentiert wird, die das Vorstellungsvermögen der Menschen anspricht und ihr Bedürfnis nach einem kohärenten und leichtverständlichen Bild der Welt und ihrer selbst befriedigt. Es liegt eine Ironie darin, daß die Wissenschaft zwar nach genau einer solchen einheitlichen Betrachtungsweise strebt, daß aber für viele Menschen ein großer Teil unserer gegenwärtigen wissenschaftlichen Kenntnisse zu unmenschlich und zu schwer verständlich ist.

Das ist insofern nicht überraschend, als der größte Teil dieses Wissens der Physik, der Chemie und verwandten Disziplinen (wie z. B. Astronomie) angehört; und all diese Gebiete haben mit dem täglichen Leben der meisten Menschen ziemlich wenig zu tun. Das könnte sich in der Zukunft ändern. Wir dürfen darauf hoffen, daß wir die Mechanismen von geistigen Tätigkeiten wie Intuition, Kreativität und ästhetisches Vergnügen genauer verstehen, deutlicher begreifen und dadurch mit noch größerem Genuß ausüben werden. Die Willensfreiheit bleibt vielleicht nicht länger ein Geheimnis (siehe dazu das Postskriptum). Aus diesem Grund können die Worte »*nichts weiter als*« in der Formulierung unserer Hypothese irreführend sein, wenn man sie zu naiv versteht. Unsere Einsichten in die phantastischen Komplexitäten des menschlichen Hirns – Komplexitäten, von denen wir heute nur einen flüchtigen Eindruck besitzen – werden Staunen und Hochachtung bewirken.

Auch wenn wir menschliche Werte nicht allein aus wissenschaftlichen Tatsachen herleiten können, wäre es müßig, so zu tun, als hätte wissenschaftliches Wissen (und übrigens auch *un*wissenschaftliches Wissen) keinen Einfluß darauf, wie wir unsere Werte bilden. Um eine neue Weltordnung zu schaffen, brauchen wir sowohl Eingebung als auch Vorstellungskraft. Doch wenn unsere Vorstellungen von fehlerhaften Grundlagen ausgehen, dann kann dies auf lange Sicht nicht zum Erfolg führen. Auch wenn wir uns Träumen hingeben, pocht die Wirklichkeit erbarmungslos an die Tür. Die wahrgenommene Wirklichkeit ist zwar weitgehend ein Werk unserer Hirne, doch sie muß im Einklang mit der wirklichen Welt sein, sonst werden wir schließlich unzufrieden mit ihr.

Wenn die wissenschaftlichen Tatsachen hinreichend eindrucksvoll und gut belegt sind, und wenn sie die Erstaunliche Hypothese stützen, dann wird man die Auffassung vertreten können, daß die Idee, der Mensch habe eine körperlose Seele, genauso unnötig ist wie die alte Idee von der Existenz eines *élan vital*. Das steht in krassem Widerspruch zu den religiösen Überzeugungen von Milliarden heutiger Menschen. Was würde in Reaktion auf eine solch radikale Herausforderung geschehen?

Es wäre tröstlich zu glauben, die meisten Menschen würden sich von den experimentellen Belegen so sehr überzeugen lassen, daß sie sofort ihre Ansichten änderten. Leider läßt die Geschichte uns anderes erwarten. Es steht inzwischen außerhalb jedes vernünftigen Zweifels, daß die Erde sehr alt ist; dennoch gibt es in den Vereinigten Staaten Millionen von Fundamentalisten, die (aufgrund einer zu wörtlichen Lesart gewisser Stellen in der christlichen Bibel) immer noch steif und fest die naive Ansicht vertreten, die Erde sei relativ jung. Sie bestreiten ebenfalls, daß eine sehr lang andauernde Evolution der Tiere und Pflanzen stattgefunden hat, obwohl dies gleichermaßen gut bestätigt ist. Deshalb kann man nicht viel Hoffnung darauf haben, daß das, was sie über den Prozeß der natürlichen Auslese zu sagen haben, unvoreingenommen sein wird, denn ihre Ansichten sind durch ein sklavisches Festhalten an religiösen Dogmen vorgegeben.

Für dieses starrsinnige Festhalten an veralteten Ideen gibt es meines Erachtens mehrere Ursachen. Allgemeine Vorstellungen, insbesondere moralische, die uns in zartem Alter eingeschärft wurden, setzen sich oft tief in unserem Hirn fest. Es kann sehr schwerfallen, an ihnen Änderungen vorzunehmen. Damit läßt sich vielleicht erklären, weshalb religiöse Überzeugungen von einer Generation zur nächsten bewahrt werden. Aber wie sind sie denn eigentlich überhaupt entstanden, und warum erweisen sie sich so oft als falsch?

Ein Faktor ist unser sehr grundlegendes Bedürfnis nach umfassenden Erklärungen über die Welt und uns selbst. Die verschiedenen Religionen stellen derartige Erklärungen bereit – und zwar tun sie das in einer Weise, die es dem Durchschnittsmenschen leicht macht, etwas damit anzufangen. Man sollte sich immer daran erinnern, daß das menschliche Hirn sich weitgehend zu einer Zeit entwickelt hat, als die Menschen Jäger und Sammler waren. Es gab einen starken Auslesedruck in Richtung auf Kooperation in kleinen Gruppen und Feindseligkeit gegenüber benachbarten, rivalisierenden Stämmen. Die Haupttodesursache von Stammesmitgliedern, die in den abgelegenen Regionen Ecuadors in den Amazonaswäldern leben, ist selbst noch in diesem Jahrhundert eine Verletzung durch einen Speer, den ein Mitglied eines rivalisierenden Stammes geschleudert hat. Unter derartigen Umständen stärken gemeinsame umfassende Überzeugungen das Gemeinschaftsgefühl der Stammesmitglieder. Es ist mehr als wahrscheinlich, daß ein entsprechendes Bedürfnis von der Evolution in unsere Hirne eingepflanzt worden ist. Unsere hochentwickelten Hirne haben sich ja schließlich nicht unter dem Druck entwickelt, wissenschaftliche Wahrheiten zu entdecken, vielmehr sollten sie uns nur mit der nötigen Cleverness versehen, um am Leben zu bleiben und Nachkommen zu hinterlassen.

Von diesem Standpunkt betrachtet ist es für solche gemeinsamen Überzeugungen nicht nötig, daß sie vollständig richtig sind; es reicht, wenn Menschen an so etwas glauben können. Die charakteristischste menschliche Fähigkeit ist die fließende Beherrschung einer komplexen Sprache. Wir können Wörter verwenden, die nicht nur Objekte und Ereignisse draußen in der Welt, sondern auch abstraktere Begriffe bezeichnen können. Diese Fähigkeit zieht ein weiteres auffälliges Charakteristikum des Menschen nach sich: unsere fast grenzenlose Fähigkeit zur Selbsttäuschung. Die Natur unseres Hirns selbst – das die plausibelste Interpretation der wenigen verfügbaren Daten erraten soll – macht es fast unausweichlich, daß wir – solange wir uns nicht der Disziplin wissenschaftlicher Forschung unterwerfen – oft (besonders dann, wenn es um sehr abstrakte Dinge geht) voreilig falsche Schlüsse ziehen.

Wie das alles ausgehen wird, wird sich zeigen. Vielleicht findet sich ein Nachweis für die Richtigkeit der Erstaunlichen Hypothese. Vielleicht gewinnt aber auch irgendeine eher religiöse Auffassung an Plausibilität. Es gibt immer eine dritte Möglichkeit, und zwar die, daß die Tatsachen eine neue und ganz andere Betrachtungsweise des Geist/Hirn-Problems unterstützen – eine Betrachtungsweise, die sich merklich von dem eher grobschlächtigen Materialismus, den viele Neurowissenschaftler heute vertreten, und auch von dem religiösen Standpunkt unterscheidet. Nur die Zeit (und viel weitere wissenschaftliche Arbeit) wird Gewißheit darüber bringen. Wie die Antwort auch ausfallen wird, der einzig vernünftige Weg, auf dem wir zu ihr gelangen, führt über detaillierte wissenschaftliche Forschung. Jedes andere Vorgehen ist nicht viel mehr als ein Pfeifen im Wald. Der Mensch ist von einer nicht erlahmenden Neugier auf die Welt beseelt. Die Mutmaßungen von gestern können uns nicht auf immer und ewig zufriedenstellen, selbst wenn der Bann der Tradition und des Rituals unsere Zweifel an ihrer Gültigkeit für eine Weile zerstreuen mag. Wir müssen uns weiter darüber den Kopf zerbrechen, bis wir ein klares und einleuchtendes Bild nicht nur von diesem riesigen Universum, sondern auch von uns selbst geschaffen haben werden.

EIN POSTSKRIPTUM ÜBER DEN FREIEN WILLEN

Die Willensfreiheit ist in vielerlei Hinsicht ein etwas altmodisches Thema. Die meisten Menschen setzen sie als selbstverständlich gegeben voraus, denn sie haben den Eindruck, daß es ihnen gewöhnlich freisteht, so zu handeln, wie es ihnen gefällt. Juristen und Theologen mögen sich mit diesem Thema auseinandersetzen müssen, die Philosophen haben im großen und ganzen kein großes Interesse mehr daran. Psychologen und Neurowissenschaftler erwähnen es fast nie. Ein paar Physiker und andere Wissenschaftler, die sich Gedanken über Quantenunbestimmtheit machen, stellen sich gelegentlich die Frage, ob das Unschärfeprinzip am Grunde der Willensfreiheit liegt.

Ich selbst hatte der Willensfreiheit kaum Aufmerksamkeit geschenkt, bis ich im Jahr 1986 einen Brief von meinem alten Freund Luis Rinaldini erhielt. Luis ist ein argentinischer Zellbiologe, den ich in den späten vierziger Jahren in Cambridge kennengelernt hatte. Er lebt jetzt mit seiner Frau in Mendoza, einer Provinzstadt in der Nähe der Anden. Er wollte mich in den Vereinigten Staaten besuchen, um über einige seiner Ideen zu sprechen. Als wir uns in New York trafen, erzählte er mir, daß er zusammen mit einigen Freunden in Mendoza eine Diskussionsgruppe gebildet habe und daß er sich nun für das Thema Willensfreiheit interessiere. Später schrieb er mir ausführlicher dazu.

Bis dahin war mir gar nicht bewußt gewesen, daß ich eine Theorie über die Willensfreiheit hatte, doch aus dem, was er mir schrieb, konnte ich ersehen, daß meine Ideen sich von seinen ein wenig unterschieden. Ich setzte mich damals auf der Stelle hin und schrieb in wenigen Worten nieder, was ich gerade als meine Überzeugungen entdeckt hatte, und das schickte ich ihm dann. Ich zeigte es auch der Philosophin Patricia Churchland, unter anderem auch deshalb, weil sie mir bestätigen sollte, daß das, was ich da gerade verfaßt hatte, nicht völlig albern war. Ihr verdanke ich eine klarere Ausformulierung, und sie steuerte einen weiteren Punkt bei; sie sagte mir, daß ihr meine Ideen plausibel vorkamen. Nachfolgend findet sich eine unwesentlich erweiterte Version meines Schreibens an Luis.

Meine erste Annahme war: Ein Teil des Hirns ist damit beschäftigt, Pläne für das Handeln in der Zukunft zu machen, die natürlich nicht unbedingt ausgeführt werden. Ich nahm weiterhin an, daß man sich solcher Pläne bewußt sein kann – d. h., daß es wenigstens möglich ist, sie unmittelbar abzurufen.

Meine zweite Annahme war: Man ist sich nicht der »Berechnungen« bewußt, die der betreffende Teil des Hirns anstellt, sondern nur der »Entscheidungen«, die sich daraus ergeben – d. h. der resultierenden Pläne. Natürlich werden diese Berechnungen von der Struktur jenes Teils des Hirns abhängen (die teils epigenetisch, teils durch frühere Erfahrungen bestimmt ist) und auch von den Inputs, die dieser Teil des Hirns zu diesem Zeitpunkt von anderen Teilen des Hirns empfängt.

Meine dritte Annahme war, daß für die Entscheidung, den einen oder anderen Plan auszuführen, das gleiche gilt. Mit anderen Worten: Der Inhalt der Entscheidung, aber nicht die Berechnungen, die in sie eingegangen sind, können unmittelbar abgerufen werden, auch wenn man sich des Plans bewußt ist, eine bestimmte Bewegung auszuführen.[1]

Eine solche Maschine (das war das Wort, das ich in meinem Brief verwendete) wird dann von sich selbst den Eindruck haben, Willensfreiheit zu besitzen – vorausgesetzt, sie kann ihr Verhalten personifizieren, d. h. sie hat ein Bild von »sich selbst«.

Die Ursache der Entscheidung kann scharf umrissen sein (ein Zusatz von Patricia Churchland), sie kann aber auch deterministisch und zugleich chaotisch sein – d. h., eine sehr kleine Schwankung kann für das Endresultat sehr viel ausmachen. Daraus würde der Anschein entstehen, der Wille sei »frei«, denn das Ergebnis wäre dann ja eigentlich unvorhersagbar. Natürlich können auch bewußte Aktivitäten Einfluß auf den Entscheidungsmechanismus haben (ein Zusatz von Patricia Churchland).

Eine derartige Maschine kann versuchen, sich selbst (mit Hilfe von Introspektion) zu erklären, warum sie eine bestimmte Entscheidung getroffen hat. Gelegentlich gelangt sie vielleicht zur richtigen Schlußfolgerung. In anderen Fällen wird sie es nicht wissen oder – was wahrscheinlicher ist – einfach konfabulieren, weil sie ja von den »Gründen« für die Entscheidung keinerlei bewußte Kenntnis hat. Daraus ergibt sich, daß es einen Mechanismus des Konfabulierens geben muß, und das bedeutet, daß ein Teil des Hirns angesichts einer gewissen Menge von Anhaltspunkten (die vielleicht irreführend sind, vielleicht aber auch nicht), blindlings den einfachsten Schluß daraus zieht. Wie wir gesehen haben, kann dies nur allzu leicht geschehen.

Damit war meine Theorie der Willensfreiheit zu Ende. Offenkundig setzt sie ein Verständnis dessen voraus, worum es beim Bewußtsein geht (das Hauptthema dieses Buchs), wie das Hirn Handlungen plant (und ausführt), wie wir konfabulieren und so weiter. Ich bezweifle, daß meine Theorie etwas wirklich Neuartiges ist, aber vielleicht sind einige Details in früheren Erklärungen noch nicht enthalten.

*   *   *

Und damit war das Thema für mich eigentlich abgehakt. Ich traf Luis in New York, anschließend kam er zu Besuch nach La Jolla (Kalifornien). Er konnte über dieses Problem mit Paul Churchland (dem Ehemann von Patricia Churchland) diskutieren. Ich selbst hatte eigentlich nicht die Absicht gehabt, noch weiter über die Frage nachzudenken. Aber nachden mein Interesse einmal geweckt war, ertappte ich mich von Zeit zu Zeit dabei, daß ich darüber nachdachte.

Wo, fragte ich mich, könnte der freie Wille im Hirn sitzen? Offenkundig sind mehrere Teile des Hirns an der Willensfreiheit beteiligt, aber es war nicht abwegig anzunehmen, daß ein Teil des Cortex eine besondere Rolle spielt. Man dürfte erwarten, daß dieser besondere Teil des Cortex seine Inputs von den höheren Ebenen der sensorischen Systeme empfängt und daß sein Output an die höheren Planungsebenen des motorischen Systems geht (oder daß er sie umfaßt).

Damals fiel mir zufällig ein Bericht von Antonio Damasio und seinen Kollegen [1] über eine Frau mit einer besonderen Hirnschädigung in die Hände. Sie schien kaum noch Reaktionen zu zeigen. Sie lag regungslos im Bett, wirkte allerdings wach und aufmerksam. Sie konnte Menschen mit ihren Augen verfolgen; sie sprach allerdings nicht von sich aus. Sie gab keine verbale Antwort auf an sie gerichtete Fragen. Gleichwohl schien sie diese Fragen zu verstehen, denn als Antwort darauf bewegte sie ihren Kopf auf eine bestimmte Weise. Sie konnte Wörter und Sätze wiederholen, aber sie tat das sehr langsam. Kurzum, die wenigen Reaktionen, die sie hatte, waren sehr begrenzt und ziemlich stereotyp.

Nach einem Monat hatte sie sich weitgehend erholt. Sie sagte, ihre vorherige Unfähigkeit, sich mitzuteilen, sei ihr gar nicht so schlimm gewesen. Den Unterhaltungen habe sie folgen können, sie habe aber nicht geredet, weil sie »nichts zu sagen« gehabt habe. Ihr Geist sei »leer« gewesen. Mein erster Gedanke war: »Sie hatte ihren Willen verloren« – wo war die Schädigung? Es stellte sich heraus, daß die Schädigung irgendwo in (oder bei) einem Bereich lag, der als »anteriorer Sulcus cinguli« bekannt ist und in der Nähe des Brodmann-Areals 24 liegt.[2] Dieses Gebiet befindet sich auf der Innenoberfläche – die man sähe, wenn das Hirn in der Mitte durchgeschnitten würde –, eher vorne (deshalb »anterior«) und am oberen Ende. Mit Vergnügen hörte ich, daß dieser Bereich in der Tat viele Inputs von den höheren sensorischen Bereichen empfängt und sich bei den höheren Ebenen des motorischen Systems befindet.

Die Gruppe um Terry Sejnowski hat an den Werktagen meistens eine zwanglose Zusammenkunft nachmittags zum Tee. Hier kann man wunderbar über die jüngsten experimentellen Ergebnisse diskutieren, neue Ideen unter die Leute bringen oder einfach über Wissenschaft, Politik oder jederlei Neuigkeiten reden. Zu einer dieser Zusammenkünfte bin ich dann eines Tages gegangen, und ich erklärte in Anwesenheit von Patricia Churchland und Terry Sejnowski, daß der Sitz des Willens entdeckt worden sei! Der Wille sitze im (oder nahe beim) anterioren Cingulum. Als ich darüber mit Antonio Damasio sprach, stellte sich heraus, daß er auf dieselbe Idee gekommen war. Ihm verdanke ich einige weitere Einzelheiten über die anatomischen Verbindungen dieser Hirnregion. Sie hat starke Verbindungen mit dem entsprechenden Areal auf der anderen Seite des Hirns – normalerweise hat man zu jedem einzelnen Zeitpunkt immer nur einen Willen (auch wenn, wie wir gesehen haben, Split-Brain-Patienten zwei Willen haben können; vgl. dazu das 12. Kapitel). Außerdem projiziert diese Region stark zum Corpus striatum (das ein wichtiger Teil des motorischen Systems ist), und zwar auf *beiden* Seiten des Hirns – genau das würde man von *einem* Willen erwarten. Das sah sicherlich sehr verheißungsvoll aus.

Irgendwann später las ich einen Aufsatz von Michael Posner, in dem er über eine seltsame Symptomatik berichtete, die von einer speziellen Hirnschädigung hervorgerufen wird. Man spricht hier vom »Fremde Hand«-Syndrom. Da ist z.B. ein Patient, dessen linke Hand Bewegungen ausführt – normalerweise recht einfache und stereotype Bewegungen –, für die er jede Verantwortung ablehnt [2]. Beispielsweise ergreift die Hand spontan irgendeinen Gegenstand, den man in ihre Nähe gelegt hat. In manchen Fällen kann der Patient dann diesen Gegenstand nicht aus der Hand lassen; er muß mit seiner rechten Hand der linken den Gegenstand entwinden. Ein Patient stellte fest, daß er seine »fremde« Hand zwar nicht mit Hilfe seiner Willenskraft zum Loslassen bewegen konnte, wohl aber dadurch, daß er laut sagte »Laß los«.

Und wo war die Hirnschädigung? Wiederum in oder nahe beim anterioren Sulcus cinguli (auf der rechten Seite, wenn die fremde Hand links ist), doch *außerdem auch* im entsprechenden Teil des Corpus callosum, so daß die linksseitige Region nicht in der Lage war, der linken Hand die Anweisungen zu geben, die von der beschädigten Region auf der rechten Seite nicht kommen konnten. Weiterhin ist, wie im 8. Kapitel erwähnt, das anteriore Cingulum an gewissen Auswahlvorgängen beteiligt, wie sich an der erhöhten Durchblutung dieser Region zeigt.

Vielleicht ist dieser Aspekt der Idee neuartig.[3] Der freie Wille befindet sich in (oder nahe bei) dem anterioren Sulcus cinguli. In der Praxis wird es sich wohl etwas komplizierter verhalten. Andere Areale im Vorderhirn könnten ebenfalls beteiligt sein. Es bedarf weiterer Experimente mit Tieren, einer sorgfältigen Untersuchung von weiteren Fällen der »fremden Hand« und ähnlicher Symptomatiken – vor allem aber bedarf es eines detaillierten neurobiologischen Verständnisses des visuellen Bewußtseins und (von dort ausgehend) anderer Formen des Bewußtseins. Aus diesem Grund habe ich dem Buch dieses Postskriptum angefügt.

Anhang

ANMERKUNGEN

Kapitel 13 wurde in Zusammenarbeit mit Marc-Denis Weitze übersetzt, die Kapitel 16 und 17 in Zusammenarbeit mit Dr. Gerhard Helm. Für wertvolle Hilfe bei der Übersetzung danke ich Dr. Michael Alexander, Dr. Martin Eimer, Dr. Andreas Engel, Prof. Dr. Hans Flohr und Dr. Harald Huber.

H. P. G.

1 Einführung

1 »Neuron« ist der wissenschaftliche Terminus für »Nervenzelle«.

2 Diese Idee ist nicht neu. Eine besonders klare Formulierung dieses Gedankens findet sich in einem bekannten Aufsatz von Horace Barlow [3].

3 Der Kern eines Kohlenstoffatoms hat die Ladung +6; der eines Wasserstoffatoms +8. Also müssen bei einem Wasserstoffatom 8 negativ geladene Elektronen sein, damit es ungeladen ist.

4 Die Hauptausnahme zu alledem ist die Radioaktivität: der seltene Fall, in dem ein Atom zu einem anderen Atom wird, wie dies in Sternen, Atommeilern und Atombomben geschieht und auch, weniger spektakulär, bei den Atomen radioaktiver Mineralien und bei speziellen Experimenten im Labor. Radioaktivität kann Veränderungen in der DNA, dem Erbmaterial, hervorrufen und darf deshalb nicht völlig außer Betracht gelassen werden. Es ist aber unwahrscheinlich, daß Radioaktivität eine wichtige Rolle als Grundvorgang im Verhalten unseres Hirns spielt.

5 Die kanadischen Philosophen Paul und Patricia Churchland (sie lehren jetzt an der Universität von Kalifornien in San Diego) haben sich mit den Argumenten gegen den Reduktionismus sehr gut auseinandergesetzt. In der Rubrik »Hinweise zur weiteren Lektüre« finden sich Literaturangaben zu ihren Arbeiten.

6 Ein nützlicher Terminus, den es sich zu merken lohnt.

2 Die allgemeine Natur des Bewußtseins

1 Johnson-Laird ist besonders an Selbst-Reflexion und Selbst-Bewußtsein interessiert, Themen, die ich aus taktischen Gründen beiseite lassen möchte.

2 Jackendoff drückt dies in seinem eigenen Jargon aus. Was ich hier als »die Resultate« bezeichnet habe, das nennt er »Informationsstrukturen«.

3 In der Genetik geht es ebenfalls um Informationsübertragung – sowohl zwischen Generationen als auch innerhalb eines Individuums –, doch der wirkliche Durchbruch kam erst, als die Struktur der DNA sehr klar die Sprache zeigte, in der diese Informationen ausgedrückt werden.

4 Ich habe nicht versucht, Baars´ Modell mit all seinen Komplikationen zu beschreiben. Viele hat er hinzugefügt, weil er viele unterschiedliche Aspekte des Bewußtseins erklären möchte (wie z. B. Selbst-Bewußtsein, Selbst-überwachung) und außerdem noch andere psychische Aktivitäten (wie z. B. unbewußte Kontexte, Willensakte, Hypnose usw.).

5 Im folgenden zitiere ich vielfach aus einer Arbeit, die Koch und ich 1990 zu diesem Thema in der Fachzeitschrift *Seminars in the Neurosciences (SIN)* veröffentlicht haben [6].

6 Wenn das nach Schummelei aussieht, dann versuche man einmal, das Wort »Gen« zu definieren. Heutzutage weiß man derartig viel über Gene, daß jede einfache Definition vermutlich inadäquat sein wird. Wie viel schwieriger ist es dann, einen biologischen Terminus zu definieren, über den ziemlich wenig Wissen zur Verfügung steht.

3 Sehen

1 *Reizfeld* wäre eigentlich richtiger, doch ich habe den Eindruck, daß für das Ohr der meisten Leser Termini wie *visuelles Feld*, *Gesichtsfeld* bzw. *visuelle Szenerie* besser klingen. Natürlich ist es wichtig, zwischen Objekten der Außenwelt und den Vorgängen im Kopf zu unterscheiden, die dem Sehen dieser Gegenstände entsprechen.

2 Jede der drei schwarzen Scheiben mit Lücke in Figur 2 nennt man gewöhnlich einen »Pacman«.

3 Man sollte daraus, daß hier das Wort *Symbol* verwendet wird, nicht schließen, daß buchstäblich die Existenz eines Homunculus unterstellt wird. Damit ist bloß gesagt, daß das Feuern des Neurons (bzw. der Neuronen) hochgradig mit einem bestimmten Aspekt der Welt korreliert ist. Ob ein derartiges Symbol eher als ein Vektor (denn als ein bloßes Skalar) zu denken ist, das ist eine heikle Frage, die ich hier nicht diskutieren möchte. Anders gesagt, wie verteilt ist ein einzelnes Symbol?

4 Die Psychologie der visuellen Wahrnehmung

1 Wie ich im 1. Kapitel erklärt habe, ist das sicher richtig, wenn »Summe« allzu naiv verwendet wird.

2 Kürzlich hat Stephen Palmer, ein Psychologe von der University of California in Berkeley, zwei weitere Gesetze vorgeschlagen: das des gemeinsamen Gebiets und das der Verbundenheit. Gemeinsames Gebiet (oder Einschließung) bedeutet Gruppierung innerhalb desselben wahrgenom-

menen Gebiets. Verbundenheit bezieht sich auf die wirkungsmächtige Neigung des visuellen Systems, jedes einheitliche, verbundene Gebiet als eine einzelne Einheit wahrzunehmen.

3 Das mag davon abhängen, was für »Grundvoraussetzungen« man bei der Einschätzung des Informationsgehalts als gegeben annimmt.

4 Einige wenige Menschen haben anscheinend keine echte Stereopsis.

5 Es gibt beträchtliche theoretische Probleme mit der Frage, wie das Hirn diese Querdisparition benutzt. Es muß beispielsweise wissen, welchem Merkmal des visuellen Bildes im einen Auge welches Merkmal im andern Auge entspricht. Dies ist das sog. Korrespondenzproblem. Ursprünglich dachte man, das Hirn müsse zunächst einmal das Objekt erkennen, um dieses Problem zu lösen. Mit einigen brillanten Experimenten, in denen Stereogramme mit Zufallspunkten verwendet wurden, konnte der ungarische Psychologe Bela Julesz (damals an den Bell Laboratories tätig) jedoch zeigen, daß die »Entsprechung« zwischen den beiden Bildern auf einer niedrigen Stufe der visuellen Verarbeitung stattfinden kann, *bevor* das Objekt erkannt ist.

6 Diese Trennung von Figur und Grund wirft ein schwieriges theoretisches Problem auf, denn das Hirn muß die Trennung vornehmen, ohne zu wissen, was die Figur ist.

7 Strenggenommen sind wir alle farbenblind – d. h. abgesehen von solchen Wellenlängen, die wir überhaupt nicht sehen können (wie z. B. die im Ultraviolettbereich), lassen sich auch beliebig viele Wellenlängenverteilungen konstruieren, die für uns genau gleich aussehen, obwohl die Messung mit einem geeigneten physikalischen Instrument ergibt, daß sie sich ein wenig voneinander unterscheiden. Das liegt daran, daß jede solcher äquivalenten Verteilungen so gemacht ist, daß die drei Zäpfchentypen in genau demselben Verhältnis erregt werden. Von unwesentlichen Einschränkungen abgesehen gilt, daß unsere Reaktion auf eine beliebige Verteilung von Wellenlängen immer auch mit einer geeigneten Kombination von nur drei Wellenlängen hervorgerufen werden kann – dies wurde übrigens schon im 19. Jahrhundert nachgewiesen. Im Jargon der Mathematiker gesprochen: Farbe ist dreidimensional.

8 Selbst bei einem einzelnen Betrachter kann der Balance-Punkt für Objekte in der Blickrichtung ein anderer sein als für Objekte an der visuellen Peripherie.

9 Zum Terminus »Skotom« siehe den Eintrag im Glossar (Anm. des Übers.).

5 Aufmerksamkeit und Gedächtnis

1 Manche empirischen Befunde weisen stark darauf hin, daß nach der Durchtrennung des Corpus callosum jede der beiden Hirnhälften auf ein anderes visuelles Objekt aufmerksam sein kann [2].

2 Es ist allerdings möglich, daß das Hirn diese sich bewegenden Punkte als

die Ecken eines einzelnen Objekts zu betrachten lernt, das seine Gestalt verändert.

3 Durch Übung kann das Hirn lernen, eine bestimmte Menge von »Objekten« (wie z. B. eine bestimmte Aufeinanderfolge von Buchstaben) als einen einzelnen »Batzen« zu behandeln.

4 Die Reaktionszeiten variieren beträchtlich von Durchgang zu Durchgang. Um reproduzierbare Resultate zu bekommen, mußte die Durchschnittszeit einer Vielzahl von Reaktionen ermittelt werden. In manchen Fällen nahm man mehrere Versuchspersonen und errechnete ihre kombinierte Durchschnittsreaktionszeit.

5 Es gibt experimentelle Anhaltspunkte dafür, daß dies vorkommen kann [7].

6 Deshalb gab es ein Forschungsprogramm, in dem untersucht wurde, welche Merkmale entgegenspringen – diese Merkmale entsprächen dann den »einfachen« Merkmalen (den »Grundbestandteilen« der visuellen Wahrnehmung) – und welche Merkmale zusammengesetzt sind und serielles Suchen erforderlich machen.

7 Es gibt noch weitere einfache Formen der Erinnerung, mit denen ich mich hier nicht beschäftigen werde, u.a. die klassische Konditionierung, die operante Konditionierung und die Bahnung (das »priming«).

8 Aus Berichten läßt sich entnehmen, daß früher viele Menschen sich lebhaft daran erinnerten, wie sie zum ersten Mal davon hörten, daß Abraham Lincoln erschossen worden war.

6 Der Augenblick der Wahrnehmung

1 Die Mischung von roten und grünen Pigmenten ergibt braune Pigmente, die Mischung von rotem und grünem Licht hingegen ergibt gelbes Licht.

2 War sie sich vielleicht des roten Lichts ganz kurz »bewußt« und hat es dann sofort wieder vollständig vergessen? Das sind philosophische Spitzfindigkeiten, die klarerweise nicht den üblichen Gebrauch des Wortes »bewußt« betreffen. Solche Fragen stellen wir am besten zurück, bis wir genauer verstehen, was sich unter solchen Umständen im Hirn abspielt.

3 Reynolds hat seine Resultate in der »SOA«-Terminologie (»Stimulus Onset Asynchrony«: die Zeit zwischen dem Beginn eines Reizes und dem Beginn eines anderen Reizes) formuliert. Da der Reiz 50 Millisekunden andauerte, bedeutet ein SOA von 50 Millisekunden, daß die Maskierung unmittelbar nach dem Reizende begann. Ich spreche in diesem Fall von Null-Verzögerung.

4 Man beachte, daß die Versuchspersonen nicht alle diese Abfolgen in einem einzigen Experiment mitteilten. Die Resultate sind Folgerungen aus dem Vergleich mitgeteilter Wahrnehmungen bei unterschiedlichen Maskierungsverzögerungen.

5 Einige Aspekte der Arbeit von Libet werden im 15. Kapitel betrachtet werden.

6 Natürlich kommt es für diejenigen, die Experimente zum visuellen Bewußtsein machen, wesentlich darauf an, sich mit der Psychologie der visuellen Wahrnehmung und den verschiedenen Theorien des Sehens möglichst auszukennen – und sei's auch nur, um vermeidbare Fehler nicht zu begehen.

7 »Über Hirne muß man nur eines wissen: wie man sie zubereitet«. Philosophen, KI-Forscher und Linguisten vertreten gerne diesen Standpunkt, doch er findet sich auch bei denen, die den exakten Wissenschaften abtrünnig geworden sind.

8 Vielleicht gibt es nur ein paar wenige grundlegende *Lern*-Mechanismen, die der gesamten komplexen Aktivität zugrunde liegen. Die endgültige Erklärung wird vermutlich auf die Grundmuster der Verbindungen zurückgreifen, die in der normalen Entwicklung installiert werden, sowie außerdem auf die *entscheidenden Lernalgorithmen,* die diese Verbindungen abändern, und auf andere neurale Parameter. Die Großhirnrinde ist demnach vielleicht letztlich einfach – zwar nicht auf der Ebene, auf der sich das Verhalten des reifen Hirns abspielt, aber im Hinblick darauf, auf welchem Wege es (ausgehend von seiner angeborenen Struktur und angeleitet von seiner Erfahrung der Welt) zu diesem komplizierten Verhalten gelangt.

7 Das menschliche Hirn in Grundzügen

1 Wie im 1. Kapitel erwähnt: »Neuron« ist der wissenschaftliche Ausdruck für die Nervenzelle.

2 Mit Ausnahme des primären Sehfelds der Primaten, wo sich mehr als doppelt so viele Neuronen befinden.

3 Das Wort *Thalamus* stammt von einem griechischen Wort, das einen Innenraum (insbesondere ein Braut- oder Frauengemach) bezeichnet. Ein großer Teil des visuellen Thalamus wird »das Pulvinar« genannt – und dieses Wort bedeutete ursprünglich *Kopfkissen* !

4 Das trifft im Hinblick auf gewisse, etwas diffuse Systeme vom Hirnstamm und von anderen Stellen nicht zu.

5 Der Geruchssinn ist eine Ausnahme. Die rechte Seite der Nase ist mit der rechten Seite des Hirns verbunden.

6 REM ist eine Abkürzung für »Rapid Eye Movement« (schnelle Augenbewegung).

8 Das Neuron

1 Ich werde mich auf das »typische« Neuron konzentrieren, das man bei Wirbeltieren wie dem Menschen antrifft; die Neuronen von Wirbellosen (wie z. B. Insekten) sind ein bißchen anders.

2 Mit künstlichen Mitteln kann man bewirken, daß die Signale in der umgekehrten Richtung (»antidrom«) verlaufen.

3 Rote Blutkörperchen sind eine Ausnahme.

4 Eine genauere Zahl ist noch nicht bekannt; bis zum Jahr 2000 wird man sie aber wohl haben.

5 Sein Volumen ist ungefähr tausendmal größer als das der Zelle eines Bakteriums, wie z. B. E. coli.

6 Diese Darstellung ist übermäßig vereinfachend, denn der Fluß hängt auch von der Potentialdifferenz entlang der Membran ab.

7 Synapsen vom Typ 1 haben runde synaptische Vesikel, während die vom Typ 2 oft ellipsenartig bzw. abgeflacht sind. Synapsen vom Typ 2 sind symmetrischer als die vom Typ 1, und ihr synaptischer Spalt ist gewöhnlich ein bißchen kleiner.

8 Einige reagieren nur auf Spannungsveränderungen an der Membran. Andere reagieren nur, wenn ein bestimmtes kleines Molekül – ein Neurotransmitter – an einem *außerhalb* der Membran befindlichen Teil des Proteins gebunden ist. Einige Proteine haben Ionen-Kanäle, die sich sehr schnell öffnen können, so daß Ionen durchfließen können; andere haben keine. Sie rufen langsamere Effekte im Zellinneren hervor – und zwar mit indirekten Mitteln, die man unter der dunklen Bezeichnung »Zweitboten« (»second messengers«) kennt.

9 Glutamat ist eine der 20 Aminosäuren, die zur Proteinerzeugung gebraucht werden. Manchmal wird es als Speisenwürze eingesetzt.

10 Für diesen Typ von Rezeptor sind eine ganze Reihen von Genen isoliert worden [1].

11 Es gibt zwei Haupttypen von GABA-Rezeptoren. Typ A ist ein schneller Ionen-Kanal, der für Chlorid-Ionen (Cl-) durchlässig ist, während GABA-Rezeptoren vom Typ B mit Hilfe eines Zweitbotensystems langsamer funktionieren.

12 Solche Neuronen haben, wenn sie ausgereift sind, wenige oder gar keine Dornen an ihren Dendriten. Ihre Synapsen liegen direkt auf den Dendriten und dem Zellkörper auf, und bezeichnenderweise feuern sie schneller als die erregenden, dornigen Neuronen. Es gibt mehrere sehr unterschiedliche Typen hemmender Neuronen, aber es würde uns zu weit vom Thema abbringen, sie alle zu beschreiben.

13 Es gibt einen Neuronentyp, die sog. Korbzelle, der hemmende Signale innerhalb eines kortikalen Gebiets über etwas größere Entfernungen aussendet.

14 Einer von ihnen, er heißt Ic, wird durch *innere* Konzentrationen von Calcium-Ionen (Ca2+) aktiviert.

15 Das S kommt von »slow wave sleep«; und diese Bezeichnung rührt daher, daß für diesen Schlafzustand ein langsames EEG-Muster mit großen Amplituden kennzeichnend ist. (H.P.G.)

16 Im Muster des Feuerns mag irgendwelche zusätzliche Information stecken, die über diejenige Information hinausgeht, die in der Durchschnittsfeuergeschwindigkeit kodiert ist.

17 Ein Neuron kann über sein Axon chemische Signale aussenden. Diese che-

mischen Signale können manchmal zusätzliche Informationen über das Neuron enthalten, aber die Übermittlung ist zu langsam für einen raschen Informationsfluß.

9 Experimente

1 In seltenen Fällen ist es aus medizinischen Gründen nötig, für längere Zeit Elektroden tief ins Hirngewebe zu implantieren; doch werden dabei sehr wenige Elektroden verwendet, so daß man auf diesem Weg nicht viel Information erhalten kann.

2 Eine Näherung, mit der man heutzutage arbeitet, ergibt sich, wenn man annimmt, daß es (z. B.) vier Zentren im Hirn gibt, die die meisten elektrischen Signale erzeugen. Dann kann man mit Hilfe mathematischer Verfahren die ungefähre Position dieser Zentren bestimmen. Um zu überprüfen, wie gut diese Annahme war, nimmt man daraufhin fünf Zentren an und führt die entsprechenden Berechnungen durch. Wenn sich herausstellt, daß vier dieser fünf Zentren stark und eines sehr schwach war, dann war die Annäherung mit vier vermutlich ziemlich gut. Trotz alledem, in Wirklichkeit ist das nur eine auf wenigen Daten basierende Mutmaßung.

3 Sogenannte "Squids": "Superconducting quantum interference devices".

4 Das Positron legt einen kleinen Weg zurück, bis es mit einem Elektron zusammentrifft. Beide Teilchen werden vernichtet, ihre Masse verwandelt sich in Strahlung, und zwar so, daß nun zwei Gammastrahlen in fast genau entgegengesetzter Richtung ausgesandt werden. Diese Gammastrahlen werden von einer ringförmigen Anordnung von Koinzidenzzählern aufgezeichnet. Ein Computer fügt die Anhaltspunkte von all diesen Zerfallsvorgängen zusammen und berechnet, aus welcher Region die Gammastrahlen mit der größten Wahrscheinlichkeit kommen.

10 Das visuelle System der Primaten

1 Bei den Säugetieren führen nur sehr wenige (manchmal gar keine) Verbindungen von Neuronen des restlichen Hirns zur Retina, obwohl wir das Geschehen dort natürlich durch Augenbewegungen beeinflussen können.

2 Es gibt eine dritte, sehr große Klasse, die man als »W-Zellen« bezeichnet; die Eigenschaften dieser Zellen sind nicht sehr einheitlich.

3 Das »Tectum opticum« entspricht bei den Säugetieren in etwa dem vorderen Vierhügelpaar.
Man beachte allerdings, daß der erforderliche Output nur ein einfacher Vektor mit zwei Komponenten ist, so daß diese Methode nicht angewandt werden kann, wenn ein Areal viele komplizierte Informationen zum selben Zeitpunkt bewältigen muß.

5 Statt vom »ersten visuellen Areal« spricht man auch vom »Streifenkörper« (Corpus striatum) und vom »Areal 17«.

6 Die Ausnahme bilden hemmende Neuronen, die man als »Korbzellen« bezeichnet. Deren Axone können in der Horizontale viel größere Entfernung überwinden, bis zu einem Millimeter oder mehr. Wenn sie sich mit einem anderen Neuron verbinden, bilden sie mehrfache Synapsen auf ihrem Zellkörper und den nahegelegenen Teilen ihrer Dendriten. Sie erzeugen deshalb sehr wirkungsvolle Hemmungen in einer entscheidenden Region des Neurons. Welchen Zweck genau sie haben, ist unbekannt. Auch die genaue Funktion eines anderen bemerkenswerten hemmenden Zelltyps (der sog. Armleuchterzelle) kennen wir nicht. Die Axone einer solchen Zelle haben nur mit Pyramidenzellen Kontakt, und zwar nur am Anfangsteil des Axons, an dem sie mehrere hemmende Synapsen haben.

7 Es war Oskar Vogt, der Lenins Hirn untersuchte, das ihm von den zuständigen Behörden der Sowjetunion zu diesem Zweck zur Verfügung gestellt worden war.

11 Der visuelle Cortex der Primaten

1 Das genaue Muster der Streifen und Tropfen ist von Affe zu Affe derselben Spezies im wesentlichen ähnlich, aber nicht detailidentisch. Sogar bei ein und demselben Affen ist das Muster auf der einen Hirnseite nicht identisch mit dem auf der anderen, wie ja auch die Abdrücke Ihrer Finger der linken Hand nicht genau dieselben sind wie die Ihrer rechten. Die Gründe dafür sind ebenfalls in beiden Fällen gleich: Die Einzelheiten hängen ein wenig von den Zufällen des Entwicklungsprozesses ab. Wiederum haben wir es mit einer Situation zu tun, die ein gewisses Maß an Ordnung aufweist, im Detail hingegen durchaus verworren ist.

2 Es wurde viel Wind um die Möglichkeit gemacht, daß es die Funktionsweise solcher Neuronen ist, eine Fourier-Transformierte der visuellen Szenerie zu erzeugen. Wörtlich genommen ist das absurd. Eher schon entsprechen sie Gabor-Transformierten, aber es ist noch nicht einmal nachgewiesen worden, daß diese Idee irgendeinen wirklichen Nutzen hat. Was feststeht, ist: Einige Neuronen reagieren am besten auf feine Details (oder »Raumfrequenzen«, wie man das oft nennt), während andere besser auf mittlere bzw. auf gröbere Details reagieren.

3 Sie könnten bei der Erzeugung derjenigen illusorischen Konturen beteiligt sein, die von Linienbegrenzungen gebildet werden, wie wir das aus Abb. 15 kennen.

4 Die erste Anordnung entspricht einer gedämpften Cosinuswelle, die zweite einer gedämpften Sinuswelle.

5 Man sollte den Markierungen folgen, die die Position des Blickzentrums und der horizontalen und vertikalen Meridiane des visuellen Felds (linker Teil von Abb. 45) auf der (abgeflachten) Oberfläche des Cortex anzeigen.

6 Subjektive Konturen (auch »illusorische Konturen« genannt), sind blasse Linien, die wir sehen, obwohl es sie in Wirklichkeit gar nicht im visuellen Feld gibt; siehe z. B. Abb. 2 und 15.

7 Ich sage »zurückprojizieren«, weil der breite Informationsstrom (von der Netzhaut zum CGL, von dort nach V1 und V2) konventionellerweise als »vorwärts« betrachtet wird. Forscher aus der Künstlichen Intelligenz sprechen gewöhnlich lieber von »aufwärts« (»bottom-up«) als von »vorwärts«. Den Informationsfluß in der entgegengesetzten Richtung nennen sie entsprechend »abwärts« (»top-down«).

8 Mathematisch gesprochen: Die Gaußsche Krümmung ist an manchen Stellen weit von Null entfernt.

9 Vor kurzem haben Richard Born und Roger Tootell von der Harvard Medical School gezeigt [7], daß es beim Nachtaffen zwei Arten von Neuronen im MT gibt, die jeweils in vielen kleinen Kolumnen-Zusammenballungen vorkommen. Der erste Neuronentyp verhält sich mehr oder weniger so, wie gerade beschrieben. Beim zweiten Typ ist die Umgebung nicht antagonistisch, sondern erhöht die Hauptreaktion des Neurons.

10 Oder nach unten, je nachdem, in welcher Richtung die Stange sich dreht und wie die Streifen gemalt sind.

11 V4 ist ein großes Areal, und Van Essen hat es tatsächlich in drei Subareale unterteilt: V4t, V4d und V4v.

12 V4 hatte starke Rückprojektionen zu V1, die Vorwärtsprojektionen von V1 zu V4 hingegen sind schwach oder fehlen ganz.

12 Hirnschädigungen

1 Wenn der Schaden nicht progressiv ist (wie im Falle von Krebs oder der Alzheimerschen Krankheit), dann kann er im Prinzip auch mittels einer detaillierten Untersuchung des Hirns unmittelbar nach dem Tod des Patienten lokalisiert werden. Eine solche Untersuchung ist aber oft nicht möglich.

2 Diese Unterscheidung wurde im Kapitel 5 erwähnt und wird später in diesem Kapitel noch einmal zur Sprache kommen.

3 Wörtlich übersetzt: »getrennte Hirne«.– H.P.G.

4 Die Resultate im Tierversuch führten dazu, daß die Untersuchung von Split-Brain-Patienten viel sorgfältiger wurde; zu nennen sind auf diesem Gebiet insbesondere Sperry, Joseph Bogen, Michael Gazzaniga, Eran and Dahlia Zaidel und ihre Kollegen.

5 Dazu gibt es auch viele Arbeiten über Affen; ich werde dies hier aber nicht berücksichtigen.

6 Natürlich stieß dieses Ergebnis auf einige Skepsis. Ein Einwand war z. B., das Verhalten sei dadurch zustande gekommen, daß sich Licht im Auge so verteilt habe, daß es auch auf Netzhautstellen trifft, die den Teilen des visuellen Felds entsprechen, die der Patient sehen konnte. Das ist jedoch un-

wahrscheinlich, insbesondere nachdem inzwischen gezeigt werden konnte, daß der Effekt nicht zustande kommt, wenn Licht auf den blinden Fleck gestrahlt wird. (Man erinnere sich daran, daß es im blinden Fleck keine Photorezeptoren gibt, also nichts, was auf das Licht reagieren kann. Bei einem blindsichtigen Patienten sind hingegen die Photorezeptoren intakt und können Signale empfangen. Der Hauptschaden ist im visuellen Cortex.) Alle diese Einwände sind inzwischen durch weitere Experimente entkräftet worden, und es besteht heutzutage kaum noch ein Zweifel daran, daß das Blindsehen ein wirklich vorhandenes Phänomen ist.

7 Neuronen sterben häufig ab, wenn ihre Outputs nur zu abgestorbenen Neuronen gelangen.

8 Zur Zeit gibt es eine Diskussion über die genaue Funktion des Hippocampus-Systems und die exakte Funktionsweise seiner Neuronen. Das Bild, das ich hier in groben Zügen entwickelt habe, wird allerdings weithin akzeptiert, auch wenn meine Terminologie vermutlich den üblichen Spitzfindigkeiten ausgesetzt wäre.

13 Neuronale Netze

1 Genau gesagt verhält sich y zu x dann linear, wenn y=ax+b, wobei a und b Konstanten sind.

2 Charles Anderson und David Van Essen meinen [1], daß das Hirn über Möglichkeiten verfügt, Informationen von einem Ort zum anderen zu leiten, aber diese Idee ist noch umstritten.

3 Dennoch arbeitete eine Schar von Theoretikern still im Untergrund weiter, u. a. Stephen Grossberg, Jim Anderson, Teuvo Kohonen und David Willshaw.

4 Der effektive Input ist das Produkt aus Eingangssignal (-1 oder +1) und dem entsprechenden Gewicht. (Wenn das Signal -1 und das Gewicht +2 ist, beträgt der effektive Input -2).

5 Dieses Modell basiert auf älteren Netzen, die durch ein theoretisches Konzept inspiriert waren, das Physiker erfunden hatten: das sog. »Spinglas«.

6 Dies entspricht einem (lokalen) Minimum einer wohldefinierten mathematischen Funktion, die wegen der Analogie zum Spinglas »Energiefunktion« heißt. Hopfield gab auch eine einfache Regel zur Bestimmung der Gewichte an, so daß ein bestimmtes Aktivitätsmuster im Netz einem Minimum der Energie entspricht.

7 Für Hopfield-Netze kann man zeigen, daß dieser unsinnige Output von einer gewichteten Summe derjenigen gespeicherten »Erinnerungen« abhängt, die zum Output eine hohe (präzise definierbare) Ähnlichkeit aufweisen

8 Das Hologramm führte 1968 Christopher Longuet-Higgins dazu, ein Gerät, das er »Holophon« nannte, zu erfinden. Dies wiederum brachte ihn zur Konstruktion eines Geräts namens »Korrelogramm«, welches dann zu

einer bestimmten Art von neuronalem Netz entwickelt wurde. Dieses Netz hat sein Student David Willshaw in seiner Doktorarbeit ausgiebig untersucht.

9 Die Zusammenarbeit mit anderen gleichgesinnten Theoretikern erbrachte schon 1981 das Buch *Parallel Modes of Associative Memory*, herausgegeben von Geoffrey Hinton und Jim Anderson. Es wurde zwar von Leuten, die auf dem Gebiet der neuronalen Netze arbeiteten, gelesen, hatte aber nicht den großen Einfluß des späteren Buchs.

10 Genaugenommen wird der mittlere quadratische Fehler verkleinert. Darum nennt man die Regel auch Regel der kleinsten Fehlerquadrate.

11 Für jeden der 29 »Buchstaben« (26 Buchstaben des Alphabets und drei für Satzzeichen und Wortgrenzen) gibt es eine Einheit. Also besitzt die Inputschicht 29x7=203 Einheiten.

12 Beispielsweise sind die beiden Konsonanten p und b »labiale Verschlußlaute«, weil ihre Artikulation mit einem Verschluß der Lippen beginnt.

13 Die mittlere (versteckte) Schicht in einem ersten Modell besaß 80 versteckte Einheiten, aber in einem späteren Modell mit 120 versteckten Einheiten wurden bessere Ergebnisse erzielt. 20 000 Synapsengewichte, die positiv oder negativ sein können, müssen eingestellt werden. Sejnowski und Rosenberg konstruierten kein echtes Netz, sondern simulierten es auf einem einigermaßen schnellen Computer (einer VAX 11/780 FPA).

14 Der verwendete Computer arbeitete nicht schnell genug, um den Output in Echtzeit zu erzeugen, so daß der Output erst aufgezeichnet und dann im Zeitraffer abgespielt werden mußte, damit man etwas verstehen konnte.

15 Sejnowski und Rosenberg zeigten auch, daß das Netz gegenüber nicht-systematischen Störungen der Verbindungen recht widerstandsfähig war; unter diesen Umständen nahm die Leistung sanft ab. Sie experimentierten auch mit elf (statt sieben) Buchstaben bei der Eingabe. Die Netzleistung steigerte sich beträchtlich. Eine zweite versteckte Schicht verbesserte nicht die Leistung, wohl aber die Generalisierungsfähigkeit des Netzes.

16 NETtalk hat viele Vereinfachungen, die zu den oben dargestellten hinzukommen. Obwohl die Autoren an verteilte Repräsentationen glauben, haben sie Input und Output »gegroßmuttert« - d. h., eine einzelne Einheit steht etwa für »den Buchstaben a in der dritten Position des Fensters«. Damit soll die Zeit für die Berechnung reduziert werden, was eine vernünftige Art der Vereinfachung ist. Außerdem erscheint die Art, wie Daten in das Sieben-Buchstaben-Fenster in aufeinanderfolgenden Schritten eingespeist werden, recht unbiologisch, wenn auch völlig akzeptabel für ein KI-Programm. Der »Gewinner-nimmt-alles«-Schritt beim Output wird ebenfalls nicht von »Einheiten« ausgeführt, und es gibt auch keine Gruppe von Neuronen, die den Unterschied zwischen gewünschtem und tatsächlichem Output – das Lernsignal – darstellt. Beides wird vom Programm gemacht.

17 Dieser Vergleich ist nicht ganz zutreffend, weil eine einzelne Einheit in einem neuronalen Netz eher als Entsprechung einer kleinen Gruppe zusam-

menwirkender Neuronen im Hirn zu verstehen ist; so sind vielleicht 80000 Neuronen (die einem Quadratmillimeter entsprechende Zahl) eine bessere Schätzung.

18 Entwickelt von Stephen Grossberg, Teuvo Kohonen und anderen.

19 Ich werde nicht die Grenzen kompetitiver Netze diskutieren. Offensichtlich müssen genug versteckte Einheiten vorhanden sein, damit das Netz alles, was es von allen vorgegebenen Inputs lernen will, tatsächlich lernen kann. Das Trainieren darf weder zu schnell noch zu langsam sein und so weiter. Solche Netze benötigen gewöhnlich eine sorgfältige Konstruktion, damit sie vernünftig arbeiten. Sicherlich werden in naher Zukunft noch komplexere Anwendungen der Grundidee vom kompetitiven Lernen erfunden werden.

14 Visuelles Bewußtsein

1 Es ist nicht leicht, Jackendoffs Ideen zusammenzufassen, ohne sie zu verzerren. Dem Leser, der ein tieferes Verständnis gewinnen möchte, empfehle ich, sich mit Jackendoffs Buch zu beschäftigen. Die dort vorgetragenen Argumentationen zur Phonologie, Syntax, sprachlichen Bedeutung und auch seinen Ansatz zu einer Theorie musikalischer Kognition habe ich nicht wiederzugeben versucht. Vielmehr wollte ich seine grundlegenden Ideen – insbesondere insofern sie die visuelle Wahrnehmung betreffen – verdichten.

2 Er drückt sich so aus: »Die Formunterschiede innerhalb jeder einzelnen Bewußtseinsmodalität werden von einer Struktur der Zwischenebene für diese Modalität verursacht/unterstützt/projiziert, und zwar von einer Struktur, die zu den Kurzzeitgedächtnisrepräsentationen gehört, die durch die Auslesefunktion bezeichnet und durch attentionale Verarbeitung angereichert werden. Im einzelnen verhält es sich so, daß sprachliches Bewußtsein von einer phonologischen Struktur verursacht/unterstützt/projiziert wird, musikalisches Bewußtsein von der musikalischen Oberfläche, visuelles Bewußtsein von der $2^{1}/_{2}$ D-Skizze.«

3 Um sich die Subtilität dieser Formulierungen nicht entgehen zu lassen, sollte der Leser Jackendoffs Buch zur Hand nehmen. (Die endgültige Fassung seiner Theorie, im 8. Kapitel, handelt auch von den Affekten.)

4 Dies brächte kein besonderes Problem mit sich, wenn die Elemente der Menge nahe beieinander lägen (und dann wohl ein wenig miteinander interagierten), ziemlich ähnliche Inputs empfingen und zu ziemlich ähnlichen Stellen projizierten. In diesem Fall glichen sie den "Neuronen" in einem einzelnen neuralen Netzwerk. Leider können derart einfache neurale Netzwerke gewöhnlich immer nur ein Objekt behandeln.

5 Es ist nicht völlig sicher, daß sich das Bindungsproblem (wie ich es hier dargestellt habe) wirklich stellt oder ob das Hirn es durch irgendeinen unbekannten Trick umgeht.

6 Man erinnere sich daran, daß die meisten Neuronen viele Tausende von Verknüpfungen haben und daß anfangs viele darunter sehr schwach sein können. Daraus würde sich ergeben, daß man nur dann etwas leicht und gut lernen kann, wenn das Hirn schon ungefähr auf die richtige Weise »verdrahtet« ist.

7 Vorgeschlagen wurde dies von Christoph von der Malsburg in einem ziemlich obskuren Aufsatz aus dem Jahre 1981; allerdings hatten Peter Milner und andere diese Idee schon vorher erwähnt.

8 Natürlich müssen die axonalen Impulse einer Gruppe nicht exakt gleichzeitig sein, denn wenn im Empfängerneuron die Impulsauswirkungen an den Dendriten entlang zum Zellkörper wandern, vergeht ja ein wenig Zeit. Außerdem kann es zu leicht unterschiedlichen zeitlichen Verzögerungen kommen, wenn die Impulse an den vielen verschiedenen Axonen entlangwandern. Es reicht also aus, wenn die Feuerzeitpunkte innerhalb einer Gruppe innnerhalb eines Spielraums von ein paar Millisekunden gleichzeitig sind.

9 Eine etwas ausgearbeitetere Theorie würde mit den unvermeidlichen Zeitverzögerungen bei der axonalen Übermittlung so umgehen, daß weiter vom Zellkörper entfernte Synapsen ihren Input ein wenig früher empfangen als solche, die näher am Zellkörper liegen. Dann werden die beiden Signale wegen der kleinen Unterschiede bei den dendritischen Verzögerungen zum selben Zeitpunkt maximale Wirkung auf den Zellkörper haben. Noch ausgearbeitetere Theorien würden auf die zeitlichen Verläufe der hemmenden Auswirkungen eingehen, die von den lokalen hemmenden Neuronen hervorgerufen werden. All diese qualitativ gehaltenen Überlegungen könnten mit Hilfe sorgfältiger Simulationen quantitativer gemacht werden; man könnte auf dem Computer simulieren, wie sich ein einzelnes Neuron unter diesen Umständen wohl verhält, und dabei die zeitlichen Verzögerungen usw. berücksichtigen.

10 Es ist unwahrscheinlich, daß das Feuern so regelmäßig ist, wie das in Abb. 57 zu sehen ist.

15 Einige Experimente

1 Solche Kurven nennt man »psychometrisch«.

2 Im REM-Schlaf haben die Wellen im EEG viel Ähnlichkeit mit denen des wachen Hirns, und dies läßt vermuten, daß das Hirn im REM-Schlaf zumindest teilweise bei Bewußtsein ist, wie wir ja auch in unseren Träumen bei Bewußtsein zu sein scheinen. Die EEG-Wellen während der S-Schlafphase (d.h. der Phase, die gerade kein REM-Schlaf ist) unterscheiden sich ganz und gar von den Wellen des wachen Hirns; während dieser Phase gibt es auch kaum (oder überhaupt keine) Träume. Daher kann man annehmen, daß wir während des S-Schlafs gewöhnlich bewußtlos sind.

3 Sie haben auch einige Neuronen im CGL betrachtet.

4 D.h. die Feuerrate in Reaktion auf den Reiz (im Vergleich zur Hintergrundfeuerrate) war im Wachzustand höher.

5 Wenn die Aufgabe leicht war, war das Feuern ziemlich gleich. Wenn die Farbdiskrimination erschwert wurde, dann wurde die Feuerrate durch Aufmerksamkeit erhöht.

6 Das Pulvinar hat einen kleineren Teil und drei Hauptteile. Zwei der Hauptteile (die unteren und die lateralen Bereiche) sind retinotopisch – d.h., sie enthalten wenigstens eine Karte des visuellen Felds. Sie haben in beiden Richtungen verlaufende Verbindungen zu den meisten frühen visuellen Arealen und empfangen außerdem starke nicht-reziproke Verbindungen vom vorderen Vierhügelpaar. Der dritte Hauptteil, das sog. mediale Pulvinar, hat keine retinotopische Karte und ist (in beiden Richtungen) hauptsächlich mit dem parietalen und frontalen Cortex verbunden. Das mediale Pulvinar reagiert wahrscheinlich in einem gewissen Ausmaß nicht nur auf die visuelle Wahrnehmung, sondern auch auf die anderen Sinne und könnte mehr mit Kognition zu tun haben als mit lebhaftem visuellem Bewußtsein.

7 Man erinnere sich daran, daß das vordere Vierhügelpaar eng mit der Steuerung der Augenbewegungen, einer anderen Form der visuellen Aufmerksamkeit, zusammenhängt. Andererseits scheinen die Inputs, die das Pulvinar vom vorderen Vierhügelpaar empfängt, mehr mit der Auffälligkeit der verschiedenen Teile des visuellen Felds zu tun zu haben.

8 Diese These wurde auch von Anderson und Van Essen [14] im Rahmen ihrer »Shifter circuit«-Theorie aufgestellt.

9 Aus zwei Gründen werde ich diese Experimente nicht beschreiben. Erstens haben sie nichts direkt mit dem visuellen System zu tun, und zweitens sind sie schwer zu interpretieren und haben eine heftige Kontroverse ausgelöst. Wollte man sie erörtern, müßte man sie ausführlich darstellen, und das würde uns zu weit von unserem Thema wegführen. Sie sind einschlägiger für das Problem der Willensfreiheit, auf das ich kurz im Postskriptum eingehe.

16 Vornehmlich Spekulation

1 Dieser Aufsatz, den er während eines Freisemesters schrieb, ist weitgehend in Vergessenheit geraten. Weder Christof Koch noch ich hatten je von ihm gehört. Glücklicherweise waren wir 1991 bei einem Treffen in Arizona, bei dem auch Peter anwesend war und uns von diesem fast vergessenen Aufsatz erzählte. In dieser Arbeit stellte auch er die Idee des gleichzeitigen Feuerns als Lösung des Bindungsproblems vor. Über die Jahre hinweg wurden von verschiedener Seite relativ ähnliche Funktionen für diese rückwärtsgerichteten Bahnen vorgeschlagen, beispielsweise von Stephen Grossberg, Antonio Damasio, Shimon Ullman und anderen.

2 Diese Neuronen produzieren axonale Spikes nicht in vollständig regulärer Weise und auch nicht in zufälligen Zeitintervallen. Sie neigen statt dessen dazu, kurze Salven mit mehreren Spikes auf einmal abzugeben, wobei zwischen den einzelnen Salven längere Intervalle liegen, in denen nur wenige oder gar keine Spikes vorkommen.

3 Wenn diese Veränderungen ausschließlich präsynaptisch sind – d. h. wenn sie nicht davon abhängen, was an der postsynaptischen Seite der Synapse geschieht –, dann sind sie kaum vom Hebbschen Typ, wie von der Malsburg forderte. Ob es kurzfristige Veränderungen vom Hebbschen Typ gibt, bleibt noch zu erforschen. Die Theorie kurzfristiger nicht-Hebbscher Veränderungen wurde von Theoretikern bisher jedoch weitgehend vernachlässigt.

4 Es wurde auch gezeigt, daß während einer derartigen Aufgabe die Aktivität in den Arealen höher ist, die mit dem Präfrontalcortex in Verbindung stehen, wie dem Hippocampus, dem hinteren Parietallappen und dem mediodorsalen Kern des Thalamus.

5 Die Art, wie diese Neuronen feuern, gibt leider keinen unmittelbaren Hinweis auf die Existenz von Schaltungen mit kreisender Erregung.

17 Oszillationen und Verarbeitungseinheiten

1 Es gibt viel mehr kortikale Areale, als es thalamische Regionen gibt. Da jedes kortikale Areal mit mindestens einer thalamischen Region assoziiert ist, impliziert das, daß eine thalamische Region im allgemeinen zu mehreren kortikalen Arealen in Beziehung steht.

2 Braucht das Orchester den Dirigenten? Diese zwanglose Analogie sollte nicht auf die Spitze getrieben werden, aber es könnte bedeutsam sein, daß eine kleine Gruppe von Musikern keinen Dirigenten benötigt, während dies bei einer großen Gruppe sehr wohl der Fall ist.

3 Kürzlich wurde sie von David Mumford, dem Mathematiker aus Harvard, vorgebracht [17]. Sie ist auch in Vorabdrucken enthalten, die mir von Quanfeng Wu zugeschickt wurden.

4 Es wurde vermutet, daß der Nucleus centralis in erster Linie an der Kontrolle der Blickrichtung beteiligt sei.

5 Einige Gruppen können auch nur ein Mitglied haben, wie dies bei V1 der Fall ist.

18 Dr. Cricks Wort zum Sonntag

1 Es gibt den unfreundlichen Spruch, ein Philosoph sei allzuoft jemand, der lieber Gedankenexperimente macht als richtige, und der denkt, man brauche nichts weiter als eine alltagssprachliche Erklärung eines Phänomens.

Ein Postskriptum über den freien Willen

1 Professor Piergiorgio Odifreddi hat mich darauf hingewiesen, daß man außerdem annehmen sollte, daß die Entscheidungen sich mit dem resultierenden Verhalten in Einklang befinden.

2 Es lag auch ein Schaden am angrenzenden supplementär-motorischen Areal vor.

3 Sir John Eccles hatte früher die Vermutung geäußert [3], daß ein Areal in der Nähe des Areals 24 (dies ist das supplementär-motorische Areal) der Sitz der Willensfreiheit sein könnte.

MASSEINHEITEN

LÄNGE

Wenn über Nervenzellen gesprochen wird, ist das Mikrometer die nützlichste Längeneinheit. Man schreibt "µm" und sagt gewöhnlich einfach "µ" (ausgesprochen: "mü").

$$1 \text{ Mikrometer} = 1 \text{ Tausendstel Millimeter} = 10^{-6} \text{ Meter}$$

Der Durchmesser eines Zellkörpers eines typischen Neurons beträgt etwa 10 bis 20 Mikrometer. Die Wellenlängen des sichtbaren Lichts liegen bei einem halben Mikrometer.
Wenn über Atome gesprochen wird, dann ist Ångstrom die geeignete Einheit.

$$10\,000 \text{ Å} = 1 \text{ Mikrometer}$$
$$10 \text{ Å} = 1 \text{ Nanometer}$$

Der Abstand zwischen zwei Atomen, die in einem organischen Molekül nebeneinander liegen, beträgt meistens 1 oder 2 Å. Ein Protein durchschnittlicher Größe hat einen Durchmesser von 50 Å; es gibt aber viele, die größer, und viele, die kleiner sind.

ZEIT

Die nützlichste Zeiteinheit bei der Beschreibung des Verhaltens von Neuronen ist die Millisekunde.

$$1 \text{ Millisekunde} = 1 \text{ Tausendstel einer Sekunde}$$
$$1 \text{ Mikrosekunde} = 1 \text{ Tausendstel einer Millisekunde}$$

FREQUENZ

1 Hertz = 1 Ereignis oder 1 Schwingung pro Sekunde

Das eingestrichene C liegt bei etwa 260 Hertz.

GLOSSAR

Acetylcholin: Ein kleiner chemischer Neurotransmitter. Er wird von den Motoneuronen ausgeschüttet, um die Skelettmuskeln zu erregen. Kommt auch in Teilen des Hirns vor.

Achromatopsie: Die Unfähigkeit, Farben zu sehen; das Schwarzweiß-Sehen weist keine Störung auf. Wird gewöhnlich durch die Schädigung eines speziellen Teils des Hirns verursacht.

Aktionspotential: Ein kurzer elektrischer Impuls, der am Axon entlangwandert, normalerweise vom Zellkörper zu den vielen Synapsen ganz am Ende des Axons.

Algorithmus: Eine Regel zur Lösung eines bestimmten Problems. In vielen Fällen besteht die Regel darin, daß spezielle Schritte immer und immer wieder angewandt werden, wie z. B. bei langen Divisionen. Es gibt viele verschiedene Arten von Algorithmen.

Ames-Zimmer: Ein verzerrtes Zimmer, das nach dem Psychologen Adelbert Ames benannt ist. Wenn man mit einem Auge durch ein Loch in einer der Zimmerwände hinausschaut, ruft es eine perspektivische Täuschung hervor.

Anteriore Kommissur: Ein Nervenfaserbündel am vorderen Ende des Hirns, das einige Hirnregionen beider Hemisphären miteinander verbindet.

Das Antonsche Syndrom: Eine seltene Krankheit, die durch eine kortikale Hirnschädigung hervorgerufen wird. Der Patient ist tatsächlich blind, bestreitet aber, daß er nicht sehen kann. Wird auch als »Leugnung des Blindseins« bezeichnet.

Archicortex: Siehe **Hippocampus, Zerebraler Cortex**.

Armleuchterzelle: Neuron hemmenden Typs im zerebralen Cortex; die Axonen bilden viele Synapsen mit den Anfangsabschnitten der Axonen von Pyramidenzellen.

Aufmerksamkeit: Konzentration auf einen bestimmten Reiz, eine bestimmte Empfindung oder einen Gedanken unter Ausblendung der übrigen. Ein weiter Begriff, unter den vermutlich mehr als nur ein einziger Hirnmechanismus fällt.

»Ausfüllen«: Eine Tätigkeit, bei der das Hirn fehlende Information »errät«, indem es annimmt, sie gleiche der verfügbaren Information. Vgl. **Blinder Fleck**.

Axon: Das Outputkabel eines Neurons. Gewöhnlich hat ein Neuron nur ein Axon, das sich allerdings mehrfach verzweigt.

Backprop: Ein Algorithmus zur Einstellung der Gewichte in einem überwachten Mehrschichtennetz, insbesondere für einfache »Feed forward«-Netze mit mehreren Schichten. Vgl. S. 233ff.

Behaviorismus: Eine psychologische Strömung, in der man daran glaubte, daß geistige Ereignisse nicht berücksichtigt werden sollten und daß nur Reize und Reaktionen erforscht werden sollten.

Binokulare Rivalität: Wenn jedem Auge ein ganz anderes Bild präsentiert wird, unterdrückt das Hirn abwechselnd das eine und das andere; das Hirn versucht nicht, die beiden Bilder zu einem einzigen Perzept zu kombinieren. Vgl. S. 269ff.

Blinder Fleck: Ein Bereich in der Retina, der keine Photorezeptoren hat.

Blindsehen: Wird durch Hirnschädigung hervorgerufen. Die Fähigkeit, auf gewisse einfache visuelle Signale zu reagieren, obwohl die betreffende Person zugleich bestreitet, daß sie etwas sieht. Vgl. S. 215.

Broca-Areal: Ein Areal in der dominanten Hemisphäre, im vorderen Teil des Hirns, das mit gewissen Aspekte der Sprache befaßt ist. Schädigungen an diesem Areal rufen charakteristische Arten der Aphasie hervor. Legt man den modernen Sinn des Wortes »Areal« zugrunde, so besteht das Broca-Areal mit großer Sicherheit aus einer Reihe verschiedener Areale.

Cerebellum: Eine große Hirnstruktur im Hinterkopf, hinter dem Hirnstamm. Man nimmt an, daß es hauptsächlich irgendwie an der Bewegungssteuerung beteiligt ist.

CGL: Siehe **Corpus geniculatum laterale**.

Cheshirekatzen-Effekt: Ein Beispiel für binokulare Rivalität. Wird ein sich bewegendes Objekt (wie z. B. eine Hand) mit einem Auge gesehen, so kann es ein Objekt, das im selben Teil des visuellen Felds vom anderen Auge gesehen wird, zumindest teilweise unsichtbar machen. Wenn es sich bei dem gesehenen Objekt um ein lächelndes Gesicht handelt, dann kommt es manchmal vor, daß vom Gesicht nur noch die lächelnden Lippen sichtbar bleiben. Die Bezeichnung dieses Effekts bezieht sich auf die Cheshirekatze in *Alice im Wunderland*.

Cingulum: Ein Teil des zerebralen Cortex, der sich auf seiner inneren (medialen) Oberfläche befindet. Das anteriore Cingulum befindet sich im Vorderhirn.

Corpus callosum: Ein sehr großes Nervenfaserbündel, das die beiden Hälften des zerebralen Cortex miteinander verbindet.

Corpus geniculatum laterale (CGL): Ein kleiner Teil des Thalamus. Das CGL überträgt Signale vom Auge an den visuellen Cortex. Es empfängt auch viele Signale, die vom Cortex zurückkommen, deren exakte Funktionen noch unbekannt sind.

Corpus striatum: Siehe **Streifencortex**.

Dendrit: Ein baumartiger Teil der Nervenzelle. In den meisten Fällen empfangen Dendriten Signale von anderen Nervenzellen. Siehe auch **Axon**.

Dopamin: Ein kleines chemisches Molekül, das als Neurotransmitter fungieren kann.

Dorn: Eine sehr kleine zweigartige Ausbuchtung am Dendriten, an der eine erregende Synapse ist (siehe S. 131). Eine typische Pyramidenzelle hat auf ihren Dendriten viele Tausende Dornen.

Dualismus: Die Idee, der Geist und das Hirn seien getrennte Entitäten – der Geist ist demnach in irgendeinem Sinn immateriell und unterliegt Gesetzen, die in der übrigen Wissenschaft nicht bekannt sind. Die meisten Menschen glauben das. Vermutlich ein Irrtum.

Elektroenzephalogramm (EEG): Die Aufzeichnung von Hirnströmen (der unspezifischen elektrischen Aktivität des Hirns) mit Hilfe von Elektroden, die außen am Schädel angebracht werden. Die zeitliche Auflösung ist gut, die räumliche schlecht.

Elektronenmikroskop: Ein Mikroskop, das statt Licht Elektronen verwendet. Es vergrößert stärker als ein noch so leistungsstarkes Lichtmikroskop. In den Neurowissenschaften wird es gewöhnlich auf extrem dünne Gewebeproben angewendet, die chemisch behandelt und getrocknet wurden.

Emergent: Ein System hat emergente Eigenschaften, wenn es Eigenschaften hat, die seine Teile nicht haben. In der Wissenschaft hat »emergent« keinen geheimnisvollen Beiklang. Siehe S. 27.

»Entgegenspringen«: Dies geschieht, wenn etwas im visuellen Feld dem Betrachter beinahe unmittelbar auffällt, gleichgültig, wie viele ablenkende Objekte sich im Feld befinden. Siehe Abb. 20.

Enzym: Ein biologischer Katalysator. (Ein Katalysator beschleunigt eine chemische Reaktion, aus der er aber unverändert hervorgeht.) In fast allen Fällen sind Enzyme ziemlich große Proteinmoleküle, manche haben jedoch kleinere organische Moleküle bei sich.

Epigenetisch: Epigenetisch ist ein Prozeß, der in der frühen Entwicklung eines Organismus unter dem Einfluß seiner Gene stattfindet.

Ereigniskorrelierte Potentiale: Potential heißt Spannung. Ein ereigniskorreliertes Potential ist eine Veränderung der Spannung, die im Hirn durch ein »Ereignis«, wie z. B. einen Sinnesinput, hervorgerufen wird. Es wird normalerweise mit Hilfe von am Schädel angebrachten Elektroden aufgezeichnet. (Siehe **Elektroenzephalogramm**.) Das Signal/Rausch-Verhältnis ist gewöhnlich eher schlecht.

Die Erstaunliche Hypothese: Die Hypothese, daß die geistigen Aktivitäten einer Person sich ganz und gar dem Verhalten der Nerven- und Gliazellen und den Atomen, Ionen und Molekülen verdanken, aus denen diese Zellen bestehen und durch die sie beeinflußt werden. Das Thema dieses Buchs.

Fovea: Eine tiefer gelegene Stelle in der Nähe des Retinamittelpunkts, an der die Photorezeptoren sehr nahe beieinander liegen, so daß innerhalb dieses Bereichs sehr scharf gesehen wird.

»Fremde Hand«: Ein normalerweise durch Hirnschädigung hervorgerufenes Leiden; die eine Hand des Patienten macht einfache Bewegungen, von denen der Patient bestreitet, daß er sie gewollt hat.

Funktionalismus: Ein Funktionalist glaubt, der beste Ansatz zu einem Verständnis des Geistes bestehe darin, dessen Verhalten zu erforschen und Theorien darüber zu entwickeln, ohne sich darum zu kümmern, wie die neuralen Komponenten des Geistes miteinander verbunden sind oder wie sie sich verhalten. Diese Auffassung wird häufig aggressiv von Theoretikern vertreten, die eine Abneigung gegenüber den Neurowissenschaften haben.

GABA: Gamma-Aminobuttersäure. Eine kleine chemische Substanz; der vorherrschende hemmende Neurotransmitter im Vorderhirn.

GABAerg: Verwendet GABA als Neurotransmitter.

Gamma-Oszillationen: Siehe **Oszillationen**.

Ganglienzelle: Eine Nervenzelle in der Retina, die Signale von anderen Neuronen in der Retina empfängt und Signale an das Hirn sendet.

Gestalt: In der Fachsprache der Psychologie ein organisiertes Ganzes, dessen Einzelteile so interagieren, daß sie das Verhalten eines Ganzen hervorrufen. Siehe S. 57-63.

Gliazelle: Eine Zelle im Nervensystem, die selbst keine Nervenzelle ist, sondern unterstützende Funktion hat. Es gibt mehrere unterschiedliche Arten von Gliazellen.

Glutamat: Eine kleine chemische Substanz; im Vorderhirn der vorherrschende erregende Neurotransmitter.

Großhirnrinde: Siehe **Zerebraler Cortex**.

Gyrus: Der oberste Teil der Wölbungen an der Oberfläche des zerebralen Cortex. Jeder einzelne Gyrus hat einen Namen (z. B. »Gyrus angularis«).

Hebbsche Regel: Hat ihren Namen nach dem kanadischen Psychologen Donald Hebb. Ein Typ der Veränderung der Stärke einer Synapse, der sowohl von der präsynaptischen Aktivität abhängt, die in die Synapse hineinkommt, als auch von (einer bestimmten Art) der Aktivität des Empfängerneurons auf der postsynaptischen Seite. Das ist wichtig, weil die Veränderung an der Synapse die zeitliche Abstimmung zweier unterschiedlicher Formen neuraler Aktivität erfordert. Siehe S. 133 und 227.

Hertz: Siehe den Abschnitt **Maßeinheiten**.

Hippocampus: Ein Teil des Hirns, der seinen Namen deshalb hat, weil seine Form einem Seepferdchen gleicht; wird manchmal auch als **Archicortex** bezeichnet. Wird wegen seiner relativ einfachen Struktur gerne erforscht. Spielt vermutlich bei der vorübergehenden Speicherung bzw. Kodierung des episodischen Langzeitgedächtnisses eine Rolle.

Hirnströme: Ein alltagssprachlicher Begriff für die unspezifische elektrische Aktivität des Hirns, die gewöhnlich durch einen Elektroenzephalographen aufgezeichnet wird.

Homunculus: Eine imaginäre Person, die im Hirn sitzt und dort Dinge und Ereignisse wahrnimmt und Entscheidungen trifft.

Hopfield-Netz: Ein einfaches neuronales Netz, benannt nach seinem Erfinder John Hopfield; ein solches Netz koppelt auf sich selbst zurück, und seine Verbindungen sind symmetrisch. Wegen seiner Symmetrie und der Art, wie es eingestellt wird, hat es eine sog. »Energiefunktion«. Siehe S. 225–229.

Hypothalamus: Ein kleiner Bereich des Hirns, der etwa die Größe einer Erbse hat. Sondert Hormone ab und spielt bei der Steuerung von Hunger, Durst, sexueller Erregung usw. eine Rolle.

Inferotemporaler Cortex: Ein Gyrus im unteren Teil des Temporallappens des zerebralen Cortex. Beim Makakenaffen reagieren die Neuronen in diesem Areal auf verschiedene komplexe visuelle Muster.

Intertektale Kommissur: Auch »posteriore Kommissur« genannt. Zu ihr gehören Nervenfasern, die das vordere Vierhügelpaar der einen Seite mit dem der anderen verbinden.

Intralaminarer Kern: Eines von mehreren thalamischen Arealen, die hauptsächlich zum Corpus striatum projizieren, allerdings auch (ein wenig gestreut) zu vielen Arealen des zerebralen Cortex.

Ion: Ein Atom oder ein kleines Molekül, das elektrisch geladen ist. Die Bewegungen von Ionen durch die Zellmembrane bilden die Basis der wichtigsten Methoden der elektrischen Signalübermittlung im Hirn.

Kanizsa-Dreieck: Eine optische Sinnestäuschung, die von dem italienischen Psychologen Gaetano Kanizsa erfunden wurde. Siehe Abb. 2.

Kernspintomographie: Eine moderne, nicht-invasive Scan-Methode für den Körper (und besonders für das Hirn), die auf der magnetischen Resonanz gewisser Atomkerne beruht. Die Standardmethode erzeugt statische zweidimensionale Bilder mit überraschend guter räumlicher Auflösung. Siehe S. 149. Diese Technik kann neuerdings auch so angewendet werden, daß gewisse Aktivitäten im Hirn sichtbar werden.

Kognitionswissenschaft: Jede Disziplin, in der Kognition wissenschaftlich erforscht wird. Ihre Hauptzweige sind Linguistik, kognitive Psychologie und Künstliche Intelligenz. In Stuart Sutherlands Augen »dürfen dank dieser Bezeichnung Nicht-Wissenschaftler behaupten, sie seien Wissenschaftler«. Er fügt hinzu: »Dem Nervensystem widmen Kognitionswissenschaftler selten Aufmerksamkeit.«

Korbzelle: Im zerebralen Cortex ein hemmender Zelltyp, der oft ein sehr langes Axon hat, das viele Kontakte mit den Zellkörpern anderer Neurone hat.

Korreliertes Feuern: Das Feuern von zwei Neuronen heißt korreliert, wenn die Spikes des einen überzufällig oft gleichzeitig (oder um einen konstanten Zeitfaktor verschoben) mit den Spikes des anderen auftreten. Wenn zum Beispiel zwei Neuronen immer zu genau demselben Zeitpunkt feuern, dann wird ihr Feuern als stark korreliert angesehen.

Künstliche Intelligenz (KI): Die Erforschung der Frage, wie man Computer dazu bringt, sich intelligent zu verhalten. Wird sowohl betrieben, um die Computertechnik zu verbessern, als auch, um zum Verständnis der Funktionsweisen des Hirns beizutragen.

Lipid: Ein allgemeiner Ausdruck zur Bezeichnung gewisser organischer Moleküle, die ein hydrophiles und ein hydrophobes Ende haben. Eine doppelte Lipidschicht bildet die Basis der meisten biologischen Membrane, so auch der Membran, von der jede Zelle umgeben ist.

Locus coeruleus: Ein pigmentierter Bereich des Pons (im Hirnstamm). Ein Axon des Locus coeruleus kann außerordentlich viele Synapsen haben, häufig über eine weite Region des zerebralen Cortex hinweg. Seine genaue Funktion ist unbekannt. Beim REM-Schlaf ist er weitgehend inaktiv.

Magnozelluläre Schichten: Schichten mit großen Nervenzellen (**M-Zellen**). Bezeichnete ursprünglich im visuellen System zwei der sechs Schichten des CGL (siehe auch **Parvozelluläre Schichten**). Der Ausdruck »M-Zelle« ist heute eine allgemeine Bezeichnung für solche Nervenzellen des Primaten in der Retina und im visuellen Cortex, deren Reaktionen auf visuelle Signale einigermaßen ähnlich sind. Siehe S. 160 und 165.

Maskierung: In der Psychologie der visuellen Wahrnehmung der Effekt, den ein visuelles Signal auf die Sichtbarkeit eines kurzen anderen (normalerweise eines ähnlichen) visuellen Signals hat, mit dem es etwa zur gleichen Zeit und etwa am gleichen Ort auftritt.

Merkmal-Detektor: Ein Merkmal ist die Art von Reiz, auf den ein bestimmtes Neuron im Hirn reagiert; dieses Neuron wird dann (ein wenig ungenau) als ein Merkmal-Detektor bezeichnet.

Mikroelektrode: Eine sehr kleine Elektrode, die verwendet wird, um hauptsächlich elektrische Signale von einer einzigen Nervenzelle aufzuzeichnen.

Mikrometer: Siehe den Abschnitt **Maßeinheiten**.

Molekularbiologie: Die biologische Forschung auf der molekularen Ebene, insbesondere die Erforschung der Struktur, Synthese und des Verhaltens von Proteinen und Nukleinsäuren. Heute wegen seiner Präzision und außerordentlich leistungsstarken experimentellen Methoden der vorherrschende Zugang zu vielen biologischen Problemen.

Motorischer Cortex: Diejenigen Teile des zerebralen Cortex, die hauptsächlich mit der Vorbereitung und Durchführung von Bewegungen befaßt sind.

MT (Gyrus temporalis medialis): Ein visuelles Areal im Cortex des Affen, das manchmal auch als »V5« (d. h. das fünfte visuelle Areal) bezeichnet wird. Seine Neuronen interessieren sich besonders für Bewegung. Die Abkürzung kommt vom englischen Ausdruck »middle temporal«.

Neckerwürfel: Die Umrißzeichnung eines Würfels, der auf zwei verschiedene Weisen wahrgenommen werden kann. Siehe Abb. 4.

Neglect: Wer (gewöhnlich aufgrund einer Hirnschädigung) an einem visuellen Neglect leidet, ist zwar im Hinblick auf keine der beiden Hälften des visuellen Felds blind, er neigt aber dazu, Objekte auf der einen Seite nicht zu bemerken, wenn auf der anderen Seite etwas Interessantes ist.

Neocortex: Der »neue« Cortex. Bei den Säugetieren der Hauptteil des zerebralen Cortex. Andere Teile sind der Paläocortex und der Archicortex. Wird »Cortex« gesagt, dann ist gewöhnlich der zerebrale Neocortex gemeint.

NETtalk: Ein neuronales Netzwerk, das entwickelt wurde, um anhand von Beispielen zu lernen, wie geschriebenes Englisch ausgesprochen wird. Wird ausführlich im 13. Kapitel erörtert.

Netzhaut: Siehe **Retina.**

Neurales Korrelat: Das neurale Korrelat einer Empfindung, Handlung oder eines Gedankens ist die Beschaffenheit und das Verhalten derjenigen Nervenzellen, deren Aktivität mit der entsprechenden geistigen Aktivität eng zusammenhängt. Die neuralen Korrelate des Bewußtseins sind noch nicht entdeckt.

Neuroanatomie: Die Erforschung der Struktur des Nervensystems, insbesondere der Neuronen und der Art ihrer wechselseitigen Verbindungen. Ein Zweig der **Neurobiologie.**

Neurobiologie: Die Biologie der Nervensysteme von Lebewesen. Durch einen kuriosen historischen Zufall wird die Psychologie gewöhnlich nicht als Teil der Neurobiologie betrachtet. Sie wird gewöhnlich nicht in Abteilungen für Biologie, sondern in separaten akademischen Abteilungen gelehrt. In den letzten 25 Jahren hat die Zahl der Neurobiologen außerordentlich zugenommen.

Neuron: Die wissenschaftliche Bezeichnung für »Nervenzelle«. Siehe 8. Kapitel.

Neuronales Netz: Ein Computer, der aus Einheiten besteht, die eine Ähnlichkeit mit stark übervereinfachten Neuronen haben. Solche Einheiten können auf viele verschiedene Weisen miteinander verbunden werden. Die Stärke der Verbindungen kann verändert werden, um damit zu erreichen, daß sich das Netz in der gewünschten Weise verhält. Siehe 13. Kapitel.

Neurophysiologie: Eine Neurowissenschaft, die sich mit dem Verhalten des Nervensystems und seiner Bestandteile beschäftigt — insbesondere mit der Frage, wie, warum und wann Nervenzellen feuern.

NMDA (N-Methyl-D-Aspartat): Eine kleine chemische Substanz, die dem **Glutamat** verwandt ist. Ein NMDA-Rezeptor ist ein Glutamat-Rezeptor, der auch auf NMDA reagiert. Spielt bei gewissen Formen der synaptischen Veränderung eine wichtige Rolle. Siehe S. 133.

Noradrenalin: Ein Hormon und auch ein Neurotransmitter, der z. B. im **Locus coeruleus** zur Anwendung kommt.

Öffnungsproblem: Das Problem, wie man die wirkliche Bewegung einer geraden Linie ohne besondere Merkmale erkennt, auf die man durch eine kleine (gewöhnlich runde) Öffnung blickt. Siehe auch S. 191f.

Oszillationen: Neuronen und speziell **Hirnströme** zeigen bei einer Vielzahl von Frequenzbereichen einigermaßen unregelmäßige Periodizitäten. Die in der Nähe von 10 Hertz heißen Alpha-Rhythmen; die in der Nähe von 20 Hertz werden gelegentlich als Beta-Rhythmen bezeichnet. Im Bereich von 35–75 Hertz werden sie manchmal als

»Gamma-Oszillationen« bezeichnet, manchmal auch weniger akkurat als »40-Hertz-Oszillationen«. Siehe 17. Kapitel.

Pacman-Figur: Eine kreisrunde Scheibe mit gleichmäßiger Farbe, in der ein Segment fehlt. Siehe Abb. 2.

Parvozelluläre Schicht: Schicht mit kleinen Nervenzellen (**P-Zellen**). Bezeichnete ursprünglich im visuellen System vier der sechs Schichten des CGL (siehe auch **Magnozelluläre Schicht**). Der Ausdruck »P-Zelle« ist heute eine allgemeine Bezeichnung für diejenigen Nervenzellen des Primaten in der Retina oder im visuellen Cortex, deren Reaktionen auf visuelle Signale einigermaßen ähnlich sind. Siehe S. 160 und 165.

Patch-clamping: Eine Methode zur Erforschung des Verhaltens einzelner Ionen-Kanäle in einem winzigen Stück Membran. Siehe S. 153.

PDP: Abkürzung für »Parallel Distributed Processing«, zu deutsch: verteilte Parallelverarbeitung. Das ist eine Computerarbeitsweise, die sich von der des üblichen Computers stark unterscheidet; siehe 13. Kapitel. Das Kürzel wird auch als Name der Gruppe von (zumeist in San Diego ansässigen) Forschern verwendet, die zur Entwicklung dieser Art der Arbeitsweise von Computern beigetragen haben.

Perzeptron: Ein sehr einfaches neuronales Netz, das insbesondere von Frank Rosenblatt erforscht wurde. Siehe S. 225.

PET-Scan: »PET« steht für Positronen-Emissionstomographie. Eine Methode zur Erforschung der Aktivität im Hirn, bei der radioaktive Substanzen eingesetzt werden, die ein Positron emittieren. Man kommt auf diesem Weg zu einer ziemlich groben Karte, auf der zu sehen ist, wo die (zu einer bestimmten Aufgabe gehörende) Aktivität lokalisiert ist.

Photon: Ein Lichtpartikel. Licht hat (wie die Materie) sowohl teilchenartige als auch wellenartige Eigenschaften.

Photorezeptor: Eine spezialisierte Nervenzelle, die auf Licht eines bestimmten Wellenlängenbereichs reagiert.

Positron: Ein Elementarteilchen, das dem Elektron ähnelt, aber positive statt negative Ladung hat. Wenn ein Positron auf ein Elektron trifft, löschen sie einander aus und setzen dabei Gammastrahlen (Röntgenstrahlen mit einer sehr kurzen Wellenlänge) frei. Wird beim PET-Scan verwendet.

Potential: In den Neurowissenschaften bedeutet dieser Ausdruck meist Spannung. Wird gewöhnlich in Millivolts gemessen (1 Volt = 1000 Millivolt).

Projizieren: In den Neurowissenschaften sagt man, daß eine Nervenzelle zu einem bestimmten Ort »projiziert«, wenn ihr Axon dort endet.

Wenn die Region A zur Region B projiziert, dann ist damit gesagt, daß A und B so miteinander verbunden sind, daß Signale von A nach B wandern.

Prosopagnosie: Die Unfähigkeit, Gesichter oder gewisse Aspekte von ihnen zu erkennen; entsteht gewöhnlich durch eine Hirnschädigung.

Protein: Eine große Familie biologischer Moleküle, in denen Aminosäuren zu langen Ketten verbunden sind. Es gibt sehr viele verschiedene Proteintypen. Sie sind die Werkzeugmaschinen der Zelle. Enzyme und Ionen-Kanäle bestehen aus Protein, und auch noch andere große Moleküle, die in der Biologie wichtig sind.

Psychologie: »Die systematische Erforschung des Verhaltens und des Geistes bei Mensch und Tier, eine Disziplin, die bis jetzt nicht viel Kohärenz aufweist. Sie hat sehr verschiedene Zweige. In manchen davon werden Erklärungen entwickelt, die sich nur wenig (falls überhaupt) oberhalb des Niveaus des gesunden Menschenverstands befinden. In anderen Zweigen werden streng wissenschaftliche Theorien entwickelt. Fast alle diese Zweige eint der Glaube an den Wert des Experiments, gleichgültig, ob dessen Resultat wichtig oder wiederholbar ist.« (Zitat aus dem *International Dictionary of Psychology* von Stuart Sutherland, New York 1989)

Pulvinar: Ein großer Teil des Thalamus; ist bei den Primaten vornehmlich mit visueller Wahrnehmung befaßt. Nicht identisch mit dem CGL, dem anderen visuellen Teil des Thalamus.

Pyramidenzelle: Ein Typus der großen Nervenzelle, der im **zerebralen Cortex** sehr verbreitet ist; hat an der Spitze einen Dendriten, der gewöhnlich ziemlich lang ist. Die Dendriten haben viele Dornen. Die Axonen bilden Synapsen vom Typ 1 (erregend).

Qualia: Ein philosophischer Fachterminus, der Plural des lateinischen Worts »quale«. Die subjektive Qualität des geistigen Erlebens, z. B. das Rotsein von Rot oder die Schmerzhaftigkeit von Schmerz.

Quantenmechanik: Die physikalische Mechanik, die das Verhalten von Materie und Licht (insbesondere von Photonen und Elektronen) akkurat beschreibt. Wurde in den zwanziger Jahren entwickelt. Die Grundideen vertragen sich nicht mit dem gesunden Menschenverstand des Alltagslebens. Hinsichtlich großer Objekte liefert die Newtonsche Mechanik in den meisten Fällen hinreichend gute Näherungswerte.

Querdisparation: Der Unterschied der Positionen in den beiden Augen, zu denen ein Punkt im Raum projiziert. Im visuellen System reagieren Nervenzellen, die Inputs von beiden Augen empfangen, oft auf kleine Unterschiede zwischen den beiden Inputs. Diese Eigenschaft macht räumliches Sehen möglich.

Raumfrequenz: Der räumliche Abstand der Elemente eines regelmäßigen Balkenmusters; Raumfrequenz wird üblicherweise in Zyklen pro Grad des Sehwinkels ausgedrückt. Ein fein abgestuftes Balkenmuster ist durch eine hohe Raumfrequenz gekennzeichnet.

Reduktionismus: Die Idee, daß es zumindest im Prinzip möglich ist, ein Phänomen durch weniger komplizierte Bestandteile zu erklären. Die Haupterklärungsmethode in den exakten Wissenschaften. Wird von vielen (auch von einigen Philosophen) nicht gemocht, gewöhnlich unzulänglicher Gründe wegen.

REM-Schlaf: »REM« steht für »rapid eye movement« (schnelle Augenbewegung). Die andere Hauptschlafphase ist der **S-Schlaf.** Während des **REM**-Schlafs treten häufig halluzinationsartige Träume auf.

Retikulärformation: Eine altmodische Bezeichnung für viele Gruppen von Nervenzellen in Teilen des Hirnstamms, insbesondere für solche, die mit Schlaf, dem allgemeinen Erregungsniveau und verschiedenen Körperfunktionen zu tun haben.

Retina: Eine vielschichtige Ansammlung von Nervenzellen an der Rückseite des Auges. Seltsamerweise liegen die Photorezeptoren in der innersten Schicht, während die Ganglienzellen, deren Axone zum Hirn projizieren, in der äußeren Schicht (näher an der Linse) liegen. Deshalb muß es in der Retina eine Lücke geben, durch die die Axonen der Ganglienzellen auf ihrem Weg ins Hirn hindurchkönnen. Diese Lücke in der Photorezeptorschicht erzeugt im Auge den **Blinden Fleck.**

Retinotopisch: Daß ein Bereich eine retinotopische Abbildung enthält, bedeutet: Benachbarte Punkte auf der Retina werden in diesem Bereich wiederum durch benachbarte Punkte repräsentiert. Retinotopische Abbildung findet sich häufig auf den Ebenen des visuellen Systems, die direkter mit den Augen verbunden sind.

Rezeptives Feld: Der Teil des visuellen Felds, in dem ein Reiz der richtigen Art eine Nervenzelle im visuellen System erregen kann.

Sakkade: Eine kleine Augenbewegung, die mit einem neuen Fixationspunkt endet. Sakkaden sind schnell, aber es können nicht mehr als etwa fünf pro Sekunde vollzogen werden. Die meisten Menschen bewegen ihre Augen häufiger, als ihnen bewußt ist, gewöhnlich drei- oder viermal pro Sekunde.

Serielles Suchen: Der Gegenbegriff zu **Entgegenspringen.** Ein visueller

Prozeß, in dem eine größere Ansammlung von Objekten Stück für Stück nacheinander durchgemustert wird.

Serotonin: Ein kleines organisches Molekül (5-Hydroxytryptamin), das als Neurotransmitter verwendet wird. Es ist in der Raphe-Region des Hirnstamms vorhanden, von wo aus Axone überall ins Hirn gehen. Spielt möglicherweise bei verschiedenen Arten von Geisteskrankheit eine Rolle.

Signal/Rausch-Verhältnis: Das Verhältnis des Signals (der erwünschten Information) zum »Rauschen« (der unerwünschten Hintergrundinformation). Im Gedränge einer Cocktailparty ist das Signal/Rausch-Verhältnis der Information im Gesprächsbeitrag eines Gastes gewöhnlich sehr klein.

Skotom: Im visuellen System ist dies eine räumlich umgrenzte Blindheit, die normalerweise durch eine Schädigung der Retina oder eines Teils des visuellen Cortex hervorgerufen wird.

Soma: Das wissenschaftliche Wort für »Zellkörper«.

Somatosensorisch: Hat mit Informationen zu tun, in denen es um (sowohl innere als auch äußere) Teile des Körpers geht; zuständig für Temperaturempfindungen, Berührung, Druck und so weiter.

Spike: Ein informeller Ausdruck für den kurzen Aktivitätsimpuls, der am Axon entlangwandert. Wird auch als **Aktionspotential** bezeichnet.

S-Schlaf: Vom englischen Fachterminus »slow-wave sleep«. Das sind die relativ traumlosen Formen des Schlafs, die im EEG ein langsames Muster aufweisen. Die beiden Hauptphasen des Schlafs (der S- und der REM-Schlaf) wechseln einander ab, üblicherweise alle 90 Minuten. S-Schlaf tritt normalerweise vor einer REM-Schlafphase auf.

Stäbchen: Ein Photorezeptortyp in der Retina, der hauptsächlich bei Dämmerlicht reagiert. Es gibt nur einen Typ Stäbchen, daher hat man bei Dämmerlicht keine Farbwahrnehmung. In der Fovea gibt es keine Stäbchen, dafür gibt es sie aber reichlich an der Peripherie der Retina. Vgl. **Zäpfchen.**

Streifencortex: Heißt so, weil er Streifen hat, die durch die vielen myelenisierten Axone enstehen, die ungefähr parallel in horizontaler Richtung verlaufen. Wird auch als »Streifenkörper«, »Areal 17« und »V1« (das erste visuelle Areal) bezeichnet.

Sulcus: Eine Rille in den Falten des Cortex. Die meisten Sulci haben ihren eigenen Namen, so z. B. der Sulcus temporalis superior (oder kurz: STS).

Synapse: Die Verbindung zwischen zwei Nervenzellen. Die meisten Synapsen haben eine winzige Lücke (zwischen dem Ende des ankommenden Neurons und dem Empfängerneuron), in die Neurotransmittermoleküle hineinfließen können. Siehe S. 129–133. In einigen

Teilen des Hirns können die Dendriten der einen Zelle eine Synapse mit den Dendriten einer anderen Zelle bilden; derartige Synapsen kommen jedoch im **zerebralen Cortex** selten oder überhaupt nicht vor.

Thalamus: Eine wichtige Region des Vorderhirns, die eng mit dem **zerebralen Cortex** zusammenhängt. Der Thalamus hat viele verschiedene Teile. Die wichtigsten visuellen Bereiche bei den Primaten sind das CGL und das **Pulvinar**. Der Thalamus ist das Tor zum Cortex, weil alle Sinne (außer dem Geruchssinn) ihren Weg über ihn nehmen müssen, um zum Cortex zu gelangen.

Unbewußter Schluß: Ein Ausdruck, den v. Helmholtz im 19. Jahrhundert verwendet hat, um damit auszudrücken, daß die unbewußten Wahrnehmungsvorgänge dem bewußten Schließen ähneln. Obwohl dies im großen und ganzen richtig zu sein scheint, sind die jeweils beteiligten neuronalen Mechanismen wahrscheinlich ganz verschieden.

V1, V2 usw.: V1 ist das erste visuelle Areal im Cortex, V2 das zweite und so weiter. Die Nomenklatur ist ein wenig beliebig, so wird V5 gewöhnlich als »MT« bezeichnet. Bis jetzt gibt es noch kein V6; für die vielen anderen visuellen Areale des Cortex werden andere Abkürzungen verwendet.

Vorderes Vierhügelpaar: Eine paarige Gruppe von Nervenzellen, die sich oben am Hirnstamm (auf beiden Seiten ein Paar) befindet. (Bei den niederen Wirbeltieren wird das entsprechende Organ häufig das »Tectum« genannt.) Die Vierhügelpaare gehören zum visuellen System; sie empfangen Inputs von bestimmten Ganglienzellen im Auge. Bei den Primaten scheint ihre Hauptfunktion mit den Augenbewegungen zu tun zu haben; da jedoch einige ihrer Nervenzellen auch zum Pulvinar projizieren, sind sie wahrscheinlich auch an anderen Formen der visuellen Aufmerksamkeit beteiligt.

Wernicke-Areal: Eine Region weiter hinten in der dominanten zerebralen Hemisphäre (derjenigen, die für Sprache zuständig ist). Ein Teil des menschlichen Sprachsystems. Schädigungen in diesem Bereich führen zu einer charakteristischen Form der Aphasie. Wahrscheinlich kein einfaches kortikales Areal im modernen Sinn des Wortes.

Willensfreiheit: Das Gefühl, man sei frei, persönliche Entscheidungen zu treffen.

Zäpfchen: Ein spezieller Nervenzelltyp im Auge, der als Photorezeptor

dient. Zäpfchen sind auf Tageslicht und Farbwahrnehmung spezialisiert. Siehe **Stäbchen**.

Zerebraler Cortex: Wird oft einfach als »der Cortex« bezeichnet. Zwei
große, stark gefaltete Lappen aus Nervengewebe, einer auf jeder Seite
des Kopfes; siehe Abb. 23. Manchmal wird eine Unterteilung in drei
Hauptbereiche vorgenommen: in den Neocortex (der größte Teil des
Cortex der Primaten), den Paläocortex und den Archicortex.

WEITERFÜHRENDE LITERATUR

»... des vielen Büchermachens ist kein Ende, und viel Studieren macht den Leib müde.«   *Prediger 12, 12*

Dies ist eine sehr persönliche Auswahl von Büchern, die eine Vielfalt von Themen abdecken. Einige darunter eignen sich für den Laien, andere sind anspruchsvoller. Ich habe sie unter sechs grobgefaßte Rubriken gebracht, um es dem Leser zu erleichtern, das Thema zu finden, bei dem er etwas Weiterführendes sucht. Die Aufteilung ist unvermeidlicherweise ein wenig willkürlich geraten. Meine kurzen Kommentare sollen einen Eindruck davon vermitteln, was es mit dem Buch jeweils auf sich hat.

Allgemein

Blakemore, Colin: *The Mind Machine*. BBC Books, 1988.

Blakemore ist ein britischer Physiologe mit einem breitgefächerten Interesse sowohl am Hirn als auch am Geist. Dieses Buch begleitet eine TV-Serie des BBC. Es berührt viele Aspekte des Geistes; vom Bewußtsein ist allerdings kaum die Rede. Sehr lesbar.

Changeux, Jean-Pierre: *Neuronal Man: The Biology of Mind*. Pantheon 1985.

Changeux ist ein französischer Molekularbiologe, der ein besonderes Interesse an der Neurobiologie hat. Sein Buch stellt viele Aspekte des menschlichen und tierischen Hirns sehr gut lesbar dar; es gibt viele interessante historische Nebenbemerkungen. Über das Bewußtsein findet sich hier ziemlich wenig.

Edelmann, Gerald M: *Bright Air, Brilliant Fire*. Basic Books, New York 1992.

Edelman ist ein Molekularbiologe, der sich neuerdings mit Entwicklungsbiologie und theoretischen Modellen des Hirns beschäftigt. Das Buch zielt auf ein breiteres Publikum ab als seine drei vorhergehenden Bücher, es handelt aber von ziemlich denselben Dingen. Einige der Geschichtchen, die Edelman hier erzählt, mögen in seinem Freundeskreis bekannt sein; in einem Buch nehmen sie sich weniger gut aus.

Kosslyn, Stephen M./Koenig, Olivier: *Wet Mind: The New Cognitive Neuroscience*. The Free Press, 1992.

Dieses Buch wendet sich an eine breitere Leserschaft und handelt von vielen Aspekten der Hirnleistung: so z.B. vom Lesen, von der Sprache, von der Bewegungssteuerung und auch von der visuellen Wahrnehmung. Der Titel spielt auf die Idee an, daß der Geist nichts anderes ist als das, was das Hirn tut, und daß das Hirn – im Gegensatz zu »trockenen« Computern – »naß« ist. Neuronale Netzwerke werden erwähnt, über Neuronen selbst findet sich nur sehr wenig. Bewußtsein wird im letzten Kapitel erwähnt. Das Buch ist lesenswert, auch wenn ich im Hinblick auf Kosslyns Theorie des Bewußtseins meine Zweifel habe. Das Buch ist klar geschrieben.

Das Körper-Geist-Problem

Baars, Bernard: *A Cognitive Theory of Consciousness.* Cambridge University Press 1988.

Baars ist einer der wenigen Kognitionswissenschaftler, die das Problem des Bewußtseins ernst nehmen. Sein Buch beschreibt eine allgemeine Theorie des Bewußtseins – mit der Idee vom »globalen Werkraum« – und enthält außerdem einen weiten Überblick über viele Aspekte des Bewußtseins. Baars hat zwar ein wenig Interesse an Neuronen, es findet sich aber nur wenig dazu in diesem Buch. (Seine Ideen diskutiere ich im 2. und 17. Kapitel.)

Churchland, Patricia Smith: *Neurophilosophy: Toward a Unified Science of the Mind-Brain.* Bradford Books. MIT Press 1986.

Patricia Churchland ist eine Philosophin. Sie gehört zu den ersten Neurophilosophen, d. h., sie hat detailliertes Wissen über Neuronen und das Hirn sowie über neuronale Netze. Das erste Drittel ihres Buchs ist eine Einführung in die Neurowissenschaft. Im zweiten geht es um neuere Entwicklungen in der Wissenschaftstheorie. Im dritten Teil werden einige (inzwischen ein wenig überholte) Theorien der Hirnfunktion vorgestellt. In einem frischen, gut lesbaren Stil geschrieben.

Churchland, Paul M.: *Matter and Consciousness.* Bradford Books, MIT Press 1984.

Paul Churchland ist ein kanadischer Philosoph, der zur Zeit in San Diego tätig ist. Er ist, wie er erklärt, ein eliminativer Materialist. Er versteht mehr vom Hirn als die meisten Philosophen. Ich stimme darin mit ihm überein, daß viele unserer gegenwärtigen psychologischen Ideen sich vermutlich als nur sehr grobe Annäherungen an die Wahrheit herausstellen werden. Leicht zu lesen.

Churchland Paul M.: *A Neurocomputational Perspective: The Nature of Mind and the Structure of Science*. Bradford Books, MIT Press 1989.

Hauptsächlich Aufsätze, in denen die neueren Auffassungen des Autors über Qualia, Alltagspsychologie, neuronale Netze und weitere Themen vorgestellt werden. Das Buch spiegelt einige der gegenwärtigen Differenzen wider, die unter den Philosophen über diese Themen bestehen. Sehr dichte Argumentation.

Dennett, Daniel C.: *Philosophie des menschlichen Bewußtseins*. Hoffmann und Campe, Hamburg 1994.

Dennett ist ein Philosoph, der etwas von Psychologie und ein wenig vom Hirn versteht. Er hat interessante Ideen, scheint aber allzu überzeugt von seiner eigenen Beredsamkeit. Seine Hauptzielscheibe ist das »Cartesische Theater«, die Vorstellung, es gebe im Hirn einen einzelnen Ort, an dem das Bewußtsein sitzt. Mit diesem Angriff hat er vermutlich recht, auch wenn es möglich ist, daß es verteilte Cartesische Theater gibt. Er glaubt, daß Bewußtsein ein fortlaufender Prozeß sei, den er als ein »Mehrfach-Entwurf«-Modell beschreibt. An dieser Idee ist viel Wahres. Er meint, es sei unmöglich, einen Unterschied zu machen zwischen falschen Darstellungen, die das Hirn von nie geschehenen Ereignissen gibt, und Hirnereignissen, die stattgefunden haben, aber dann falsifiziert wurden. Ich glaube, daß wir diesen Unterschied wahrscheinlich machen könnten, wenn wir genau wüßten, was sich während des Vorgangs im Hirn abgespielt hat. Was er über das Ausfüllen sagt, ist vermutlich nicht haltbar (vgl. meine Erörterung im 4. und 11. Kapitel); was er über Qualia sagt, ist nicht hilfreich.

Dennett schlägt halbherzig ein paar Experimente vor, mit denen seine Ideen gestutzt werden könnten. Bezeichnenderweise sind es ausschließlich psychologische Experimente; sein Buch brächte niemanden auf die Idee, daß experimentelle Bestätigung mit Hilfe neurowissenschaftlicher Methoden wesentlich ist.

Eccles, John C.: *Die Evolution des Gehirns – die Erschaffung des Selbst*. Piper Verlag, München 1993.

Hauptsächlich zur Evolution des menschlichen Hirns. Die letzten Kapitel enthalten eine neuere Fassung der Ideen des Autors als das Buch, das er mit Popper zusammen verfaßt hat.

Edelman, Gerald M.: *Unser Gehirn – ein dynamisches System*. Piper Verlag, München 1993.

Das dritte Buch einer Serie, in der der Autor seine Ideen entwickelt. Edelman hat ein großes Wissen über viele Aspekte dieser Themen. Er ist allzu verliebt in seine eigenen Begriffe (z.B. »neuronale Gruppenselektion«, »neuronaler Darwinismus« und »Schleifen mit Wiedereintritt«). Ein Enthusiast, der eher für seinen Überschwang berühmt ist als für seine Klarheit.

Griffin, Donald R.: *Wie Tiere denken. Ein Vorstoß ins Bewußtsein der Tiere.* dtv, München 1990.

Griffin ist Biologe. Haben Tiere Bewußtsein? Diese Frage wird im Buch sorgfältig erörtert. Griffin gibt plausible Gründe dafür, daß wenigstens manche Tiere Bewußtsein haben, und er warnt vor dogmatischen Erklärungen zu diesem Thema. Es ist unwahrscheinlich, daß man eine endgültige Antwort auf diese Frage findet, bevor die neurale Grundlage des Bewußtseins verstanden ist.

Humphrey, Nicholas: *A History of the Mind: Evolution and the Birth of Consciousness.* Simon & Schuster, New York 1992.

Humphrey ist Neurowissenschaftler an der Cambridge University. Sein Buch ist leicht zu lesen und voller britischem Charme. Auch das Bewußtsein wird erörtert. Wie Edelman betont er die Bedeutung von Rückkopplungsschleifen, bleibt allerdings ein wenig vage bei der Frage, welche davon für das Bewußtsein entscheidend sind. Er erwägt nicht die Idee, daß neuronale Netze lernen können, Korrelationen in ihren Inputs zu erkennen.

Jackendoff, Ray: *Consciousness and the Computational Mind.* Bradford Books, MIT Press 1987.

Jackendoff ist Kognitionswissenschaftler mit einem besonderen Interesse an Sprache und Musik. In diesem Buch stellt er seine Zwischenebenen-Theorie des Bewußtseins vor. Sie besagt z.B., daß wir uns nicht direkt unserer Gedanken bewußt sind, sondern nur der Selbstgespräche und Vorstellungsbilder, die von solchen Gedanken hervorgerufen werden. Siehe dazu meine Diskussion im 2. und 14. Kapitel. Klar geschrieben, aber keinesfalls beim ersten Lesen leicht zu verstehen.

Lockwood, Michael: *Mind, Brain and Quantum: The Compound »I.«.* Blackwell 1989.

Lockwood ist ein Oxforder Philosoph. Er erkennt an, daß Bewußtsein für den Materialisten ein Problem darstellt, hofft aber, daß ein passendes Verständnis der quantenmechanischen Paradoxe etwas zu dessen Lösung beiträgt. Er schildert sehr ungenau, wie dies funktionieren soll, und beruft sich auf Ideen von Herbert Fröhlich, die nur wenige Wissenschaftler glaubhaft finden. Er glaubt, daß von neuen Entdeckungen über das Hirn überhaupt keine Hilfe zu erwarten ist. Nicht leicht zu lesen.

Marcel, A.J./Bisiach, E. (Hg.): *Consciousness in Contemporary Science.* Oxford University Press 1988.

Eine sehr bunte Mischung, aber ziemlich repräsentativ, was die Vielfalt der Wege betrifft, auf denen ein Zugang zum Problem des Bewußtseins gesucht wird. Für ein akademisches Publikum.

Penrose, Roger: *Computerdenken. Die Debatte um Künstliche Intel-*

ligenz, Bewußtsein und die Gesetze der Physik. Spektrum der Wissenschaft, Springer Verlag, Heidelberg 1991.

Penrose ist ein berühmter Mathematiker und theoretischer Physiker. Er glaubt, daß das Hirn Prozesse ausführen kann, die kein möglicher Computer à la Turing ausführen könnte. Die Physik ist seines Erachtens unvollständig, weil noch eine Theorie der Quantengravitation fehlt. Er hofft, daß eine angemessene Theorie der Quantengravitation vielleicht das Geheimnis des Bewußtseins lüften werde, aber wie sie das machen könnte, darüber sagt er (untypischerweise) nichts Klares. Letztlich ist sein Argument, daß die Quantengravitation und das Bewußtsein mysteriös sind, und daß es doch wundervoll wäre, wenn das eine das andere erklärte. Große Teile des Buchs handeln von Turingmaschinen, Gödels Theorem, dem Zeitpfeil – all dies wird sehr gründlich und klar erläutert. Es findet sich ein wenig über einige Eigenschaften des Hirns, aber praktisch nichts zur Psychologie. Penrose ist ein Platonist, und dieser Standpunkt sagt nicht jedem zu. Es wäre bemerkenswert, wenn sich seine Hauptidee als wahr herausstellte.

Popper, Karl R./Eccles, John C.: *Das Ich und sein Gehirn.* Piper Verlag, München ³1991.

Popper ist Philosoph. Eccles ist Neurowissenschaftler. Das Buch hat drei Teile: der erste ist von Popper, der zweite von Eccles und der dritte ist ein Dialog der beiden. Beide sind Dualisten – sie glauben an das Gespenst in der Maschine. Ich meinerseits habe wenig für die Standpunkte der beiden übrig. Sie würden vermutlich dasselbe über meinen sagen.

Searle, John R.: *Die Wiederentdeckung des Geistes.* Artemis & Winkler, München 1993.

Searle ist Philosoph. Sein Buch handelt vom Körper/Geist-Problem, er hat aber detaillierte Einwände gegen den üblichen KI-Ansatz. Er ist kein Dualist, sondern nimmt an, daß Bewußtseinszustände einfach höherstufige Merkmale des Hirns sind. Searle widmet sich nicht dem Problem, wie Neuronen das zustande bringen oder wie sie Bedeutung kodieren können. Ich stimme ihm darin zu, daß wir gegenüber dem Hirn vermutlich einen Anthropomorphismus begehen und daß ein großer Teil unserer gegenwärtigen Ideen ein detailliertes Verständnis der Funktionsweisen des Hirns nicht überleben wird.

Künstliche Intelligenz und neuronale Netze

Abeles, M: *Corticonics: Neural Circuits of the Cerebral Cortex.* Cambridge University Press 1991.

Der Autor ist ein Neurophysiologe aus Israel. Der Titel ist eine Zusammensetzung aus »Cortex« und »Electronics«. Das Buch enthält eine

Reihe interessanter Überlegungen über mögliche allgemeine Eigenschaften der neuronalen Verschaltungen des Hirns. Nicht für Anfänger geeignet.

Allman, William F.: *Apprentices of Wonder: Inside the Neural Network Revolution.* Bantam Books, New York 1989.

Ein forsches Buch eines Wissenschaftsjournalisten, mit Klatsch über die Leute, von denen es handelt. Es macht es leicht, etwas mehr über neuronale Netze und ihre Entstehung zu erfahren.

Bechtel, William/Abrahamsen, Adele: *Connectionism and the Mind: An Introduction to Parallel Processing in Networks.* Basil Blackwell 1991.

Eine recht lesbare Einführung für Studenten. Es geht zwar hauptsächlich um Netzwerke, es werden aber auch einige allgemeinere Themen diskutiert. Sehr wenig über Neuronen; gar nichts über Bewußtsein.

Blake, Andrew/Truscianko, Tom (Hg.): *A.I. and the Eye.* Wiley, New York 1990.

Eine Anthologie von Vorträgen, die auf einer internationalen Konferenz gehalten wurden, auf der KI-Forscher mit Psychologen zusammenkamen, die über visuelle Wahrnehmung arbeiten. Hier finden sich kaum Hinweise darauf, daß der KI-Ansatz viel zu einem Verständnis des Hirns beitragen wird; man erfährt aber etwas darüber, wie die Versuche innerhalb dieses Ansatzes aussehen.

Boden, Margaret A.: *Die Flügel des Geistes. Kreativität und Künstliche Intelligenz.* Artemis & Winkler, München 1992.

Boden ist Philosophin und Psychologin. Ihr Buch gibt eine gute Beschreibung von der KI. Es werden auch weiterreichende Folgerungen diskutiert.

Caudill, Maureen/Butler, Charles: *Naturally Intelligent Systems.* Bradford Books, MIT Press, 1990.

Neuronale Netze in Kurzform. Sehr klar geschrieben. Zwei »Netzwerker« geben in diesem Buch eine gute und recht einfach gehaltene Einführung. Geeignet für jeden, der mehr über neurale Netze erfahren möchte. Das Buch hat ein nützliches Glossar. Die Einheiten neuronaler Netze bezeichnen die Autoren als »Neuroden«; dieser Sprachgebrauch hat sich aber nicht durchgesetzt.

Churchland, Patricia S./Sejnowski, Terrence J.: *The Computational Brain: Models and Methods on the Frontiers of Computational Neuroscience.* Bradford Books, MIT Press 1992.

Ein Buch von zwei Kollegen aus San Diego, mit denen ich eng zusammenarbeite. Moderne Ideen über Computer und neuronale Netze werden dargestellt, und es wird auch erörtert, wie man sie auf wirkliche biologische Systeme anwenden kann. Ein wichtiges Buch für jeden, der meine sehr einfache Einführung in die neuronalen Netze (13. Kapitel) vertiefen möchte.

Minsky, Marvin: *Mentopolis*. Klett-Cotta, Stuttgart 1990.

Minsky ist einer der Väter der Künstlichen Intelligenz. Dieses ziemlich weitschweifige Buch stellt Minskys ausgereifte Gedanken über die Funktionsweisen des Geistes vor. Es liest sich so, als habe der Autor laut vor sich hin gedacht. Der Titel (im Original: »The Society of Mind«) faßt Minskys Grundidee zusammen; überall in diesem Buch finden sich aber auch anregende Bemerkungen zu einer Vielfalt von Themen. Praktisch nichts über das Hirn.

Newell, Allen: *Unified Theories of Cognition*. Harvard University Press 1990.

Newell glaubte (im Gegensatz zu den meisten) an die Möglichkeit einer allgemeinen Theorie der Kognition. Mit seinen Kollegen entwarf er eine Architektur der allgemeinen menschlichen Kognition, SOAR genannt. SOAR unterliegt Restriktionen, die aus allgemeinen Überlegungen über das Hirn stammen (wie lange ein Neuron braucht, um aktiv zu werden und dergl.), hat aber sonst mit den Neurowissenschaften wenig zu tun. Es geht hauptsächlich um Denken, Intelligenz und unmittelbares Verhalten, aber nicht um Wahrnehmung. Newell behauptet, SOAR liefere eine Theorie der »Bewußtheit« [awareness], nicht aber eine des »Bewußtseins« [consciousness], womit er Qualia meint. In SOAR geht es zumeist um Vorgänge, die etwa eine Sekunde oder länger dauern, während ich mich auf kürzere Vorgänge konzentriert habe. SOAR hat hirnähnlichere Eigenschaften als viele allgemeine KI-basierte Modelle. Ob es eine Ähnlichkeit mit dem tatsächlichen Verhalten des Hirns hat, muß sich erst noch herausstellen.

Rumelhart, David E./McClelland, James L./PDP Research Group: *Parallel Distributed Processing*, Bd. 1 und 2. Bradford Books, MIT Press 1986.

Das Buch löste die Revolution mit den neuronalen Netzen aus und wurde dabei ein akademischer Bestseller. Inzwischen ein wenig überholt. Die vier Einführungskapitel und das Schlußkapitel geben gute Überblicke über den damaligen Forschungsstand.

Schwartz, Eric L. (Hg.): *Computational Neuroscience*, Bradford Books, MIT Press 1990.

Das Werk mehrerer Autoren. Es geht um biologische Systeme, bis hin zu künstlichen neuronalen Netzen. Dieses akademisch gehaltene Buch illustriert sehr gut, welche Aktivität von der Revolution mit den neuronalen Netzen ausgelöst wurde.

Winston, Patrick Henry: *Künstliche Intelligenz*. Addison-Wesley, Bonn 1987. Ein nützliches Lehrbuch zum Thema.

Zornetzer, Steven F./Davis, Joel L./Lau, Clifford (Hg). *An Introduction to Neural and Electronic Networks.* Academic Press 1990.

Das Buch handelt von wirklichen Neuronen, Silizium-Neuronen und neuronalen Netzmodellen. Die Beiträge haben führende Forscher aus den betreffenden Gebieten (von der Molekularbiologie bis zur Mathematik) verfaßt. Vermittelt einen guten Eindruck vom Umfang der derzeit erforschten Ansätze. Nicht für Anfänger geeignet.

Kognitionswissenschaft

Gardner, Howard: *Dem Denken auf der Spur. Der Weg der Kognitionswissenschaft.* Klett-Cotta, Stuttgart 1989.

Eine allgemein gehaltene Einführung in die Kognitionswissenschaft und ihre Ursprünge. Nicht schwer zu lesen.

Hebb, D. O.: *Organization of Behavior.* Wiley, New York [2]1964.

Unvergessen vornehmlich wegen der klaren Formulierung der Hebbschen Regel (wie man sie heute nennt), von der ich im 13. Kapitel berichtet habe, und wegen der entschieden weniger klaren Andeutung über Nervenschaltungen mit kreisender Erregung.

James, William: *The Principles of Psychology.* Harvard University Press [2]1981.

Ohne Zweifel ein Klassiker. Trotz seines Alters immer noch lesenswert. Zeigt, daß Bewußtsein in der damaligen Psychologie ein wichtiges Thema war.

Johnson-Laird, Philip N.: *Mental Models*, Harvard University Press 1983; *The Computer and the Mind: An Introduction to Cognitive Science.* Harvard University Press 1988.

Johnson-Laird ist ein britischer Kognitionswissenschaftler, der jetzt in Princeton lehrt. Das erste Buch handelt hauptsächlich von der Sprache und dem Schlußfolgern; es gibt darin auch einen kleinen Abschnitt über Bewußtsein und Kognition. Das zweite Buch ist thematisch breiter gefächert; es geht darin auch um visuelle Wahrnehmung. Beide Bücher haben Tiefgang, sind dennoch recht gut zu lesen.

Posner, Michael I. (Hg.): *Kognitive Psychologie.* Juventa Verlag, Weinheim 1976.

Ein akademisches Buch für alle, die wissen wollen, worum es in der Kognitionswissenschaft geht. Nichts über das Bewußtsein. Neuronen werden nur in einem Kapitel erwähnt.

Sutherland, Stuart: *The International Dictionary of Psychology.* Macmillan 1989.

Die meisten Fachausdrücke aus der Psychologie und aus den angrenzenden Gebieten werden behandelt. Sutherland hat sehr dezidierte Ansichten über gewisse Zweige der Psychologie, wie z.B. die Psychoanalyse. Seine Definition der Liebe ist unkonventionell.

Visuelle Wahrnehmung

Baddeley, Alan: *Die Psychologie des Gedächtnisses.* Klett-Cotta, Stuttgart 1979.

Baddeley ist ein britischer Psychologe. Das Buch behandelt viele Aspekte des Gedächtnisses, oft auch ihren historischen Hintergrund. Sehr detailliert, aber sehr gut lesbar. Ein wenig über Hirnschädigungen und neuronale Netze, aber nichts über echte Neuronen.

Barlow, Horace/Blakemore, Colin/Watson-Smith, Miranda: *Images and Understanding.* Cambridge University Press 1990.

Wie ich sehe, habe ich das Vorwort geschrieben, in dem steht, das Buch sei »ein Fest für jedermann«. Es behandelt sehr unterschiedliche Themen: Neuronen, Hirne, bewegte Bilder, Tanz und Karikatur.

Gregory, R.L./Gombrich, E.H. (Hg.): *Illusion in Nature and Art.* Duckworth 1973.

Gregory ist ein britischer Psychologe, der sich auf die visuelle Wahrnehmung spezialisiert hat; Gombrich ist ein bekannter Kunsthistoriker und -kritiker. Das Buch ist voll von interessanten Beobachtungen über die Natur und die Kunst.

Johnson, Mark H./Morton, John: *Biology and Cognitive Development: The Case of Face Recognition.* Basil Blackwell 1991.

Ein gut geschriebenes Buch über ein Thema, das fast jeden interessiert. Gelehrt, aber vergnüglich zu lesen. Hält sich zurück beim schwierigen Thema des Bewußtseins menschlicher Säuglinge.

Julesz, Bela: *Foundations of Cyclopean Perception.* University of Chicago Press 1971.

Julesz ist ein ungarischer Psychologe, der viele Jahre bei den Bell Telephone Laboratories gearbeitet hat. Seine Erfindung des Zufallspunktstereogramms revolutionierte unsere Ideen über die Stereopsis. Diese sehr detaillierte Darstellung seiner Forschung ist inzwischen ein Klassiker.

Kanizsa, Gaetano: *Organization in Vision: Essays on Gestalt Perception.* Praeger, New York 1979.

Kanizsa war ein italienischer Psychologe. Das Buch enthält viele eindrucksvolle Darstellungen, die hauptsächlich vom Autor stammen und verschiedene Aspekte des Verhaltens unseres visuellen Systems illustrieren. Könnte gut ein Klassiker werden.

Kosslyn, Stephen Michael: *Ghosts in the Mind's Machine*. W. W. Norton, 1983.

Kosslyn ist einer der Pioniere der Erforschung des bildhaften Vorstellens, eines interessanten Themas, über das ich praktisch nichts gesagt habe. Ziemlich leicht zu lesen.

Marr, David: *Vision*. W. Freeman, 1983.

Mußte ein Klassiker werden, allein schon deswegen, weil der Autor so klar denkt und seinen Standpunkt so eindrucksvoll präsentiert. Seine allgemeine Einstellung und viele seiner Thesen wirken heute ein wenig überholt. Dennoch, seine Insistenz auf einer sorgfältigen Problemanalyse und auf der Entwicklung eines expliziten Modells werden Bestand haben. Das Buch wurde postum veröffentlicht.

Petry, Susan/Meyer, Glenn E. (Hg.): *The Perception of Illusory Contours*. Springer Verlag, Heidelberg 1987.

Eine Aufsatzsammlung, die aus einer Konferenz hervorgegangen ist. Bringt viele illusorische Konturen und fast so viele Ideen dazu. Nur für den Leser, der ein reges Interesse am Thema hat.

Rock, Irvin: *Wahrnehmung. Vom visuellen Reiz zum Sehen und Erkennen*. Spektrum der Wissenschaft, Springer Verlag, Heidelberg 1985.

Eine exzellente Einführung in die visuelle Wahrnehmung. Der Autor ist ein Psychologe, der durch seine Forschungen zum Verhalten unseres visuellen Systems sehr bekannt wurde. Ein gedankenreiches Buch, leicht zu lesen und gut illustriert. Das Bewußtsein wird nicht erwähnt, und über Neuronen und das Hirn findet sich nur wenig.

Sekuler, Robert/Blake, Randolph: *Perception*. McGraw-Hill [2]1990.

Beide Autoren sind Psychologen. Ihr Buch handelt von allen Sinnen, hauptsächlich geht es jedoch um die visuelle Wahrnehmung. Richtet sich an Studenten, ist aber auch für den Laien gut verständlich. Hauptsächlich Psychologie, ein wenig über das Hirn. Nichts über das Bewußtsein.

Weiskrantz, L.: *Blindsight. A Case Study and Implications*. Oxford University Press 1986.

Ein kompetenter allgemeiner Überblick über das Thema; zugleich eine detaillierte Darstellung einiger zuvor noch nicht veröffentlichter Arbeiten des Autors. Nützlich als Hintergrund für neuere Entwicklungen.

Neurowissenschaften

Blakemore, Colin (Hg): *Vision: Coding and Efficiency*. Cambridge University Press 1990.

Dieses Buch enthält eine Reihe von Arbeiten zu Ehren von Horace

Barlow, der viele fruchtbare Ideen zum visuellen System entwickelt hat. Es geht um viele verschiedene Themen im Zusammenhang mit visueller Wahrnehmung. Richtet sich an ein akademisches Publikum. Die Lektüre des kurzen Beitrags von Barlow ist ein Vergnügen.

Damasio, Hanna/Damasio, Antonio R.: *Lesions Analysis in Neuropsychology.* Oxford University Press 1989.

Die beiden Neurologen beschreiben, wie mit Hilfe verschiedener Scanning-Verfahren (z.B. Kernspintomographie) Informationen über Hirnschädigungen beim Menschen erlangt werden können. Die Möglichkeiten und Grenzen der Läsionenanalyse werden diskutiert und einige wichtige Resultate beschrieben. Die Autoren skizzieren ihre Idee der »Konvergenz-Zonen«, die anscheinend nicht nur in vielen kortikalen Arealen anzutreffen sind, sondern auch in den meisten Hirnregionen, die mit dem Cortex zusammenhängen. Viele interessante Bilder von Hirnschädigungen. Hauptsächlich für Ärzte und Wissenschaftler.

Dowling, John E.: *The Retina: An Approachable Part of the Brain.* Harvard University Press 1987.

Dowling hat viele Jahre lang über die Retina geforscht. Das Buch ist ein gutgeschriebener Überblick, der sich vornehmlich an Studenten richtet.

Dowling, John E.: *Neurons and Networks: An Introduction to Neuroscience.* Belknap Press of Harvard University Press 1992.

In diesem Buch geht es nicht um neuronale Netze als theoretische Modelle des Hirns, vielmehr ist es eine allgemeine Einführung in die Neurowissenschaft. Es basiert auf einem Einführungskurs, den der Autor an der Harvard University gehalten hat, und richtet sich an eine entsprechende Leserschaft.

Dudai, Yadin: *The Neurobiology of Memory: Concepts, Findings, Trends.* Oxford University Press 1989.

Dudai ist Neurobiologe. Sein Buch richtet sich an ein akademisches Publikum. Es handelt vom Menschen und vielem anderen bis hin zur kalifornischen Seegurke. Ein klar geschriebenes, gedankenreiches Buch.

Farah, Martha J.: *Visual Agnosia: Disorders of Object Recognition and What They Tell Us about Normal Vision.* Bradford Books, MIT Press 1990.

Ein gedankenreiches, gutgeschriebenes akademisches Buch. Viel zu detailliert für den gewöhnlichen Leser, aber wichtig für jeden, der über visuelle Wahrnehmung forschen möchte.

Groves, Philip M./Rebec, George V.: *Introduction to Biological Psychology,* William C. Brown [4]1992.

Ein Lehrbuch, das viele Aspekte des Hirns behandelt, vom Sehen bis zum Sex. Für Studenten geschrieben.

Hall, Zach W. u.a.: *An Introduction to Molecular Neurobiology*. Sinauer Associates 1992.

Ein gutes, sehr solides Lehrbuch, das sich an ein akademisches Publikum richtet. Gibt einen guten Überblick über die Komplexität und die Verästelungen des Themas.

Hubel, David H.: *Auge und Gehirn. Neurobiologie des Sehens.* Spektrum der Wissenschaft, Springer Verlag, Heidelberg 1989.

Der hervorragende Neurophysiologe gibt hier eine sehr lesbare und gut bebilderte Darstellung der frühen Stadien des visuellen Systems der Säugetiere. Hubel hat sich neuerdings zur Psychologie (Psychophysik) bekehrt. Er sträubt sich dagegen, über die kortikalen Areale V1 und V2 hinauszugehen. Nichts über das Bewußtsein.

Jones, Edward G.: *The Thalamus*. Plenum 1985.

Immer noch das Standardwerk zum Thalamus. Eine auf den neuesten Stand gebrachte Neuauflage wäre zu begrüßen.

Kandel, Eric R./Schwartz, James H./Jessell, Thomas M. (Hg.).: *Principles of Neural Science*, Appleton & Lange [3]1991.

Ein Standardlehrbuch, das sich an Studenten der Biologie, Verhaltenswissenschaftler und Mediziner richtet. Das Buch behandelt viele Aspekte des Hirns, die Beiträge stammen von verschiedenen Autoren. Es enthält mehrere Kapitel zum visuellen System. Kandel legt in dem von ihm verfaßten Kapitel dar, daß die visuelle Wahrnehmung ein kreativer Prozeß ist, und gibt viele Beispiele aus der Wahrnehmungspsychologie. Er erörtert außerdem das Bindungsproblem, Aufmerksamkeit, die 40-Hertz-Oszillationen und was sie für das visuelle Bewußtsein bedeuten.

Levitan, Irwin B./Kaczmarek, Leonard K.: *The Neuron: Cell and Molecular Biology.* Oxford University Press 1991.

Das Buch richtet sich an fortgeschrittene Studenten; es enthält eine ausführliche Diskussion über Ionen-Kanäle. Es vermittelt sehr deutlich die große molekulare Komplexität der einzelnen Nervenzelle.

Nauta, Walle J.H./Feirtag, Michael: *Neuroanatomie.* Spektrum der Wissenschaft, Springer Verlag, Heidelberg 1990.

Nauta ist ein Neuroanatom von Rang, Feirtag ist Wissenschaftsjournalist. Das Buch richtet sich an Medizinstudenten, eignet sich aber auch als Einführung in die Neurowissenschaften. Wegen der Komplexität des Gegenstands ist das Buch viel zu schwierig für den Laien; wegen der sehr aufschlußreichen Abbildungen lohnt es sich aber, es zur Hand zu nehmen.

Nicholls, John G./Martin. A. Robert/Wallace, Bruce G.: *From Neuron to Brain*, Sinauer Associates, [3]1992.

Dies ist die neueste Ausgabe eines Standardlehrbuchs. Es präsentiert grundlegende Informationen über Nervensysteme. Es enthält einen Abschnitt, in dem eine recht detaillierte Beschreibung der frühen Stadien des visuellen Systems der Säugetiere (von der Retina über das CGL zum visuellen Cortex) gegeben wird; über das Bewußtsein findet sich allerdings nichts.

Peters, Alan/Jones, Edward G.: *Cerebral Cortex*, Bd. 1-9. Plenum 1984-1991.

Das Standardnachschlagewerk; viele Autoren haben dazu Beiträge geliefert. Der erste Band erschien 1984, der jüngste Band (Band 9) erschien 1991. Die früheren Bände sind inzwischen nicht mehr ganz auf der Höhe des Forschungsstands.

Shepherd, Gordon M. (Hg.): *Neurobiologie*. Springer Verlag, Berlin 1993.

Dies ist die neueste Auflage eines bekannten Lehrbuchs. Eine multidisziplinäre Darstellung der Neuronen, ihrer Bestandteile und ihrer Organisation zu Verschaltungen. Behandelt weitgehend die Teile des menschlichen Hirns, die man heute besser versteht. Für den Laien viel zu detailliert und schwierig.

Steriade, Mircea/Jones Edward G. /Llinas, Rodolfo R. (Hg.): *Thalamic Oscillations and Signalling*. Wiley 1990.

Eine gelehrsame Darstellung von drei bekannten Autoritäten. Nicht leicht zu lesen. Wurde geschrieben, bevor das gegenwärtige Interesse an den 40-Hertz-Oszillationen richtig einsetzte.

Squire, Larry R.: *Memory and Brain*. Oxford University Press 1987.

Squire ist Neuropsychologe. Das Buch richtet sich zwar an Wissenschaftler und Studenten, es ist aber eine gut lesbare Darstellung der verschiedenen Aspekte des Gedächtnisses.

Zeki, Semir: *A Vision of the Brain*. Basil Blackwell 1993.

Zeki ist ein bekannter britischer Neurowissenschaftler, der Pionierarbeit leistete bei der Erforschung von den Teilen des visuellen Systems des Affen, die jenseits von V1 und V2 liegen. Im Zentrum steht seine eigene Forschungsarbeit und insbesondere sein Interesse an Farbwahrnehmung. Über den inferotemporalen Cortex findet sich sehr wenig. Die Kapitel sind kurz, enthalten aber sowohl eine klare Darstellung vieler experimenteller Details als auch durchdachte Beobachtungen allgemeiner Art. Im letzten Kapitel geht es um das Verhältnis von Bewußtsein und visueller Wahrnehmung. Richtet sich zwar vornehmlich an Studenten, eignet sich aber für all diejenigen, die mehr über den neurowissenschaftlichen Zugang zur visuellen Wahrnehmung erfahren möchten. Einfach und gut lesbar geschrieben.

LITERATURVERWEISE

TEIL I

1 Einführung

1 Popper, K.R./Eccles, J.C. (1985). *Das Ich und sein Gehirn.* Piper Verlag, München ³1991.
2 Eccles, J.D. (1986). Do mental events cause neural events analogously to the probability fields of quantum mechanics? *Proc Roy Soc Lond* B 227, 411-428.
3 Barlow, H.B. (1972). Single Units and sensation: a neuron doctrine for perceptual psychology? *Perception* 1, 371-394.
4 Jacob, F. (1977). Evolution and tinkering. *Science* 196, 1161-1166.

2 Die allgemeine Natur des Bewußtseins

1 Kosslyn, S.M. (1983). *Ghosts in the Mind´s Machine.* New York: W.W. Norton & Co.
2 Johnson-Laird, P.N. (1983). *Mental Models.* Cambridge, MA. Harvard Univ Press 1983.
3 Johnson-Laird, P.N. (1988). *The Computer and the Mind.* An Introduction to Cognitive Science. Cambridge, MA: Harvard Univ Press 1988.
4 Jackendoff, R. (1987). *Consciousness and the Computational Mind.* Cambridge, MA: Bradford Books, MIT Press.
5 Baars, B. (1988). *A Cognitive Theory of Consciousness.* Cambridge, England, Cambridge Univ Press.
6 Crick, F./Koch, C. (1990). Towards a neurobiological theory of consciousness. *Seminars Neurosc* 2, 263-275.

3 Sehen

1 Kanisza, G. (1979). *Organization in Vision: Essays on Gestalt Perception.* Praeger, New York 1979.

4 Die Psychologie der visuellen Wahrnehmung

1 Rock, I./Palmer, S. (1990). The legacy of Gestalt psychology. *Sc Am Dec,* 84-90.
2 Nakayama, K./Shimojo, S. (1992). Experiencing and perceiving visual surfaces. *Science* 257, 1357-1363.
3 Chaudhuri, A. (1990). Modulation of the motion aftereffect by selective attention. *Nature* 344, 60-62.
4 Ramachandran, V.S. (1992). Blind spots. *Sc Am* 266, 86-91.
5 Ramachandran, V.S./Gregory, R.L. (1991). Perceptual filling in of artificially induced scotomas in human vision. *Nature* 350, 699-702.
6 Ramachandran, V.S. (1992). Filling in gaps in perception, Part 2., scotomas and phantom limbs. *Curr Direct Psychol* Sc 2, 56-65.

5 Aufmerksamkeit und Gedächtnis

1 Posner, M.I./Presti, D.E. (1987). Selective attention and cognitive control. *Trends Neurosc* 10, 13-17
2 Luck, S.J./Hillyard, S.A./Mangun, G.R./Gazzaniga, M.S. (1989). Independant hemispheric attentional systems mediate visual search in split brain patients. *Nature* 342, 543-545.
3 Yantis, S. (1992). Multi-element visual tracking: attention and perceptual organization. *Cogn Psychol* 24, 295-340.
4 Baylis, G.C./Driver, J. (1993). Visual attention and objects: evidence for hierarchical coding of location. *J Exp Psychol* 19, 1-20.
5 Julesz, B. (1990). Early vision is bottom-up, except for focal attention. *Cold Spring Harbor Symposia on Quantitative Biology, The Brain* 55, 973-978
6 Treisman, A.M./Sykes, M./Gelade, G. (1977). Selective attention and stimulus integration. In: S. Dornic (Hg.), *Attention and Performance VI* (S. 333-361). Hillsdale, NJ, Lawrence Erlbaum.
7 Egeth, H./Virzi, R.A./Garbart, H. (1984). Searching for conjunctively defined targets. *J Exp Psychol:* Human Perception and Performance 10, 32-39.
8 Treisman, A./Gormican, S. (1988). Feature analysis in early vision: evidence from search asymmetries. *Psychol Rev* 95, 15-48.
9 Treisman, A./Schmidt, H. (1982). Illusory conjunctions in the perception of objects. *Cogn Psychol* 14, 107-141.
10 Cave, K.R./Wolfe, J.M. (1990). Modeling the role of parallel processing in visual search. *Cogn Psychol* 22, 225-271.

11 Duncan, J./Humphreys, G.W. (1989). Visual search and stimulus similarity. *Psychol Rev* 96, 433-458.

12 Dudai, Y. (1989). *The Neurobiology of Memory: Concepts, Findings, Trends.* Oxford, England: Oxford Univ Press.

13 Sperling, G. (1969). The information available in brief visual presentations. *Psychol Monographs* 74, Whole no. 498.

14 Baddeley, A. *Die Psychologie des Gedächtnisses.* Klett-Cotta, Stuttgart 1979.

15 Shallice, T./Vallar, G. (1990). The impairment of auditory-verbal short-term storage. In: Vallar, G./Shallice,T. (Hg.), *Neuropsychological Impairments of Short-term Memory* (S. 11-53). Cambridge, England, Cambridge University Press.

6 Der Augenblick der Wahrnehmung: Theorien über das Sehen

1 Libet, B. (1985). Unconscious cerebral initiative and the role of conscious will in voluntary action. *Behav Brain Sc* 8, 529-566.

2 Efron, R. (1967). The duration of the present. *Annals NY Acad Sc* 138, 367-915.

3 Reynolds, R. I. (1981). Perception of an illusory contour as a function of processing time. *Perception 10*, 107-115.

4 Ramachandran, V.S., personal communication. See Ramachandran, V.S. (1990). In: Blake, A./Troscianko, T. (Hg.), *A.I. and the Eye* (S. 21-77). Chichester, John Wiley & Sons, Inc.

TEIL II

8 Das Neuron

1 Hollmann, M./Heinemann, S. (1993). Cloned glutamate receptors. *Ann Rev Neurosc* 17, 31-108.

9 Experimente

1 Ojemann, G.A. (1990). Organization of language cortex derived from investigations during neurosurgery. *Sem Neurosc* 2, 297-305.

2 Crick, F./Jones, E. (1993). Backwardness of human neuroanatomy. *Nature* 361, 109-110.

3 Neville, H.J. (1990). Intermodal competition and compensation in

development: evidence from studies of the visual system in congenitally deaf adults. *Ann NY Acad Sci* 608, 71-91.

4 Roe, A.W./Pallas, S.L./Kwon, Y.H./Sur, M. (1992). Visual projections routed to the auditory pathway in ferrets: receptive fields of visual neurons in primary auditory cortex. *J Neurosc* 12, 3651-3664.

5 Pardo, J.V./Pardo, P.J./Janer, K.W./Raichle, M.E. (1990). The anterior cingulate cortex mediates processing selection in the Stroop attentionale conflict paradigm. *Proc Natl Acad Sci* USA 87, 256-259.

6 Clark, V.P./Courchesne, E./Grafe, M. (1992). In vivo myeloarchitectonic analysis of human striate and extrastriate cortex using magnetic resonance imaging. *Cerebral Cortex* 2, 417-424.

7 Neher, E./Sakmann, B. (1992). The patch clamp technique. *Sc Am March* 44, 51.

10 Das visuelle System der Primaten – Anfangsstadien

1 Sparks, D.L./Lee, D./Rohrer, W.H. (1990). Population coding of the direction, amplitude, and velocity of saccadic eye movements by neurons in the superior colliculus. *Cold Spring Harbor Symposia on Quantitative Biology, The Brain* 55, 805-811.

2 Schiller, P.H./Logothetis, N.K. (1990). The color-opponent and broadband channels of the primate visual system. *Trends Neurosc* 13, 392-398.

11 Der visuelle Cortex der Primaten

1 LeVay, S./Hubel, D.H./Wiesel, T.N. (1975). The pattern of ocular dominance columns in macaque visual cortex revealed by a reduced silver stain. *J Comp Neurol* 159, 559-575.

2 Mitchison, G. (1991). Neuronal branching patterns and the economy of cortical wiring. *Proc Roy Soc Lond* B 245, 151-158.

3 Grosof, D.H./Shapley, R.M./Hawken, M.J. (1992). Monkey striate responses to anomalous contours? *Investigative Ophthalm Vis Sc* S 33, 1257.

4 Von der Heydt, R./Peterhans, E./Baumgartner, G. (1984). Illusory contours and cortical neuron responses. *Science* 224, 1260-1262.

5 Felleman, D.J./Van Essen, D.C. (1991). Distributed hierarchical processing in the primate cerebral cortex. *Cerebral Cortex* 1, 1-47.

6 Allman, J./Miezin, F./McGuiness, E. (1985). Direction- and velocity-

specific responses from beyond the classical receptive field in the middle temporal visual area (MT). *Perception* 14, 105-126.

7 Born, R.T./Tootell, R.B.H. (1992). Segregation of global and local motion processing in primate middle temporal visual area. *Nature* 357, 497-499.

8 Adelson, E.H./Movshon, J.A. (1982). Phenomenal coherence of moving visual patterns. *Nature* 300, 523-525.

9 Stoner, G.R./Albright, T.D. (1992). Neural correlates of perceptual motion coherence. *Nature*, 358, 412-414.

10 Zeki, S. (1983). Colour coding in the cerebral cortex: the reaction of cells in monkey visual cortex to wavelenghts and colours. *Neurosc* 9, 741-765.

12 Hirnschädigungen

1 Bisiach, E./Luzzatti, C. (1978). Unilateral neglect, representational schema, and consciousness. *Cortex* 14, 129-133.

2 Sacks, O./Wasserman, R. (1987). The case of the colorblind painter. *NY Rev of Books* 34, 25-34.

3 Damasio, A.R./Tranel, D./Damasio, H (1990). Face agnosia and the neural substrates of memory. *Annu Rev Neurosci* 13, 89-109.

4 Tranel, D./Damasio, A.R./Damasio, H. (1988). Intact recognition of facial expression, gender, and age in patients with impaired recognition of face identity. *Neurology* 38, 690-696.

5 Hess, R.H./Baker, C.L./Ziehl, J. (1989) The „motion-blind" patient: low-level spatial and temporal filters. *J Neurosc* 9, 1628-1640.

6 Warrington, E.K./Taylor, A.M. (1978). Two categorical stages of object recognition. *Perception* 7, 695-705.

7 Humphreys, G.W./Riddock, M.J. (1987). *To See but Not to See: A Case Study of Visual Agnosia.* London, Lawrence Erlbaum Assoc.

8 Brown, J.W. (1983). The microstructure of perception: physiology and patterns of breakdown. *Cogn Brain Theory* 6,145-184.

9 Damasio, A.R./Damasio, H./Tranel, D./Brandt, J.P. (1990). Neural regionalization of knowledge access: preliminary evidence. *Cold Spring Harbor Symposia on Quantitative Biology,* The Brain 55, 1039-1067.

10 Bogen, J.E. (1993). The callosal syndromes. In: K.M. Heilmann/E. Valenstein (Hg.), *Clinical Neuropsycholog* 3. Aufl. (S.337-407). Oxford, England: Oxford Univ. Press.

11 Sperry, R.W. (1961). Cerebral organization and behaviour. *Science* 133, 1749-1757.

12 Weiskrantz, L. (1986), *Blindsight*. Oxford, Engl.: Oxford Univ. Press.

13 Stoerig, P./Cowey, A. (1989). Wavelenght sensitivity in blindsight. *Nature* 342, 916-918.

14 Fendrich, R./Wessinger, C.M./Gazzaniga, M.S. (1992). Residual vision in a scotoma: implications for blindsight. *Science* 258, 1489 bis 1491.

15 Tranel, D./Damasio, A.R. (1988). Non-conscious face recognition in patients with face agnosia. *Behav Brain Res* 30, 235-249.

13 Neuronale Netze

1 Anderson, C.H./Van Essen, D.C. (1987). Shifter circuits: a computational strategy for dynamic aspects of visual processing. *Proc Natl Accad Sci* USA 84, 6297-6301.

2 Newell, A. (1990). *Unified Theories of Cognition.* Cambridge, M.A, Harvard Univ. Press.

3 McCulloch, W.S.,/Pitts, W. (1943). A logical calculus of the ideas imminent in neural nets. *Bulletin of Mathematical Biophysics* 5,115-137.

4 Rosenblatt, F. (1962). *Principles of Neurodynamics*. New York, Spartan Books

5 Minsky, M./Papert, S. (1969). *Perceptrons: An Introduction to Computational Geometry.* Cambridge, MA, MIT Press.

6 Hopfield, J.J. (1982). Neural networks and physical systems with emergent collective computational abilities. *Proc Natl Acad Sci* USA 79, 2554-2558.

7 Hebb, D.O. (^{2}1964). *Organization of Behavior*. New York, NY, John Wiley & Sons, Inc.

8 Crick, F.H.C./Mitchison, G. (1983). The function of dream sleep. *Nature* 304, 111-114.

9 Crick, F./Mitchison, G. (1986). REM sleep and neural nets. *J Mind Behav* 7, 229-249.

10 Willshaw, D. (1981). Holography, associative memory, and inductive generalization. In: G.E. Hinton/J.A.Anderson (Hg.), *Parallel Models of Associative Memory* (S.83-104). Hillsdale, NJ, Lawrence Erlbaum Associates.

11 Rumelhart, D.E./Mc Clelland, J.L./PDP Research Group (Hg.) (1986). *Parallel Distributed Processing*, Cambridge, MA, Bradford Books, MIT Press.

12 Sejnowski, T.J./Rosenberg, C.R. (1987). Parallel networks that learn to pronounce English text. *Complex Systems* 1, 145-168.

13 Lehky, S.R./Sejnowski, T.J. (1990). Neural network model of visual

cortex for determining surface curvature from images of shades surfaces. *Proc Roy Soc Lond* B 240, 251-278.

14 Zipser, D. (1992). Identification models of the nervous system. *Neurosc* 47, 853-862.

TEIL III

15 Einige Experimente

1 Heywood, C.A./Cowey, A./Newcombe, F. (1991). Chromatic discrimination in a cortically colour blind observer. *Europ J Neurosc* 3, 802-812.

2 Newsome, W.T., Britten, K.H./Movshon, J.A. (1989). Neuronal correlates of a perceptual decision. *Nature* 341, 562-64.

3 Salzman, C.D./Murasugi, C.M./Britten, K.H./Newsome, W.T. (1992). Microstimulation in visual area MT: effects on direction discrimination performance. *J. Neurosci* 12, 2331-2355.

4 Duensing, S./Miller, B. (1979). The Cheshire cat effect. *Perception* 8, 269-273.

5 Logothetis, N.K./Schall, J.D. (1989). Neuronal correlates of subjective visual perception. *Science* 245, 761-763.

6 Ramachandran, V.S. (1991). Form, motion, and binocular rivalry. *Science* 251, 950-951.

7 Piantanida, T.P. (1985). Temporal modulation sensitivity of the blue mechanism. Measurements made with extraretinal chromatic adaptation. *Vis Res* 25, 1439-1444.

8 Pritchard, R.M./Heron, W./Hebb, D.O. (1960). Visual perception approached by the method of stabilized images. *Canad J Psychol* 14, 67-77.

9 Fiorani, M./Rosa, M.G.P./Gattass, R./Rocha-Miranda, C.E. (1992). Dynamic surround of receptive fields in primate striate cortex: a physiological basis for perceptual completion? *Proc Natl Acad Sci* USA 89, 8547-8551.

10 Livingstone, M.S./Hubel, D.H. (1981). Effects of sleep and arousal on the processing of visual information in the cat. *Nature* 291, 554 bis 561.

11 Moran, J./Desimone, R. (1985). Selective attention gates visual processing in the extrastriate cortex. *Science* 229, 782-784.

12 Spitzer, H./Desimone, R./Moran, J. (1988). Increased attention enhances both behavioral and neuronal performance. *Science* 240, 338 bis 340.

13 Robinson, D.L./Petersen, S.E. (1992). The pulvinar and visual salience. *Trends Neurose* 15: 127-132.

14 Anderson, C.H./Van Essen, D.C. (1987). Shifter circuits: a computational strategy for dynamic aspects of visual processing. *Proc Natl Acad Sci* USA 84, 6297-6301.

15 Libet, B./Pearl, D.K./Morledge, D.E./Gleason, C.A. Hosobuchi, Y./Barbaro, N.M. (1991). Control of the transition from sensory detection to sensory awareness in man by the duration of a thalamic stimulans. *Brain* 114, 1731-1757.

16 Vornehmlich Spekulation

1 Milner, P.M. (1974). A model for visual shape recognition. *Psychol Rev* 6, 521-535.

2 Douglas, K.L./Rockland, K.S. (1992). Extensive visual feedback connections from ventral inferotemporal cortex. In: *Society for Neuroscience Abstr* 169, 10.

3 Edelman, G.M.: *Unser Gehirn – ein dynamisches System*. Piper Verlag, München 1993.

4 Connors, B.W./Gutnick, M.J. (1990). Intrinsic firing patterns of diverse neocortical neurons. *Trends Neurosc* 13, 99-104.

5 Magleby, K.L./Zengel, J.E. (1982). A quantitative description of stimulation-induced changes in transmitter release at the frog neuromuscular junction. *J Gen Physiol* 80, 613-638.

6 Zucker, R.S. (1989), Short-term synaptic plasticity. *Ann Rev Neurosc* 12, 13-31.

7 Tömböl, T. (1984). Layer VI cells. In: Peters, A./Jones, E.G. (Hg.), *Cerebral Cortex, vol. 1: Cellular Components of the Cerebral Cortex* (S. 479-519). New York, Plenum Press.

8 Goldman-Rakic, P.S./Funahashi, S./Bruce, C.J. (1990). Neocortical memory circuits. *Cold Spring Harbor Symposia on Quantitative Biology, The Brain* 55, 1025-1038.

9 Fuster, J.M. (1989). *The Prefrontal Cortex*, 2. Aufl. New York, Raven Press.

17 Oszillationen und Verarbeitungseinheiten

1 Freeman, W.J. (1988). Nonlinear neural dynamics in olfaction as a model for cognition. In: E. Basar (Hg.), *Dynamics of Sensory and Cognitive Processing by the Brain* (S.19-29), Berlin, Springer.

2 Gray, C.M./Singer, W. (1989). Stimulus-specific neuronal oscillations in orientation columns of cat visual cortex. *Proc Natl Acad Sci* USA 86, 1698-1702.

3 Eckhorn, R./Bauer, R./Jordan, W./Brosch, M./Kruse, W./Munk, M. Reitboeck, H.J. (1988). Coherent oscillations: a mechanism of feature linking in the visual cortex? *Biol Cybern* 60, 121-130.

4 Gray, C.M./König, P./Engel, A.K./Singer, W. (1989). Oscillatory responses in cat visual cortex exhibit inter-columnar synchronization which reflects global stimulus properties. *Nature* 338, 334-337.

5 Engel, A.K./Kreiter, A.K., König, P./Singer, W. (1991). Synchronization of oscillatory neuronal responses between striate and extrastriate visual cortical areas of the cat. *Proc Natl Acad Sci* USA 88, 6048 bis 6052.

6 Engel, A.K., König, P./Kreiter, A.K./Singer, W. (1991). Interhemispheric synchronization of oscillatory neuronal responses in cat visual cortex. *Science* 252, 1177-1179.

7 Crick, F./Koch, C. (1990). Towards a neurobiological theory of consciousness. *Seminars Neurosc* 2, 263-275.

8 Livingstone, M.S. (1991). Visually-evoked oscillations in monkey striate cortex. *Soc for Neuroscience Conf Proc*.

9 Kreiter, A.K./Singer, W. (1992). Oscillatory neuronal responses in the visual cortex of the awake macaque monkey. *Europ J Neuroscience* 4, 369-375.

10 Bair, W./Koch, C./Newsome, W./Britten, K. (1993). Power spectrum analysis of MT neurons in the awake monkey. In: F. Eeckman (Hg.), *Computation and Neural Systems* 92 (In press). Norwell, MA, Kluwer Academic Publ.

11 Murthy, V.N./Fetz, E.E. (1992). Coherent 25- to 35-Hz oscillations in the sensorimotor cortex of awake behaving monkeys. *Proc Natl Acad Sci* USA 89, 5670-5674.

12 Gray, C.M./Engel, A.K./König P./Singer, W. (1992). Synchronization of oscillatory neuronal responses in cat striate cortex: temporal properties. *Visual Neurosc* 8, 337-347.

13 Wise, S.P./Desimone, R. (1988). Behavioral neurophysiology: insights into seeing and grasping. *Science* 242, 736-741.

14 Biederman, I. (1987). Recognition-by-components: A theory of human image understanding. *Psychol Rev* 94, 115-147.

15 Poggio. T. (1990). A theory of how the brain might work. *Cold Spring Harbor Symposia on Quantitative Biology, The Brain* 55, 899 bis 910.

16 Penfield, W. (1975). *The Mystery of the Mind.* Princeton, NJ, Princeton Univ Press.

17 Mumford, D. (1991). On the computational architecture of the neo-cortex. I. The role of the thalamo-cortical loop. *Biol Cybern* 65,135 bis 145.

18 Baars, B.J./Newman, J. (in Vorbereitung). A neurobiological inter-pretation of the Global Workspace theory of consciousness. In: Re-vonsuo, A./Kamppinen, M. (Hg.), *Consciousness in Philosophy and Cognitive Neuroscience* (in Vorbereitung). Hilldale, NJ, Erlbaum.

19 Crick, F.H.C. (1984). The function of the thalamic reticular complex: the searchlight hypothesis. *Proc Natl Acad Sci* USA 81, 4586-4590.

20 Sherk, H. (1986). The claustrum and the cerebral cortex (Chapter 13). In: Jones, E.G./Peters, A. (Hg.), *Cerebral Cortex: Sensory-motor Areas and Aspects of Cortical Connectivity 5* (S.467-499). New York, Plenum Press.

Ein Postskriptum über den freien Willen

1 Damasio, A.R./Van Hoesen, G.W. (1983). Emotional disturbances as-sociated with focal lesions of the limbic frontal lobe. In: Heilman, K.M./Satz, P. (Hg.), *Neuropsychology of Human Emotion.* New York, Guilford Press.

2 Goldberg, G./Bloom, K.K. (1990). The alien hand sign: localization, laterilization and recovery. *Am J Phys Med Rehabil* 69, 228-238.

3 Eccles, J.C. (1989). *Die Evolution des Gehirns – die Erschaffung des Selbst.* Piper Verlag, München 1993.

NAMENREGISTER

SACHREGISTER

science

Die Reihe **rororo science** bietet Lesern, die sich für Naturwissenschaft und Technologien interessieren, aktuelle und verläßliche Informationen. Die Autoren sind Wissenschaftler und Wissenschaftsjournalisten, die ohne Formelhuberei und Fachauderwelsch, dafür mit Sachverstand, Witz und farbiger Sprache über verschiedene Bereiche der Forschung und deren Auswirkungen auf unser Leben berichten.

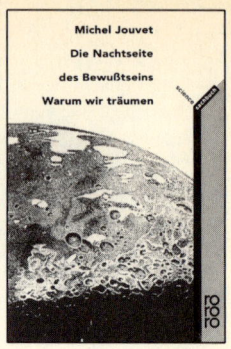

Bernhard Borgeest
Ein Baum und sein Land
24 Symbiosen
(rororo science 9536)
Ein neuer, ungewohnter Blick auf unsere knorrigen Gesellen – der Baum ist nicht nur aus botanischer Sicht faszinierend, sondern auch als kulturhistorisches und ethnologisches Phänomen.

Christoph Drösser
Fuzzy Logic
Methodische Einführung in krauses Denken
(rororo science 9619)
Alle reden von Fuzzy Logic – und keiner weiß genau, was das ist. Der Wissenschaftsjournalist Christoph Drösser lädt ein zu einer vergnüglichen Zickzackfahrt durch Fuzzyland: die Grauzonen der graduellen Übergänge, des Noch-nicht-und-nicht-Mehr.

Claus Emmeche
Das lebende Spiel
Wie die Natur Formen erzeugt
(rororo science 9618)

Michel Jouvet
Die Nachtseite des Bewußtseins
Warum wir träumen
(rororo science 9621)

R. Ornstein/ R.F. Thompson
Unser Gehirn: das lebendige Labyrinth
(rororo science 9571)
«Unter den Veröffentlichungen der letzten Jahre auf dem Gebiet der Hirnforschung erhält das Buch seinen besonderen Stellenwert durch die eindrucksvollen Zeichnungen von Macaulay, der mit ungewöhnlichen, perspektivischen Darstellungen der Hirnstukturen auch den vorgebildeten Leser verblüfft.» *bild der wissenschaft*

Gero von Randow (Hg.)
Der Fremdling im Glas und weitere Anlässe zur Skepsis, entdeckt im «Skeptical Inquirer»
(rororo science 9665)
Mein paranormales Fahrrad und andere Anlässe zur Skepsis, entdeckt im «Skeptical Inquirer»
(rororo science 9535)

rororo sachbuch

Angelika Anders-von Ahlften/
Hans-Jürgen Altheide
Laser – das andere Licht
(rororo science 9664)
Laser – das andere Licht:
Was ist das? Wie funktio-
niert es? Was kann man
damit machen?

John D. Barrow
Theorien für Alles
*Die Suche nach der
Weltformel*
(rororo science 9534)
Gibt es eine Theorie, in der
alle Naturkräfte und -gesetze
vereinigt sind und die das
Weltgeschehen vom Anfang
bis zum Ende erklären kann?
Das ist die zentrale Frage der
Naturwissenschaft. Schon
Sokrates geriet bei diesem
Gedanken ins Schwärmen –
und Ende des 20. Jahrhun-
derts zeigen sich Wissen-
schaftler wie Stephen W.
Hawking zuversichtlich: «Es
ist möglich, daß uns eines
Tages der Durchbruch zu
einer vollständigen Theorie
des Universums gelingt.»

Hans Christian von Baeyer
**Regenbogen, Schneeflocken und
Quarks** *Physik und die Welt,
die wir täglich erleben*
(rororo science 9709)

Valentin Braitenberg
Vehikel *Experimente mit
kybernetischen Wesen*
(rororo science 9531)

J. Hoff/ J. i. d. Schmitten(Hg.)
Wann ist der Mensch tot?
*Organverpflanzung und
«Hirntod»-Kriterium. Mit
einem Geleitwort von Rita
Süssmuth und fünfzehn
neuen Beiträgen*
(rororo science 9991)

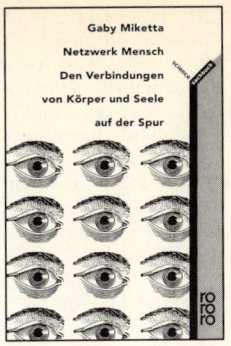

Gaby Miketta
Netzwerk Mensch
Den Verbindungen
von Körper und Seele
auf der Spur

A. Desmond/J. Moore
Darwin
(rororo science 9574)
Als «erste wirkliche Darwin-
Biographie» würdigte die
britische Presse dieses Werk,
das in weiten Teilen erst seit
wenigen Jahren zugängliches
Material auswertet: die umfangreichen geheimen Tage-
bücher und die 14000 Briefe
umfassende Korrespondenz.
«Desmond und Moore
haben aus dieser Fundgrube
ein Darwin-Bild von bislang
nicht denkbarer Lebensnähe
rekonstruiert», schreibt *Peter
Brügge* in seiner *Spiegel*-
Rezension.

Gaby Miketta
Netzwerk Mensch
*Den Verbindungen von
Körper und Seele auf der
Spur*
(rororo science 9662)

Reimara u. Otto E. Rössler
(Hg.)
Jonas' Welt *Das Denken
eines Kindes*
(rororo science 9710)

Laurie Ashner / Mitch
Meyerson
Wenn Eltern zu sehr lieben
(rororo sachbuch 9359)

Karola Berger
**Co-Counseln: Die Therapie ohne
Therapeut** *Anleitungen und
Übungen*
(rororo sachbuch 9954)
Co-Counseln bedeutet: sich
gegenseitig beraten. In dieser
neuen Form der «Laien-
Therapie» finden sich zwei
Menschen zum therapeuti-
schen Gespräch zusammen.
Das Buch vermittelt mit leicht
verständlichen Anleitungen
und einfachen Übungen die
Grundlagen und Techniken
dieser neuen Methode.

Klaus Birker / Barbara Schott
Den Job will ich haben! *Die
erfolgreiche Bewerbung
NLP – das Psycho-Power-
Programm*
(rororo sachbuch 9986)
Mit Hilfe der Techniken des
Neuro-Linguistischen
Programmierens, kurz NLP,
kann man in kürzester Zeit
lernen, sich optimal auf Be-
werbungssituationen vorzu-
bereiten. Die in diesem Buch
vorgestellten Übungen sind
leicht anwendbar, effekti-
vitätsorientiert und im
Management erprobt.

Robert M. Bramson
**Schwierige Leute – und wie man
am besten mit ihnen umgeht**
(rororo sachbuch 8727)

Diane Fassel
**Ich war noch ein Kind, als meine
Eltern sich trennten ...** *Spät-
folgen der elterlichen
Scheidung überwinden*
(rororo sachbuch 9984)

Daniel Hell
Welchen Sinn macht Depression?
Ein integrativer Ansatz
(rororo sachbuch 9649)

Karin Mager
**Fair und selbstbewußt miteinander
reden** *Wie Sie Konflikte
meistern*
(rororo sachbuch 60106)
Dies ist kein Programm für
Harmoniesüchtige, die sich
gegenseitig kein Härchen
krümmen können, sondern
eines für jedermann und jede-
frau, die schwierige Gespräche selbstbewußt führen und
Konflikte fair lösen wollen.

Tim Rohrmann
Junge, Junge – Mann, o Mann
*Die Entwicklung zur
Männlichkeit*
(rororo sachbuch 9671)

Ian Stuart-Hamilton
Die Psychologie des Alterns
(rororo sachbuch 9516)

Streß mit dem Chef, Probleme in der Familie oder Angst vor der Zukunft – Probleme, die allein schwer zu meistern sind. Jetzt erscheint bei *rororo* das Psycho-Power-Programm zur Stärkung des Selbstbewußtseins, bekannt als **Neurolinguistisches Programmieren (NLP)**, das in den siebziger Jahren von den Amerikanern Richard Bandler und John Grinder entwickelt wurde. Knapp, praxisnah und verständlich geschrieben, bieten die Bücher konkrete Hilfe für Alltag und Beruf.

Cora Besser-Siegmund
Das Rauchen aufgeben
(rororo sachbuch 9956)
Frei von Eifersucht
(rororo sachbuch 9985)
Mit Hilfe der vorgestellten Übungen und Tricks kann man lernen, wie man sich nicht länger von der alles zerfressenden Eifersucht beherrschen läßt, sondern statt dessen seine Energien auf neue, positive Ziele konzentriert.

Barbara Schott
Gut drauf sein, wenn's schiefgeht
(rororo sachbuch 9604)
Cool bleiben
(rororo sachbuch 9603)
Passiert es Ihnen auch immer wieder, daß Sie gereizt reagieren, die Fassung verlieren und manchmal richtig aus der Haut fahren? Das muß nicht sein. Sie können mit einfachen Mitteln gezielt lernen, Ihre Stimmung positiv zu verändern.
Andere Wege wagen
(rororo sachbuch 9605)

Cora Besser-Siegmund
Frei von Eifersucht
NLP –
Das Psycho-Power-Programm

Barbara Schott/ Klaus Birker
Freunde finden
(rororo sachbuch 9668)
Prüfungsstreß ade
(rororo sachbuch 9669)
Kompetent verhandeln
(rororo sachbuch 9773)
Geschicktes Verhandeln will gelernt sein – ob am Telefon oder am Verhandlungstisch. Dieses Buch stellt einfach anwendbare Strategien vor.
Schüchternheit überwinden
(rororo 9774)
Mut zur Entscheidung
(rororo sachbuch 9957)
Fällt es Ihnen manchmal schwer, klar ja oder nein zu sagen? Mit diesem Buch können Sie lernen, wie man Entscheidungen als positive Herausforderung begreifen kann.
Selbstbewußt auftreten
(rororo sachbuch 9905)
Souverän mit Kunden umgehen
(rororo sachbuch 9796)
Den Job will ich haben *Die erfolgreiche Bewerbung*
(rororo sachbuch 9986)

Menschen, die die Welt bewegten
Wer waren die wichtigsten Persönlichkeiten, die das 20. Jahrhundert bestimmt haben? Eine neue Reihe bei *rororo handbuch* stellt die «100 des Jahrhunderts» mit Bild und biographischen Porträts in kompakter, präziser Form vor. Die Bücher bieten mehr Information als gewöhnliche Lexikon-Artikel und sind hilfreich für alle, die privat oder beruflich schnelle Informationen benötigen.

Die 100 des Jahrhunderts: Politiker
(rororo handbuch 6450)
Sie haben den Lauf der Welt bestimmt, ihre Namen sind mit Krieg und Frieden, mit politischen Systemen und sozialen Konflikten, mit internationalen Bündnissen und wirtschaftlichem Aufstieg verknüpft.

Die 100 des Jahrhunderts: Naturwissenschaftler
(rororo handbuch 6451)

Die 100 des Jahrhunderts: Fußballer
(rororo handbuch 6458)
Ihre Tore und Paraden begeisterten Millionen, ihre Niederlagen und Schicksale bewegten ganze Völker.

Die 100 des Jahrhunderts: Sportler
(rororo handbuch 6453)
Sie ziehen Millionen Menschen in aller Welt in ihren Bann – mit Höchstleistungen und Rekorden auf Bahnen und Pisten, in Hallen und Stadien.

Die 100 des Jahrhunderts: Filmregisseure
(rororo handbuch 6452)
Ihre Filme entführen in Bildwelten, deren Faszination sich niemand entziehen kann.

Die 100 des Jahrhunderts: Komponisten
(rororo handbuch 6457)

Die 100 des Jahrhunderts: Schriftsteller
(rororo handbuch 6455)

Die 100 des Jahrhunderts: Unternehmer und Ökonomen
(rororo handbuch 6454)

Die 100 des Jahrhunderts: Filmstars
(rororo handbuch 6459)
Ohne seine Heldinnen und Helden wäre der Film ein nur mäßig aufregendes Spektakel. Seit den Anfängen begeistern jedoch die Stars ihr Publikum, sie sind die Ikonen unseres Jahrhunderts geworden. Hier treten sie auf, die eleganten Divas und die unwiderstehlichen Herzensbrecher, die großen Schauspieler und die einsamen Heroinnen.

Themen zur Zeit – Kulturgeschichte

Marc Sautet
Ein Café für Sokrates
Philosophie für jedermann
ISBN 3-538-07046-6
Marc Sautet beschreibt in seinem
Buch das Abenteuer der durch ihn ins
Leben gerufenen philosophischen
Cafés. Populärphilosophisch und
praxisorientiert werden die Grund-
fragen der Menschheit neu gestellt
und neu beantwortet.

Harry Pross
Der Mensch im Mediennetz
Orientierung in der Vielfalt
ISBN 3-538-07042-3
Eine scharfsinnige Analyse der
modernen Netzwerke, der Medien-
wirkung und der Kommunikations-
prozesse.

Verena von der Heyden-Rynsch
Belauschtes Leben
Frauentagebücher aus drei
Jahrhunderten
ISBN 3-538-07045-8
Ein kulturgeschichtlicher Spaziergang
besonderer Art: die Tagebuchauf-
zeichnungen europäischer Schrift-
stellerinnen und Künstlerinnen vom
18. bis zum 20. Jahrhundert.

Georges Minois
Geschichte des Selbstmords
ISBN 3-538-07041-5
Zum ersten Mal wird der Freitod in
historischer, gesellschaftlicher, religiöser und philosophischer Perspektive sowie in der Literaur beleuchtet.

Alain Boureau
Das Recht der Ersten Nacht
Zur Geschichte einer Fiktion
ISBN 3-538-07043-1
Der Historiker Alain Boureau entlarvt
das bizarre »Recht der Ersten Nacht«
als eine juristisch-literarische Fiktion
späterer Jahrhunderte.

Gernot und Ekkehard Rotter
Venus, Maria, Fatima
Wie die Lust zum Teufel ging
ISBN 3-7608-1125-6
»Eine Kulturgeschichte, die bewußt
macht, wie Christentum und Islam
die Sexualität bis auf den heutigen
Tag ›reglementieren‹.« DER SPIEGEL

Bernhard Dietrich Haage
Alchemie im Mittelalter
Ideen und Bilder –
von Zosimos bis Paracelsus
ISBN 3-7608-1123-X
Die spannende, mit Text- und Bild-
dokumenten reich belegte Geschich-
te der europäischen Alchemie.

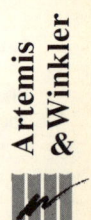

Artemis
&Winkler